Wälzlagerdiagnose an Maschinensätzen

Dieter Franke

Wälzlagerdiagnose an Maschinensätzen

Diagnose und Überwachung von Wälzlagerfehlern und -schäden

Dieter Franke
Vibration Plus UG (haftungsbeschränkt)
Dresden, Deutschland

ISBN 978-3-662-62619-1   ISBN 978-3-662-62620-7 (eBook)
https://doi.org/10.1007/978-3-662-62620-7

Die Deutsche Nationalbibliothek verzeichnet diese Publikation in der Deutschen Nationalbibliografie; detaillierte bibliografische Daten sind im Internet über http://dnb.d-nb.de abrufbar.

Planung/Lektorat: Alexander Gruen
Springer Vieweg ist ein Imprint der eingetragenen Gesellschaft Springer-Verlag GmbH, DE und ist ein Teil von Springer Nature.
Die Anschrift der Gesellschaft ist: Heidelberger Platz 3, 14197 Berlin, Germany

Vorwort

Bei der Wälzlager-Körperschalldiagnose gibt es einen breiten Anwenderkreis im sog. Level 1 (Kennwertüberwachung) der Interpretation der einfachen Trendauswertung von breitbandigen und von schmalbandigen Kennwerten aus diversen Spektren. Nicht ausreichend ist häufig der fachliche Hintergrund der Techniker und Ingenieure, vor allem zur vorbeugenden Schwingungsdiagnose und zur Fehlererkennung und Schadensausmaßbewertung. Hier setzt auch die Buchreihe „Einführung in die Maschinendiagnose" und dieser Band an.

Vom physikalischen Hintergrund bis zur praktischen Anwendung werden Grundlagen und Erfahrungen leicht verständlich dargestellt und mit praktischen Beispielen anschaulich illustriert. Um eine Standard-Wälzlager-Diagnose zuverlässig ausführen, begleiten oder deren Befunde vermitteln zu können, werden der Hauptzielgruppe im Level 1 (Breitband und Schmalband-Überwachung und Trenddiagnose) und Level 2 (Signaldiagnose) auch praktische „Fehler- und Schadens-Muster" und Abhilfen vermittelt. In der VDI 3832 wurden diese Inhalte bereits einführend für die Wälzlagerdiagnose beschrieben; der Autor trug als Obmann maßgeblich zur Entwicklung dieser Richtlinie bei.

Die vertiefte, umfassende Diagnose von Bauteilschäden von der „Initial- bis zur Wurzelursache" über die Behandlung praktischer Fehlerquellen an Maschinen und deren Abhilfe bis zur echten Vorbeugung werden in dieser Buchreihe behandelt.

Dresden, Deutschland

Dieter Franke

Danksagung

Hiermit möchte ich mich bei allen Fachkollegen und Kunden bedanken, die über unseren Austausch mich über viele Jahre und auch indirekt beim Schreiben dieses Buches vielfältig unterstützt haben.

Für Ihre fachkundigen Anmerkungen und das bereitgestellte Fallbeispiel-Material möchte ich besonders meinen geschätzten Fachkollegen Mathias Luft, Ralf Dötzsch, Patrick Stang und Christian Schlumpf ganz herzlich danken. Sie haben mit Ihren Erfahrungen und dem Faktenmaterial vor allem zur Praxisnähe des Bandes beigetragen.

Ich danke den Fachkollegen der Conimon GmbH für die Unterstützung und besonders Jonathan Drechsel und Dr. Burkhard Hensel für ihre Hinweise und Anmerkungen zu diesem Buch.

Für die hilfreichen Unterstützung mit Bildern, Textmaterial und Hinweisen danke ich herzlich den Fachkollegen der Fluke Deutschland GmbH, der Status Pro Maschinendiagnostik GmbH, der Bachmann Monitoring GmbH, der AVIBIA GmbH, der Mechmine GmbH und der BestSens AG.

Dem im Februar 2018 verstorbenen herausragenden Fachkollegen Dr. Manfred Weigel, der mich zu diesem Buch und der Buchreihe ermuntert hat, danke ich ausdrücklich. Auch seine unmittelbare Unterstützung bei einigen der Grafiken sei hier erwähnt.

Inhaltsverzeichnis

Teil I

Grundlagen nach VDI 3832

Einführung, historischer Überblick und Grundlagen der Wälzlagerdiagnose

1

1.1 Einführung zur Wälzlagerdiagnose und historischer Überblick

Anwendern wird bei der Diagnose von Schwingungssignalen an Wälzlagergehäusen meist schnell klar, dass mit den für die Maschinendiagnose bekannten Methoden der Schwingstärkebeurteilung keine zutreffenden Beurteilungen des *hörbaren Körperschalls* aus dem Wälzlager möglich sind. An Wälzlagern mit laut wahrnehmbaren Körperschall kann erfahrungsgemäß eine niedrige Schwingstärke auftreten oder umgekehrt.

Die Schwingstärke wird seit den 1950-ziger Jahren im Betrieb an den Lagergehäusen mit den Messgrößen der Schwinggeschwindigkeit und des Schwingweges angewendet zur Beurteilung der Schwingungsbeanspruchung in der Maschine. Das Grundprinzip der sog. „Absolutverfahren" der Schwingstärke und deren Bewertung mit den maschinentypspezifischen Grenzwerten ist nur für Maschinensätze insgesamt anwendbar. Dafür sind die DIN ISO Reihen 10816 nach [1] und 20816 nach [2] für wälzgelagerte Maschinen und 7919 [3] für gleitgelagerte Maschinen in der Breite bekannt.

Ausgehend von der Schwingstärkemessung an Maschinen wird hier zunächst die davon deutlich verschiedene Methodik der Körperschallmessung an Wälzlagern erläutert. Diese hat sich in der Anwendungsbreite heute in verschiedenen Methoden zur Zustandsbeurteilung im Wälzlager durchgesetzt. In der Körperschallmethodik geht es um spezifische höherfrequente Wälzlager-Kennwerte, die sich nur relativ in ihrer Änderung bewerten lassen in einem sog. „Relativverfahren".

Die Verfahren der heute in der Anwendung verbreiteten Wälzlagerdiagnose wurde in den 70-ziger und 80-ziger Jahren zuerst in Form von einfacheren sog. breitbandigen Kennwerten von verschiedenen Geräteherstellern entwickelt. Sie eignen sich zur Bewertung in ihrem Trendverlauf im Betrieb und sind in der industriellen Anwendung üblich geworden. Das am längsten angewendete und am weitesten verbreitete Kennwertverfahren ist die

D. Franke, *Wälzlagerdiagnose an Maschinensätzen*,
https://doi.org/10.1007/978-3-662-62620-7_1

Stoßimpulsmethode. Sie wurde in den Siebzigern von der schwedischen Firma SPM ®
eingeführt und fand über die Jahrzehnte höhere fünfstellige Zahlen von Anwendern in der
Industrie vor allem in Europa. Dieses relativ aussagekräftige, zuverlässig und sicher handhabbare Praxisverfahren wird hier stellvertretend als breitbandiges Kennwert-Verfahren
näher vorgestellt. Auch die Merkmale weiterer spezifischer Breitbandverfahren werden
hier ergänzend in Übersichtsform dargestellt.

Einen Sprung in der Diagnosequalität und deren Zuverlässigkeit an Wälzlagern brachte
in der Mitte der 80-zigerJahre das Hüllkurvenverfahren, das seitdem die am stärksten verbreitete Methodik in der Wälzlagerdiagnose und -überwachung geworden ist.

Hierbei handelt es sich um ein schmalbandiges (einzelne Frequenzlinien aus dem
Spektrum) Verfahren der Erfassung von sogenannten wälzlagerspezifischen Überrollfrequenzen im Körperschall. Für die industrielle Anwendung wurde es Anfang bis Mitte
der 80-ziger Jahre zuerst in Sachsen in Dresden und Coswig entwickelt. Es wurde bereits
regelmäßig in Kraftwerken angewendet, wie in [5] vorgestellt. Die Initiatoren und Ent-
wickler waren Dr.-Ing. F. Jaschinski aus dem Wissenschaftsbereich Grundlagen der Messtechnik der Hochschule für Verkehrswesen (HfV) und Dipl.-Ing. Dieter Schramm aus der
F&E-Abteilung des damaligen VEB Turbowerke Meißen. Hier entstanden auch 1982 bis
'83 die Ingenieurbeleg und Diplomarbeit des Autors zu „Untersuchungen zu Diagnostizierung von Schäden an Rotor-Lager-Systemen". Abb. 1.1 vermittelt in a) einen Eindruck
von der damals noch umfangreichen analogen Speicher- und Auswertetechnik aus [4] und
der FFT- und Amplitudenverteilungs-Auswertung am Großrechner. Diese war damals noch
für hohe Mittelungsanzahlen aus minutenlangen Messungen erforderlich. Im Bildteil b)
wird ein diagnostizierter und in c) am Oszilloskop bereits sofort analog sichtbarer Laufbahnschaden am Außenring eines Saugzuges im Kraftwerk aus [6] gezeigt. Der Anwendung des Hüllkurvenverfahrens folgten nach und nach die meisten der Gerätehersteller. Es fand seit Ende der 80-ziger Jahren so schnell zunehmend weltweit massenhafte
Verbreitung. Grenzen setzte dem in den Neunzigern bis 2000er-Jahren nur die schrittweise
wachsende Leistungsfähigkeit der Signalverarbeitung in der Messcomputertechnik.

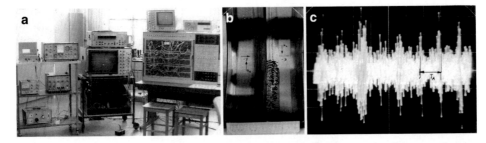

Abb. 1.1 (**a**) links Magnetbandgerät an analoger Auswertetechnik und Hüllkurvenbildung und
rechts im Bild die FFT- und Amplitudenverteilungs-Auswertung am Hybrid-Großrechner der HfV,
(**b**) mittig Laufbahnschaden im Außenring eines Saugzuges (Ringhälften bei Demontage geteilt),
nach [4], (**c**) Anzeige der Schadensüberrollung im Außenring in dessen Periodizität (T_A) am analogen Oszilloskop

Die Einführung der AZT-Richtlinie [7] (Allianz Versicherung – Zentrum für Technik) zur Schwingungsüberwachung von Windenergieanlagen (WEA) in den 2000'er-Jahren war ein weiterer Meilenstein zur Einführung von CM-Systemen und von Ferndiagnosen an Wälzlagerungen. In größerer Anwendungsbreite in Windparks werden seitdem mittels der „Schmalbandanalyse und -überwachung" von Überrollfrequenzen alle Wälzlager im Triebstrang einer WEA betriebsbegleitend überwacht. Einer der Pioniere in der Anwendung derartiger CMS und der Betriebsführung derartiger Überwachungen in größeren Anzahlen war die Fa. Bachmann Monitoring GmbH in Rudolstadt (vgl. Abschn. 8.5).

Die 2005 erstmals erschienene und vom Autor initiierte und mitgestaltet VDI 3832 [8] zur Wälzlagerdiagnose und -überwachung führte das bis dahin vorherrschende meist verfahrensspezifische etwas „exotische" ingenieurtechnische Fachwissen sinnvoll zusammen. Bis dahin war es nur in einzelnen und in Bezug zu Geräteherstellern separierten Anwenderkreise gebräuchlich. Diese von Praktikern mit z. T. jahrzehntelangen Erfahrungen in der Wälzlagerdiagnose erstellte VDI, erläutert umfassender die Körperschallmechanismen im Wälzlager bis zur Anwendung der Verfahren und bis zur Schadensbewertung. Die Anwenderkreise der einzelnen Verfahren und die Gerätehersteller können damit seitdem auf einen vereinbarten Stand der Technik zurückgreifen. Die verschiedenen Verfahren konnten so in der Breite noch stärker zugänglich gemacht werden. In dieser VDI wird dieses spezifische Fachgebiet der Schwingungsdiagnose von der Körperschallanregung über deren zuverlässige Messung und Signalanalyse bis zur Wälzlagerüberwachung ausführlich dargestellt. Die bis dahin vorhandenen nur bruchstückhaften Anleitungen in den Normen der Anlage zur DIN-ISO 10816-3 [9] und der VDI 3839 Blatt 2 [10] wurden dadurch abgelöst.

Diese VDI nach [8] beschreibt weiterhin deutlich umfassender die Wälzlagerdiagnose in der Signalanalyse der fünf „Kennsignale" eines Signalplots. Bis dahin wurde die Wälzlagerdiagnose oft reduziert und zentriert auf das Hüllkurvenspektrum und deren Schmalbandkennwerten der Überrollfrequenzen durchgeführt.

Verwiesen wird hier auch auf den Band 1 der „Seminarreihe der Schwingungs- und Auswuchtseminare" in [11], in dem im Kap. 4 die Zusammenhänge der Wälzlagerdiagnose einführend dargelegt wurden. Weiterführend gibt es eine sehr große Anzahl spezieller Fachliteraturbeiträge zur Wälzlagerdiagnose, auf die vom Autor auch punktuell im jeweiligen Textabschnitt und im Literaturverzeichnis eingegangen wird. In diesem Band wird versucht mit stärkerem Praxisbezug und an Fallbeispielen die Körperschalldiagnose an Wälzlagern in der Anwendung an Maschinensätzen darzustellen. Dabei wird auch auf die erfolgskritischen Details in der Konzeption, Messung, Diagnose und Überwachung und auf die Vermeidung potenzieller Fehlerquellen Wert gelegt. Da der Wälzlagereinsatz und -betrieb so vielfältig und facettenreich, wie er häufig auch fehlerbehaftet ist, kann hier kein Anspruch auf eine in der Breite und Tiefe erschöpfende Darstellung deren Zustandserfassung erhoben werden. Es wird hier der Fokus auf die am häufigsten eingesetzten, bewährten bzw. zuverlässigen Methodiken und Systeme der Wälzlager-Überwachung und Diagnose gelegt. Und es wird begleitend auf deren messtechnischen und physikalischen sowie wälzlager- und maschinen-technischen Grundlagen geschaut.

1.2   Grundprinzipien der Maschinendiagnose in der Geometrie im Betrieb, in der Schwingstärke und dem Körperschall

Innerhalb der gesamten Maschinenüberwachung und -diagnose werden aus schwingungsdiagnostischer Sicht mindestens drei nachfolgend beschriebene unterschiedliche physikalische Prinzipien angewendet. Sie dienen dabei zur Zustandsbeschreibung von Phänomenen und deren Merkmalen sowie deren Beurteilungen.

a) Resultierende **statische, quasi-statische und dynamische Geometrieabstände** zwischen Komponenten sind z. B. der Rundlauf von Rotoren, Abstände zu Lagerschalen, die Ausrichtung von Maschinen zueinander oder die „Lagerluft" im Wälzlager (Betriebsspiel). Sie ändern sich mit den im Betrieb variierenden und *dynamischen Bauteilabständen*. Betrachtet werden zuerst „in Ruhe" fixe statische Abstände resultierend aus den Abmessungen und Passungen der Bauteile unter dem Einfluss statischer Kräfte (z. B. Schwerkraft). Diese verändern sich lediglich z. B. unter Temperatureinfluss oder unter dem Einfluss von Kräften in Maschinen relativ langsam. Diese quasi-statische Lage erfährt im Betrieb durch dynamische Wechselkräfte Auslenkungen. Sie wird als dynamischer Anteil im relativen **Schwingweg** in Mikrometern gemessen. Ein Beispiel für dieses Messprinzip ist die relative Wellenschwingung an Gleitlagern nach [3]. Dessen Überwachung erfolgt mit einem am Lagergehäuse befestigten „Abstandsensor", der relativ zur drehenden und sich bewegenden Welle gerichtet misst. Der Bezug der Bewertung ist die Dicke des Schmierfilmes in der Gleitlagerung (vgl. Abb. 1.6). Neben diesem wird überwachend die stark beeinflussende Änderung der Lagertemperatur am Lager erfasst. In dem Band dieser Reihe zur Wellenausrichtung an wälzgelagerten Maschinensätzen nach [12] wurden die messtechnische Erfassung von großen Auslenkungen (bis unter 0,1 Hz) und Verlagerungen an kompletten Antriebssträngen im Betrieb mittels Laserausrichtsystemen detailliert gezeigt.

b) Die masseabhängigen mechanischen Schwingungen der „schweren" Komponenten in Maschinen werden in den „Maschinenschwingungen" als Schwingungsbeanspruchung der Komponenten betrachtet. Sie werden meist vom Rotor angeregt. Diese werden nach [1] und [2] in dem absolut an den Lagergehäusen erfassten Schwingweg und der Schwinggeschwindigkeit beschrieben. Diese werden zusammengefasst begrifflich als **Schwingstärke** in Ihren maximalen Effektivwerten bewertet. Sie beschreiben die in einer Lagerungsebene (axial in Lagermitte) *übertragene und wirkende Schwingungsenergie* in den drei Raumachsen. Deren Bewertung erfolgt nach empirisch ermittelten Grenzwerten, bei deren Überschreitung „Schäden an Bauteilen entstehen" (in [1] als Zone D beschrieben). Damit folgt dies methodisch der Schwingfestigkeit bzw. Dauerfestigkeitsgrenze von Bauteilen in der Höhe der Beanspruchung über die Häufigkeit der elastischen Verformung von Bauteilen.

c) **Körperschall und Ultraschall** beschreiben dagegen akustische Phänomene aus dem Reib- und Stoßkontakten von Bauteilen. Sie treten zwischen den Wälzpartnern im Wälzlager, dem Zahneingriff in Zahnradstufen oder in anderen Reib- und Stoßanregungen wie in den Arbeitsvorgängen in Kolben- oder Schraubenmaschinen auf. Beschrieben sind die Grundlagen dafür in den Regeln der technischen Akustik. Im Bauteilkontakt im Wälzlager als Schallquelle entsteht die Schallanregung, die über den Übertragungsweg der Bauteilkörper bis zum Körper- od. Ultraschallsensor als Schallempfänger gelangt. Sie wird von diesen an der Gehäuseoberfläche erfasst. So lässt sich der Zustand der Reibungsvorgänge und Bauteilkontakte in akustischen Messgrößen und daraus gebildeten Kennwerten erfassen. Gleichfalls zeigen diese dabei relativ Zustandsverschlechterungen an deren Kontaktflächen und im Schmierungszustand an.

Wenn hier in erster Linie meist vom Körperschall gesprochen wird, ist das zuerst der Anwendungsbreite geschuldet. Die meisten der dargestellten Zusammenhänge lassen sich ähnlich auf die Anwendungen des Ultraschalls übertragen. Nachfolgende Tab. 1.1 zeigt eine Übersicht dieser drei Haupt-Methodiken der Schwingungsdiagnose an Maschinen .

Tab. 1.1 Vergleich der drei grundlegenden Diagnosemethodiken an Maschinensätzen

/	Geometrieabstände der Bauteile	Schwingstärke der schweren Massen	Körperschall im Kontakt
Objekt	sich ändernde Abstände der Bauteile wie Welle/ Lagergehäuse	Energieinhalt der mechanischen Schwingungen an Lagergehäusen und Bauteilen	Kontaktflächen der Reibpartner, Reibvorgänge
Erfassung	variierende statische und dynamische Abstandsänderungen	Mechanische Schwingungen der beteiligten großen Bauteilmassen	Schallimpulse und Grundpegel aus Anregungsquellen im Körperschall
Methodik aus	dynamische Abstandsmessung	Schwingungsmesstechnik der mechanischen Schwingungen	Akustik des Körperschalls
Haupteinflüsse	Betriebsparameter und Schmierzustand und Struktureigenschaften der Komponenten	Anregungsstärke und Bauteilmasse und Struktureigenschaften der Komponenten (Steifigkeiten, Dämpfungen)	Kontaktgeschwindigkeit, lokal mitschwingende Massen, Kontaktfläche und Kontaktmedien
Ursache von Fehlerzuständen	Geometrieabweichungen, Resonanzen der großen schweren Komponenten, Schmierungsfehler	Geometrieabweichungen und Resonanzen der großen schweren Komponenten	Abweichungen zur Soll-Tribologie der Kontaktflächen

1.3   Abgrenzung der Methodik des Körperschalls

Zunächst soll hier vergleichend auf die physikalischen Prinzipien der Körperschallanregung im Wälzlagerbetrieb eingegangen werden. Das bestimmende Merkmal ist dafür deren *stochastischer instationärer Charakter* (regellose Zufallsschwingung), der im Wälzlager eigen-induzierten Anregungen. Das überdeckt sich mit dem in Wahrscheinlichkeiten beschriebenen *statistischem Ausfallverhalten* als grundlegend in der Wälzlagerauslegung. Dies Bezüge sind damit deutlich verschieden zum weitestgehend determinierten Verhalten der Rotor- und Stator-Komponenten und deren meist mehr stationären harmonischem Schwingungscharakter in der Schwingstärke-Analyse. Deren ingenieur-technischen Grundlagen sind in der „Rotordynamik" in [13] näher beschrieben.

Anders als bei den meist ereignisgebunden und einfacher erfassbaren Maschinenfehlern und -schäden ist bei den Wälzlagerschäden deren Auftreten zu einem Ereigniszeitpunkt meist unerwartet. Bei Wälzlagerschäden spielt besonders deren *Früherkennung* eine große Rolle, um den im Spätstadium eskalierenden Schadensverlauf und die potenziellen größeren Folgeschäden zu vermeiden. Es geht darin erfolgsentscheidend um den Kernpunkt der meist relativ langsamen Schadensentstehung und -entwicklung an den Laufbahnen der Wälzlagerbauteile. Der Schadensbeginn ist häufig von mehreren Fehlerquellen verursacht oder von Initialschäden ausgelöst und erstreckt sich über sehr viele Wochen und Monate. Er verläuft bis zu einer sich in der Endphase beschleunigenden kritischen Schadensausdehnung mit einem ansteigenden Ausfallrisiko.

Relativ sicher ist dabei der wahrscheinliche Schadensverlauf bis zum drohenden Ausfall und nur die Zeiträume der Schadensentwicklung bis dahin variieren unter einer Vielzahl von Einflussfaktoren.

Tab. 1.2 fasst als Übersicht die konzeptionellen Unterschiede von der Schwingstärkemessung an der Maschine und der Körperschallmessung am Wälzlager zusammen. Für die Instandhaltung und den Betrieb z. B. im konventionellen Kraftwerk ist noch deutlicher die Früherkennung von beginnenden Schäden im Entstehungsstadium im Wälzlager vor jeder Revision entscheidend. Nach der Revision ist dort dagegen die Bestätigung eines schadens- und fehlerfreien Betriebszustand des Wälzlagers wichtig. Werden Schäden dagegen im laufenden Betrieb festgestellt, hat die Bewertung des Schadensausmaßes und die Prognose der Restlaufzeit Priorität.

Unter dem in Tab. 1.2 genannten „Normalzustand" (nach DIN ISO 13373-3, umgangssprachlich auch Gutzustand oder Sollzustand) im Wälzlagerbetrieb werden hier folgende Eigenschaften und Merkmale verstanden:

- Die auftretenden *Wälzlagerfehler* sind nur maximal bis zur Stufe „Restfehler" ausgeprägt nach Tab. 8.4 in Abschn. 8.6.6. und führen mittelfristig nicht zu Schäden
- Es sind keine potenziell anwachsenden *Wälzlagerschäden* vorhanden, d. h. „Schadensstufe 1" liegt vor nach Abschn. 3.8 und Kap. 9
- *Gebrauchsspuren* nach Abschn. 3.7 liegen in der Schadensstufe bei max. 2–3, sind nicht weiter anwachsend; kein stärker erhöhtes Ausmaß im weichen Verschleiß gegeben

Tab. 1.2 Übersicht der Eigenschaften von Schwingstärke und Körperschall

Eigenschaft	Schwingstärke an Maschine	Körperschall am Wälzlager
Dominante Signaleigenschaften	Harmonische der Drehfrequenz dominieren, Pegel meist stationär und determiniert	Unbekannte variierende Eigenfrequenzen dominieren; angeregter Pegel stochastisch schwankend und rauschähnlich bis stoßhaltig mit signifikanten Modulationen
Von Fehlern zu Schäden	Fehler und Schäden oft creignisge-bunden und zeitnah entstehend, Ausnahme langsamere Schwingungs-brüche, das Fehlerausmaß ist oft bis über kritische Fehlergrenzen ansteigend	Schäden sind verursacht von Wälzlagerfehlern, Schäden entstehen über kritischer Fehlergrenze und aus Fehlersumme und langfristig
Drehzahlverhalten der Schwingungspegel	Etwas drehzahlabhängig im relevanten Fehlerfall und relativ gering bei Restfehlern; meist unkritischer bei niedrigeren Drehzahlen (< 600 min^{-1})	Stark drehzahl- und lastabhängig auch im **Normalzustand;** schwerer diagnostizier- und überwachbar an Langsamläufern unter ca. 120 min^{-1}
Fehlerverhalten	meist mehrere unkritische Restfehler Diagnose/Überwachung: kritisch erhöhte Fehler vor Bauteilschäden	Meist unkritische Restfehler Diagnose/Überwachung: temporäre und ggf. kritische Fehler Diagnose/Überwachung: seltener und sich langsam entwickelnde Schäden bis zur finalen Eskalation
Kritische Schäden	Selten Bauteil- und Wellenrisse und -brüche (Schwingungsbrüche) bis zum Ausfall (Gewaltbruch)	Häufiger Laufbahnschäden mit einem drohenden Ausfall; sehr selten spontaner Ausfall durch Heißläufer oder Bauteilbruch
Fehler- und Schadensverlauf der Bauteile	Fehler über unterschiedliche Zeitdauer bis zur Abhilfe, Schäden nach Initialschädigungen mit unterschiedlicher Zeitdauer und Verlauf je nach Schadenscharakter	Fehler wechseln betriebsabhängig, kritische Fehler führen zu langfristig sich entwickelnden Schäden; selten plötzliche Schäden durch Bauteilbruch
Merkmale Fehler in Überwachung	erhöhte Schwingstärke in deren drehzahlharmonische Komponenten	erhöhter Körperschallpegel und dessen Muster
Frequenzmuster	Drehfrequenzen und Passierfrequenzen mit deren Harmonischen aus der Maschine	Überrollfrequenzen und Drehfrequenz mit deren Harmonischen aus dem Wälzlager

(Fortsetzung)

Tab. 1.2 (Fortsetzung)

Eigenschaft	Schwingstärke an Maschine	Körperschall am Wälzlager
Breitbandige Pegelbewertung	zu absoluten, empirisch ermittelten empfohlenen und genormten Fehlerzonen	fallweise zu relativen drehzahl- und lagerlast-abhängigen fallspezifischen Grenzwerten; Ausnahme SPM absolute Grenzen zu relativer Skala
Bewertung in Diagnose- und Überwachung	Absolutverfahren – Anstieg und Erhöhung gegenüber absoluten empirisch ermittelten Grenzwert	Relativverfahren – Anstieg relativ über Laufzeit und im Fehler-/ Schadensfall gegen relative angepasste Grenzwerte hin zu „**Normalzustand**"
Diagnoseaussagen	meist relativ determiniert	nur mit einer Wahrscheinlichkeit oder begrenzten Zuverlässigkeit möglich

Insgesamt reduzieren diese Merkmale also die Lebensdauer nicht unmittelbar entscheidend.

Im Sinne des „Grundzustandes" in VDI 4550 [14] und ISO 13374-1 [15] ist der Health-Index (hier schadensbezogen) und der Performance-Index (fehlerbezogen) für derartige Wälzlager nahe an einer besten Bewertung von „10" für den fehlerfreien Neuzustand.

Für eine erfolgreiche Anwendung der Wälzlagerdiagnose ist besonders die Unterscheidung von Wälzlagerfehlern und -schäden wichtig. Nach [8] sind die Ursachen von Wälzlagerschäden fast ausschließlich die Wälzlagerfehler und nicht wie häufig angenommen direkt die Maschinenfehler. Maschinenfehler beeinflussen ggf. die statischen und erhöhen i. d. R. die dynamischen Wechselbeanspruchungen im Wälzlager, wie meist in einer erhöhten Schwingstärke erkennbar. Spätestens in einem Schadensfall hat damit die Ursachenerkennung und Fehlerdiagnose Priorität zur Vorbeugung und Vermeidung erneuter Schadensentstehungen. Damit verschiebt sich der leider häufiger verbreitete und zu schmale Fokus in der Diagnose von den Wälzlagerschäden mehr auf die verursachenden Wälzlagerfehler. Hier wird dafür auch ein Einblick in die vertiefte Signalanalyse als Hauptwerkzeug der Wälzlagerdiagnose gegeben.

1.4 Mechanische Schwingungen – Geometrieabstände, Schwingstärke, Körperschall

Einleitend stellt Abb. 1.2 die aneinander angrenzenden Frequenzbereiche aus dem Gesamtbereich der mechanischen Schwingungen von Festkörpern schematisch dar. Im unteren Bereich der Abstände und Schwingwege werden geometrische Beziehungen betrachtet. Der darüber liegende Frequenzbereich wird vorzugsweise mit der Schwinggeschwindigkeit, aber ergänzend mit allen drei Messgrößen mechanischer Schwingungen erfasst und bewertet.

Über der allgemeingültigen groben technischen oberen Frequenzgrenze der Schwingstärke von 1 kHz (grob dem 20-fachen der Drehfrequenz der Maschine) nach [2] und [3] haben wir es in der Maschine vorwiegend mit akustischen Phänomenen zu tun. Diese sind

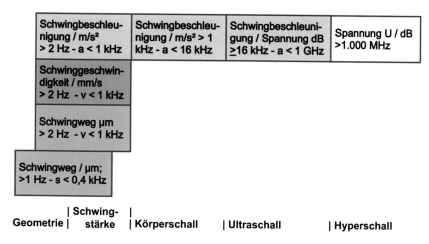

Abb. 1.2 Übersicht der Frequenzbereiche mechanischer Schwingungen an Festkörpern

erfassbar mit der Messgröße und der Kenngröße der Schwingbeschleunigung. Die Körperschallakustik umfasst die Schallentstehung zwischen den Bauteilen, deren Ausbreitung in Festkörpern und die Schallerfassung an der Bauteiloberfläche. Ergänzend müssen z. T. Schallphänomene in Gasen und Flüssigkeiten der Medien mit betrachtet werden. Beispiele dafür sind Verdichter und Pumpen.

In [8] wird dafür die Grenze des linearen (Schwingstärke) zum höheren stark frequenzabhängigen Übertragungsverhaltens des dynamischen Kraftflusses im Rotor- Lager-Systemen beschrieben. Zusammengefasst liegt danach die Grenze über der dritten Drehzahlharmonischen (max. 60 Hz Drehfrequenz) und so über ca. 180 bis 250 Hz.

Die *Körperschallerfassung* am Wälzlager wurde in den Anfängen mit mechanischen Stethoskopen oder vom Praktiker an der Maschine mit einem Schraubenzieher als „Köperschallbrücke" in einer subjektiven audio-akustischen Wahrnehmung ausgeführt. Im Unterschied zum berührenden taktilen prüfen des Schwingstärkepegels der Maschine am Lagergehäuse mit den Fingerspitzen. Dieses sehr verschiedene Vorgehen in der Wahrnehmung und subjektiver Bewertung spiegelt sehr anschaulich den unterschiedlichen physikalischen Charakter beider Schwingungsphänomene wider. In Abb. 1.3 und 1.4 sind diese beiden Phänomene als Übersicht vergleichend dargestellt. Die physikalischen Prinzipien und die Bewertungsverfahren sind bei beiden deutlich unterschiedlich. Auch wenn verallgemeinernd, unscharf oder etwas akademisch hier oft von Schwingungsmessung und mechanischen Schwingungen als Oberbegriff die Rede ist. Erfahrungsgemäß erschwert dies aber das Verständnis und ist oft bereits die Ursache für Fehler in der Anwendung der „Schwingungsmessung" am Wälzlager. Methodisch und besonders in der Diagnose sind die Unterschiede bei Messung und Bewertung des Körperschalls aber gravierend.

Diese Unterschiede setzen sich in der ganzen Mess- und Diagnosemethodik fort von der Körperschallentstehung bis zu dessen Detektion und Beurteilung in Kenngrößen und Diagnoseverfahren. Wie der Name sagt, geht es beim Körperschall um die aus der Luftschallmessung bekannten Wirk- und Messprinzipien des Schalls in der Akustik. Körper-

Bauteilschwingung – Wellenschwingung	Maschinenschwingung	Körperschall - Ultraschall
Auslenkung	Schwingschnelle Schwingstärke / Laufruhe	Körperschall Ultraschall
sichtbar	taktil fühlbar	hörbar im Luftschall oder mit Stethoskop
Schwingweg	Schwinggeschwindigkeit	Schwingbeschleunigung Ruck 1. Ableitung, Sprung 2. Ableitung
s in µm	v in mm/s	a in m/s²
5 ... 400 µm (bei 0,1 ... 10 m/s²)	1 ... 20mm/s	0,01 ... 1000 m/s² (bei << 1 µm, x nm, x pm)
0,1 ... 400 Hz	1 / 2 / 10 Hz ... 1 / 3 kHz	1 / 3 kHz ... 10 ... 20 ... 40 ... x* 100 kHz
relative und absolute Wellenschwingung	Gehäuseschwingung	Körperschall

Abb. 1.3 Übersicht 1 der Eigenschaften und Kenngrößen von Auslenkung und Schwingstärke und Körperschall nach [16]

Bauteilschwingung – Wellenschwingung am Rotor in Lagerebene	Maschinenschwingung am Lagergehäuse in Lagerebene		Körperschall - Ultraschall am Lagergehäuse in Lagerebene
Geometrie im Schmierspalt	Schwingungsenergie/Bauteilbeanspruchung		Reibgeräusch & Kontaktereignisse
Rotor- Gleitlager-Systeme	Rotor- Wälzlager-Systeme		Wälzlagerungen, Zahnradsätze-Zahneingriffe, Kolbenmaschinen, Werkzeugmaschinen, Fertigungsmaschinen
Zweikanalige Messung im Orbit unter 90° in den Hauptachsen, oder um 45°	Messung in drei Hauptachsen Messrichtungssinn unabhängig		Messstelle an Lastzone Messrichtungssinn hin zur Lastzone
Radial oder Axial (Axiallager)	Radial & Axial		Radial oder Axial (Axiallast)
Wegaufnehmer Näherungssensoren	Geschwindigkeitsaufnehmer Beschleunigungsaufnehmer		Beschleunigungsaufnehmer Kraftaufnehmer
s $_{0pk}$ in µm	s $_{rms}$ in µm und v $_{rms}$ in mm/s	v $_{rms}$ in mm/s	a in m/s² (j in km/s³, j in Mm/s⁴)
f $_n$ = 0 ... 60 Hz	f $_n$ >= 2 Hz	f $_n$ >= 10 Hz	2 Hz < f $_n$ < 67 Hz
0 Hz & 1Hz - 400 Hz	2 Hz - 1 kHz	10 Hz - 1 kHz	0,5 - 10 ... 16 ... 40 kHz

Abb. 1.4 Übersicht 2 der Eigenschaften u. Kenngrößen von Auslenkung und Schwingstärke und Körperschall nach [16]

schall entsteht in lokalen Kontaktstößen wie im Zahneingriffsstoß in Getrieben oder in der Schadensüberrollung im Wälzlager. Weiterhein sind Schallquellen der Reibvorgänge zwischen den Bauteilen wie im Abwälzvorgang in Wälzlagern und in Zahneingriffen, oder an den Zylindern vom oszillierenden oder drehenden Kolben. Wie mit den Schallabstrahlungsgesetzen beschrieben, wird dieser dann weitergeleitet im Luftschall hör- und messbar von der Oberfläche der Festkörper abgestrahlt. Gemessen wird der Körperschall möglichst nahe am Ort der Schallentstehung. Und ist dabei, bzw. wie auch mit einem „Mikrofon" im Luftschall üblich, hin zur Schallquelle ausgerichtet zu erfassen. Realisiert wird das meist mit Schwingbeschleunigungsaufnehmern. Zu diesen Aufnehmern und der Messkette werden in Kap. 7. nähere Ausführungen gemacht. Symptomatisch ist in der Körperschallentstehung, dass bereits sehr geringe Energiemengen zur Anregung ausreichen, wie beim manuellen Kratzen oder Klopfen an Bauteilen. Auch ist bekannt, dass diese unter günstigen Bedingungen in kompakten Körpern über größere Distanzen übertragen werden können. Jeder kennt das Beispiel des Rollgeräusches auf der Eisenbahnschiene.

Die *Maschinenschwingung* am Gehäuse kann dagegen bidirektional also beidseitig am Lagergehäuse mit gleichem Messergebnis in dem Schwingweg bzw. der Schwinggeschwindigkeit erfasst werden. Dabei werden die niederfrequenteren Auslenkungen unter 1 kHz der schweren und synchron schwingenden Massen des Stators und des Rotors erfasst. Die Anregungen kommen meist vom Rotor mit seiner Drehfrequenz und sind massebedingt relativ energiereich. Im Schwingungssystem aus Rotoranregung und den Eigenschwingungen von Bauteilen (im Rotor und im Stator) entstehen die resultierenden Schwingungsantworten am Lagergehäuse. Diese entstehen spezifisch jeweils in die Schwingungsrichtungen der drei Hauptträgheitsachsen (radial als horizontal und vertikal sowie axial). Sie steht unter dem prägenden Einfluss von Steifigkeiten und Dämpfungen der schweren Bauteile und der wirkenden Schwerkraft.

Der *Körperschall* dagegen entsteht lokal an den Schallquellen der Kontakte im einzelnen Wälzlager und dort an jedem Wälzkörper im Überrollen an den Lagerringen. Er wird über Schallbrücken nach außen geleitet, ohne das relevante Schwingwege der Bauteilmassen am Lagergehäuse auftreten. Es treten lediglich hochfrequente lokale Stoßwellen auf, für die geringere Energiemengen ausreichen. Man spricht hier auch von den lokal begrenzten mitschwingenden Massen oder auch von sog. Oberflächenwellen der Bauteile. Die Schallausbreitung von der betrachteten Schallquelle des gesamten Wälzlagers geht im sog. „Kraftfluss" gerichtet über Körperschallbrücken nach außen und meist nach unten bis zur Aufstellung. Genau betrachtet sind im Wälzlager dies die eng benachbarten sog. „mehrpoligen" Schallquellen der Wälzkontakte benachbarter Wälzkörper (vgl. Abschn. 2.3). Der dominante Ort der Schallentstehung ist dabei die sog. *Lastzone* im Wälzlager, in der der Rotor über einige Wälzkörper am Außenring und Lagergehäuse abgestützt wird. Diese Zusammenhänge drücken sich weiter aus in der Frequenzabhängigkeit der Kenngrößen der Rotor- und Lagergehäuseschwingung, die im Diagramm der Abb. 1.5 dargestellt sind. Schwingweg und -geschwindigkeit fallen als Kenngrößen der Intensität stetig ab bis an die Rauschgrenze um 0,4 bzw. 1 kHz. Für die Erfassung des Körperschalls im höheren Frequenzbereich eignet sich damit nur die Schwingbeschleunigung in m/s^2 oder g, da diese über den gesamten Frequenzbereich ein konstantes Intensitätsverhalten aufweist. Damit besitzt diese keine Frequenzabhängigkeit. Mit ihr kann so der hochfrequenten Körperschall im Frequenzbereich über ca. 1 kHz als Kenngröße gut erfasst werden. Als robuste Aufnehmer für alle drei Kenngrößen am Gehäuse haben sich heute piezo-elektrische Beschleunigungsaufnehmer in der Breite durchgesetzt (vgl. Abschn. 6.2).

Die *Schwinggeschwindigkeit* in mm/s der Gehäuseschwingung wird gebildet aus der gemessenen Beschleunigung durch Integration, d. h. durch

$$\text{Multiplikation } mit\, 1/\omega = 1/\left(2 * \Pi * \text{f}\right) \tag{1}$$

Der Gleichung folgend nimmt mit zunehmender Frequenz bei gleicher Anregungsenergie die Antwort stetig ab. Sie geht höher über 1 kHz meist in dem Grundrauschen üblicher Messketten unter, wie in Abb. 1.5 dargestellt. Eine Ausnahme bilden hier spezielle Lasermesssysteme, die auch bei höheren Frequenzen noch ausreichend Auflösungen bieten. Diese finden aber auch aus Kostengründen in der Wälzlagerdiagnose kaum Anwendung. So kann diese bei Maschinenfehlern erhöhte „massegebundene" Schwingungsenergie der „schweren Massen" in der Maschine mit der Schwinggeschwindigkeit am besten bemessen und beurteilt werden. Eine zu stark erhöhte Schwingungsenergie überbeansprucht dynamisch die Maschinenteile und Verbindungen und kann diese schädigen. Sie steigt im Betrieb einer Maschine in ihrem Pegel meist linear mit der Drehzahl etwas an, wie von der Unwuchtanregung bekannt. Davon abweichend steigt diese bekannterweise überproportional stark in einem Bereich um eine Resonanzfrequenz an. So entsteht in einem Bauteil wie dem Rotor unter Drehfrequenzanregung dessen „gefährliche" Resonanz. Es sei aber hier erwähnt, dass einige Anwender sehr bewusst auch die Frequenzkomponenten aus dem Wälzlager nur bei stärker ausgedehnten Schäden erfassen möchten. Sie wenden dafür gezielt die Schwinggeschwindigkeit an (vgl. Abschn. 8.6.3).

Der *Schwingweg* in µm als zweite Kenngröße der Schwingstärke am Lagergehäuse wird durch doppelte Integration aus der gemessenen Beschleunigung abgeleitet, d. h. durch

$$\text{Multiplikation } mit\, 1/\omega^2 = 1/\left(\left(2 * \Pi * \text{f}\right)^2\right) \tag{2}$$

und geht ca. über 400 Hz in dem Grundrauschen üblicher Messketten unter. An den hier behandelten wälzgelagerten Maschinensätzen hat sich die Schwinggeschwindigkeit als Haupt-Kenngröße bewährt, dagegen der relative Schwingweg an gleitgelagerten Maschinen. Er erfasst die Änderung des relativen Abstand vom Rotor zu den tragenden Lagerschalen im Lagergehäuse (vgl. Abb. 1.5 und 1.6). Im Gleitlager ist im Zentrum der Aufmerksamkeit der funktionell bestimmende Schmierfilm, der bei erhöhten Rotorauslenkungen nicht durchschlagen werden darf, da sonst die Lagerschalen durch metallischen Kontakt mit der Welle geschädigt werden. Ergänzend werden aber auch beide Größen der Schwingstärke an wälzgelagerten Maschinen am Gehäuse erfasst, wie der zusätzliche Schwingweg an Maschinensätzen unter 600 und über 120 min^{-1} nach [1].

Im Schnittpunkt des Frequenzverlaufs aller drei Kenngrößen in Abb. 1.5 bei 159,15 Hz sind demnach die Amplitudenwerte aller drei Kenngrößen gleich. Das macht man sich bei

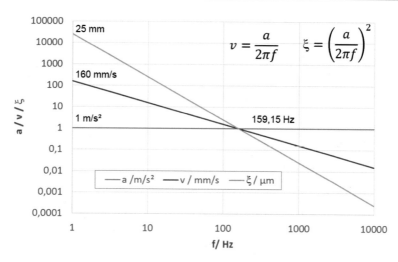

Abb. 1.5 Prinzipschema der Frequenzabhängigkeit der Schwingungs-Kenngrößen nach [17]

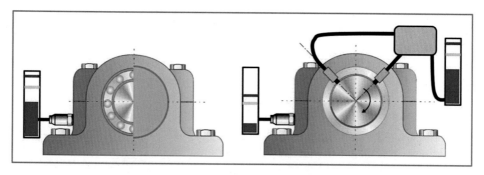

Abb. 1.6 Zustandsbewertung schematisch in Kenngrößen im Bezug zum Lagerungstyp, links an Wälzlagern und rechts an Gleitlagern

der deshalb so gewählten Anregungsfrequenz in Schwingungserregern zur Kalibrierung von Schwingungsmessketten zu nutze. (vgl. Abschn. 6.2).

Der Körperschall in der *Schwingbeschleunigung* an Wälzlagern aus den Kontaktflächen ist erst ab einer unteren Frequenzschwelle sinnvoll zu bewerten, über der dieser nicht mehr von drehfrequente Anregungen am Lagergehäuse bestimmt wird. Das ist drehzahlabhängig und energetisch bewertet i. d. R. erst über der 10. Harmonischen der Drehfrequenz, d. h. ab 120 bis 600 Hz sinnvoll. Der zu erfassende Körperschallbereich beginnt damit dort, wo die Schwingstärke in den beiden anderen Kenngrößen bereits deutlich abgeklungen ist. (vgl. Abschn. 7.4 in [8]). Nach oben hin begrenzt liegt der Körperschall im linearen Frequenzbereich der Beschleunigungsaufnehmer bis 10 und bis 16 kHz, woran sich dann der Ultraschallbereich anschließt. Bei erweiterter Betrachtung erfolgt dies noch nicht linear bis in den Resonanzbereich der Aufnehmer. Impulsförmige Anregungen, wie bei Laufbahnschäden, reichen weiter bis in den Ultraschallbereich, d. h. bis über 100 kHz in den Megaherzbereich. In der Literatur werden auch in der Wälzlagerdiagnose die Ableitungsgrößen der im Sensorelement direkt erfassten Schwingbeschleunigung genannt. Das sind mit der 1. Ableitung der Ruck (Änderung der Beschleunigung) (in km/s^3) und mit der 2. Ableitung der Sprung (Änderung des Ruckes) (in Mm/s^4). Diese werden seltener angewendet als Kenngrößen für die Körperschallmessung an Wälzlagern. Sie haben sich über spezielle Anwendungen hinaus nicht stärker verbreitet. Dagegen sind die Ultraschallmessungen oberhalb des Körperschalls (>16 kHz) mit Ultraschallsensoren gängige Verfahren, auf die in den Kennwertverfahren noch eingegangen wird.

Die Schwingstärke reicht meist nur über einen überschaubaren Amplitudenbereich an Maschinen bis 400 μm bzw. 20 mm/s bei üblichen fehlerbedingten Anstiegen. Dagegen erstreckt sich die Schwingbeschleunigung in einem sehr weiten Bereich von 0,001 m/s^2 bei Langsamstläufern bis 100 m/s^2 bei Schnellläufern und bei anderen erhöhten Anregungen im Extremfall bis über 1.000 m/s^2 bei starken Lagerschäden und bei zusätzlichen Körperschallquellen. Dies umspannt also einen sehr weiten Amplituden- und Frequenzbereich, worauf die Auswahl und die Anwendung der eingesetzten Messkette mit Ihren Eigenschaften abgestimmt werden sollte. Weiter Ausführungen zur Messkette finden sich in Abschn. 6.4.

Abb. 1.6 zeigt die methodischen Unterschiede der physikalischen Prinzipien an Gleit- und an Wälzlagerungen, die grundlegend eine andere Messmethodik der Schwingstärke und des Körperschalls an Wälzlagern erfordern. Rechts wird die übliche Schwingungsmessung an Rotor-Gleitlager-Sytemen mit zwei orhogonal angeordneten Wegaufnehmern vom Lagergehäuse aus und hin zur Welle erfassend dargestellt. Dies wird vom Sensorelement nahe der Welle auf einer vorbeilaufenden und besonders bearbeiteten Messspur als relativer Abstand erfasst. Dieser wird bei anspruchsvolleren Anwendungen zusätzlich mit einem Beschleunigungsaufnehmer am Lagergehäuse gemessen und in eine absolute Wellenschwingung umgerechnet.

Die beiden Wegaufnehmer messen synchron den maximalen relativen Schwingweg der Welle in der Vektorbildung in einer Orbitalkurve, was in [3] und [13] detailreich erläutert wird. Durch den relativ dicken und weichen und stärker dämpfenden Schmierfilm kommt in der Gehäuseschwingung von der Rotorschwingung nur noch ein geringerer Anteil an, wie grafisch im Pegelbalken dargestellt. An weniger großen Maschinen mit Gleitlagern (< X MW) werden häufig aus Kostengründen auch dafür Beschleunigungaufnehmer am Gehäuse eingesetzt und damit zur Wellenschwingung nur vergleichende Amplitudenwerte beurteilt. Das hätte den Vorteil, dass damit auch der Körperschall im Wellenanstreifen erfasst weren könnte, was dort aber leider unüblich ist.

Am Lagergehäuse der Wälzlagerung links dagegen sind durch den relativ dünnen Schmierfilm des Wälzlagers mit dessen hoher Steifigkeit (vgl. dazu Abschn. 2.7) die Rotorschwingung und die Gehäuseschwingung im Normalfall nur durch geringere Unterschiede gekennzeichnet. Sie sind damit am Gehäuse gut erfassbar. Spiel- und fehlerbehaftet und richtungsabhängig können diese am Wälzlager aber auch stärker auseinander liegen (Betriebsspiel und weicher Verschleiß vgl. Abschn. 3.6). Sonderverfahren der Messung der Rotorschwingung an Wälzlagern mit Wegaufnehmern zwischen Rotor und Gehäuse scheitern i. d. R. an der zu geringen Auflösung der Messgröße und Messkette im Kilohertz-Bereich und den hohen Störpegeln (Abb. 1.5).

Im nächsten Kapitel wird nun betrachtet wie im Betriebs- und Fehlerverhalten des Wälzlagers sich dessen akustische Merkmale ändern und sich dies in den Zustands-Kenngrößen abbilden lässt.

Bilder:

Das Copyright für das Abb. 1.5 liegt bei der Metra Mess- und Frequenztechnik in Radebeul e.K., 2017

Literatur

1. DIN ISO Reihe 10816 Mechanische Schwingungen – Bewertung der Schwingungen von Maschinen durch Messungen an nicht-rotierenden Teilen, Teil 1-7 2005 bis 2014
2. DIN ISO Reihe 20816 Mechanische Schwingungen – Messung und Bewertung der Schwingungen von Maschinen, Teil 1-9, 2016 – 2019
3. DIN ISO 7919 Mechanische Schwingungen – Bewertung der Schwingungen von Maschinen durch Messungen an rotierenden Wellen – Teil 1-5
4. „Schwingungsmessungen zu Diagnostizierung von Rotor-Lager-Systemen", Großer Beleg, Dieter, Franke, Hochschule für Verkehrswesen, Sektion Fahrzeugtechnik, WB Grundlagen der Meßtechnik, Dresden, 1983, unveröffentlicht
5. „Diagnose an Rotor-Lager-Systemen", Dr.-Ing. F. Jaschinski, WZ der HfV, Dresden, 26/1979/Heft 5
6. „Untersuchungen zu Diagnostizierung von Schäden an Rotor-Lager-Systemen", Diplomarbeit, Dieter, Franke, Hochschule für Verkehrswesen, Sektion Fahrzeugtechnik, WB Grundlagen der Meßtechnik, Dresden, 1983
7. AZT Untersuchungsbericht „Anforderungen an Condition Monitoring Systeme für Windenergieanlagen", Allianz Versicherungs-AG, Thomas Gellermann, Georg Walter, Firmen Technische Versicherungen, München, 03-2003
8. VDI 3832 Schwingungs- und Körperschallmessung zur Zustandsbeurteilung von Wälzlagern in Maschinen und Anlagen, 2013-04
9. DIN-ISO 10816-3, Mechanische Schwingungen – Bewertung der Schwingungen von Maschinen durch Messungen an nicht-rotierenden Teilen – Teil 3: Industrielle Maschinen mit Nennleistungen über 15 kW und Nenndrehzahlen zwischen 120 min-1 und 15.000 min-1 bei Messungen am Aufstellungsort
10. VDI 3839 Blatt 2, Hinweise zur Messung und Interpretation der Schwingungen von Maschinen – Schwingungsbilder für Anregungen aus Unwuchten, Montagefehlern, Lagerungsstörungen und Schäden an rotierenden Bauteile, 2013-01
11. Band 1, Seminarreihe der Schwingungs- und Auswuchtseminare, „Grundlagen der Messung, der Beurteilung und der Überwachung der mechanischen Schwingungen von Maschinen", Eigenverlag, Dr.-Ing. M. Weigel und Dipl.-Ing. U. Olsen, 2007

12. „Ausricht- und Kupplungsfehler an Maschinensätzen", Dieter Franke, Springer Verlag GmbH, Berlin, 2020
13. „Rotordynamik", R. Gasch; R. Nordmann, H. Pfützner, 2. Auflage, Springer-Verlag, Berlin, 2006
14. VDI 4550 Blatt 3: Schwingungsanalysen – Verfahren und Darstellung – Multivariate Verfahren, 2021-01
15. ISO 13374-1 Condition monitoring and diagnostics of machines – Data processing, communication and presentation – Part 1: General guidelines
16. Seminar, Maschinendiagnose I, von D. Franke, 2008
17. „Theorie_und_Anwendung_piezoelektrischer Beschleunigungsaufnehmer", Metra Mess- und Frequenztechnik in Radebeul e.K., Jan Burgemeister, www.MMF.de, 2008

Statistische Erfassung des Betriebsverhaltens von Wälzlagern

2

2.1 Eigenschwingverhalten der Bauteile

Abb. 2.1 veranschaulicht einen einfachen und grundlegenden Zusammenhang in der Schwingungsmessung an mechanischen Objekten. Die Masse und damit die Abmessung des Objektes bestimmt die Eigenfrequenzen der hier abgebildeten recht kompakten Maschinenkomponenten und ordnet diese so den Kenngrößen und Frequenzbereichen zu. Die meiste Energie der Schwingstärkemessung liegt entsprechend der Hauptanregung vom Rotor und der gemessenen Antwort am Stator im Bereich der 1. und 2. Harmonischen der Drehfrequenz. In deren Nähe liegen die Eigenschwingungen des Rotors mit der 1. und 2. Biege-Eigenfrequenz.

Diese großen Bauteile liegen bei Abmessungen von Metern und x * 100 kg und ergeben daraus deren tieferen Eigenfrequenzen. Grob ergibt sich diese aus der Wurzel aus Steifigkeit c durch die mitschwingende Masse m in einem Bereich von y * 30 Hz. Die Werte des Faktors y liegen bei 1 bis 3 für Baugrößen im Leistungsbereich von einigen Megawatt bis zu wenigen Kilowatt. Die 1. Biegeeigenfrequenzen der Rotoren liegen so meist etwas über der (unterkritisch) oder bei großen Megawattmaschinen etwas unter der Drehfrequenz (überkritisch).

Werden nun die **Bauteile des Wälzlagers** und dessen Gehäuseteile proportional zu deren Abmessung von einigen Millimetern bis zu wenigen 100 mm im Abrollvorgang angeregt, liegen diese je nach Baugröße und Gestaltfestigkeit und Einspannsteifigkeit im Bereich ab etwas unter 1 kHz beim Außenring und Gehäuse. Die Frequenzen des Innenrings sind etwas darüber liegend auf Grund der steiferen Einspannung und geringeren Abmessungen. Dieser Bereich geht dann weiter, wie im mittleren Bildbereich gezeigt bis zu 50 und über 100 kHz bei den kleineren und steifen Wälzkörpern. Diese mit Stößen im Wälzlager gut anregbaren Eigenfrequenzen spielen im Folgenden eine wichtige Rolle für

D. Franke, *Wälzlagerdiagnose an Maschinensätzen*, https://doi.org/10.1007/978-3-662-62620-7_2

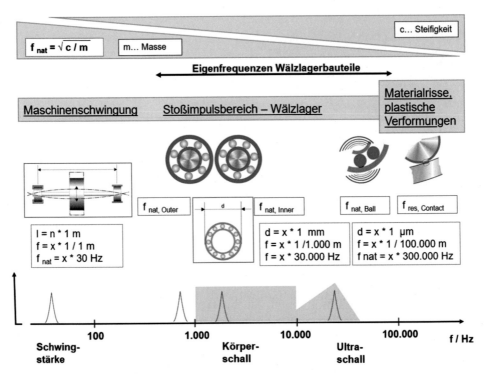

Abb. 2.1 Bauteilorientierte Schwingstärke und Körperschall in der Schwingbeschleunigung von links nach rechts in sinusförmigen Anregungen, Stößen, Stoß- und Ultraschallimpulsen nach [1] (vgl. auch Abb. 1.2)

die Kennwerte. Sie werden erfasst in der Filterung der breitbandigen Kennwerte und in der Signalverarbeitung für die schmalbandigen Kennwerte. Zweckmäßig sind Stoßvorgänge im Wälzlager an den Lagerringen deshalb also insgesamt betrachtet im Bereich von 1 kHz bis 16 kHz im Körperschall und darüber im Ultraschall gut messbar. Daraus sind deshalb auch die breitbandigen Wälzlagerkennwerte und die Filterbereiche der schmalbandigen Kennwerte zu bilden. In diesem Frequenzbereich liegen dafür nutzbar auch die linearen Frequenzbereiche und teilweise die Aufnehmer- und Ankopplungs-Resonanzfrequenzen der Beschleunigungsaufnehmer.

Der höhere Ultraschall im rechten Bildteil dagegen ist aus den Größenordnungen der **hertzschen Flächen** (vgl. dazu Abschn. 2.3) mit wenigen Zehntel Millimetern in dem Bereich der lokalen elastischen (reversiblen) Materialverformungen im Wälzlager abgeleitet. Diese erzeugen aus den Mechanismen bis über 100 kHz im Ultraschallbereich (vgl. dazu Abschn. 7.4) erfassbare Anteile. Dieser wird mit speziellen Ultraschallsensoren und -systemen gemessen. In diesem Frequenzbereich bis zur Molekülstruktur herunter spielen sich auch die sog. plastischen (irreversiblen) Verformungen und Materialzerstörungen ab. Ein hörbares und populäres Sinnbild dafür ist das sog. „Zinngeschrei" bei der Verformung von β-Zinnblech.

2.2   Randbedingungen der Wälzlagerdiagnose

So wie die Schwingstärke und der Körperschall meist gemeinsam im Beschleunigungsaufnehmer am Lagergehäuse erfasst werden, sind in der Beurteilung des Wälzlagerbetriebes zunächst immer auch beide Betrachtungsweisen parallel erforderlich. Das Wälzlager
verbindet in der Maschinenkonstruktion Rotor und Stator und leitet so alle Kräfte und die
Anregungen der Schwingstärke im Betrieb vom Rotor in den Stator weiter. Die Kräfte
wirken auch über die Lager zurück, wie in Abb. 2.2 für die statischen Kräfte schematisch
dargestellt. Analoges gilt für die dynamischen Wechselkräfte. Das Betriebsverhalten des
Wälzlagers stellt sich so statisch eingespannt und dynamisch angeregt zwischen Rotor und
Stator erst ein. Der Wälzlagerbetrieb erfordert aber bestimmte Bedingungen, um optimal
über lange Zeiträume schadensfrei zu funktionieren. Wichtig für die Beurteilung des
Wälzlagers ist es deshalb, ergänzend die Belastungen aus der Maschinenschwingung zu
kennen und dafür synchron zu erfassen und zu bewerten. Praktisch wird dies weiterhin
benötigt, um die Interaktionen der Maschinenfehler mit den sogenannten Wälzlagerfehlern im Vorgang des Abwälzens zu beurteilen. Letztere haben mitunter selbst stärkere
Wechselwirkungen mit den Maschinenfehlern (vgl. Fall Abschn. 13.12).

Der Charakter des Betriebsverhaltens von Wälzlagern erfordert von den Anwendern der
Wälzlagerdiagnose, die häufig von der Erfahrungen der Maschinenbeurteilung ausgehen,
einen klaren Paradigmenwechsel mitzugehen. Der Köperschall hat davon verschiedene
physikalische Prinzipien, Mess- und Diagnosemethodik und Kenngrößen und Bewertungen. Auch das Wälzlager selbst wird „nur" nach einer statistischen (Weibull-)Verteilung in
der Lebensdauer ausgelegt. Das Wälzlager wird berechnet, um die angestrebte L10h Lebensdauer in Stunden nach DIN ISO 281 [2] mit einer definierten Wahrscheinlichkeit zu
erreichen. Letztere beschreibt eine **Überlebenswahrscheinlichkeit** von 90 % der Wälzlager unter den eingegebenen Einsatzbedingungen für den gewählten Wälzlagertyp mit sei-

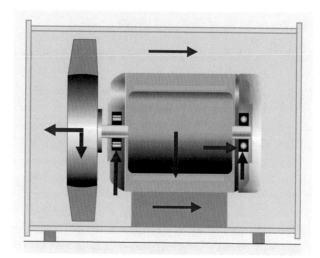

Abb. 2.2 Statischer Kraftfluss
im Rotor-Lager-System eines
Axialventilators durch das
Wälzlager

ner Baugröße. Diese DIN trifft für die Lebensdauer und damit auch für die Diagnose einige wichtigen Unterscheidungen in *Radial- und Axiallager sowie in Kugel- und Rollenlager*.

In der Maschinenschwingstärke ist vieles relativ sicher determiniert und das Kennwertverhalten ist tendenziell stationär. Zum Beispiel, Rundlauffehler und Fehlausrichtungen kann man in der Praxis auch im Stillstand ausreichend genau messen und so sicher bewerten. Die Ursachen der erhöhten Schwingstärke sind meist gut erfassbar und relativ sicher diagnostizierbar.

Nun begeben wir uns auf das deutlich „unsicherere" Gebiet der Wälzlagerdiagnose, die gemäß ihrem Charakter nur eine begrenzte Wahrscheinlichkeit der Aussage generieren kann und final gar eine Prognose über die Restlaufzeit abgeben soll. Und zwar ohne, dass die Diagnoseobjekte in Augenschein genommen werden können oder die Fehler direkt messen zu können. Denn der Zustand des Wälzlagers stellt sich erst und nur im Betrieb ein und kann dabei in praktikabler Weise nur über die Merkmale des Körperschalls erfasst werden. Der Körperschall hat darin einen weitestgehend stochastischen (regellose Zufallsschwingung) Signalcharakter und es verbleiben in den daraus abgeleiteten Aussagen immer „Restunsicherheiten". Im Falle der Wälzlager ist das Betriebsverhalten tendenziell meist instationär. Das heißt, die Signalpegel und angeregten Frequenzbereiche variieren kurzzeitig und langfristig stärker unter diversen Einflüssen über einen größeren Schwankungsbereich. Markant nehmen diese Schwankungen im Fehler- und Schadensfall meist noch deutlich zu. Man kann ggf. nur die Folgen der Wälzlagerschäden im Schmierstoff analysieren, wenn es also bereits zu spät ist. Oder sie lassen sich auf den Laufflächen und üblicherweise nur in Blocklagern oder in Zahnradgetrieben genauer endoskopieren. Schmierstoffproben können betriebsbegleitend analysiert werden und die Laufflächen bei Zugänglichkeit im Stillstand mittels Endoskopie genau begutachtet werden. Metallpartikel im Schmierstoff lassen sich auch im Betrieb im Schmierstoff gut detektieren (vgl. Abschn. 3.4). Die meisten Einzel-Lagergehäuse oder Lagerschilde an Motoren lassen bauraumbedingt leider eine Endoskopie nicht zu. Aber Fett- und Ölanalysen auf Metallpartikel sind auch hier möglich und üblich.

Aber von der Erwartung der Maschinenbetreiber ausgehend, sollen die Wälzlagerschäden im Betrieb laufend automatisch überwacht und im Alarmfall ereignisgesteuert genauer diagnostiziert werden. Den diese sind nach den Statistiken das größte Risiko und häufige Ursache unvorhergesehener Maschinenausfälle. Alle die mit Wälzlagerdiagnose zu tun haben, sollten aber möglichst sachlich deren meist objektive Randbedingungen mit in Betracht ziehen. Oft aus nicht ausreichender Kenntnis der Zusammenhänge neigt das Umfeld dazu die Ausführenden und die Ergebnisse der Wälzlagerdiagnose zu überfordern oder nicht sachgerecht zu interpretieren. Wir sollten deshalb sachlich gewissenhaft die Fakten der Statistik und der Wahrscheinlichkeit des Wälzlagerbetriebes und der -diagnose mit einbeziehen. Und wir sollten uns vornehmen nach sicheren und robusten Methoden Ausschau zu halten und diese sorgfältig und fachgerecht anzuwenden. Denn nur eine gute Diagnose ist akzeptabel und Fehldiagnosen sind spätestens nach dem Ausbau des Lagers sichtbar und werden erfahrungsgemäß kaum toleriert. Hier helfen nun die in den letzten

Jahren immer leistungsfähiger gewordenen Mess-, Auswerte- und Softwaretechniken in den Geräten und deren PC-Auswertesoftware. Darin sind meist die Vorrausetzungen für die Anwendung praxiserprobter und weit verbreiteter Methoden bereits erfüllt, und die Umsetzung deren anwendungsorientieren Regeln ist realisiert [3].

2.3   Normalbetrieb von Rollenlagern in Radiallagern

Abb. 2.3 zeigt ein Wälzlager ausgeführt als Rollenlager mit Käfig. Es ist beispielhaft hier eingesetzt als Loslager (axial verschiebbar) an einer horizontalen Welle und als Radiallager, d. h. unter dominierender Radiallast. Es wirkt hier designgemäß ohne Borde und somit ohne höhere Axiallast-Übertragung. Die Wälzlagerlebensdauer und der Betrieb wird, wie in der Lebensdauerberechnung, von der „äquivalenten" Lagerbelastung auf das Lager (vom Rotor auf das Gehäuse) bestimmt. Die Eigenschaften des Wälzlagers dafür sind die statische und die dynamische Tragzahlen. Die resultierende statische Radialkraft (dunkelgrüner Pfeil) wird meist bestimmt von der anteiligen Schwerkraft des Rotors (ca. 50 %) auf das betrachtete und das benachbarte Lager des Rotors. Dieses resultiert aus der Lastverteilung im Lagerpaar von Los- und Festlager am Rotor und ggf. von weiteren Kräften aus dem Arbeitsprozess der Maschine. Aus Maschinenfehlern, wie der ggf. vorhandenen Rest-Fehlausrichtung, kommen weitere statische Kräfte in entsprechenden Einsatzfällen hinzu. Die statischen Kräfte können weiterhin je nach Antriebsart auch aus Zahneingriffen oder Riemenantrieben resultieren. Unter der Radiallast stellt sich hier nach unten eine Auflagerung des Rotors auf mehreren Wälzkörpern ein. Unter den lasttragenden Wälzkörpern, d. h. auf die die statische Last verteilt ist, stellt sich eine sogenannte Lastzone des Wälzlagers ein (vgl. auch Abschn. 2.4 ff.). Die Breite der Lastzone wird fallspezifisch von der Radiallast im Verhältnis zur Tragfähigkeit des Lagers bestimmt. Das erzeugt ein resultierendes Lagerspiel im Stillstand und im Betrieb, wie hier nach oben ausgebildet. Aus dem Design wirkt hier die gewählte Lagerluftgruppe des Wälzlager (Nachsetzzeichen CN bis C4). Das umgangssprachlich bezeichnete Lagerspiel wird in Rotation korrekt bezeichnet als Betriebsspiel nach [4]. Dieses stellt sich ein aus der Lagerluftgruppe des ausgewählten Wälzlagers (häufig z. B. C3) und der Reduzierung durch den Presssitz des Innenrings auf der Welle im meist zylindrischen Sitz. Der Sollwert der Breite der Lastzone sollte optimal von 90° bis 180° bis max. 270° reichen von ca. 3 bis 9 Uhr, in der sich die statische Last auf mehrere Wälzkörper verteilt. Reicht die Lastzone über 270° hinaus besteht am Radiallager die Gefahr, dass das Betriebsspiel zu klein wird.

Das kann bis zu einem kurzzeitigen Klemmen einzelner Wälzkörper führen, wodurch im Abrollen die radiale Lastzone gestört wird. Am Radiallager ist diese Lastzone aber essenziell erforderlich für einen ungestörten Lagerbetrieb im Sollbereich. Ist die vorgeschrieben Mindestbelastung nach [2] am Lager unterschritten oder der Presssitz am Innenring ist nicht ausreichend, wird das Betriebsspiel resultierend häufig zu groß. Daraus entsteht im Betrieb eine zu kleine Lastzone auf zu wenigen Wälzkörpern. Damit läge dann bereits ein kritischer Wälzlagerfehler für einen sollgemäßen Betrieb vor. Durch das beim

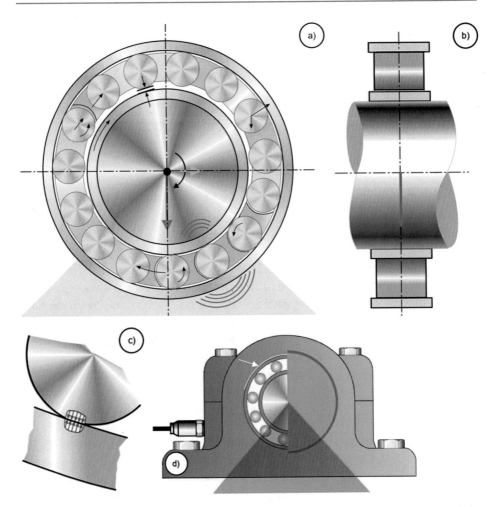

Abb. 2.3 Kinematik im Radial- und Rollenlager ohne Borde **a**) links in der Schnittansicht mit der Lastzone (gelbe Fläche) und den Kräften, **b**) rechts in Seitenansicht und **c**) links unten mit dem „hertzschen Flächenkontakt" an einer Rolle unter Last und **d**) mit dem weiß markierten Außenringspiel

horizontalen Rotor sich einstellende Betriebsspiel entsteht außerhalb der Lastzone im Bild nach oben kein Innenringkontakt mehr. Überprüft wird dies bei einer Lagerkontrolle im Stillstand einfach mit einer dünnen Fühllehre bei axial zugänglichen und geteilten Lagergehäusen oder solchen mit Lagerdeckel. Auch fortgesetzt nach oben entsteht im Außenringsitz zum Lagergehäuse ein sog. Außenringspiel (Abb. 2.3 d) weißer Bogen) bedingt durch die statische Kraft und dessen stabile Auflage nur nach unten in der Lastzone. Beide genannte Spielmaße liegen im Bereich von wenigen Hundertstel-Millimetern. Im Betrieb wird dem Statischen in der Rotation eine dynamische Unwuchtkraft (hellgrüner Pfeil) überlagert, die einfach drehfrequent umläuft. Sie lässt dadurch die Lastzone im Durchlaufen des Vollkreises horizontal hin und her pendeln (vgl. Abb. 2.6). Der Winkelbereich dabei ist abhängig von der Vektorgröße der resultierenden Radialkraft aus statischer und dynamischer Kraft. Letztere ist in der Schwingstärke vergleichsweise erfassbar. Die Lastzone ist meist einseitig etwas verdreht entgegen der Drehrichtung durch den rotationsbedingten Effekt des „Aufkletterns" in den Reibbedingungen der Wälzkörper am Außenring. Die radiale dynamische drehsynchrone Kraft wird im Sollbetrieb beispielsweise durch die Restunwucht, die Rest-Fehlausrichtung oder die Rest-Exzentrizität verursacht. Für einen optimalen Lagerbetrieb sollte die dynamische Beanspruchung möglichst niedrig im Verhältnis zur statischen Last sein. Praktisch heißt das, dass die genannt Fehler die Toleranzmaße nicht überschreiten sollten. Das kann wie gesagt mit der Schwingstärke kontrolliert werden. Im Extremfall kann sogar bei kleineren Maschinen die dynamische Kraft die statische Kraft überschreiten und den Rotor ausheben. Die Lastzone beginnt dann mit der dynamischen Kraft ebenso drehfrequent umzulaufen.

In der Rotation liegen die Walzkörper immer umlaufend am Außenring durch Fliehkraft an. Erst bei sehr niedrigen Drehzahlen am Ende des Rotorauslaufs fallen diese von oben zurück auf den Innenring, was mitunter als ein „Klackern" der Wälzkörper hörbar ist. Dieses sollte also nicht als Schadensanzeichen fehlinterpretiert werden. Die Fliehkraft wirkt permanent auf alle Wälzkörper wie eine überlagerte statische Kraft im rotierenden System. Sie kann bei Schnellstläufern (ca. > 4000 min^{-1}) hoch werden und auch über der vertikalen Last durch die Schwerkraft am Wälzkörper in der Lastzone liegen. Die Wälzkörper rotieren als Verband im Lager als sog. Wälzkörpersatz, der durch den Käfig „gekoppelt" und synchronisiert wird.

Das Wälzlager bewegt sich in seinem Abrollmechanismus wie ein Planetengetriebe aber mit Reibkraftübertragung mit den „Planeten" der Wälzkörper. Der sog. gesamte Wälzkörpersatz wird im Käfiglager mit dem durch den Käfig gehaltenen Rollenabstand nur in der Lastzone angetrieben und außerhalb dieser abgebremst. Im Vollrollenlager ohne Käfig ordnen sich in diesem „Antriebs-Mechanismus" die benachbarten Rollen jeweils. Dadurch entsteht am Beginn der Lastzone eine reibschlussbedingte Beschleunigungszone und außerhalb der Lastzone eine reibverlustbedingte Abbremszone in dem restlichen Winkelbereich des Abrollumfangs. Kritisch können hierbei die Übergangszonen am Ein- und Austritt der Lastzone werden. Bei „stoßförmigem" Eintritt kann ein tangential impulsförmiges abbremsen oder beschleunigen durch ruckartiges Synchronisieren auf den Reibschluss und die statische Einspannung erfolgen. Beim Austritt kann durch ein ruckartiges Entspannen aus der statischen Einspannung ein Beschleunigen eintreten. Ruckartiges beschleunigen und abbremsen führt zu entsprechendem Anlaufen der Wälzkörper an den Käfigstegen und so zum Beschleunigen des Käfigs und der Wälzkörperreihe. Dabei kann im Extremfall eine kurzzeitige und auch eine langfristige Mehr- oder Überbeanspruchung des Käfigs eintreten.

Aus dem Erläutertem ergibt sich zusammenfassend auch der Hauptfokus der Wälzlagerüberwachung und -diagnose. Dieser ist auf die Funktionen und **Mechanismen in der Lastzone** gerichtet.

2.4   Normalbetrieb von Kugellagern und kombinierten Radial- und Axiallagern

Abb. 2.4 zeigt in Schnittdarstellung der Lagerringe ein Wälzlager ausgeführt als Kugellager mit Käfig als Radiallager und Festlager an einer horizontalen Welle unter dominierender Radiallast im Bildteil a) und geringerer Axiallast im Bildteil b). Der Wälzlagerbetrieb
wird von der anteiligen Radial- und Axiallast auf das Lager ausgehend vom Rotor auf das
Gehäuse bestimmt.

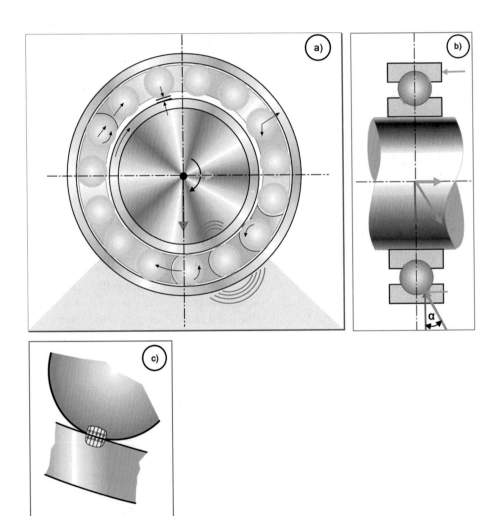

Abb. 2.4   Kinematik im Radial- und Rillenkugellager mit Axiallastanteil **a)** links in der Schnittansicht mit der Lastzone (gelbe Fläche) und radialen Kräften, **b)** rechts in Seitenansicht mit axialen,
radialen und resultierenden Kräften und **c)** links unten mit dem „hertzschen Flächenkontakt" an
der Kugel

Die beiden Kraftrichtungen sind in der Lebensdauerberechnung zu einer äquivalenten Lagerbelastung zusammengefasst. Die resultierende statische Radialkraft wird bestimmt von der anteiligen Schwerkraft des Rotors auf eines der beiden Rotorlager (dunkelgrüner Pfeil). An diesem hier angenommenen Festlager kommt eine Axiallast hinzu, die durch axiale Rotorkraft (z. B. Luftstrom im Axiallaufrad) entsteht (vgl. Abb. 2.2). Unter der Radiallast auf die lasttragenden Kugeln, auf die die statische Last anteilig gleichmäßig verteilt ist, stellt sich hier ebenso die Lastzone des Wälzlagers ein. Die Breite der Lastzone wird zunächst wie beim reinen Radiallager fallspezifisch von der Radiallast im Verhältnis zur radialen Tragfähigkeit des Lagers bestimmt und von dem final resultierenden Betriebsspiel. Durch die Größe der Axiallast wird der innere Lagerteil axial verschoben, wie in der Seitenansicht gezeigt, und dadurch die Lastzone zusätzlich verbreitert. Das Vektorverhältnis beider Kräfte in b) bildet den sog. Berührungswinkel Alpha aus. Im Betrieb werden in Rotation dazu radiale dynamische Kräfte überlagert, die einfach oder mehrfach drehfrequent umlaufen und dadurch die Lastzone hin und her pendeln lassen. Dessen Winkelbereich ist dabei abhängig von der Vektorgröße der resultierenden Radialkraft aus statischem und dynamischem Anteil (vgl. Abb. 2.6). Dieser wird zusätzlich von einer möglichen dynamischen Axiallast überlagert. Axiale dynamische Anregungen kommen ggf. aus Winkelfehlausrichtungen, axialer Unwucht oder aus elektro-magnetischen Anregungen oder Strömungsanregungen. Sie verändern so die Breite der Lastzone zusätzlich periodisch. Für einen optimalen Lagerbetrieb sollten die dynamischen radialen und axialen Kräfte möglichst niedrig im Verhältnis zu den statischen Lasten sein. Mit der Axiallast kommt ein weiteres Phänomen hinzu. Die Kugeln erfahren mit der resultierenden Kraft einen seitlichen Spin und beginnen sich seitlich periodisch in ihre aktuelle radial umlaufende „Lastspur" hinein und wieder heraus zu verdrehen. Eindrucksvoll ist dies bei Kugelschäden sogar gut hörbar, dass der Schaden nur phasenweise laut überrollt wird und phasenweise gar nicht (Schaden aus der Lastspur herausgedreht) (vgl. Abb. 8.8).

Der Wälzkörpersatz wird im Käfiglager mit dem durch den Käfig gehaltenen Abstand der Kugeln innerhalb der Lastzone angetrieben und außerhalb reibungsbedingt wieder abgebremst. Dadurch entsteht in der Lastzone eine reibschlussbedingte Solldrehzahlzone und außerhalb eine reibverlustbedingte Abbremszone des Kugelsatzes. An dem Eintritt liegt deshalb eine kurze Beschleunigungszone auf Solldrehzahl. Kritisch sind hierbei die Übergangszonen am Ein- und Austritt der Lastzone, die sich abhängig von der Größe der Axiallast deutlich „verschärfen" können. Bei stoßförmigem Eintritt kann ein tangential impulsförmiges Abbremsen oder Beschleunigen durch ruckartiges Synchronisieren auf den Reibschluss und die statische Einspannung erfolgen. Ruckartiges Beschleunigen und Abbremsen führt zu entsprechendem Anlaufen der Kugeln an die Käfigstege. Dabei kann über die Betriebsdauer eine Mehr- oder Überbeanspruchung des Käfigs eintreten.

Bei dominierend axial belasteten Axiallagern, wie bei den Festlagern an senkrechten Wellen, erstreckt sich die Lastzone sollgemäß stabil über den gesamten Vollkreis.

Tab. 2.1 stellt einige Merkmale für Axial- und Radiallager zusammen. Diese sollten in den unterschiedlichen Betrachtungen in der Diagnose berücksichtigt werden. Mit dem Kriterium des Berührungswinkels „α" ergibt sich eine eindeutige Zuordnung zum Lastfall, der sich im Betrieb temporär aber auch ändern kann (Beispiel Loslagerfunktion in Abschn. 3.5, Abb. 3.9).

Tab. 2.1 Merkmale von Radial- und Axiallagern im Einsatz.

Merkmal/1)	Radiallager (Radiallast überwiegt – Druckwinkel < 45°)	Kombinierte Radial- u. Axiallager	Axiallager (Axiallast überwiegt – Druckwinkel 45°< alpha < 90°
Funktionstyp horizontale Wellen	Loslager meist nicht-antriebsseitig	Festlager meist antriebsseitig	Festlager bei dafür zwei kombinierten Lagern
Funktionstyp vertikale Wellen	Loslager meist oben	Festlager meist unten	Festlager bei dafür zwei kombinierten Lagern
Lastzone	90 ... 180 ... 220 (270)°	< < 360°	< = 360°
Kritische Zustände	Lastzone instabil < 90° oder >270°	plötzliche axial-radiale Lastwechsel	Winkelfehler
Bauform typisch	Zylinderrollenlager Rillenkugellager Pendelkugellager Nadellager	Pendelrollenlager Schrägkugellager Axial-Pendelrollenlager Kegelrollenlager	Axial-Kegelrollenlager Axialrollenlager Axialkugellager
Betriebsspiel	Sollbereich	Radial bis Sollbereich	geringer
Häufige Fehler	-zu geringe Radiallast -Axiallastanteil -mangelnde axiale Verschiebbarkeit	- axial temporäre Überlast	- erhöhte Winkelfehler - temporär erhöhter Radiallast-anteil

1) Druckwinkel – als Berührungswinkel ff. aufgeführt

Es wird eine statische Axiallast funktionell immer im Festlager aufgenommen. Auch gibt es einige Bauformen von Wälzlagern, die nur für die eine oder die andere Belastung geeignet sind. Axiallasten tragen z. B. Schrägkugellager oder Axial-Kegel-Rollenlager. Nur Radiallager sind z. B. Zylinderrollenlager ohne Borde.

Kombinierte Radial- und Axialkugellager sind z. B. paarweise auf der Welle kombinierte Schrägkugellager (Vier-Punkt-Lagerung) oder Pendelrollenlager, wie z. B. häufiger bei Getriebewellen. Es können von diesen prinzipiell in beiden Kraftrichtungen höhere radiale und axiale Lasten übertragen werden. Bei rein axialer Belastungsrichtung ergeben sich optimalerweise umlaufend gleiche statische Kräfte an allen Wälzkörpern. Es entsteht hier aber leichter ein zusätzliches Umlaufen der Lastzonenkräfte durch zusätzliche dynamische Radialkräfte. Es ändert sich der sog. Berührungswinkel zwischen Axial- und Radialkräften durch eine erhöhte statische Axialkraft und erhöht damit auch den Umfangsbereich der Lastzone.

In einem weiteren Effekt verschiebt sich und variiert die axiale Lage der Laufspur im Rillenkugellager in Abhängigkeit von der Axialkraft. Das ist für eine bessere Verteilung der Belastung auf den schmalen Laufflächen der Lagerringe aber auch gewünscht. Im variablen Betrieb der genannten **Loslagerfunktion** tritt dies ggf. fortlaufend variierend auf.

Abb. 2.5 zeigt unterschiedliche Breiten der Lastzone unter wachsender statischer Last bzw. unter geringerem Betriebsspiel in einem Radiallager in a) bis c) bzw. im Bildteil d) im Axiallager

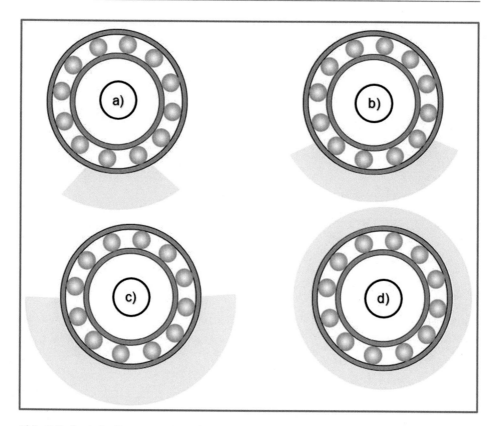

Abb. 2.5 Statische Lastzone mit Einflüsse an horizontalen Wellen: Verhältnis statischer Last zu Tragzahl, Lagerluftgruppe, Betriebsspiel nach Lagermontage und von Axial- zu Radiallast **a**) < 90°: Radiallager, stärker erhöhtes Betriebsspiel, näher an Mindestbelastung **b**) > 90° < 180°: Radiallager sollgemäßes Betriebsspiel, Sollbelastung **c**) > 180° < 270°: Radiallager, verringertes Betriebsspiel, erhöhte Lagerbelastung **d**) Axiallastfall, radial kaum Betriebsspiel, axiales Soll-Betriebsspiel bei Axial-Laständerung

Im Bildteil a) wird im Radiallager eine Lastzone von 5-7 Uhr bei erhöhtem Lagerspiel bzw. geringerer statischer Last gezeigt an der Grenze zur Unterlastung. Bildteil b) zeigt ein Radiallager mit sollgemäßer statische Last und regulärem Betriebsspiel. Bildteil c) zeigt ein Radiallager mit erhöhten statischen Last bzw. ein verringertes Betriebsspiel. Bildteil d) zeigt die umlaufende Lastzone bis 360°, die nur in einem Axiallager zulässig ist.

Abb. 2.6 zeigt unterschiedliche Breiten des Pendelns der Lastzone unter wachsender dynamischer Wechselkraft. Die Bildteile a) bis d) zeigen Radiallager an horizontaler Welle mit verringerter statischen Lastzone.

Im Bildteil a) wird das Pendeln einer Lastzone bei geringer dynamischer Last bzw. Schwingstärkeanregung in Zone A nach [5] schematisch dargestellt. Bildteil b) zeigt noch sollgemäße dynamische Beanspruchung und etwas erhöhte Schwingstärkeanregung in Zone B … C. Bildteil c) zeigt deutlich erhöhte dynamische Belastung in Zone C …

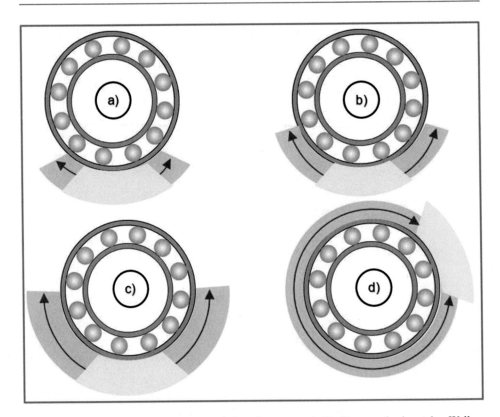

Abb. 2.6 Pendeln einer verringerten statischen Lastzone mit Einflüsse an horizontalen Wellen: Verhältnis dynamischer Wechselkraft zu statischer Last/Tragzahl, pendelnde Lastzonen aus Anregungen in der Schwingstärke **a**) Radiallager, geringere dyn. Wechselkraft, geringere Schwingstärke Zone A … A/B **b**) Radiallager, Restfehler, zul. dyn. Wechselkraft, zul. Schwingstärke Zone B … B/C **c**) Radiallager, erhöhte dyn. Wechselkraft, stärker erhöhte Schwingstärke Zone C … C/D **d**) Radiallager, sehr stark erhöhte dyn. Wechselkraft, Schwingstärke > Zonengrenze C/D – im Extremfall umlaufende Lastzone

D. Bildteil d) zeigt eine nahezu umlaufende Lastzone, die bei sehr stark erhöhter dynamischer Beanspruchung und Schwingstärken in Zone D eintritt. Dieser Fall ist bei eher kleineren Maschinen deutlich schneller der Fall, dass der gesamte Rotor „ausgehoben" wird von der Unwuchtkraft. Bei vertikalen Rotoren ist das relativ häufig der Fall, und dies bereits bei geringen umlaufenden horizontalen Radialkräften durch die nur geringe statische Radialbelastung.

Darüber hinaus stellen sich in Wälzlagern mit anderer Bauform, z. B. mit anderer Wälzkörperform, weitere besondere Betriebszustände ein, auf die im Abschn. 5.3 eingegangen wird oder wie in geteilten Lagern in Abschn. 13.11. Auf Besonderheiten im Betrieb der Wälzlager, die durch die axial gerichtete Schwerkraft an vertikalen Wellen auftreten wird in Abschn. 5.2 und im Fall in Abschn. 13.10 eingegangen.

Folgende Einflüsse senken ebenso betriebs- und zustandsabhängig das Betriebsspiel im eingebauten Wälzlager und ändern damit die Ausdehnung der Lastzone:

1. Niedrigere gewählte Lagerluftgruppe (C2 < CN < C3 < C4)
2. Erhöhte radiale statische Lagerlast in kN am Rotor
3. Erhöhte axiale statische Lagerlast in kN am Rotor
4. Meist temporärer Temperaturerhöhung Rotor zum Stator z. B. im Maschinenstart
5. Lagewinkelabhängigkeit der Lastzone: umlaufend bei Unrundheit im Innenring und oder winkelfest verlagert bei Geometrieabweichung im Außenringsitz

Aus dem Erläutertem ergibt sich zusammenfassend wie in Abschn. 2.3 der Hauptfokus der Wälzlagerüberwachung und -diagnose, der auf die kraftbedingten Funktionen und Mechanismen in der Lastzone gerichtet ist;

und deren Ausdehnung wesentlich von dem Betriebsspiel geprägt wird und sich unter der:

- statischen Radial- und Axiallast positioniert und
- unter deren Änderungen sich verlagert und
- unter dynamischen Beanspruchungen pendelt.

2.5 Wälzlagerung – Betrieb in der Maschine

Im Betrieb des Wälzlagers in der Maschine treten eine Vielzahl von Last- und Geometriebedingungen auf. Sie sollten beachtet werden, um fehlerhafte Zustände in der Diagnose entsprechend erkennen und bewerten zu können. Abb. 2.8 zeigt dies beispielhaft an einem typischen Einsatzfall im Elektromotor in einem „direktgetriebenen" Axial-Rohrventilator. Hier ist das Loslager auf der Antriebs- bzw. Radseite des Motors als Rollenlager ausgeführt, dass die zusätzlichen statischen und dynamischen Kräfte vom Laufrad durch seine höhere Tragfähigkeit aufnehmen kann. Axial ist das Lager bauformgemäß verschiebbar im Lager.

Das nichtantriebsseitige Lager ist als Festlager und als Kugellager ausgeführt. Es besitzt im Außenringsitz axial dafür nur ein geringes Spiel, um die Axialkräfte aus dem Laufrad aufnehmen zu können und den Rotor axial fixiert zu positionieren. Das mechanische Ersatzmodell im Abb. 2.7 zeigt die Verteilung der statischen Kräfte auf beide Lager, für die von den Motorenherstellern zulässige Werte vorgegeben werden. Weitere Details zu Schwingstärkeanregungen und Besonderheiten im Betrieb dieses Maschinentyps können aus [6] entnommen werden, die vom Autor wesentlich mitgestaltet wurde und dafür empfohlen wird. Erfahrungsgemäß erreichen Wälzlager in derartigen Maschinen je nach Beanspruchungen Lebensdauern von 3 bis 10 Jahren und auch noch darüber.

Zur Veranschaulichung der Belastungen an einer Wälzlagerung wird hier ein möglichst typisches Szenario entworfen. Die statische Axialkraft kommt aus dem Axiallaufrad als

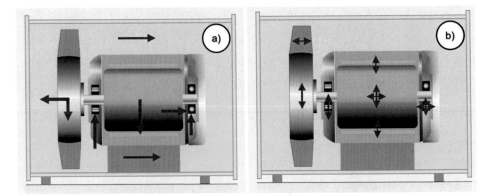

Abb. 2.7 Axial-Rohrventilator mit Elektromotor und Wälzlagerung mit Rollenlager auf der Radseite als Loslager und Kugellager auf der Nichtantriebsseite als Festlager mit beidseitigen Rohrflan-
schen mit **a)** links statischen Aktions- und Lagerreaktionskräften aus Schwerkraft und Luftstrom
und **b)** rechts dynamischen Wechselkräften aus Unwucht und elektro-magnetischem Spalt und aus
Luftströmung

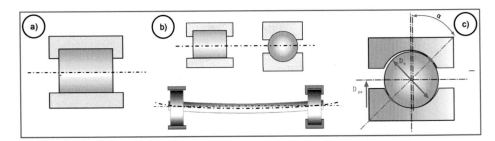

Abb. 2.8 b) Lagerungsmodell einer Wälzlagerung im Elektromotor, **a)** links mit Radial- Rollenlager und Loslager auf Radseite – AS-Lager (DE) und **c)** rechts Festlager auf Nichtantriebsseite –
BS-Lager (NDE) als Kugellager

Reaktionskraft auf den axialen Schub aus dem Strömungsvorgang. Die Schwerkraft des
Laufrades stützt sich auf dem Loslager ab und über die Momente dieser Kraft wirken diese
über den Hebelarm der Motorwelle auch reduzierend nach oben auf das andere Festlager.
Auf beide Lager verteilt sich die Schwerkraft des Rotorpakets im Motor symmetrisch. Am
Festlager ergibt sich aus Axial-Laufradkraft und dem Radiallastanteil der Motor- und
Rotor-Schwerkraft eine resultierende Kraft, die im Kugellager den sog. Berührungswinkel
erzeugt. In diesem wirkt die statische Kraft im resultierenden Winkel auf die Kugeln und
die Laufspur verschiebt sich axial wie dargestellt. Das Rollenlager nimmt designgemäß
ohne Borde am Innenring nur die radialen hier vertikalen Kräfte auf. Analog müssen die
dynamischen Kräfte aufgenommen werden, die in Tab. 2.2 aufgelistet und detailliert
nachlesbar sind in [6]. Alle stärker erhöhten dynamischen Wechselkräfte können im Fehlerfall stärkeren Einfluss auf den Wälzlagerbetrieb haben. Sie werden erfahrungsgemäß in
Schadensfällen häufig als Ursache angenommen. Tab. 2.2 zeigt in der ersten Spalte wie

Tab. 2.2 Schwingungsanregungen mit ansteigend aufgelisteter Anregungsfrequenz in Schwingstärke und Körperschall an Axialventilator und Wälzlagern. (Vgl. dazu auch [5])

Fehler – Risiko für Wälzlager	Ursache z. B.	Anregung in Schwingstärke	Anregung im Körperschall
Strömungs-anregung: fallweise **kritisch bei hohen Pegeln**	Fehlerhafte Steuerung des Parallelbetriebs, od. Luftsäulen-Schwingungen in Rohr-leitungen	Anregung durch Strömung unterhalb Drehfrequenz und starke Schwebungen	Mitunter breitbandige höherfreq. Anregung
Laufrad-Restunwucht: **langzeitkritisch bei hohen Pegeln**	Unwucht nach Austausch einzelner Axial-Schaufeln	Drehfreq. Schwingstärkeanregung durch Unwucht	-
Einzelschaufel: **langzeitkritisch bei hohen Pegeln**	Verstellung Axial-Einzelschaufel	Drehfrequente Stoß-anregung	Breitbandig höherfreq. Wirbel-Anregung
Drehklang: temporär kritisch bei hohen Pegeln, akustisch	Anregung durch Passierfrequenz im Vorbeilauf Schaufeln an Störstellen	Anregung Schwingstärke mit Schaufelzahl mal Drehzahl	Anregung NF-Körperschall mit Schaufelzahl mal Drehzahl
Anstreifen Laufrad/ Rotor: kritisch für Axial-Schaufeln meist Folgeschäden	Anstreifen durch Verformung Gehäuse/ Rohrleitung, statische Zwangskräfte	kaum	Anregung NF- und HF-Körperschall mit Vielfachen Drehzahl
Erhöhte metallische Reibung im Wälzlager: **Immer sofort kritisch**	Schmierungsmangel wg. Unterbrechung Schmierstoffzufuhr	Kaum	Erhöhte rauschartige Anregung im (NF-) HF-Körperschall
Wirbellärm: i. d. R. unkritisch – nur akustisch relevant	Stoßanregungen durch Strömungswirbel	Kaum	Rauschartige Anregung im NF- HF-Körperschall
Slotfrequenzen Motor: **langzeitkritisch bei hohen Pegeln**	Stoßanregungen durch passieren der Stäbe an den Nuten	Kaum	Stoßförmige Anregungen mit hohen Vielfachen der Drehfreq.
Trägerfrequenz Umrichter: **langzeitkritisch bei hohen Pegeln**	Stoßanregungen mit Trägerfrequenz	Selten über Modulationen Drehfrequenz	Anregung im HF-Körperschall
Längere Anregung von Nachbarmaschine im Stillstand ohne „Naturzug" wegen Reparatur	Mittelfristig kritische Stillstandsmarken der Wälzkörper 1)	Schwingungsanregung von außen bei starrer Aufstellung von Nachbarmaschine	genannt Körperschallanregung von außen durch starre Aufstellung von Nachbarmaschine

NF..niederfrequenter Bereich, unter und etwas über 1 kHz
HF..hochfrequenter Bereich, deutlich über 1 kHz … 20 kHz und darüber
1) Vgl. Abschn. 13.13 und Abb. 13.93

beeinflussend diese Anregungen ggf. für den langfristigen Lagerbetrieb sind. Diese potenziellen Mehrbelastungen müssen in der Wälzlagerauslegung berücksichtigt werden. Sie können bei erhöhtem Ausmaß zu vorzeitigen Lagerausfällen führen, wenn die allgemein typische Robustheit von Wälzlagern diese nicht toleriert. Typisch für derartige Ventilatoren im Einsatz zur Be- und Entlüftung wird der Volumenstrom an den variierenden Bedarf effizienter durch Drehzahlregelung mittels Frequenzumrichter angepasst. Der sog. Betriebspunkt des Axiallüfters wurde an den erforderlichen Förderstrom und die erforderliche Druckerhöhung in der Anlage angepasst. Eine Regelung folgt dem typspezifischen p-V-Diagramm. Zu einem gewünschten Regel-Kennfeld in der Anlage wurde dieser Ventilator vorher in einer Typen- und Baugrößenauswahl aus einer Baureihe gewählt. Bei einigen Typen wird er zusätzlich durch im Stillstand verstellbare Schaufeln genauer angepasst. Der Axialventilator läuft beispielsweise zur groben Bedarfsanpassung z. B. im Parallelbetrieb mit einer zweiten ungeregelten Maschine, die den Grundbedarf fördert. Der Motor stützt sich über einen Motorbock in der Rohrleitung ab. Die fettgeschmierten Wälzlager müssen regelmäßig nachgeschmiert werden und die Schmiernippel sind dafür mit Schlauchleitungen nach außen geführt über die Rohrleitung.

Im Normalbetrieb ohne axiale Verspannungen zwischen Fest- und Loslager tritt keine sich ändernde statische Axiallast auf. Nur bei Längenänderungen der Welle, wie nach Kaltstart der Maschine, und folgender axialer Rotorausdehnung wird die axiale Verschiebung im Loslager zum Ausgleich benötigt. Im variablen Betrieb erfolgt dies nun meist leistungsabhängig fortlaufend als sog. **Loslagerfunktion**. Im Betrieb mit unterschiedlichen Last- und Drehzahlbedingungen an Strömungsmaschinen ändert sich die Leistung fortlaufend, und damit auch der Motorstrom und in Folge die Temperatur im Rotorpaket. Für die dadurch bedingten Längenänderung der Welle erfolgt eine axiale Verschiebung der axialen Laufspur im Lager und weiter ggf. im Außenringsitz im Loslager fortlaufend. Die ist permanent nötig, wenn ein zweites Kugellager statt Rollenlager das Loslager wäre, wie es häufig der Fall ist. Vor der Loslagerverschiebung muss die Reibungs-Haftkraft im Außenringsitz überwunden werden, wofür dieser auch geschmiert sein muss. Das erfordert entsprechende Passungsgenauigkeiten (sog. Außenringspiel) und reduzierte Rauigkeiten in der Lagersitzbohrung im Lagerschild des Motors. In diesem Vorgang gibt es nun fortlaufend sich ändernde Axialkräfte und variable Lastverhältnisse und -winkel im Lager. Das bedeutet aber auch das dieser Vorgang nicht gleichmäßig, sondern partiell ruckartig verläuft in der Überwindung der Haftreibung und von Verspannungen oder Geometrieabweichungen im Außenringsitz begleitet ist.

Aus dem Erläutertem ergibt sich zusammenfassend wie in Abschn. 2.3 und 2.4 auch der Hauptfokus der Wälzlagerüberwachung und -diagnose, der auf die sich verändernden Funktionen und Mechanismen in der Lastzone differenziert auf Los- und Festlager gerichtet ist; und deren Betriebsbedingungen sich im Fest- und Loslager in der Maschine einstellen unter wechselnden Beanspruchungen, wie unter der Loslagerfunktion.

Die Vielzahl der dynamischen Kräfte- und Schwingungsanregungen in Tab. 2.2 macht deutlich, dass diese als typische Maschinenfehler genau diagnostiziert und spezifisch behoben werden müssen, wenn diese kritische Pegelwerte übersteigen. Für die Schwingstärkeanregung gelten dafür die Grenzwerte nach allgemein die Reihe der DIN-ISO 10816 speziell Teil 3 [5] und alternativ nach [7] an Ventilatoren. Für den Körperschall gibt es keine allgemeingültigen Grenzwerte. In einer groben Bewertung gelten bei normal schnellläufigen Wälzlagern (> 120, < 3600 min^{-1}) unter 1–5 m/s^2 im Effektivwert und unter 1–5 g (beide Werte je nach Drehzahlstufe) im Spitzenwert als grobe Näherungswerte eines Normalzustandes ohne kritische Langzeit-Auswirkungen (vgl. „Einser-Regel" in Tab. 7.2).

2.6 Besondere Wälzlagerungen und Wälzkörpertypen in Wälzlagern

2.6.1 Horizontale und vertikale Rotor-Lager-Systeme

Prinzipiell gelten die meisten der hier erfolgten Betrachtungen und Schlussfolgerungen für Wälzlagerungen in Maschinen mit horizontalen Rotoren, was bei der übergroßen Mehrheit der Maschinensätze auch der Fall ist. Wegen den sehr deutlichen Unterschieden ist es empfehlenswert hier auch kurz die auftretenden Sonderfälle von Maschinen mit vertikalen Wellen zu betrachten, im Bezug auf das Wälzlager im Betrieb und zur Messung.

Die Radial- und Axiallastverteilung, das Betriebs- und Fehlerverhalten ändert sich deutlich bei der seltener eingesetzten Sonderbauform von vertikalen Rotoren an Maschinen. Dabei treten einige Besonderheiten im Wälzlagerbetrieb und Schwingungsverhalten des Rotors und Stators auf, die im Fallbeispiel in 13.10 beispielhaft erläutert werden. Tab. 2.3 gibt einige typische Unterschiede wieder, die in der Betrachtung des Regelbetriebes und Beurteilung von Fehler- und Schadenszuständen zu beachten sind.

Eine besondere Kombination im Wälzlagerbetrieb ergibt sich bei vertikalen Wellen in dem darin wirkendem Festlager als Axiallager, wie auch das vorgenannte Fallbeispiel zeigt. Das häufig untere Festlager nimmt als Axiallager die Schwerkraft des Rotors auf und hat nur ggf. aus der Kraftübertragung bzw. aus Maschinenfehlern meist geringere Radiallastanteile. Dagegen ist das meist obere Loslager axial nur in der Loslagerfunktion temporär höher belastet und hat zusätzlich kaum Radiallast. Wegen der daraus resultierenden häufigen radialen Unterlastung des oberen Lagers, kann dies schnell zu einem „Wälzlagerfall" werden. Wie im Fallbeispiel erläutert, kann dagegen eine gut dosierte gezielte Fehlausrichtung im Loslager eine fehlende zusätzliche statische Radiallast erzeugen. Zusätzliche Anregungen entstehen im Wälzlager dabei ggf. vom Rotor aus dem radial wirkenden Pendelverhalten des Rotors. Wenn er unten aufsteht oder oben aufgehängt ist am Festlager je nach Anordnung, wie in Abschn. 2.6.2 in den Bahnkurven gezeigt. Hauptfehler ist darin häufig die schwingstärke-bedingte instabile Lastzone. Wie erwähnt ist eine stabile sollgemäße Lastzone aber die Hauptbedingung eines zuverlässigen Wälzlagerbetriebes.

Es ist für jeden Anwender empfehlenswert sich auf eigene Erfahrung zu stützen und gezielt Vergleichsmessungen und Diagnosen an einer Maschine z. B. mit vertikaler Welle durchzuführen. Da auch die meisten Schwingungsanalysesysteme zweikanalig sind, ist zum Erfassen des beschriebenen Verhaltens eine Orbitmessung empfehlenswert, wie im ff. Kapitel gezeigt.

Tab. 2.3 Vergleich der Eigenschaften von Wälzlagern in Maschinen mit horizontaler und vertikaler Rotoren in den häufigsten Standardmaschinen

Eigenschaft	Horizontale Rotoren	Vertikale Rotoren
Statische Radiallast	Meist deutlich höher und stabil aus der Schwerkraft des Rotors	Meist geringer und sich ändernd aus dem Arbeitsprozess
Dynamische Radial-Wechselkräfte	Meist aus Maschinenfehlern deutlich geringer zur statischen Last	Meist aus Maschinenfehlern, entsprechend meist größer als stat. Radiallast
Statische Axiallast	deutlich geringer und sich ändernd aus dem Arbeitsprozess der Maschine und aus Loslagerfunktion	deutlich höher und überwiegend stabil aus Schwerkraft und geringer aus dem Arbeitsprozess der Maschine des Rotors
Dynamische Axial-Wechselkräfte	Meist Maschinenfehlern mitunter größer als stat. Axiallast	Meist aus Maschinenfehlern deutlich geringer zur statischen Last
Lastzone Festlager	Radiale Lastzone stabil unten Axialanteil	Axiale Lastzone stabil unten,
Lastzone Loslager	Radiale Lastzone stabil unten Axialanteil	Radiale Lastzone häufig instabil, Lage und Axialanteil meist unbekannt und wechselnd, abhängig von dynamischen Wechselkräften
Reduzierung Einflüsse	Niedrige Schwingstärke	Statische Radiallast erhöhen, mit Orbitmessung abklären
Körperschall-Messung radial	Beide Lager – radial nahe an der Lastzone, Schwerkraft bedingt – meist unten oder horizontal messen	am Los-/Radiallager: Lage der Lastzone am Maxima am Umfang bestimmen, bei sich ändernden Lastzone mobil mit 2 Aufnehmern im 90° Winkel messen
Körperschall-Messung axial	Am Festlager an Axiallagern -horizontal axial messen – nur bei großen Maschinen	Am Fest-/Axiallager: Lage der axialen Lastzone – Schwerkraft bedingt axial von unten

2.6.2   Lastzonen in vertikalen Rotoren

Sonderfälle im Wälzlagereinsatz sind die Radial- und Axiallager in *vertikale Wellen*. Hier ist es designbedingt der Fall, dass die Radialkraft auf die meist z. B. an Elektromotoren eingesetzten Kugellager häufig nicht ausreichend ist. Durch die fehlende Kraft in radialer Richtung tritt hier häufig radiale Unterlastung auf. Die Schwerkraft wirkt nur axial auf das Festlager bei vertikalen Wellen. Die stabile Kräfteverteilung wie bei horizontalen Wellen ist hier nicht gegeben. Der statische Lastzustand in Lagern bei vertikalen Wellen hängt von der Ausrichtung im Wellenstrang und ggf. Schiefstellung des Gehäuses zusätzlich ab. Hinzu kommen ggf. Kräfte des Antriebs oder aus der Strömung. Meist bestimmen radial aber die dynamischen Anregungen wie Unwucht oder ein Taumeln der Welle durch die sog. Pendelfrequenz. Die im Festlager fixierte und im Lagerspiel sich bewegende Welle nimmt darin wechselnde Positionen im Betriebsspiel in Rotation ein. Das Lager benötigt aber für eine stabile Schmierung eine ausreichend radiale Last für eine stabile Lastzone. Die Stabilität der Lage der Lastzone kann durch eine sog. Orbitkurve mit zwei radial angebrachten Schwingungsaufnehmern am Gehäuse unter 90° gemessen und bestimmt werden.

In zweikanaligen FFT-Datensammlern oder -analysatoren (vgl. Abschn. 11.3) steht meist eine Orbit-Messung zur Verfügung. Damit kann eine Darstellung wie in Abb. 2.9. für eine zweikanalig synchron aufgenommene Messung mit zwei radial unter 90° am Gehäuse angebrachten Aufnehmern erfasst werden. Im Gerät kann ggf. daraus ein drehfrequent gefiltertes Schwingungssignal gebildet werden. Wie im Bildteil a) bekommt man so einen anschaulichen Eindruck in einer „Bahnkurve" von der Schwingung des Gehäuses und indirekt des Rotors mit dem resultierenden Einfluss auf die Lage der Lastzone (in Anlehnung an [8]). Bei niedrigen Schwingstärken (Zone A) wird diese nur geringer beeinflusst, was sich ab Zone B-C aber ändern kann abhängig von der Höhe der statischen Kräfte. Die Bahnkurve zeigt hier anschaulich den Spitzenwert im Maximum in eine Richtung.

Wie in Abb. 2.9 a) links gezeigt, kann so ein Pendeln der Welle festgestellt werden. Und rechts in b) ist ein schrittweises Umlaufen sichtbar. Daraus abgeleitet sollte bei einzelnen Diagnosen an vertikalen Wellen eine Messung zur Bestimmung der Lage der Lastzone durchgeführt werden. *Kritische Lastzustände* sind hier „fehlende Orbitkurven" und zickzack-förmige regellose Bahnkurven bei instabilen Rotor- bzw. Gehäusebewegungen z. B. am meist obenliegenden Loslager wie im Abb. 2.10. Darin kann sich keine stabile Lastzone ausbilden.

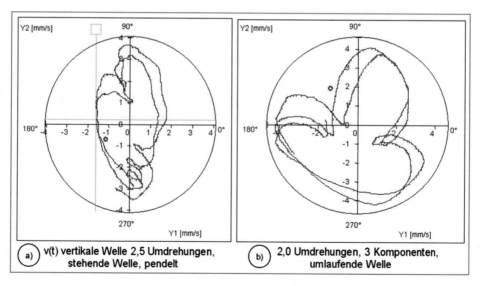

Abb. 2.9 Zweikanalige 90° Orbitmessung am Gehäuse zur Identifizierung von Lastfällen, Positionen der Lastzone an vertikalen Wellen nach [9] Bahnkurve **a)** pendeln, **b)** umlaufend

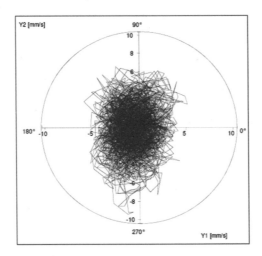

Abb. 2.10 Zweikanalige 90° Orbitmessung am Gehäuse zur Identifizierung von Lastfällen, Positionen der Lastzone an vertikalen Wellen nach [9] mit regelloser instabile Bahnkurve

Dieses Messprinzip empfiehlt sich auch zur Kontrolle an horizontalen Welle anzuwenden, wenn im Zweifelsfall die Lastverhältnisse und die Lage der Lastzone abgeklärt werden soll. Um die Relation der Auslenkungen am Gehäuse zum Betriebsspiel der Welle abzuschätzen, eignet sich die Verwendung des doppelt integrierten Schwingweges als Auswertegröße.

2.7   Optimale Schmierung im Wälzlager

Wälzlager, die immer optimal geschmiert sind und im Sollbereich betrieben werden, gelten als quasi „dauerfest" und fallen dementsprechend regulär nicht vor Ende der ausgelegten Lebensdauer aus. Praktisch heißt das, dass die getroffenen Lastanahmen der Lagerauswahl zutreffen und insgesamt keine erhöhten Wälzlagerfehler vorliegen. Dieser Stellenwert der Schmierung sollte in Betrieb, Wartung und Überwachung besonders bei anfälligeren fettgeschmierten Lagern als bestimmend betrachtet werden. Auch in der Wälzlagerdiagnose hat die Überprüfung der Schmierung neben der Früherkennung von Laufbahnschäden höchste Priorität, worauf deshalb in den folgenden Kapiteln näher eingegangen wird.

Das tribologische Modell für die Schmierung an Wälzlagern wird als **elasto-hydrodynamische (ehd) Schmierung** bezeichnet, die unter gleichgenannten Reibungs-Bedingungen funktioniert. Ein einfaches triviales grobes Erklärungsmodell ist das Wasserskifahren. „Es braucht dafür *ausreichend Geschwindigkeit* vom Boot, immer *festen Druck* gegen die Ski exakt in Fahrtrichtung und die *Viskosität* des Wassers". Abb. 2.12

zeigt die drei Grundbedingungen der ehd-Schmierung mit der Mindestlast, der Mindestüberrollgeschwindigkeit (Mindestdrehzahl) und der Mindestviskosität des Schmierstoffes damit die Wälzkörper auf dem Schmierfilm „getragen" werden. Diese drei Kriterien werden in der Lagerauswahl nach DIN 281 nach [2] geprüft, und sind dann als Kriterien auch in der Schmierungsauslegung zu beachten. An den Kontaktstellen zwischen den Wälzkörpern und den Laufbahnen des Außenrings und des Innenrings bilden sich beim Abrollen unter der sog. „hertzschen Flächenpressung" die Schmierfilme aus, wie Abb. 2.11 schematisch zeigt. Sie führen zur Trennung der metallischen Oberflächen der Reibpartner im Kontakt und damit zur Vermeidung des Verschleißes und der erhöhten Reibung im Überrollen. Die erforderliche Mindestdrehzahl der Welle reduziert sich mit Zunahme der Baugröße mit dem mittleren Laufkreis-Durchmesser im Lager (Durchmesser in Mitte der Wälzkörper). Ein unzureichender Schmierfilm führt ggf. auch nur kurzzeitig zu direkten metallischen Kontakten und damit zu lokalen Verschleißschädigungen an den Laufbahnen der Reibpartner. Die „hertzsche Flächenpressung" erzeugt eine elastische Verformung der Wälzlagerbauteile an den Kontaktflächen der Wälzkörper in der Lastzone. Sie entsteht unter den anteiligen statischen Kräften zwischen Rotor und Stator pro Lagerreihe und pro Wälzkörper. Damit entsteht der tragende und trennende Schmierfilm zwischen den Wälzpartnern unter sehr hohem lokalem Druck und hat eine sehr hohe Steifigkeit. Die Größe der *hertzschen Fläche* beträgt unter der Schmiegung des kleinen Wälzkörperradius und der Radien der viel größeren beiden Lagerringe nur wenige Zehntel-Millimeter. Unter dieser Fläche tritt eine elastische Verformung der Reibpartner ein, womit der Schmierfilm selbst unter dem Druck von mehreren „Bar" sich der Steifigkeit der Stahlbauteile annähern muss. Bei Kugellagern entsteht so eine sog. punktförmige „Druckellipse" oder ein „Punktkontakt". Bei Rollenlagern entsteht so ein „Linienkontakt". Der Linienkontakt bietet entsprechend eine höhere Tragfähigkeit, die bei Tonnenlagern und Nadellagern weiter erhöht wird. Die Druckverteilung unter einem Linienkontakt zeigt

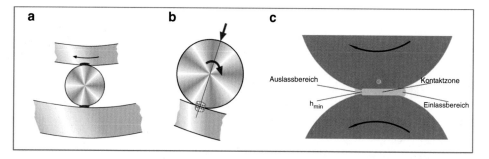

Abb. 2.11 Schmierung im Wälzlager nach dem Modell der elasto-hydrodynamischen Reibung, **a)** Schmierfilme in den Konttakttflächen, **b)** Hertzsche Fläche unter Last und Abrollgeschwindigkeit und **c)** minimal Schmierfilmdicke und Schmiervorgang im Modell der Kontaktzone nach [10]

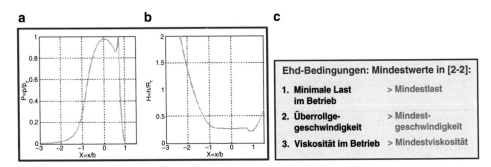

Abb. 2.12 Elasto-hydrodynamisch Schmierung: **a**) Normierte Druckverteilung unter der Druck in der Hertzschen Fläche, **b**) normierte Schmierspalthöhe im Linienkontakt nach [10] und **c**) ehd- Bedingungen nach [2]

Graph a) im Abb. 2.12, sowie die daraus folgende mindeste Schmierspalthöhe. Rollen erreichen bedingt durch Ihre Breite neben der Last- auch eine bessere Schmierstoffverteilung. Das gilt nur wenn in axialer Richtung keine kritische sog. Kantenbelastung durch Winkelfehler der Lagerringe vorliegt, die die Tragfähigkeit oder Schmierstoffverteilung kritisch verschlechtern kann.

Schmierungsfehler zählen zu den im Folgendem behandelten sich häufig kritisch auswirkenden Wälzlagerfehlern. So wird i. d. R. eine Erhöhung der Belastung bis zur Überlastgrenze zu einer Verbesserung der Schmierung führen, aber eine Unterschreitung der Mindestbelastung zu dramatischer Verschlechterung der Schmierung. Der Schmierfilm trägt dann nicht mehr ausreichend, wie in Fallbeispiel 13.1 anschaulich gezeigt wird. Unter zu geringem Druck auf die Kontaktfläche schwimmt der Wälzkörper kurz auf, wodurch der Schmierfilm anwächst. Aber dadurch trägt der Film nicht mehr und bricht anschließend wieder zusammen und wird „durchschlagen". Es entsteht metallischer Kontakt unter den auftretenden Kräften. In kritischen Fällen tritt dann abrasiver Verschleiß durch kurzzeitiges Verschweißen der Wälzpartner im sog. „Blitzkontakt" auf.

Für jede Art von Maschinentypen und Bauformen mit jeweils typischen Lagerungen und Einsatzbedingungen haben sich entsprechend robuste Schmierungssysteme etabliert. Die häufigsten **Schmiersysteme** in der Wälzlagerschmierung zeigt Tab. 2.4. Eine weitere hier nicht aufgelistete seltener Sonderform ist die Feststoffschmierung bei geringer belasteten Wälzlagern mit niedrigeren Drehzahlen. Primär für die Auswahl des Schmiersystems ist bei Einsatz in höheren Drehzahlen des Wälzlagers die sog. Drehzahleignung.

Von oben nach unten erlauben die Schmiersysteme einen höheren max. Drehzahlkennwert in der Lagerung. Neben den verbreiteten hier aufgeführten Schmierungssystemen mit größeren Ölmengen gibt es weitere Systeme für Minimalmengen. Dazu werden Ölimpuls-, Öltropf- und Öl-Luft-Schmierungen eingesetzt.

Nur mit einigen der Kennwert- oder Signalanalyseverfahren kann der Schmierungszustand des zu beurteilenden Wälzlagers diagnostiziert werden. In der Erläuterung zur Stoßimpulsmessung im Abschn. 7.4 wird hierzu auf die sog. „Schmierprobe" eingegangen

Tab. 2.4 Häufigste Methoden der Wälzlagerschmierung mit dem Ausfallrisiko (vgl. Tab. 3.6)

Schmiersystem	Schmierstoffzufuhr	Einsatz z. B.	Ausfallrisiko Schmierung
Lebensdauer - Fettschmierung	i. d. R. einmalig bei Herstellung	Einfache stabile Last- & Temperaturbedingungen in Klein-Getrieben/-motoren	gering bei Einhaltung der Auslegungsbedingungen, erhöht bei größeren Abweichungen davon
manuelle/ Fett- Schmierung	Regelmäßige Monats-Intervalle	Standardfälle an Motoren und Einzel-Lagergehäusen	Erhöht bei nicht eingehaltenen Intervall und mangelnder Schmierstoffqualität und -menge
automatische Fett- Schmierung	Periodische kürzere Intervalle	Standardfälle an Motoren und Einzel-Lagergehäusen	Nur erhöht bei Automatikausfall,
Ölsumpf- (Tauch-) schmierung	aus Ölsumpf im nötigen Ölstand	Standardfälle an Block-Lagergehäusen und in Getriebegehäusen	Geringer, erhöht selten bei Schmierstoffverlust
Öldruck- Umlaufschmierung	Laufend im Kreislauf	Große mehrstufige Getriebe – Wälzlager oberhalb Ölsumpf; große langsame Lager in Fließstrecken	Erhöht bei Ausfall Umlauf, geringer beim Überwachen gegen Gefahr des mangelnden oder des Ausfalls des Ölstromes
Öldruck- Spritzschmierung	Laufend im Kreislauf	Oberhalb Ölsumpf liegende Lager im Getriebe	Erhöht bei Ausfall Umlauf, oder geringer beim Überwachen gegen Gefahr des mangelnden oder des Ausfalls des Ölstromes

mit der der Schmierungszustand und vor allem die Schmierungsintervalle überprüft werden können. Weiterhin wird im Abschn. 3.4 in der Diagnose mittels Hüllkurvenspektrum auf Merkmale erhöhten metallischen Kontaktes bei Mangelschmierung eingegangen.

Tab. 2.5 listet nun die verbreiteten sich aber eigentlich ergänzenden Methoden der Prüfung bzw. der Überwachung der Wälzlagerschmierung auf – sortiert je nach Fokus und Aufgabenstellung. Die „Schmierprobe" ist eine sehr wirksame Methode im Betreiben von Wälzlagerüberwachungen bei Fettschmierung. Anhand des Verlaufes der Körperschallkennwerte kann eine ausreichende Verbesserung des Schmierzustandes von einem Laufbahnschaden als Anstiegsursache der Kennwerte sicher unterschieden werden. Bei erhöhtem Anstieg der Kennwerte führt man nach einer Testmessung eine Schmierstoffgabe durch. Bei Lagerschäden wandern die Kennwerte in kurzer Zeit wieder auf das erhöhte Niveau. Bei Mangelschmierung bewegen sich die Kennwerte zurück in den Normbereich und verbleiben dort über längere Zeiträume.

Die „Schmierungs-überwachung" ist die wichtigste Teilaufgabe einer Wälzlagerüberwachung im Regelbetrieb. Abb. 2.13 zeigt ein Beispiel einer Schmierungsüberwachung. Die Trendkurven zeigen den Einfluss zweier Fettmengengaben auf die Stoßimpuls-Kennwerte einer CMS-Onlineüberwachung. Typischerweise fallen nach der Schmierung

Tab. 2.5 Vergleich der Prüfmethoden für die Wälzlagerschmierung mit steigender Wirksamkeit nach unten für Fettschmierungen

Prüfmethode	Methode mit Kennwerten	Aufgabe	Anwendbarkeit	Ergebnis
Schmier-probe/ Lubrication Test (Fett): Ereignisgesteuert	Messung vor und 24 h nach dem Einbringen von Schmiermittel	beurteilt den Zustand davor und danach aus deren Änderungen nach dem Verteilen des Schmierstoffs im Lager	Unter allen Betriebsbedingungen, im Routenablauf und operativ sicher praktizierbar mit US/KS mit DCS	Klärt unmittelbar ob Lagerschaden oder Mangelschmierung vorliegt, Bestätigt die Wirksamkeit der Nachschmierung, Aussage zum korrekten Intervall
Schmierungsprüfung/ Lubrication Check (Fett): Einmalig	US-Messung während dem Einbringen von Schmiermittel	Prüft sofortige Änderung des Schmierzustands im Lagerbetrieb (Menge ergibt sich aus der Schmierungsauslegung)	Bei Kombination Schmierdurchführung und Messung Mit KS/US	prüft die Wirksamkeit der Schmierstoffzufuhr, keine Aussage zur richtigen Menge, keine Aussage zum korrekten Intervallzeitpunkt
Schmierungsüberwachung/Lubrication Monitoring (Öl u. Fett): Betriebsbegleitend	misst regelmäßig in ein bis mehrmonatigen Zyklus ob Intervall und Menge ausreichend sind	Laufzeitbegleitung, Absicherung korrekter Schmierung, Erkennung Schmierungsfehler	Mit Daten-Sammel-system mit US/KS	Aussage zum langfristig richtigen Intervall, Schmiermittelmenge und zur Schmierungsqualität

US/KS … Ultraschall/Körperschall, DCS … Datensammelsystem

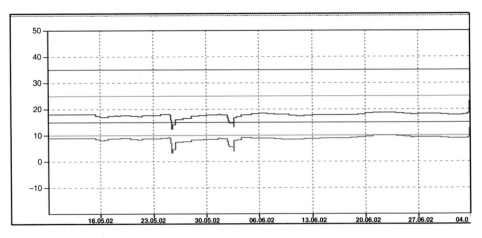

Abb. 2.13 doppelt durchgeführte Fett-Schmierung an Einzellagergehäuse am Ventilator am 26.05.2002 und wegen Terminfehler am 03.06.2002 nach [11] vgl. Abschn. 13.3

beide Kennwerte dBm und dBc sofort ab und erreichen nach reichlich 24 Stunden annähernd wieder die Trendpegel im Normalbetrieb. Nach dem Verteilen der Fettmenge im Lager erfolgt ein Rückkehren in den vorherigen Zustand, wie in beiden Trendkurven sichtbar. Bei einer versehentlich durchgeführten weiteren Schmierung acht Tage später zeigt sich ein ähnliches Verhalten. Nur das hier, bedingt durch die bereits ausreichend vorhandenen Fettmenge, das Abfallen und das Verteilen im Lager und der Wiederanstieg etwas länger dauert.

Die genannte „Schmierungsprüfung" ist nur sinnvoll, wenn Mängel in der Schmierungsfunktion angenommen werden. Es wird im Schmiervorgang dabei überprüft, ob unmittelbar mit der Fettmengengabe Schmiermittel in den Laufbahnen ankommt. Man kontrolliert, ob dabei die Kennwerte ausreichend abfallen. Dies ist aber allermeist der Fall. Ob die Fettmenge momentan ausreichend wirkt, zeigt sich dann erst nach 24 h und der Fettverteilung und den Rückkehr der Kennwerte in den Normbereich. Ob die Fettmenge im „Schmierintervall" ausreicht, zeigt sich aber erst sehr viel später im Ablaufen des Schmierintervalls in einer Überwachung. Häufig wird diese „Schmierprüfung" in der Literatur bezogen auf Ihre Aussagen ungerechtfertigt etwas überbetont, da sie einfach und eindrucksvoll erfasst werden kann.

Parallel zur Wälzlagerauslegung erfolgt die Auslegung der Schmierung nach den Regelwerken der Wälzlagerhersteller. Auch die Schmierstoffhersteller empfehlen entsprechende anwendungsbezogene Regelwerke. Ergänzend zu der Schmierungsfunktion hat die Auslegung der Schmierung eines Wälzlagers weitere Aufgaben zu betrachten wie nachfolgend aufgeführt.

a) Wärmeabfuhr ggf. im Schmierkreislauf
b) Einhaltung der Viskosität im Kaltstart bei min. Betriebstemperaturen (ggf. Heizung) und bei max. Betriebstemperaturen (ggf. Kühlung)
c) Notlaufeigenschaften bei Ausfall der Schmierung im Restbetrieb oder beim Abfahren
d) Dichtwirkung der Gehäusedichtung unterstützen – Schmierung der Dichtlippe, Fettkranz
e) Ausschwemmen und Abscheiden von Verschleißteilchen und Metallpartikel
f) Korrosionsschutz der Bauteile
g) Dämpfung des entstehenden Körperschalls

Aus dem Erläutertem ergibt sich zusammenfassend wie in Abschn. 2.3, 2.4, 2.5 und 2.6 der Fokus der Wälzlagerüberwachung und -diagnose, der weiterhin auf die sich unter Einflüssen verändernde Schmierungsfunktion in der Lastzone gerichtet ist;

und deren ehd-Schmierungsbedingungen diese Haupteinflüsse mit der Überrollgeschwindigkeit (Drehzahl und Durchmesser), der statischen Last (mit überlagerten dynamischen Beanspruchungen) und der Schmierstoffviskositäten (bezogen auf die Lagertemperaturen) beschrieben werden.

Bilder:

Literatur

1. Seminar Wälzlagerdiagnose I, D. Franke, Dresden, 2008
2. DIN ISO 281 Wälzlager – Dynamische Tragzahlen und nominelle Lebensdauer (ISO 281:2007) 2010-10
3. VDI 3832 Schwingungs- und Körperschallmessung zur Zustandsbeurteilung von Wälzlagern in Maschinen und Anlagen, 2013-04
4. ISO 5593, Wälzlager – Begriffe und Definitionen, 2019-04
5. DIN ISO 10816-3, Mechanische Schwingungen – Bewertung der Schwingungen von Maschinen durch Messungen an nicht-rotierenden Teilen – Teil 3: Industrielle Maschinen mit Nennleistungen über 15 kW und Nenndrehzahlen zwischen 120 min-1 und 15000 min-1 bei Messungen am Aufstellungsort
6. VDI 3839-4 Hinweise zur Messung und Interpretation der Schwingungen von Maschinen – Typische Schwingungsbilder bei Ventilatoren, 2010-06
7. ISO 14694 Industrieventilatoren – Technische Vorschriften für die Wuchtgüte und Vibrationspegel 2003-03
8. DIN ISO DIN ISO 13373-3 Zustandsüberwachung und -diagnostik von Maschinen – Schwingungs-Zustandsüberwachung – Teil 3: Anleitungen zur Schwingungsdiagnose, (ISO 13373-3:2015) Anhang C
9. Seminar Wälzlagerdiagnose II, D. Franke, 2008
10. „Ausbildung des Schmierfilms im Wälzkontakt", Fa. BestSens AG, Niederfüllbach, 2020
11. „5. Management Circle Anwenderforum Condition Monitoring", Frankfurt am Main, November 2006, Ralf Dötsch, Samsung Corning Deutschland GmbH, Tschernitz

Wälzlager- und Maschinenfehler und Schadensarten in Wälzlagern

3

3.1 Maschinenfehler beeinflussen Wälzlagerzustand und Wälzlagerfehler

Das Wälzlager überträgt alle statischen und dynamischen Rotor-Aktionskräfte und rückwirkend alle Stator-Reaktionskräfte zwischen beiden. Damit beeinflussen dieses Abstützen statischer Kräfte und die Interaktionen dynamischer Kräfte über das Lager direkt den Abwälzkontakt der Reibpartner. Um die dynamischen Kräfte im Rahmen der Lastannahmen zu halten, sollte die Schwingstärke im Rahmen der Grenzwerte geprüft und überwacht werden nach [1] bzw. [2]. Damit ist eine der Grundlagen für einen sollgemäßen Wälzlagerbetrieb und die Erreichung der Lebensdauer gegeben. Daraus ergibt sich die zweckmäßige Ergänzung einer Wälzlagerüberwachung mit einer Schwingstärkeüberwachung an Maschinensätzen. An potenziell häufiger stärker fehlerbehafteten und an größeren Maschinen (> 100 kW) erfolgt dies im Rahmen des sog. „Maschinenschutzes". Wenn diese für verschiedene Typen von Maschinensätzen empirisch ermittelten und festgelegten noch zulässigen Schwingstärkegrenzwerte überschritten sind, sollten die verursachenden Maschinenfehler zur Reduzierung der dynamischen Lagerbelastung diagnostisch abgeklärt und beseitigt werden. Als eine Abhilfe muss ggf. eine erhöhte Unwuchtanregung nach der DIN-ISO Reihe 21940 nach [3] durch Auswuchten des Rotors wieder auf eine zulässige Rotor-Restunwucht reduziert werden. Auch die Fehlausrichtung im Wellenstrang muss auf einen „akzeptablen" Wert der Rest-Fehlausrichtung an gekuppelten Maschinensätzen begrenzt werden. Details dazu sind im Band „Ausricht- und Kupplungsfehler an Maschinensätzen" in [4] dieser Reihe ausführlich dargelegt. Erhöhte Fehlausrichtungen führen ggf. zur statischen Über- oder Unterlastung der Lager und zusätzlicher dynamischer Belastung. Tab. 3.1 zeigt eine beispielhafte Übersicht der Einflüsse von Maschinenfehlern auf den Wälzlagerbetrieb. Hier ist ersichtlich, dass durch die von einer

Tab. 3.1 Einflüsse von Maschinenfehlern auf den Wälzlagerbetrieb

Maschinenfehler	Statische Auswirkungen auf Lager	Dynamische Auswirkungen in Lager	sonstige Auswirkungen auf Lager
Rotorunwucht	-	Erhöht dyn. Radialkraft meist sinusförmig	-
Fehlausrichtung Parallelversatz	erhöhte Radiallast/ reduzierte Radiallast	Erhöht dyn. Radialkraft meist stoßförmiger	-
Fehlausrichtung Winkelversatz	erhöhte Radiallast/ reduzierte Radiallast	Erhöht dyn. Axialkraft meist stoßförmiger	-
Axialkraft aus Kupplung, Axial-Spaltfehler	Erhöht Axiallast	Erhöht dyn. Axialkraft meist stoßförmiger	-
Lose Teile am Rotor	-	Erhöhte dyn. Radial/ Axialkraft meist stoßförmiger	
Elektro-magnetische Anregung	-	Erhöhte hochfreq. Stöße	-
Erdungsfehler E-Antrieb 1)	-	-	Stromdurchgänge
stat. Rotorschräglagen horizontaler Rotor	Erhöhte Axiallast	Erhöhte dyn. Axialkraft	-
erhöhte Strömungsanregungen	-	Erhöhte dyn. Radial- und/oder Axialkraft	Ggf. Höherfrequenter Körperschall
Kavitation an Pumpen	-	-	Höherfrequenter Körperschall
Zahnradgetriebestufen	Erhöhte Radial- und/od. Axialzwangskräfte	Erhöhte dyn. Radial- und/oder Axialkraft	Höherfrequenter Körperschall

1) vgl. hierzu auch Fallbeispiel Abschn. 13.14

Fehlausrichtung potenziell verursachte Änderung der statischen Lagerlast kritische Auswirkungen haben kann.

Damit ist die Auswucht- und Ausrichtvorschrift von der Fertigung (Rotor- und Maschinenzeichnung) bis zur Wartung (Anleitung) für einen sollgemäßen Maschinenbetrieb wichtig für die Maschinenkomponenten und für die Wälzlager. Zusätzlich hat der Pegel einer erhöhten Schwingstärkeanregung das stärkere Pendeln des Lastzone zur Folge wie im Abb. 2.6 dargestellt. Besondere Auswirkungen einer Schwingstärkeerhöhung treten an vertikalen Maschinensätzen, auf die in Abschn. 2.6.1 eingegangen wird. Hier spielt auch die Bahnkurve des Rotors am Gehäuse eine besondere Rolle zur Beurteilung der Lastzone, für die eine stabile statische Lage sollgemäß anzustreben ist.

3.2 Übersicht der Wälzlagerfehler und -schäden

Wälzlagerfehler bezeichnen Abweichungen vom bestimmungsgemäßen Normal- oder Sollzustand in der belastungsgerechten Lager- und Schmierstoffauswahl, in Fertigung und Montage und in Wälzlagerbetrieb und Wartung. Wälzlagerfehler führen meist zu Merkmalen im Körperschall, sind aber daraus nicht immer einfach und eindeutig diagnostizierbar. Dazu zählen Abweichungen vom Sollzustand in der tatsächlichen Belastung, in der Geometrie, in den Passungsmaßen sowie der Viskosität des Schmierfilmes. (vgl. Glossar)

Wälzlagerschäden dagegen bezeichnen die Unterschreitung eines für die Funktionsfähigkeit des Wälzlagers bestimmten Grenzwertes des Abnutzungsvorrates. Dazu zählen Materialveränderungen oder -abnutzungen und -ausbrüche. (vgl. Glossar)

Abb. 3.1 zeigt eine Übersicht der zwei häufigsten Typen der Wälzlagerfehler und der Schäden. Die Botschaft dieses Bildes der „vier Aufgaben" sollte Maßstab für jede umfassende Wälzlagerüberwachung und als grundsätzlicher Diagnoseansatz dienen. Verschleiß und Schäden sowie Schmierung und Montage/Betrieb/Instandhaltung (O&M) sind deren Prioritäten mit ihrem Einfluss auf eine Reduzierung der Lagerlebensdauer. Näheres dazu wird in Abschn. 10.3 ausgeführt.

Der Anhang A der VDI 3832 [5] zeigt eine umfassende und systematische Übersicht der „häufig auftretenden Wälzlagerfehler", die hier nicht einfach nur wiederholt, sondern

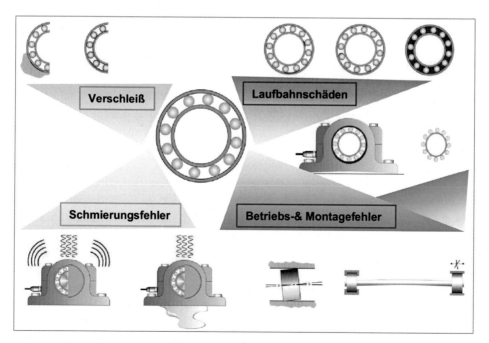

Abb. 3.1 Übersicht der vier unterschiedlich zu bewertenden Gruppen der häufigsten Fehler-und Schadenstypen an Wälzlagern, vier Aufgaben jedes CMS und einer Diagnose

etwas erläutert werden sollen. Im Folgenden wird auf die praktische Seite der einzelnen Fehler in den diagnostisch zusammengefassten vier Gruppen eingegangen. Die Geometriefehler (ff. in Abschn. 3.5) sollten zu Maschinenabnahmen, zur Inbetriebnahme und nach und vor jeder Reparatur bei entsprechenden Hinweisen überprüft werden. Die Schmierungsfehler (ff. in Abschn. 3.4) haben durch ihre zentrale Funktionalität die höchste Priorität aller Wälzlagerfehler und sind eine zentrale Funktion einer Wälzlagerüberwachung. Die Körperschalldiagnose ist, meist mangels mechanischer Zugänglichkeit und da der Wälzlagerzustand sich nur im Betrieb einstellt, meist die einzige Möglichkeit diese Fehler zu überprüfen. Das Auftreten von Wälzlagerfehlern zu überwachen und ggf. zu diagnostizieren, sollte deshalb Teil der Überwachung des Betriebszustandes von Wälzlagern sein.

Durch die hohen Fertigungsstückzahlen und den hohen Automatisierungsgrad und jahrzehntelange Optimierung der Eigenschaften haben Wälzlager heute einen sehr hohen Qualitätsstandard und hohe Zuverlässigkeit erreicht. Sie fallen i. d. R. vorzeitig im Betrieb nur unter Einfluss der Auslegungs-, Montage- und Betriebsfehler aus. Schmierungsfehler, Verschleiß- und Laufbahnschäden können fallabhängig in Betrieb und Wartung unvorhergesehen auftreten und sollten regelmäßig durch Körperschallüberwachung und kontrolliert werden. Dafür werden regelmäßige Messungen mit längerem Zeitabstand (intermittierend) mit Datensammlern (vgl. Abschn. 11.2 und 11.3) empfohlen. An Maschine mit höheren Prioritäten im Maschinenpark (vgl. Abschn. 10.5) wird zur Risikominimierung gegen potenziell auftretende und sich schneller entwickelnde Fehler und Schäden eine kontinuierliche Online-Überwachung empfohlen (vgl. Abschn. 11.4, 11.5, 11.6 und 11.7).

Die Fälle des sog. „weichen Verschleißes" (ff. in Abschn. 3.6) als Folge von erhöhter metallischer Reibung werden bis zu einem überhöhten Ausmaß meist ähnlich den „Gebrauchsspuren" bewertet. Sie sind regulär eher am Ende der Lebensdauer zu erwarten und äußern sich als erhöhtes Betriebsspiel im Lagerbetrieb. Ihre Auswirkungen auf den Betrieb und dessen Einschränkungen sind meist weniger relevant. Schwerpunkt des Verschleißes ist der meist stehende Außenring durch eine funktionsgemäß meist einseitige Ausprägung der tribologischen Belastung in der Lastzone im Radiallager. Er ist die häufigste „Gebrauchsspur" auf den Laufbahnen der Lagerbauteile und im Außenringsitz. Er hat aber meist nur unkritische Auswirkungen und deshalb eine niedrigere Priorität in Erkennung und Beseitigung. Überall wo erhöhte Schubbelastungen auftreten im Wälzkontakt, führt dies meist zu frühzeitigem oberflächen-nahem Verschleiß der Laufbahnen. Der Begriff des Wälzvorganges setzt sich aus einem Rollvorgang und partiellen Gleitvorgängen zusammen. Er kann aber in den Käfigtaschen im Gleiten und in den Lagersitzen im Reiben seltener fallweise auch zu kritischen Lagerzuständen führen.

Sich ausdehnende Laufbahnschäden (ff. in Abschn. 3.8) sind im Lager allermeist Folgen von kritisch erhöhten Wälzlagerfehlern. Damit erhält die Erkennung und Beseitigung dieser Fehler eine deutlich höhere Priorität, als ihr in der Praxis allgemein eingeräumt wird. Auch für „Gebrauchspuren und Schadensarten" gibt der Anhang B der VDI 3832 [5] eine umfassende und systematische Übersicht. Laufbahnschäden aus Materialermüdung führen unweigerlich zum baldigen Lagerausfall und haben demgemäß die höchste Priorität und stehen so zu Recht im Fokus der Wälzlagerdiagnose und -überwachung. Auch ist deren Früherkennung ein wichtiger Gradmesser für die Zuverlässigkeit und Qualität einer Überwachung und Diagnose. Zu häufig wird aber leider zu einseitig darauf fokussiert als „den Angstgegner" in der Betriebsführung. Der Schwerpunkt sollte nicht auf die Schadensbegrenzung gelegt werden, sondern auf deren Vermeidung und Vorbeugung. Entsprechend sollten in erster Linie die Fehler diagnostisch vorher erkannt und abgestellt werden.

Bei **Schmierungsfehlern und -versagen** besteht oft das Risiko für einen zeitnahen Lagerausfall, weswegen diese früh erkannt und umgehend behoben werden müssen, bevor eine Notabschaltung erforderlich wird. Die erforderlichen Bedingungen der ehd-Schmierung wurden in Abschn. 2.7 einführend erläutert und werden in Abschn. 3.4 in ihrer Detektion betrachtet. Die höhere Priorität ergibt sich daraus, dass deren kritische Abweichungen häufiger unmittelbar zu Schäden führen können. Ausfallschäden nach Mangelschmierung entstehen unter erhöhter metallischer Reibung durch die Erwärmung und den Abfall der Viskosität als ein sog. „selbstverstärkender eskalierender Vorgang".

Montage und Betriebsfehler entstehen häufig, wenn geänderte oder nicht erfasste Belastungen im Betrieb auftreten, die in der Auslegung nicht ausreichend berücksichtigt wurden oder direkte Fehler in der Lager- und Schmierstoffauswahl getroffen wurden. Im Maschinendesign und in der Betriebs- und Wartungsvorschrift sollte die Grundlagen für einen robusten sollgemäßen Betrieb der Wälzlager im Maschinensatz gelegt werden. Dies wirkt sich über deren definierte Betriebsdauer bis zum Lagertausch aus. Das erfolgt über die darin definierten Sollwerte.

Die **Wälzlagerfehler** sollten in der noch vorherrschenden Betrachtung deutlich aufgewertet werden als „die vorbeugende Aufgabe" in Diagnose und Überwachung. Sie gehen den risikoträchtigen Laufbahnschäden als eigentliche Ursachen voraus und sollten perspektivisch für eine „proaktive Instandhaltung" vor dauerhaftem Einwirken erkannt werden. Aber auch bei der Ursachenanalyse von Wälzlagerschäden, für eine entscheidende nachfolgende Vorbeugung in der Instandhaltung, müssen die jeweils in Frage kommenden Wälzlagerfehler ins Kalkül aufgenommen und diagnostisch abgeklärt werden. Dafür kann auch eine Schadensbegutachtung sehr hilfreich sein (vgl. dazu [6], Abschn. 3.8 und Bauteilfotos der Wälzlager und deren Kommentare in Kap. 13).

Die nachfolgend für das Verständnis systematisch gegliederten Wälzlagerfehler sind häufig miteinander oder mit anderen Fehlern verknüpft in Ihrer Wirkung. Es gilt hierbei leider meist „ein Fehler kommt selten allein". Sie sollten in ihrer Gesamtheit betrachtet werden in ihren potenziellen Wirkungsmechanismen. Anderseits sind viele Wälzlagerfehler stark bezogen auf den Einsatzfall und werden erst über ein kritisches Maß oder über lange Zeiträume hin zur Ursache für Schäden im Wälzlager. Derzeit beschränkt sich Überwachung und Diagnose am Wälzlager in der Breite zu sehr auf die *Folgeschäden* von Laufbahnschäden als eine Art indirekte Vorbeugung oder nur Schadensbegrenzung. Es wird wie mehrfach erwähnt eine *echte Vorbeugung* und zeitnahe Beseitigung auftretender kritischer Wälzlagerfehler im Betrieb empfohlen.

Um die nachfolgende Fehlerbeschreibung hinsichtlich der Detektierbarkeit etwas besser methodisch zu quantifizieren und zu qualifizieren werden hier Stufen dafür eingeführt.

Trivial beschrieben ähneln sie den üblichen einfachen Bewertungen. Die **Detektierbarkeit** im Körper- und Ultraschall ist hier mehr im physikalischen Hintergrund betrachtet:
1 – als sicher, **2** – als meist, **3** – als möglich, **4** – als eingeschränkt, **5** – als kaum möglich.

Die Detektion hängt naturgemäß in der Praxis von vielen Faktoren wie der angewandten Methodik, dem Mess- oder Überwachungssystem oder dem Anwender-Know-How ab.

3.3   Auslegungs- und Designfehler in Wälzlagerungen

Auslegungsfehler treten meist designbedingt und ergänzend auch nur temporär als **statische Über- und Unterlastung** auf. Sie werden so ggf. noch überlagert durch ereignisgebundene Maschinenfehler oder andere Wälzlagerfehler. Oft werden diese Auslegungsfehler durch weitere auftretende Maschinen- oder Wälzlagerfehler auch erst über ein kritisches Ausmaß hinaus verstärkt. Tab. 3.2 und Abb. 3.2 zeigen Belastungsfehler. Tab. 3.3 zeigt Merkmale und eine Übersicht der häufigeren Auslegungsfehler an Wälzlagerungen.

Die angenommene statische Radialkraft und Axialkraft geht bestimmend in die Lebensdauerberechnung des Wälzlagers nach [7] ein als äquivalente Belastung mit deren möglichen Änderungen als Dynamische Last. Sie sollte mit den tatsächlich auftretenden Werten annähernd übereinstimmen.

Im Sinne von Schwingstärke- und Körperschallbelastung werden hier dynamische Belastungen als Wechselkräfte verstanden. Sie können als Erhöhung der maximalen Lastannahmen in die genannte Lebensdauerberechnung einfließen. Für eine besser angepasste Lebensdauerberechnung können weitere Lebensdauerbeiwerte nach den Hinweisen der

Tab. 3.2 Belastungsfehler in Wälzlagerungen

Wälzlagerfehler:	Folge:	Fehlerverlauf:	Ausfallrisiko:
Unterlastung	Schmierung verschlechtert, abrasiver Verschleiß	häufig durchgehend	Erhöht, abhängig vom Ausmaß
Überlastung	Materialermüdung häufig im „Untergrund"	häufig mit Ereignis beginnend	Langzeitmechanismus – final eskalierend

Abb. 3.2 Belastungsfehler-Merkmale an Wälzlagern Unterlastung und Überlastung. (Körper-, Ultraschalldetektion: 2- meist)

Unterlastung   Überlastung

genannten DIN ISO eingerechnet werden. Hoch-dynamische Belastungen genauer zu erfassen, erfordert speziellere anspruchsvollere Auslegungsmethoden mit Verformungsrechnungen in Simulationen oder FEM-Berechnungen. In den meisten Fällen kann die statische Über- oder Unterlastung von Wälzlagern beispielsweise mit beiden Stoßimpulskennwerten erkannt werden anhand deutlicher Abweichung von den korrekt normierten Startwerten im Normalbetrieb. Wenn historische Vergleichswerte oder solche von Schwestermaschine vorliegen, gelingt das auch mit anderen breitbandigen Kennwerten. Typische Fälle sind hier mangelhafte oder überhöhte Riemenspannung oder stärkere Fehlausrichtungen in der Richtungsachse der Lastzone. Auch eine mangelnde Loslagerfunktion kann zu axialer Überlastung in beiden Lagern führen. Sie kann bis zur erhöhten statischen Ausbiegung der Welle und einem Anstieg der Schwingstärke in allen Hauptschwingungsrichtungen sich auswirken.

Die dynamische Überlastung ist meist leichter als Schwingstärkeerhöhung über deren Grenzwerte feststellbar. Erst bei deren deutlicheren Erhöhungen steigt auch fallweise der Körperschall.

Eine Unterlastung äußert sich dagegen häufiger und stärker in erhöhtem Körperschall und erhöhter metallischer Reibung, wenn die Mindestbelastung unterschritten wird. Ein Beispiel dafür wird in Abschn. 13.1 vorgestellt. In der Schwingstärke ist dies häufiger in stärker schwankenden Effektivwerten sichtbar (Tab. 3.3).

Viskositätsabweichungen in der Auslegung resultieren häufig in Abweichungen des Temperaturbereiches im Wälzlager im Betrieb von den Sollwerten. Abweichungen nach oben treten häufig im Zusammenhang mit zu hohen Temperaturen der Fördermedien über den Rotor oder erhöhten Umgebungstemperaturen am Stator in Strömungsmaschinen oder an Fließstrecken auf. Aber auch Maschinenfehler wie das Anstreifen von Rotorteilen an Gehäusen können hier Auslöser sein. Die Schmieröle oder -fette unterschreiten erst in den meisten Einsatzfällen über 100 °C die auslegungsgemäß erforderliche Mindestviskosität. Als Abhilfe ist eine zusätzliche Lagergehäusekühlung mit Druckluft mitunter behelfsmäßig anzutreffen, wenn beispielsweise an Ventilatoren für heiße Gase die Funktion der Kühlscheiben der Wellen an den Lagern nicht ausreichen. Regulär sollte dann auch ein besser geeigneter Schmierstoff eingesetzt werden oder die Wärmeableitung der Welle auf dem Weg zum Lager hin verbessert werden. Tritt dies dagegen nur kurzzeitig und seltener auf können Schmierstoffzusätze hier erhöhte metallische Reibung im Lager verhindern.

Zu hohe Viskosität trifft man an Maschinensätzen mit kalten Medien an, wie bei der Luftumwälzung in Kühlanlagen. Auch abhängig von den Außentemperaturen kann die Aufstellung im Freien mit Kaltanlauf nach Stillstand hier die Ursache sein. An Zahnradgetrieben oder Blocklagern mit Ölsumpf oder Lagerungen mit Ölumlauf und Vorratsbehälter wird in diesen Fällen eine Ölheizung mit Vorlaufzeit vor dem Start vorgesehen. Eine zu hohe Viskosität führt im kritischen Fehlerfall zu einem sich aufbauenden zu dicken Schmierfilm, der die Lagerlast nicht tragen kann und wieder zusammenbricht, so dass die Kontaktflächen der Reibpartner sich metallisch berühren. Bei Wälzlagern ohne Gehäuse und mit Dichtscheiben und Lebensdauer-Fettschmierung im Wälzlager sollten die

Tab. 3.3 Übersicht von Auslegungsfehlern in Wälzlagerungen in Erweiterung nach [5] Anhang A

Lagertyp	Lastfall/ Fehlerfall	Wurzel-Ursache	Mögliche Merkmale	Folgeschäden
Radiallast außerhalb Toleranz an Radiallagern	Statische Radiallast zu groß	1. Fehlausrichtung Wellen 2. Zu hohe Riemenspannung	- Temperaturerhöhung - Körperschallerhöhung	- erhöhter weicher Verschleiß - langfristig Laufbahnschäden
	Statische Radiallast zu klein	1. vertikale Fehlausrichtung 2. Zu geringe Riemenspannung 3. Falsche Lagerauswahl	- Temperaturerhöhung - Körperschallerhöhung - Schmierungsfehler - Schlupferhöhung im Lager	- kurzfristig abrasiver Verschleiß - kurz oder mittel-fristig Laufbahnschäden
	Dynamische Radiallast zu groß	4. Maschinenfehler im Betrieb nicht ausreichend beachtet 5. unzulässiger Wartungszustand	- Breitband- Schwingstärke zu hoch - Schwingstärkekomponente relativ zu hoch - ggf. Schmierungsfehler	- langfristig Laufbahnschäden
Axiallast außerhalb Toleranz an Axiallagern	Statische Axiallast zu groß	3. Falsche Lagerauslegung an vertikalen Wellen 6. Abweichung von horizontaler Lage am Rotor/Lager 7. Axiale Asymmetrie im E-Motor 8. Loslagerfunktion gestört 9. Axiales Kupplungsspiel fehlerhaft	- Temperaturerhöhung - Körperschallerhöhung - seltener Schmierungsfehler	- erhöhter weicher Verschleiß - langfristig Laufbahnschäden
	Statische Axiallast zu klein	3. Falsche Lagerauswahl	- Temperaturerhöhung - Körperschallerhöhung - Schmierungsfehler	- kurzfristig abrasiver Verschleiß - langfristig Laufbahnschäden
	Dynamische Axiallast zu groß	4. Maschinenfehler im Betrieb nicht passend eingerechnet 5. unzulässige Wartungszustände 8. Loslagerfunktion gestört	- Breitband-Schwingstärke zu hoch - Schwingstärkekomponente relativ zu hoch - ggf. Schmierungsfehler	- langfristig Laufbahnschäden - Käfigschäden

(Fortsetzung)

Tab. 3.3 (Fortsetzung)

Lagertyp	Lastfall/ Fehlerfall	Wurzel-Ursache	Mögliche Merkmale	Folgeschäden
Abweichung in Visikosität Schmierstoff	Viskosität zu hoch	10. Falsche Schmierstoffauswahl 11. Betriebstemperatur zu niedrig – Kaltanlauf	- Anstieg Körperschall - erhöhte metall. Reibung	- Abrasiver Verschleiß - Oberflächenschäden
	Viskosität zu niedrig	10. Falsche Schmierstoffauswahl 11. Betriebstemperatur zu hoch –	- Anstieg Körperschall - erhöhte metall. Reibung - weiterer Temperaturanstieg	- Abrasiver Verschleiß - Oberflächenschäden
Dichtung [8]	Funktionsausfall Einschränkung - Stoffeintrag	12. unbeachtete Maschinenfehler 13. Betriebsbedingungen abweichend	- Anstieg Körperschall - erhöhte metall. Reibung	- Abrasiver Verschleiß - Oberflächenschäden
Überwachung	fehlt oder unzureichend	14. Wälzlagerfehler 12. Maschinenfehler	- Merkmale Wälzlager fehler, -schäden	Maschinenausfall Wälzlagerschäden

Temperatur-Beanspruchungen im Einsatz dem Datenblatt der Maschine entsprechen. Abweichungen sind mit einfacher Temperaturmessungen leicht feststellbar.

Dichtungsmängel an Lagern können beispielsweise auftreten, wenn die zulässigen Geometrieabweichungen (Parallel-, Winkelversatz) an Lagergehäusen durch nicht beachtete kritische Fehlausrichtungen im Maschinensatz deutlich überschritten werden. Nach dem Eindringen von Feuchtigkeit, Flüssigkeiten oder Feststoffen leidet in Folge stärker die Qualität der Schmierstoffes oder Fremdpartikel werden auf den Laufbahnen überrollt, was unmittelbar dann zu eskalierenden Verschleiß oder zu Eindrückungen führen kann. In der Montage- Betriebs- und Wartungsanleitung sollten deshalb die zulässigen Fehlausrichtungen oder Rundlauffehler auch in Bezug auf die Dichtungssitze eindeutig definiert sein. Kritischer ist dies bei Wälzlagern mit Rollen die Fremdkörper direkt überrollen oder länger vor sich herschieben, da von Kugeln formbedingt die Fremdpartikel leichter zur Seite geschoben werden. Bei Wälzlagern ohne abdichtende Gehäuse sollten die integrierten Dichtscheiben im Wälzlager passend zu den temperaturmäßigen oder medienbeladenen Beanspruchungen ausgewählt sein.

Der Maschinenschutz, in Form von einzelkanaligen Maschinenüberwachungen am Lagergehäuse, hat sich bei Einsatzfällen mit erhöhten Beanspruchungen oder solchen mit hoher Priorität im Prozess in der Praxis bereits verbreitet. Eine zusätzliche **Wälzlagerüberwachung** (vgl. Abschn. 11.4) als Funktionsergänzung dazu wird für gleich gelagerte Einsatzfälle mittlerweile auch schon häufiger eingesetzt. Diese hat aber nicht die Funktionalität eines automatischen und ausreichend zuverlässigen Wälzlagerschutzes. Da beide Funktionalitäten völlig unterschiedliche Phänomene in den Kennwerten mit ihren Messgrößen und Frequenzbereichen überwachen, wird das Wälzlager mit dem Maschinen-schutz selbst nicht mitüberwacht – wie leider häufiger fälschlicherweise angenommen wird. Lediglich sehr große Schadensausdehnungen sind mit der Schwingstärkeüberwa-chung sehr spät vor dem potenziellem Ausfall erkennbar. Es können damit aber große Folgeschäden vermieden werden.

Entscheidend sind die Vereinbarungen dazu zwischen Maschinenhersteller bzw. -liefe-rant und Anlagenbauer bzw. -betreiber für eine Wälzlagerüberwachung. Typische Bei-spiele für deren Einsatzfälle sind weiterhin gefährliche Fördermedien des Maschinensat-zes oder explosive Umgebungsmedien nach ATEX.

Erfahrungsgemäß sind die Leistungsparameter der Überwachung und eine korrekte Montage und Inbetriebnahme (nach den Regeln in den Kap. 6, 10 und 11) die erforderliche Voraussetzung für deren zuverlässigen Funktionalität. Wichtig sind dabei meist weiterhin die ausreichenden Fachkenntnisse der unmittelbar Beteiligten und die Hilfen in den Doku-mentationen. Kritischer sind bei derartigen Grenzwertüberwachungen die Einsatzfälle mit Drehzahlregelung, die besondere Überwachungs-Funktionen erfordern. Die Körper- und Ultraschallpegel steigen im Hochlaufen fast immer drehzahl-proportional an, womit diese Pegeländerungen damit nicht zustandsbedingt sind. Daran müssen die Grenzwerte oder Kennwertberechnungen und deren Bewertungen entsprechend ggf. angepasst werden.

3.4 Schmierungsfehler und Schmierstoffschädigungen – kritisches Risikopotenzial

Nach den Einführungen zur Schmierung im Wälzlager in Abschn. 2.7 werden im Folgen-den die Schmierungsfehler und deren Überwachung thematisiert. Als Quelle zu Folgen-dem wird auf [6] und [5] Anlage A verwiesen. Auftretende Schmierungsfehler sind nach kurzer Zeit meist relativ kritisch für den Zustand des Wälzlagers. Deshalb sollte die Diag-nose und Überwachung des Schmierungszustandes höhere Priorität haben, auch in der Auswertung der Körperschallerfassung an Wälzlagern. Bei komfortableren Schmierungs-systemen der Umlaufschmierung, können zusätzliche Schmierungsparameter permanent überwacht werden. Dazu zählen Temperatur, Öldruck oder Druckabfall über dem Ölfilter und der Volumenstrom oder auch seltener spezielle Schmiermitteleigenschaften im Schmierkreislauf. An Großgetrieben und Hauptlagern in Windkraftanlagen werden häufi-ger autonome zusätzliche Überwachungen mit Metallpartikelzähler (für Eisen- und Nichteisen-Partikel) eingesetzt. Bei allen anderen Maschinen können entnommene Proben des Schmieröls oder Fettproben in Labors eingeschickt und dort auf zustandsrelevante Eigenschaften hin analysieren lassen. Anlass dafür sind Hinweise auf relevante Verände-rungen oder es erfolgt regelmäßig in längeren Intervallen. Die kritischen Parameter dabei sind der Gehalt an Eisen- und Nichteisen- (Ne) Metallpartikeln wie Kupfer und die Oxydationszahl, der Kohlenstoffgehalt und der Wassergehalt. Angestiegene Eisenpartikel können deutliche Hinweise auf Verschleiß oder Laufbahnschäden in Wälzlagern oder in Getrieben an Zahnflanken sein. Angestiegene Ne-Metallpartikel können Hinweise auf Verschleiß oder Schädigungen an Messingkäfigen in Wälzlagern sein. Als Eigenschaften werden weiterhin Verunreinigungen, Verschleißparameter und die Additive als Marker des Ölzustandes im Gehalt der chemischen Elemente und an speziellen meist genormten Tests und Kennzahlen bewertet.

Tab. 3.4 fasst die Möglichkeiten der Überwachungen und Prüfungen der Schmierungsfehler abhängig vom Schmiersystem zusammen. Daraus ergibt sich, dass im laufenden Betrieb die Überwachung der Schmierung mit Kennwerten im Körper- und Ultraschall wichtige Funktionen erfasst.

Tab. 3.5 systematisiert in einer Übersicht die Schmierungsfehler nach [5]. In der Überwachung größerer Maschinenparks ist die Überprüfung der Schmierintervalle der Fettschmierungen eine der wichtigsten Aufgaben am Beginn von Überwachungszyklen. Dazu empfiehlt sich die Erfassung eines dafür geeigneten speziellen Wälzlagerkennwertes des Schmierzustandes kurz vor Ablauf des festgelegten Schmierintervalls. Dieser wird bewertet wie in Abschn. 7.4 beispielhaft dargelegt. Bei einem bereits erfolgten Anstieg des Kennwertes muss das Intervall entsprechend verkürzt werden. Ist der Kennwert unverändert kann das Intervall maßvoll verlängert und muss etwas später erneut geprüft werden. Eine weitere wichtige Prüfung stellt die sog. Schmierprobe dar, die bereits in Abschn. 2.7 dargestellt wurde.

Relativ robust bei stabilem Ölstand sind Sumpfölschmierungen für Wälzlager, wie eine Übersicht der Schmiersysteme in Tab. 3.6 zeigt. Diese haben aber den Nachteil durch die begrenzte Funktion von deren Partikelmagneten, dass einige Metallpartikel im Schmier-

Tab. 3.4 Gebräuchlichste Überwachungen und Prüfungen der Schmierungsfehler

/	turnusmäßig Ölanalyse Fettanalyse 1)	Ölumlaufschmierung	Partikelzähler	Körperschall/ Ultraschall Kwt am Lager
Schmiersysteme	alle	Umlauf-schmierung	Umlauf-schmierung	alle, für manuelle Fettschmierungen
Überwachung	Alle relevanten Inhaltsstoffe	Betriebsparameter im Ölumlauf	Fe-Partikel Ne-Partikel	Metall. Reibung Überrollungen Fremdpartikel
Güte Schmierungsfunktion	-,2)	X	-	XX
Güte [9] Schmierstoff	XXX -langfristig	(X)	-	(X), indirekt
Erfassung Laufbahnschäden	X – langfristig	-, 3)	X – zeitnah	X

1) nur wenn Schmierstoffproben entnehmbar sind, 2) indirekt in Merkmalen des Schmierstoffes
3) nur bei ausgedehnten Fällen, wenn der Druck über Ölfilter überwacht wird
Kwt ... Kennwert

Tab. 3.5 Schmierungsfehler an Wälzlagern nach [5] Anl. A

Wälzlagerungs-fehler allgemein	Abweichung vom Soll	Typisches Beispiel	Aufgetreten in
Schmierungs-zustand nicht ausreichend	Schmiermittel abweichend vom Soll-zustand -Temperatur-abweichung, unzureichender Schmierfilmaufbau	1. Zu niedrige Viskosität 2. Viskosität zu hoch 3. Schmiermittel gealtert 4. Unzureichende Schmiermittel-menge durch Verluste oder unzu- reichende Schmiermittelzufuhr	Projektierung Fertigung Montage Betrieb
	Schmiermittel-überschuss	Überfüllung des Wälzlagers, Fehlfunktion Fettmengenregler od. Austrittskanal	Betrieb/Montage
Einwirkung von Fremdmedien	Schmiermittel-verschmutzung	Mechanische Fremdpartikel im Schmiermittel durch fehlerhafte Abdichtung od. Laufbahnschäden	Projektierung Fertigung Betrieb/ Wartung
	Aggressive Medien	Einwirkung von Säuren, Basen, Wasser auf Schmiermittel und Laufbahnen durch fehlerhafte Abdichtung	Projektierung Fertigung Betrieb

Tab. 3.6 Schmiersysteme und Risiken nach Art der Schmierstoffzufuhr (vgl. Tab. 2.4)

Schmiersystem	Schmierstoffzufuhr	Einsatz	Ausfallrisiko	Risiko
Lebensdauer-geschmierte Wälzlager	Einmalig bei Herstellung	Einfache stabile Last- u. Temperaturbedingungen	Gering bei Einhaltung der Auslegungsbedingungen, erhöht bei Abweichungen	+
Öldruckum-laufschmierung	Laufend im Kreislauf	Hohe Ansprüche an Schmierungsqualität, meist drucküberwacht	Zu überwachen gegen permanente Gefahr des Ausfalls des Zustromes	+
Ölsumpf-schmierung	aus Sumpf	Blocklager und Zahnradgetriebe	Selten bei erhöhtem Schmierstoffaustritt	-
Fettschmierung automatisch	Regelmäßig Kurzzeit-Intervalle	Standardfälle Industriemaschinen	Schmiermittel erschöpft, Fehlfunktion Automatik	++
Fettschmierung manuell	Regelmäßig Langzeit-Intervalle	Standardfälle Industriemaschinen	Unsicher bei nicht eingehaltenen Intervall und mangelnder Schmierstoffqualität und -menge	+++
Sonderschmier-mittel wie mit Prozessstoffen	Permanent aus dem Prozess	Lederwaschmaschinen mit Waschlauge, Turbopumpen mit Prozessgas	Risiko bei Prozessabweichungen	+++

mittelreservoir verbleiben und teilweise wieder in die Kontaktflächen eintreten. Aufwendiger und funktionsabhängig sind Druckumlaufschmierungen, und damit meist zusätzlich auf Öldruck und oder Volumenstrom zu überwachen. Sie besitzen durch zwischengeschaltete Ölfilter dagegen den Reinigungseffekt immanent (vgl. Abb. 13.94 in Abschn. 13.13). Am störanfälligsten auf ausreichende Schmierstoffzufuhr im Schmiermittelkanal und ausreichenden Fettaustrag sind Fettschmierungen. Oft werden diese noch manuell im festgelegten Intervall nachgeschmiert. Aber auch sich immer weiter verbreitende kleinere Schmierautomaten oder bekannte Zentralschmieranlagen können durch Funktions- oder Leitungsschäden hier versagen. Empfehlenswert sind für den manuellen Betrieb ergänzende PC-gestützte Schmierungsplaner in angebotenen Schmierungssystemen. Diese handhaben die Schmierstoffauswahl, -menge und das Schmierintervall systematisch für einen Betreiber oder das beauftragte Wartungspersonal für Maschinensätze in einem Maschinenpark.

Die Erfassung des metallischen Kontaktgeräusches ist ein sicheres und kostengünstiges Mittel betriebsbegleitend die Schmierungsfunktion durch regelmäßige oder permanente Überwachung gegen Ausfälle abzusichern. Häufiger auch eingesetzte einfache Temperaturüberwachungen sichern im Betrieb lediglich den festgelegten Viskositätsbereich des Schmiermittels ab. Weiterhin verfälschen Schwankungen in den Umgebungstemperaturen und der Prozessführung und Leistungsschwankungen das Bild eines zustandsbedingten Temperaturverlaufes. Erfahrungsgemäß wirken diese auch bei Mangelschmierung im Wälzlager erst wenige Minuten kurz vor dem Ausfall des Lagers. Ursache ist der späte Akutanstieg und die Zeitverzögerung in den Bauteilübergängen bis zum Sensor.

Kritisch selbst für den kurzfristigen Betrieb ist die *Mangelschmierung* im Wälzlagerbetrieb wie in Abb. 3.3 und Tab. 3.7. Sie tritt ein, wenn die Schmiermittelmenge nicht mehr ausreicht in der Ehd-Schmierung um die metallischen Reibpartner zu trennen.

Abb. 3.3 Mangelschmierung –
Merkmale an Wälzlagern
im Einsatz

Mangelschmierung

Tab. 3.7 Beschreibung Mangelschmierung (Körper-, Ultraschalldetektion: 2-meist)

Wälzlagerfehler:	Folge:	Erhöhung Fehler:	Ausfallrisiko:
Mangelschmierung	Metall. Kontakt erhöht, Körperschall erhöht	meist Ereignis- oder Fehlerbedingt	Eskalationsgefahr erhöht
	Temperatur erhöht, ggf. ansteigend	häufig Tendenz zum Abklingen	Potenziell bei Eskalation Heißläufer

Auch kann statt der Menge die Schmierstoffqualität durch Einwirkungen so verschlechtert sein, dass Mangelschmierung eintritt. Häufig tritt Mangelschmierung mindermengenbedingt an fettgeschmierten Wälzlagern ein, die von der regelmäßigen Schmierzufuhr abhängen. Auch Geometriefehler wie Winkelfehler an Rollenlagern können zu erhöhten metallischen Kontakten bzw. zu einer lokalen Mangelschmierung führen. Bestimmt wird die Qualität einer Fettschmierung von den passenden Nachschmierfristen, die häufig noch manuell realisiert wird vom Instandhaltungspersonal. Bei einer akuten Mangelschmierung treten betriebsnah wahrnehmbare Erscheinungen leider erst unmittelbar vor dem Schmierungs- und damit verbunden dem Wälzlagerausfall z. B. in einem sog. Heißläufer auf. Dazu zählen erhöhte Geräuschentwicklung, Lagertemperaturanstieg und damit Materialausdehnung. Letztere führt dann zu einem selbstverstärkt ggf. eskalierenden Heißläufer durch die schnellere Ausdehnung des Rotors gegenüber dem trägeren schwereren Stator. Sie kann eskalieren mit sinkender Lagerluft bis unter dem Grenzwert der minimalen Lastzonenbreite im Radiallager und bis zum Klemmen. Neben dem globalen Schmiermittelmangel im beschriebenen Szenario in der Laufspur der Wälzlager kann auch ein lokal begrenzter Mangel eintreten. Ein bekannter aber allgemein unerwarteter Fall dafür ist die Unterlastung des Wälzlagers. Durch Unterschreitung der Mindestlast sammelt sich zu viel Schmiermittel zwischen der Reibpartner bis zum Zusammenbruch der Druckverlaufs im Schmiermittel und dem danach folgenden Durchschlagen des trennenden Schmierfilms durch den Wälzkörper. Das führt im Extremfall zu lokalem Reibschweißen und Materialherausreißen als abrasiver Verschleiß (vgl. Abschn. 13.1).

Das Gegenteil ist fast nur bei bei fettgeschmierten Lagern der *Überschuß an Schmiermittel* bzw. genauer des Trägermateriels für das Schmieröl, wie in Abb. 3.4 und Tab. 3.8 skizziert.

Abb. 3.4 Schmiermittelüberschuss an Wälzlagern im Einsatz

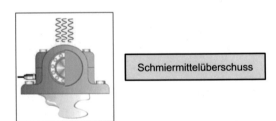

Schmiermittelüberschuss

Tab. 3.8 Beschreibung Schmiermittelüberschuss (Körper-, Ultraschalldetektion:1-sicher)

Wälzlagerfehler:	Folge:	Erhöhung Fehler:	Ausfallrisiko:
Fettgabe zu groß	Körperschall reduziert Erhöhte Walkarbeit Temperatur erhöht temporär	meist einmalig Tendenz zum Abklingen	kaum
Fettaustritt gestört	Temperatur länger erhöht	Mitunter phasenweise	gering

Bei zu großer Menge steigt die Walkarbeit im Schmier- bzw. Überrollvorgang und die Temperatur erhöht sich dadurch. Auch steigt dadurch die Gefahr des Aufschwimmens der Wälzkörper wie bei zu niedriger Last. Dies führt bei funktionierendem Schmiermittelaustritt zu erhöhtem Austreten bei erhöhter Temperatur und gesunkender Viskosität des Fettes. Somit tritt in diesem Fall eine Selbstregulierung in Kraft. Ist der Stoffaustrag zu langsam oder stärker gestört sinkt ggf. bei stärker erhöhter Temperatur die Viskosität und nähert sich der Auslegungsgrenze der Mindestviskosität unter Betriebstemperatur im Extremfall.

Die Körper- und Ultraschallkennwerte zeigen nach der Schmierstoffzufuhr einen gut sichtbaren unmittelbaren deutlichen Trendabfall und einen langsamen Wiederanstieg. Diese Fälle sind in Onlineüberwachungen gut erkennbar und Offline nur bei sollgemäß durchgeführten Schmierproben. Dies stellt den Sonderfall des zu niedrigen Körperschalls im Fehlerfall dar.

Die *Schmiermittelverschmutzung* ist, wie grafisch dargestellt in Abb. 3.5 und Tab. 3.9 häufig verursacht von eingeschränkter oder nicht mehr gewährleisteter Dichtungsfunktion nach außen durch Materialeintrag ins Lager oder ins Getriebegehäuse. Verursachend können auch im Lager selbst Käfig- oder Laufbahnschäden sein, wie ggf. auch im benachbarten Lager, oder ggf. durch Flankenschäden an Zahnradstufen. Sie führen meist zu Material-Eindrückungen und -Aufwalzungen auf den Laufbahnen aller Wälzpartner. Ein besonderes Merkmal dabei sind die temporär ansteigenden, stark schwankenden und erfassbaren Änderungen der Körperschallpegel. In der Lagerbegutachtung sind derartige Schäden auf den Laufbahnen meist gut zu unterscheiden von andern Laufbahnschäden (vgl. Abschn. 13.6 Abb. 13.30) Sie können auch über längere Zeit wieder absinken, wenn der Materialeintrag nachlässt oder durch den Schmiermitteldurchgang im Lager eine Selbstreinigung eintritt. In manchen Fällen entstehen dadurch Initalschäden für wachsende Laufbahnschäden.

Abb. 3.5 Schmiermittelfehler-Verschmutzung im Wälzlager im Einsatz

Schmiermittelverschmutzung

Tab. 3.9 Beschreibung Schmiermittelverschmutzung (Körper-, Ultraschalldetektion:1-sicher)

Wälzlagerfehler:	Folge:	Erhöhung Fehler:	Ausfallrisiko:
Schmiermittel verschmutzt	Körperschall erhöht, erhöhter Verschleiß	ursachenabhängig anhaltend	kaum
Bei Metallpartikeln	Eindrückungen und Riefen	Tendenz zum Abklingen	geringer

3.5   Geometriefehler im Wälzlagerbetrieb – Risiken für Schadensentstehung

Geometriefehler sind, wie alle Fehler, deutlich häufiger als Laufbahnschäden und haben oft ähnliche Merkmale wie beginnende Laufbahnschäden. Sie müssen von diesen in der Diagnose aber sicher unterschieden werden. Tab. 3.10 zeigt eine Übersicht der Geometriefehler nach [5]. Sie entstehen durch Fehler von der Projektierung über nahezu aller Phasen des Produktzyklus der Wälzlagerung und Fertigung und Montage bis zum Betrieb, wie in

Tab. 3.10 Übersicht von Geometriefehlern an Wälzlagern nach [2] Anl. A

Wälzlagerfehler	Abweichung vom Soll	Typisches Beispiel	Aufgetreten in
Betriebsspiel außerhalb Toleranz	Betriebsspiel zu groß	1. Passungsfehler Wellensitz 2. Spannhülse zu gering gespannt 3. Gleichmäßiger Verschleiß 4. Lagerluftgruppe unpassend 5. Unterlastung am Lager	Design Fertigung Montage Betrieb
	Betriebsspiel zu klein	1. Passungsfehler Wellensitz 2. Spannhülse überspannt 3. Temperaturüberschreitung 4. Überlastung am Lager 5. Lagerluftgruppe unpassend 6. Axialbelastung zu groß (mangelnde Loslagerfunktion)	Design Fertigung Montage Betrieb
Außenring-spiel außerhalb Toleranz	Außenringspiel zu groß	1. Lagergehäusesitz verschlissen 2. Sitz zu groß gefertigt	Betrieb Fertigung
	Außenringspiel zu klein am Loslager	Passungsfehler im Lagergehäuse, ggf. bei Temperaturänderungen	Fertigung und Montage
Außenring/ Innenring unrund gespannt	Außenring unrund gespannt	Rundheitsabweichung im Gehäuse, Lagerschiefstellung,	Fertigung/ Montage/ Betrieb
	Innenring unrund gespannt	Rundheitsabweichung am Innenringsitz, Spannhülse mit Rundheitsabweichung	Fertigung/ Montage
Axiales Lagerzwängen	Außenringspiel am Loslager zu klein, od. Reibung zu groß	Rundheitsabweichung im Gehäuse, Passungsfehler im Gehäuse, Falsche Auslegung der Passung, Mangelschmierung Außenringsitz, Rauigkeit zu groß Außenringsitz, Lagerschiefstellung, Verschleißmulde im Außenringsitz	Projektierung/ Fertigung/ Montage
Lagerschief-stellung	Im Sitz Außenring-schiefstellung, Wellenschiefstellung aus diversen Ursachen	Außenring im Winkel schief zur Welle montiert bei Passungsfehler, Lokaler Verschleiß im Lagersitz, Fehlausrichtung der Lagerung, Rotordurchhang großer Maschinen	Design Montage/ Fertigung/ Betrieb

der Tabelle jeweils angemerkt. Geometriefehler sind leider deutlich schwerer zu detektieren und zu diagnostizieren als Laufbahnschäden oder Schmierungsfehler mit Kennwerten oder in der Signalanalyse mit Merkmalen. Es ist leider gar nicht so selten, das Lager nach Fehldiagnosen ausgebaut werden nach vermuteten Schäden, aber das Lager dann keine Schadensmerkmale zeigt. Eigentliche Ursache für die Diagnosemerkmale waren dann mitunter Geometriefehler. Umso wichtiger ist es, die Eigenschaften und Merkmale von Lagerfehlern zu kennen. Einführend wird hier der Charakter von typischen Wälzlagerfehlern gezeigt. Allgemein sollten in der praktizierten Diagnose und Überwachung bci erhöhten Kennwerten zunächst die Laufbahnschäden ausgeschlossen werden. Sind keine Merkmale für Schäden detektierbar, bleiben i. d. R. meist Geometriefehler übrig. Weitere Details dazu finden sich in Abschn. 8.6.6 und Tab. 8.3. Nachfolgend werden diese Fehler einzeln erläutert.

Abb. 3.6 zeigt schematisch Folgefehler für das eingebaute Wälzlager aus *Geometriefehlern der Lagersitze* im Lagergehäuse für den Außenring und auf dem Wellensitz für den Innenring und wie in Tab. 3.11 beschrieben. Im Allgemeinen sind die Fehler im Gehäuse für den Außenring weniger kritischer für die Lagerlebensdauer. Sie treten auch als Verschleißschadensbild bei höheren dynamischen Belastungen sehr häufig in der Lastzone nach Jahren auf, in der sich der Außenring quasi ins Gehäuse „eingerieben" hat. Aber auch bei Fertigungsfehlern kann ein „Hohlliegen" des Außenring vorkommen, mit dynamischem Durchbiegen des Außenrings mit den Rotorbewegungen. Kritisch sind diese Fehler im Außenringsitz, wenn dadurch Folgefehler wie ein eingeschränktes Verschieben am Loslager eintritt wie ff. beschrieben. Allgemein kritischer sind meist stärkere Rundheitsabweichungen am Innenringsitz. Diese führen zu einer deutlichen Erhöhung der dynamischen lokalen Belastung mit der halben Rotormasse am Lager durch die Unrundheit am sog. Hochpunkt. Speziell am Innenring führt dies zu erhöhten Belastungen an den zwei gegenüberliegenden Stellen des größten Laufbahndurchmessers.

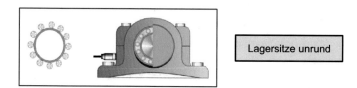

Lagersitze unrund

Abb. 3.6 Wälzlagerfehler Lagerringe unrund eingespannt

Tab. 3.11 Beschreibung Lagerringe unrund gespannt (Körper- u. Ultraschalldetektion: 2–4)

Wälzlagerfehler:	Folge: (Detektion)	Erhöhung Fehler:	Ausfallrisiko:
Lagersitz unrund Außenring	Lastgebiet verkleinert und verlagert (3–4)	sehr langsam	kaum
Lagersitz unrund Innenring	Innenring lokal erhöht belastet (2)	An der Hochpunkten der Ovalität	Langfristig erhöht

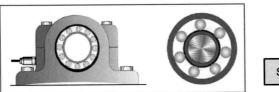

Abb. 3.7 Wälzlagerfehler Außenringspiel zu groß und Innenringsitz zu klein

Tab. 3.12 Beschreibung Lagersitzspiel zu groß (Körper- u. Ultraschalldetektion: 1–5)

Wälzlagerfehler:	Folgen: (Detektion)	Erhöhung Fehler:	Ausfallrisiko:
Spiel zu groß Außenringsitz	Schwingstärke erhöht (2)	Meist langsamer Verschleiß	Kaum erhöht
Spiel zu groß Innenringsitz – stark ausmaß-abhängig (…)	Axialverschiebung Rotor im Festlager (1–5)	Loses Lager Axiales Anlaufen	stark erhöht

Im Extremfall kann dies zu dort entstehenden Rissen des im Presssitz vorgespannten Innenrings führen (vgl. Abschn. 4.2 und Abb. 4.5c).

Abb. 3.7 thematisiert das *zu große Spiel im Lagersitz* des Außenrings und der zu geringen Pressung am Innenringsitz, die in Tab. 3.12 beschrieben werden. Am Innenring meint dies einen zu geringen Pressitz aus einem Durchmesserfehler im Innenringsitz. Das kann bis zu einem Rutschen des Innenringes auf dem Wellensitz führen. Am Außenring bedeutet dies zu großes Spiel aus Fertigungsfehler oder im Betrieb durch Verschleiß wie im Beispiel in Abschn. 13.12 in extremem Ausmaß vorgestellt wird. Beides erhöht oft die dynamischen Anregungen in den Lagersitzen und ist deutlich erkennbar nach Demontage an lokal stäker ausgeprägten schwarzen sog. „Passungsrostflächen" der Lagersitze. Am Außenring ist dies meist unkritisch wie genannt bis auf die genannten Folgefehler daraus. Als ein besonderer Folgefehler erhöht dies ggf. bei besonderen Bedingungen das verschleißverstärkende Mitdrehen des Außenrings, was an typischen Reibspuren erkennbar wird. (vgl. Wälzlager-Gebrauchsspuren Abschn. 3.7) Am Innenring sind die mangelnden Pressitze deutlich kritischer, wenn dies zu dem verschleißverstärkenden Drehen des Innenrings auf dem Lagersitz führt, was im Extremfall zu losem Sitz und axialen „Wellenwandern" und bis zur Lagerzerstörung führen kann. (vgl. Abschn. 3.8, Abb. 3.16 und 3.20)

Der Schrägeinbau bzw. entstehende *Winkelfehler der Lagerringe* zueinander ist kritischer für Lager mit Rollen, die nur einen sehr begrenzten Winkelfehler ertragen. Er ist oft Folge eines zu großen Außenringspiels und von Axialkräften auf das Lager, wie in Abb. 3.8 gezeigt und in Tab. 3.13 beschrieben. Auch in dem axialen Schieben des Loslagers nach temperaturbedingtem Längen oder Verkürzen des Rotors tritt dies beispielsweise an Elektromaschinen mit großen Lastschwankungen ggf. regelmäßig auf. Auch vielfältige weitere Geometriefehler bei unterschiedlichsten Maschinentypen führen zu Winkelfehlern zwischen den Lagerringen und damit zu unzulässigen Schiefstellungen. Für die verschiedenen Wälzlagertypen gibt es von den Lagerherstellern Grenzwerte für zulässige Winkelfehler, deren Begrenzung im Maschinendesign eingeflossen sein sollte. Kinematisch bewegen

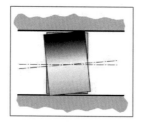

Abb. 3.8 Wälzlagerfehler schräger Sitz des Außenrings – als Beispiel des Winkelfehler zwischen den Lagerringen

Tab. 3.13 Beschreibung Winkelfehler Lagerringe (Körper- u. Ultraschalldetektion: 2-meist)

Wälzlagerfehler:	Folgen:	Erhöhung Fehler:	Ausfallrisiko:
Winkelfehler Lagerringe: Außenringsitz oder Rotor	Lastgebiet verkleinert Schwingstärke und Körperschall erhöht, ovale Laufspur im Außenring	Meist langsamer Verschleiß	Kaum erhöht

sich dadurch die Wälzkörperreihen meist axial außermittig und im Winkel gekippt. Kugeln überrollen so in ihrer „Laufspur" in einer ovalen Laufbahn des Außenrings. An Kugellagern kann dadurch temporär ein lautes pfeifendes oder zwitscherndes Lagergeräusch auftreten. Dies erfolgt meist ansteigendend bis am Loslager der Außenringsitz sich nach erhöhen des axialen Druckes ruckartig wieder „frei schiebt" und der Außenring wieder fluchtend aufliegt. Dieses Phänomen beschreibt die *Loslagerfunktion* des Schiebens im Außenringsitz wie Abb. 3.9 und Tab. 3.14 als mangelhaft zeigen.

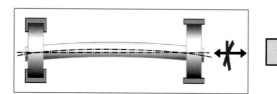

Abb. 3.9 Wälzlagerfehler des Lagerzwängens am Loslager und eingeschränkter Loslagerfunktion

Tab. 3.14 Schema mangelnde Loslagerfunktion (Körper-, Ultraschalldetektion: 2-meist)

Wälzlagerfehler:	Folgen:	Erhöhung Fehler:	Ausfallrisiko:
Loslagerfunktion eingeschränkt	Lastgebiet axial vergrößert, Körperschall erhöht auch axial	Meist langsamer Verschleiß	kaum erhöht
ausmaß-abhängig ggf. stark erhöht	Schwingstärke axial erhöht – Temperatur erhöht	Bei axialen Blokkaden/Klemmen	Eskalationsgefahr Heißlauf

Auch wenn hier die Loslagerfunktion betrachtet wird, sind im axial wirkenden Mechanismus und kräftebezogen immer beide Rotorlager ähnlich beteiligt. Dieser Lagerfehler zählt i. d. R. als Restfehler zum Normalbetrieb und wird nur in extremeren Fällen zu einem kritischen Fehler. Er kann bis zu Lagerschäden und bis zu Heißläufern führen. Kritische Zustände sind hier erreicht, wenn die Phänomene nicht mehr temporär sind, wenn die axiale und radiale Schwingstärke z. B. durch temporäre stärkere Wellendurchbiegung in der Folge ansteigt. Oder wenn die Lagertemperatur langsam ansteigt über längere Zeitspannen, wie im Fallbeispiel im Abschn. 13.12. Es gibt einige Ursachen für diesen Passungsfehler im Außenringsitz über fehlende Schmierung, zu raue Gehäusesitze bis zu Geometriefehlern. Oder auch ein Klemmen im Außenringsitz durch Schmutz oder Passungsrostmaterial oder Verschleißmulden kann auftreten. Erfahrungsgemäß sollte auf das Design, die Montage und Wartung der Loslagersitze in der Praxis ein stärkeres Augenmerk gerichtet werden. Im Design des Wälzlagers sind besonders an Großmaschinen die wechselnden Reibungsverhältnisse im Loslager sorgfältig zu beachten. Dort spielt auch bedingt durch erhöhte Massen und Baulängen der erhöhte Rotordurchhang eine größere Rolle. Es entsteht statisch dabei eine Schrägstellung des Innenrings auf dem Rotor zur Lagerebene des Außenrings. (vgl. Abschn. 13.13). Bei Großmaschinen im oberen MW-Bereich ist es Standard, das entsprechend dem gemessenen od. berechneten Rotordurchhang die Bohrungen im Lagersitz des Außenringes im dazu passenden schrägen Winkel ausgeführt werden. Damit lässt sich dieser Einfluss kompensieren. Bei etwas niedrigeren Leistungen bis zum einstelligen MW-Bereich und z. B. insbesondere bei langen Lagerabständen in Elektromaschinen wird dies häufig bereits unzulässig vernachlässigt. Der Durchhang lässt sich im Zweifelsfall einfach bestimmen mit üblichen Geometriemessungen bei ausreichender Zugänglichkeit in den Statorgehäusen oder alternativ außerhalb.

Abb. 3.10 zeigt den Wälzlagerfehler des *zu kleinen Betriebsspieles*, was als Folgefehler durch andere verursachende Fehler auftritt. Kritisch ist dieser Fehler an Radiallagern durch die potenzielle Nähe zu Heißläufern, wenn im Radiallager im Betrieb länger die zulässige maximale Größe der Lastzone von über 270° überschritten wird wie auch in Tab. 3.15 beschrieben. Vielfältige Ursachen können neben Passungsfehlern der Welle im zylindrichen Inneringsitz oder falsche Spannhülseneinstellung, eine prozess- oder reibungsbedingt zu schnelle Rotorerwärmung oder als Auslöser schnelle Erwärmung im Schmiermittelmangel sein. Bei reinen Radiallagern kann geringes Lagerspiel damit ein kritischer Fehler sein mit dem Potenzial zur selbstverstärkenden Eskalation.

Anders ist dies bei Axiallagern oder bei kombinierten Axial-/Radiallagern wie in vielen Kugellagereinsatzfällen, wenn die Axiallast zu überwiegen beginnt. Zum Beispiel, ist bei Vierpunktlagerungen das axiale Betriebspiel im Normalfall relativ gering. Im Axiallager gibt es ebenso axiale Längen-Ausgleichs-Funktionen und das axiale Spiel im Stillstand sollte im Sollmaß liegen. Hier machen z. B. Laufspuren auf der Welle an den Dichtungslippen erhöhte axiale Spiele sichtbar.

Abb. 3.10 Wälzlagerfehler
Betriebsspiel (Lagerluft)
zu klein

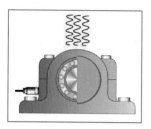

Betriebsspiel zu klein

Tab. 3.15 Beschreibung Betriebsspiel zu klein (Körper-, Ultraschalldetektion: 2 – 4)

Wälzlagerfehler:	Folgen: (Detektion)	Erhöhung Fehler:	Ausfallrisiko:
Betriebsspiel zu klein	Lastgebiet vergrößert Körperschall erhöht (2)	etwas verringert	gering
Betriebsspiel kritisch reduziert	Körperschall verringert Temperatur erhöht (3–4)	potenziell stark selbstverstärkend	Eskalationsgefahr Heißlauf

Aber auch der Schrägeinbau oder schräge Sitz des Außenrings führt wie genannt an den „engen Winkelpositionen" der dadurch ovalen Laufbahn zu verringertem Lagerspiel in der Ebene der kürzeren Ellipsen-Halbachsen. Tendenziell führt auch eine statische Lagerlast im Bereich der Überlast zu stärkerer aber meist noch unkritisch reduzierter Lagerluft am Radiallager.

Abb. 3.11 zeigt im Kontrast zu vorher den Wälzlagerfehler des *zu großen Betriebsspieles*. Er tritt in der Praxis sehr häufig auch durch „weichen Verschleiß" nach langjährigem Betrieb auf. Genau genommen ist dieser Fehler dann eine Gebrauchspur durch den gleichmäßigen (weichen) Materialabtrag auf den Laufbahnen, wie auch in Tab. 3.16 aufgeführt.

Abb. 3.11 Wälzlagerfehler
Betriebsspiel
(Lagerluft) zu groß

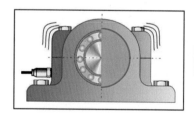

Betriebsspiel zu groß

Tab. 3.16 Beschreibung Betriebsspiel zu groß (Schwingstärkedetektion: 1–2)

Wälzlagerfehler:	Folgen:	Erhöhung Fehler:	Ausfallrisiko:
Betriebsspiel zu groß	Lastgebiet verkleinert	sehr langsam	kaum
ausmaß-abhängig	Schwingstärke erhöht (1–2)		

Lastzonenbedingt führt dies am Außenring nur zu stärkere Ausprägung in der Lastzone. Sein Verhalten ist aber ähnlich dem zu großen Betriebsspiel ohne Verschleiß, was ggf. gewollt ausgewählt wurde mit Wälzlagertypen mit erhöhter Lagerluft in der Lagerluftgruppe C3 und C4. Dies kann aber auch bei Passungsfehlern am Innenringsitz oder zu geringer statischer Last sich erhöhen. Diese C3- od. C4-Lager werden z. B. eingesetzt, wenn höhere Temperaturunterschiede im Betrieb im Lager temporär kompensiert werden müssen. Erhöhtes Betriebsspiel kann als Sonderfall der Wälzlagerfehler meist nur an erhöhter Schwingstärke erkannt werden, wobei in Extremfällen der Signalverlauf im Zeitbereich weniger sinusförmig und eher stößförmig erfolgt. In extremen Fällen kann dieser Verschleiß im Lager mit Verschleiß im Außenringsitz kombiniert auftreten. Der Körperschall steigt dann ggf. an bei ungleichmäßigen Drehbewegungen des Rotors oder durch ein „Klappern oder Kippeln" in den Endlagen der stark erhöhten Spiele.

Abschließend sei ein kritischer Sonderfall erwähnt bei resonanznahen überkritischen Rotoren. Steigt das Betriebspiel deutlich über das Sollmaß an, sinkt dadurch die 1. Biege-Eigenfrequenz des Rotors automatisch ab. Dadurch reduziert sich der Resonanzabstand und die radiale Schwingstärke steigt in Folge an. Ein Beispiel wird in [10] in Kapitel 15 gezeigt.

3.6   Verschleißschädigungen an Wälzlagern – fallspezifische Schadensgrenzen des Verschleißes

Verschleiß der Laufbahnen aus sog. weichen (gleichmäßigen) Verschleiß sind statistisch gesehen die häufigsten Gebrauchsspuren, auch wenn diese seltener über ein für den Einsatzfall kritisches Ausmaß hinaus auftreten. Kritisch heißt deren Abmaße sind nicht mehr im Bereich von wenigen Hundertstel wie im Sollbereich sondern bei mehreren Zehnteln bis zu Millimetern. Abb. 3.12 gibt dazu einen Einstieg, was hier gemeint ist. Ursache ist wie bei derartigen Schäden, dass in den Betriebszuständen häufiger stärkerer metallischer Kontakt über lange Zeiträume hin aufgetreten ist. Insbesondere sind dafür temporäre Scher- od. Schlupfbewegungen im Wälzen typisch. Für letzteres kommen wiederum mehrere sog. Wurzelursachen in Betracht. Erkennbar sind die daraus erhöhten Betriebsspiele im Betrieb häufig an erhöhten **Schwingstärken bei Drehfrequenz** vergleichbar mit erhöhter Exzentrizität bei erhöhtem Lagerspiel. Erhöhungen treten dann selbst bei relativ geringer massebedingter Rotorunwucht auf. Die Unwucht entsteht dabei durch spielbedingt fehlerhafte und sich fortlaufend ändernde exzentrische Rotorpositionen im Lager, was z. B. auch im Außenringspiel mit Lageänderungen erfolgen kann. Typisch ist in diesen Fällen, das ein massebezogenes Betriebsauswuchten hier schwer möglich ist in der sich ändernde Exzentrizität. Die Erkennung im breitbandigen Körperschall ist deutlich eingeschränkt, aber in den Modulationen mit Rotordrehfrequenz ist dies häufiger auch schmalbandig erkennbar. Auch sind mitunter erhöhte Körperschallpegel im Breitbandspek-

Abb. 3.12 Verschleißmerkmale
an Wälzlagern im Einsatz

Weicher Verschleiß - Laufbahnen

Tab. 3.17 Kommentierte Verschleißkategorien nach [5]

DIN	Kategorie	Erscheinungsbild	Mechanismus
3.2.1	Adhäsiver Verschleiß	Anschmierungen in Laufspuren – auch nach kurzer Laufzeit	Materialübertragung zwischen Wälzpartnern als Folge von Schlupf, erhöht bei niedriger Last und hoher Drehzahl
3.2.2	Verschleiß-schäden aus abrasivem Verschleiß	Materialabtrag, Laufbahnpolituren in Laufspuren stärker auch nach kurzer Laufzeit	Erhöhte Mischreibung: zu geringe Schmierstoffviskosität, ungeeignete Additivierung, deutliche Unterlastung, Reibverschleiß im/am Käfig, eindringe, Fremdpartikel

trum mit „verrauschten Frequenzverläufen" erkennbar. Mit erhöhtem Verschleiß wird häufig ohne weitere Schadens- oder Fehlermerkmale die Lebensdauer von Wälzlagern deutlich überschritten.

Hier können zur Vorbeugung sog. E-Lager mit erhöhten Tragzahlen und Lebensdauer durch mehr Wälzkörper in der Lagerreihe zum Einsatz kommen. Diese verteilen die statische Last breiter und vor allem besser in der Lastzone. Es gibt aber heute eine ganze Reihe von zusätzlichen Maßnahmen diesen Verschleiß zu senken. Neben der Oberflächenbeschichtung der Laufbahnen (vgl. Abb. 13.57) gibt es Schmiermittelzusätze oder Additivierungen, um Notlaufeigenschaften im Metallkontakt zu verbessern. Aber auch besondere keramische Werkstoffe in und an Lagerkomponenten werden in Hybridlagern eingesetzt. Auch besondere Schleiftechnologien in der Herstellung von besonderen Oberflächenstrukturen der Laufbahnen senken gezielt den Verschleiß durch größere Schmiermittelanbindung und -verteilung in Mikroreservoirs an der Laufbahnoberfläche.

Auch hier gibt es keine direkte Schadensgrenze des kritischen Ausmaßes des Verschleißes im Betrieb. Typischerweise wird nach einem Anstieg der Schwingstärke im Betrieb über die Grenzwerte der maschinenspezifischen Empfehlungen über die Zone D nach [1] für einen Lagerwechsel entschieden. Da die Schädigungen allermeist über sehr lange Zeiträume entstehen, kann die Wechselfrist als unkritisch am Anlagenbetrieb orientiert werden.

Sonderfälle mit frühzeitigem stark erhöhtem weichen Verschleiß bilden Wälzlagerfehler mit stärker erhöhter Schubbelastung im Kantenbereich der Rollen wie bei krummen Wellen in Axiallagern. Auch starker Käfigtaschenverschleiß und Winkelfehler in Zylinderrollenlagern erhöhen diese Schubbelastungen im Kantenlauf. Tab. 3.17 listet die beiden

Tab. 3.18 Beschreibung weicher Verschleiß zu groß (Körper-, Ultraschalldetektion: 1–2)

Wälzlagerfehler:	Folgen:	Erhöhung Fehler:	Ausfallrisiko:
Weicher Verschleiß ausmaßabhängig	Lastgebiet verkleinert, Schwingstärke erhöht	sehr langsam	kaum

Verschleißkategorien mit einigen Kommentaren zu besseren Zuordnung auf, die in Tab. 3.18 zusammengefast beschrieben sind.

Zum Verschleiß in den Lagersitzen durch Passungsrost, meist als Folge deren höherer dynamischer Belastungen, wurden bei den Fehlern Schiefstellung Außenring und Loslagerfunktion weitere Erläuterungen gegeben. Typisch sind die Bilder der geschwärzten Außenring-Teilumfänge im Bereich der Lastzone und ebendort in Verschleißmulden im Lagersitz. Am Innenring sind derartige Flächen in Kantennähe ungleichmäßig umlaufend bei Winkelfehlern zu finden. Zur genauen Beschreibung der Verschleißphänomene wird auf die tribologischen Betrachtungen in [6, 11, 12] verwiesen. Dort finden sich auch Aussagen zur Grenzschicht-Theorie der Schmierung. Als selbstverstärkender Effekt wird im Verschleiß genau diese „zusätzlich schmierende" Grenzschicht abgetragen.

3.7   Übliche Gebrauchsspuren – der Betrieb geht weiter

Tab. 3.19 listet die häufigsten Gebrauchspuren auf nach DIN [3], VDI [5] und [6] mit einigen Kommentaren zu besseren Zuordnung. Diese sehr vielfältigen Mechanismen wirken alle oberflächenseitig und gehen je nach Ausmaß, Intensität und Exposition dann ggf. tiefer. Abb. 3.13 zeigt einige Beispiele dazu von Windenergieanlagen (WEA). Links unten und rechts oben ist Stromdurchgang nach DIN Punkt 3.4.2 in Tab. 3.19 gezeigt an dem hier keramisch isolierend beschichteten Außenring. Rechts unten ist Reibkorrosion nach Punkt 3.1.1 abgebildet. Links oben ist abrasiver Verschleiß nach Punkt 3.2.2 zu sehen. Die genannten Stromdurchgänge sind an den Symptomen der schwarzen Punkten hier trotz oder wegen der Isolationsschicht am Außenring am Generator einer WEA sichtbar. Die Ursachen im elektrischen Anlagenteil dafür sind potenziell vielfältig. Es gibt eine Vielzahl von weiteren Gegenmaßnahmen dazu, die aber nicht in allen Fällen greifen, teilwiese sogar kontraproduktiv sein können wie hier (Abb. 3.13).

Die Erläuterung der Gebrauchsspuren machen deutlich, dass einige sich zum vorherigen Kapitel Verschleiß wiederholen und in dem folgenden Kapitel der Schäden auch

Tab. 3.19 Kommentierte Gebrauchspuren aus den Schadenskategorien nach DIN [12]

DIN 2) [12]	Kategorie	Erscheinungsbild	Mechanismus
3.2.2 (1–2) 4)	weiche Verschleißschäden aus abrasivem Verschleiß	Materialabtrag, Laufbahnpolituren verteilt nach langer Laufzeit	Erhöhte Mischreibung: zu geringe Schmierstoffviskosität, ungeeignete Additivierung, deutliche Unterlastung, Reibverschleiß im/ am Käfig, eindringen Fremdpartikel
3.3.2 (2–3), 4)	Reibkorrosion Passungsrost	In Lagersitzen der Lagerringe	Mikrobewegungen der Sitzbauteile, erhöhte dyn. Belastung u. Passungsfehler
3.3.2.1 (3–5)	Kontaktkorrosion, Lochfraß	Chem. Korrosion	Eindringen von Wasser od. aggressive Medien
3.3.2.2 (1–4) 3)	False Brinelling (Stillstandsschäden) hohes Initialpotenzial für Ermüdungs-Schäden	Riffelbildung	Mikrobewegung der Kontaktflächen im Wälzlager im Stillstand bei äußeren Schwingungs- und Körperschallanregungen
3.4.2 (1–4)	Elektroerosion	Stromdurchgang	In den Lagersitzflächen, auch an isolierten Lagern und in Käfigtaschen
3.5.2 (1–4) 3)	Eindrückungen, kleinere ohne Initialpotenzial für Schäden	Von Fremdkörpern oder von Behandlung	Lokale Überlastungen im Überrollen oder beim Montagekontakt
- (5)	Anlassfarben 1) (auch außerhalb der Laufflächen)	Materialveränderung in Bauteilen u. an deren Oberflächen	Temporäre starke Materialerwärmung aus Wälzreibung, aus Prozess od. aus Anstreifen

1) Darf nicht verwechselt werden mit ähnlichen Verfärbungen der Grenzflächen als Oxidschichten auf den Laufspuren der Laufbahnen
2) Detektierbarkeit in Stufen 1–5 (X) nach Abschn. 3.2 – hier alle stärker ausmaßabhängig
1 – als sicher, **2** – als meist, **3** – als möglich, **4** – als eingeschränkt, **5** – als kaum … möglich.
3) Detektierbar ereignisnah
4) Spät erkennbar in fortgeschrittenen Ausmaß

wiederholt werden. Die wesentlichen Unterschiede sind dabei, dass hier niedrigere Ausmaß der Schädigungen und das geringe Wachstumspotenzial sowie ein kaum vorhandenes Ausfallrisiko. Sie entsprechen der Systematik im Folgekapitel für Schäden und haben nur ein geringeres Ausmaß und neigen selten zu einem ausgedehntem Wachstum. Für eine Bewertung von Schäden z. B. in einem Gutachten ist es aber wesentlich, ob die Gebrauchs-

Abb. 3.13 Typische Gebrauchsspuren an Generatorlagern von WEA, **a**) axial einseitige Laufspur im Innenring (unten), **b**) Schwarze Spuren von Stromdurchgang im Käfig, **c**) schwarze Spuren von Stromdurchgang am Außenring mit Keramikisolation, **d**) Lager mit isoliertem Außenring, schwarze Punkt-Spuren von Stromdurchgang und schwarz braunem Passungsrostflächen in der Lastzone

spuren zum Lagerausfall beigetragen oder auch initial mit dazu geführt haben. Ergebnis der Diagnose und des Gutachtens bei Schäden und Ausfällen muss die Wurzelursache sein, die zur Vorbeugung in der Abhilfe abzustellen ist. Gebrauchspuren sind ein üblicher Teil des Wälzlagerbetriebes, der meistens hinnehmbar ist mit geringeren Funktionseinschränkungen.

3.8   Ausdehnende Laufbahnschäden – bis zum Ende im Lagerwechsel statt im Ausfall

Tab. 3.20 und Abb. 3.14 beschreiben die allgemein unter typischen Lagerschäden verstanden Laufbahnschäden in einer schematischen Übersicht. Abb. 3.15 zeigt ein Beispiel eines stärker flächig (komplette Breite und in der Länge) ausgedehnten Laufbahnschadens am Lagerring eines Vierpunktlagers und an einer Kugel, die beide deutlich über Schadenstufe 5 liegen. Kapitel 13 zeigt in jedem Unterkapitel am Schluss die Laufbahnschäden in Fotos und so insgesamt deren große Vielfalt und Ausprägungen.

Tab. 3.21 listet die häufigsten Schäden mit Potenzial bis zum Lagerausfall anzuwachsen auf, nach DIN [12, 6] und VDI [5] mit einigen Kommentaren zu besseren Zuordnung. Diese Mechanismen wirken häufig oberflächenseitig und gehen je nach Ausmaß, Intensität und Expositionsdauer dann ggf. tiefer. Die ausfallträchtigsten und deshalb i. d. R. fo-

Tab. 3.20 Beschreibung Laufbahnschäden (Körper-, Ultraschalldetektion: 1–3)

Wälzlagerschaden:	Folgen/Zustand:	Erhöhung Schaden:	Ausfallrisiko:
Laufbahnschäden	Viele der Merkmale	Plötzlich startend	Ab Stufe 5
	erhöht/ verschlechtert	Erst langsam dann beschleunigt ausdehnend	

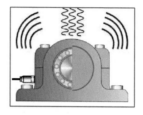

Abb. 3.14 Laufbahnschadens-Merkmale an Wälzlagern im Einsatz

kussierten Schäden sind die Ermüdungsschäden der Laufbahnen ff. Punkt 3.1.1, die unterhalb der Oberfläche entstehen und in der Folge nach oben final durchbrechen.

Tab. 3.22 macht hinsichtlich des Risikos und der Erkennbarkeit in der Überwachung und Diagnose sehr große Unterschiede deutlich. Für den Endnutzer einer Überwachung und Diagnose sollte klar sein, was und unter welchen Umständen überhaupt erkennbar ist und wie die Risiken einer Entstehung zu bewerten sind. Hier sollte jede Schadenskategorie spezifisch betrachtet und jeder Schadensfall angepasst bewertet werden. Abb. 3.15 macht die hier behandelten häufigen und typischen Laufbahnschäden, hier am Lagerring und an einer Kugel, anschaulich. Abb. 3.16 zeigt einen extremen Lagerausfall nach Gewaltbruch in axialer Richtung an einer Kegelspannhülse und am Innenring nach Ermüdungsbruch. Er zeigt Restbruchflächen nach links in tangentialer Richtung nach Lockerung des Innenringsitzes und insgesamt ausgelöst nach überhöhten Axiallasten.

Die Detektion von Laufbahnschäden steht als Hauptanforderung vor jeder Wälzlagerdiagnose und -überwachung, um kostenintensive Folgeschäden zu vermeiden als indirekte Vorbeugung. Die heute stärker verbreiteten Methoden, Kennwerte und Analyseverfahren sind darauf ausgerichtet diese Laufbahnschäden sicher in Überwachung und Diagnose zu erkennen. Es gibt eine breite Vielfalt von unterschiedlichsten Schadensarten auf der Laufbahn und mindestens ebenso viele Ursache. In der Diagnose zumeist erwartet sind dabei die häufigsten anwachsenden Ermüdungsschäden nach Punkt 3.1.1 auf den Laufbahnen der Wälzlagerbauteile. So wie im Abb. 3.15 gezeigt, stehen diese auch im Fokus der Methode der Schadensbewertung in der VDI 3832. Wie die Übersicht im Abb. 3.17 zeigt, gibt es aber eine größere Vielfalt an möglichen Laufbahnschäden mit deren Ursachen. Diese Übersicht entspricht der DIN ISO 15243 nach [12], in der zu jedem der systematisierten Schäden auch ein typisches Abbild gezeigt und die Ursache erläutert wird.

Die VDI 3832 [5] systematisiert diese Schäden etwas modifiziert nach der Art des Erscheinungsbildes bzw. der Ursache und der damit verbundenen Beanspruchung im Anhang B.

Tab. 3.21 Kommentierte Schäden aus den Schadenskategorien nach DIN [12], VDI [5]

DIN [12]	Kategorie	Erscheinungsbild	Mechanismus
3.1.1 U,B	Untergrundermüdung, Klassischer Ermüdungsausfall	Grübchen, Pitting Schälungen	Ausbrüche durch Wechselschubspannungen in der Tiefe des Spannungsmaximums beim Überrollen
3.1.2 O,B	Oberflächen eingeleitete Ermüdung, ausgedehnt auf Laufbahnen	Graufleckigkeit, Mikroschälung, ausgedehnt	Anrisse und Ausbrüche durch oberflächennahe Schubspannungen, durch Wälzkörperschlupf, Erhöhte Mischreibung, zu geringe Schmierstoffviskosität, ungeeignete Additivierung
3.3.2.1 O,S,B	Kontaktkorrosion, Lochfraß, ausgedehnt auf Laufflächen	Chem. Korrosion, ausgedehnt	Eindringen von Wasser od. aggressive Medien
3.3.2.2 O,S	False Brinelling (Stillstandsschäden) Initialpotenzial für Ermüdungs-Schäden, 2)	Riffelbildung, ausgedehnt, vertieft	Erhöhte Mikrobewegung unter Last der Kontaktflächen im Wälzlager im Stillstand bei äußeren Schwingungs- und Körperschallanregungen
3.4.2 O,S,B	Elektroerosion, ausgedehnt, 3)	Stromdurchgang auf den Laufflächen	Minikrater nach Funkenentladung mit Reibschweißen auf Kontaktflächen
3.5.2 O,B	Eindrückungen, lokal od. umlaufende Riefen ausgedehnt mit Initialpotenzial für Wachstum	Von Fremdkörpern oder von Behandlung	Lokale Überlastungen im Überrollen oder beim Montagekontakt
3.6.1 U,B	Gewaltbruch, plötzliches Ereignis vgl. Abb. 3.16 und 3.20	Gewaltbruch, äußerer Einwirkung u. im Lager als Folge	Bei starker lokal maximaler Überlastung brechen Lagerringe, Wälzkörper, Käfig
3.6.2 U,B	Ermüdungsbruch in Lagerringen od. Käfigstegen nach Dauerbelastung vgl. Abb. 3.14	Dauerbruch nach Erreichen der Ermüdungs- grenzbelastung	Klassischer Schwingungsbruch mit Rastlinien und Restbruchfläche durch Werkstoffüberlastung; bei nicht voll unterstützten Lagerringen od. bei vorgespannten Innenringen
3.6.3 U,B	Wärmeriss in Lagerringen	Wärmeriss	Anstreifvorgänge mit Überhitzung und Neuhärtung von Lagerringen, daraus Zugeigenspannungen verursachen Risse
- O,U,B	Anlassfarben 1) (auch außerhalb der Laufflächen)	Materialveränderung in Bauteilen und an deren Oberflächen	Temporäre starke Materialerwärmung aus Wälzreibung im „Heißläufer"

1) Darf nicht verwechselt werden mit ähnlichen Verfärbungen der Grenzflächen als Oxidschichten auf den Laufspuren der Laufbahnen
O…an Oberfläche, U…aus Untergrund, S… im Stillstand, B…im Betrieb
2) Vgl. Abschn. 13.13 und Abb. 13.93
3) Vgl. Abb. 4.5 und Abb. 13.103

Tab. 3.22 Bewertung der Schäden im ausdehnenden Ausmaß für Überwachung u. Diagnose

DIN [12]	Kategorie im ausdehnendem Ausmaß	Häufig-keit, 4)	Wachstums-potenzial	Folgeschäden, 2)	Ausfall-risiko,2)	Detektierbar-keit, 3) (X) 2) /X/ zu [5]
3.1.1	Untergrundermüdung	+++	+++	+++	++	(1–3) Kugel > /2–3/ Rolle > /3–4/
3.1.2	Oberflächen eingeleitete Ermüdung	+++	++	++	+	(1–2) Kugel > /2–3/ Rolle > /3–4/
3.3.2.1	Kontaktkorrosion, Lochfraß, Laufbahn	++	+	+	+	(2–4)
3.3.2.2	False Brinelling (Stillstandsschäden)	++	+++	+	++	(2–3)
3.4.2	Elektroerosion, Laufbahn	++	++	+	+	(1–2)
3.5.2	Eindrückungen, Laufbahn, initial	++	+	-	+	(1–3) nur ereignisnah
3.6.1	Gewaltbruch, plötzliches Ereignis	+	+	+++	+++	(5), kaum vorher u. ereignisnah
3.6.2	Ermüdungsbruch in Lagerringen/Käfig	+	+++	+++	+++	(5), kaum vorher
3.6.3	Wärmeriss in Lagerringen	+	+++	+++	+++	(5), kaum vorher u. ereignisnah
-	Anlassfarben 1)	++	++	+	-	(5) nicht

1) Darf nicht verwechselt werden mit ähnlichen Verfärbungen der Grenzflächen als Oxidschichten auf den Laufspuren der Laufbahnen
2) Detektierbar abhängig vom Ausmaß inkl. Tiefe, von der Verschlechterung in Schadensstufe /2-4/
3) Die Detektierbarkeit im Körper-, Ultraschall beschreiben: Gelten für die häufigsten Fälle.
1 – als sicher, **2** – als meist, **3** – als möglich, **4** – als eingeschränkt, **5** – als kaum möglich.
4) Grob insgesamt in Stufen bewertet, in spez. Einsatzfällen davon aber stark abweichend bezogen auf Gesamtheit der Schäden

Abb. 3.15 Ausgedehnte Laufbahnschäden am Vierpunktlager eines Verdichters nach [13]

Abb. 3.16 Gesamtansicht eines Ausfallschaden an einem Pendelrollenlager mit zerstörter Spannhülse gerissenen Innenring und querliegenden Wälzkörpern nach mehrfachem Käfigbruch

3. Schadensarten – Wälzläger - Laufflachen (VDI 3832)		Mögliche äußere Ursachen
3.1	**Errnüdung**	
3.1.1	Untergrund Ermüdung (Grübchen, Schälung)	klassischer Ermüdungsausfall
3.1.2	Oberflächen -eingeleitete Ermüdung (Graufleckigkeit, Mikroschälung)	zu niedrige Schmierstoffviskosität
3.2	**Verschleiß**	
3.2.1	Adhäsiver Verschleiß (Anschmierungen)	zu niedrige Lagerbelastung,
3.2.2	Abrasiver Verschleiß (Politur der Laufbahnen, Werkstoffabtrag)	zu geringe Schmierstoffviskosität, ungeeignete Additivierung im Schmierstoff
3.3	**Korrosion**	
3.3.1	Feuchtigkeits- Korrosion (Oxidation – Rostbildung)	eindringen von Wasser; aggressiven Medien
3.3.2	Reibkorrosion (Passungsrost)	Passungsfehler der Si tze der Lagerringe
3.3.2.1	Kontaktkorrosion / Lochfraß z. B. in Kontaktflächen der Wälzkörper	eindringen von Wasser; aggressiven Medien
3.3.2.2	False Brinelling (Riffelbildung)	Mikrobewegung der Kontaktflächen im Stillstand
3.4	**Elektroerosion** (Erosionsspuren)	Strom durch Kontaktflächen
3.4.1	Überspannung	Magnetfelder, statische Aufladungen
3.4.2	Stromdurchgang	Fehler im Stromkreis
3.5	**Plastische Verformung**	
3.5.1	Überlastung	statische oder stoßförmige Überlastungen
3.5.2	Eindrückung	lokale Überlastung
3.5.2.1	Eindrückung von Fremdkörpern	Eindringen von Schmutzpartikeln, Bruchstücke
3.5.2.2	Eindrückung von Behandlung	Montagefehler
3.6	**Bruch**	Ergebnis von Risswachstum
3.6.1	Gewaltbruch	extreme Spannungskonzentration
3.6.2	Ermüdungsbruch	Ermüdungsausfall
3.6.3	Wärmerisse	Gleitbewegung –starke Reibungswärme

Abb. 3.17 Schäden an Wälzlagern nach Seminar [14], nach VDI [5] und DIN [12]

Abb. 3.18 Typische Laufbahnschäden an Getriebelagern von WEA, **a**) Lager langsame Welle mit Materialausbrüchen und Eindrückungen auf der Laufbahn des Innenringes, **b**) dort ein großflächiger Ausbruch mit lokaler flächiger Einarbeitung in die Oberfläche aus einem schichtsilikat-basierten Mikro- und Nanopartikelzusatz für Öle der Fa. REWITEC GmbH nach [15] mit roter Markierung, **c**) Eindrückung am Innenrig, **d**) Außengringschaden aus Kantenlauf in Folge der Winkelfehler im Planetenträgerlager

Auch die Wälzlagerhersteller haben sog. Schadensarchive, die diese Schäden ähnlich beschreiben wie in [6]. Abb. 3.18 zeigt einige Beispiele von Ermüdungsschäden. Es sind Materialermüdungen durch dynamische Überlastung am Innenring zu sehen. Rechts oben im Teil b) ist dabei eine alternative Maßnahme zu sehen, wie das Wachsen von Laufbahnschäden in Rollrichtung (hier nach rechts) verlangsamt werden kann. Von der Fa. REWITEC ® wird ein schichtsilikat-basierter Mikro- und Nanopartikelzusatz für Öle und Schmierfette nach [15] und [16] angeboten. Die aktiven Teilchen adsorbieren an den Oberflächen und werden aufgrund des hohen Drucks in Kontaktbereichen in die Oberfläche eingearbeitet. Dadurch entstehen eine reparierende und schützende Wirkung und eine optimierte Lastverteilung. Damit kann die Restnutzungsdauer bei Laufbahnschäden verlängert werden, wenn die Materialermüdung an der Oberfläche rechtzeitig verfestigt werden kann. Im Bildteil b) ist eine längliche rot markierte Fläche sichtbar aus diesem Material. Rechts unten sichtbar sind Ausbrüche durch lokale statische Überlastung durch „Kantenlauf" der Rollen in Folge von Winkelfehler am Planetenträgerlager. Links unten im Bildteil c) sind in Getrieben häufige Fremdkörperüberrollungen zu sehen.

Abb. 3.19 zeigt wie „Stromdurchgänge" oder „Potentialentladungen" sich hier am Innenring eines Getriebes als sichtbare flächig gleichmäßige Laufbahnschäden auswirken. Im Internet finden sich unter diesen Stichworten und unter „Lagerströmen" viele Literaturbeiträge. An dem typischen Riffelmuster mit engem Abstand von durchgehenden Linien der Rollenkontaktfläche ist diese Schadensursache sicher erkennbar. Ursache

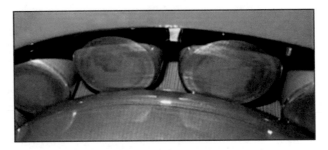

Abb. 3.19 Typisches Riffelmuster durch Stromdurchgang am Innenring einer Getriebewelle eines FU-geregelten Antriebes nach [13–103] in Abschn. 13.14

sind Ladungspotenzialunterschiede zwischen Rotor und Stator, die z. B. bei Frequenzumrichtern häufiger und verstärkt auftreten. Diese entladen sich dann fortlaufend im Überrollen über die Kondensatorwirkung der Linienkontaktflächen der Wälzkörper am Innenring und Außenring. Die im Funkenüberschlag entstehenden Mikroverschweißungen werden im Überrollen herausgerissen und hinterlassen final kleine linienförmig angeordneten Krater. Das Bild zeigt hier Folgen ursächlicher Erdungsprobleme im Zwischenkreis des Frequenzumrichters der Drehzahlregelung aus dem Fall 13.14. Mit neuartigen sog. entladungszählenden HF-Messgeräten können diese „Funken- Entladungen" quantitativ nachgemessen werden mittels Zählung über ein Zeitintervall, wie dort gezeigt. Zur Onlineüberwachung von Entladungen gibt es auch mehrere weitere Sensorprinzipien (wie Luft-Ultraschall od. kapazitiv im Abstand) die diese sog. „Teilentladungen" registrieren können. Sie werden dafür an Mittelspannungsmaschinen heute bereits häufiger eingesetzt.

Abb. 3.20 zeigt abschließend den bereits erwähnten Lagerausfall nach Innenringriss (Presssitz) und hier als Folgeschaden den Bauteil-Bruch der Kegelspannhülse.

Abb. 3.20 Gewaltbruch in axialer Richtung am Innenring nach Ermüdungsbruch und Restbruchfläche in tangentialer Richtung nach überhöhten Axiallasten

Bilder:

Das Copyright für das Abb. 3.15 liegt bei der CompAir Drucklufttechnik GmbH, Simmern, 2002

Das Copyright für die Abb. 3.16 und 3.20, liegt bei der HERGENHAN GmbH, Markt Schwaben, 1997

Das Copyright für das Abb. 3.19, liegt bei der DANIELI FRÖHLING Josef Fröhling GmbH & Co. KG, Meinerzhagen, 2016

Literatur

1. DIN ISO Reihe 10816 Mechanische Schwingungen – Bewertung der Schwingungen von Maschinen durch Messungen an nicht-rotierenden Teilen, Teil 1-7, 2005 bis 2014
2. DIN ISO Reihe 20816 Mechanische Schwingungen – Messung und Bewertung der Schwingungen von Maschinen, Teil 1-9, 2016 bis 2019
3. DIN ISO 21940 Teil 11, Mechanische Schwingungen – Auswuchten von Rotoren – Teil 11: Verfahren und Toleranzen für Rotoren mit starrem Verhalten (ISO 21940-11:2016)
4. „Ausricht- und Kupplungsfehler an Maschinensätzen", Dieter Franke, Springer Verlag GmbH, Berlin, 2020
5. VDI 3832 Schwingungs- und Körperschallmessung zur Zustandsbeurteilung von Wälzlagern in Maschinen und Anlagen, 2013-04
6. „Schadensanalysen, Das INA-Schadensarchiv", Technische Produktinformation TPI 109, März 2001.Herausgeber: INA Wälzlager Schaeffler oHG,91074 Herzogenaurach
7. DIN ISO 281: 2010-10 Wälzlager; Dynamische Tragzahlen und nominelle Lebensdauer
8. DIN 3760 Radial Wellendichtringe, 1996-09
9. DIN 51517-Reihe, Schmierstoffe Schmieröle – Mindestanforderungen, 2018-09
10. Ventilatoren im Einsatz, Anwendungen in Geräten und Anlagen, Dipl.-Ing. F. Schlender und Dipl.-Ing. G. Klingenberg und Autorenkollektiv, VDI Verlag, Düsseldorf, 1996
11. Die Wälzlagerpraxis, 3. Auflage, 1998, Vereinigte Fachverlage GmbH, Mainz
12. ISO 15243: Wälzlager – Schäden und Ausfälle – Begriffe, Merkmale und Ursachen
13. „Wälzlagerdiagnose an und Schwingungsverhalten von öleingespritzten Schraubenverdichtern mit Keilriemenantrieb", Dipl.-Ing. Klaus Geyer, CompAir Drucklufttechnik GmbH, Simmern, Dipl.-Ing. Dieter Franke, PRÜFTECHNIK VD GmbH & Co KG, Ismaning, VDI Tagung Schraubenkompressoren, 2002
14. Seminar Wälzlagerdiagnose II, D. Franke, 2008
15. REWITEC_Bedienungsanleitung_DuraGear-5-10-20-50-100.pdf, Rewitec GmbH, 2017, Lahnau
16. Higher Reliability and longer Lifetime for Gears and Bearings in Wind turbines, Rewitec GmbH, 2020, Lahnau

Körperschallanregungen im Wälzlager, Schadensgeometrie und Körperschall-Übertragung zum Aufnehmer

4

4.1 Wälzlagerinduzierter Körperschall im Normalbetrieb

Im Normalbetrieb führen die Überrollungen zwischen den Reibpartnern der Wälzkörper und die Gleitkontakte des Käfigs mit den Lagerringen zu Gleit- und Rollkontakten. Diese sollen mit dem Schmiermittel gegen direkten metallischen Kontakt getrennt werden. Näher betrachtet berühren sich aber, trotz Schmiermitteltrennung, in den hertzschen Flächen die Spitzen der Oberflächenrauigkeit der Wälzpartner. Das dabei entstehende Abrollgeräusch ist als „surren" audioakustisch wahrnehmbar und hat einen dem „Rauschen" ähnlichen Signalcharakter. Das Abb. 4.1 zeigt anschaulich ein solches „Rauschsignal" mit gleichmäßigem niedrigen Grundpegel und unregelmäßigen Signalspitzen. Die Kennwerte im linearen Körperschall liegen bei $a_{rms} = 3{,}0$ m/s², $a_{0p} = 13{,}0$ m/s² und dem Scheitelfaktor daraus $c_f = 4{,}1$.

Bei mangelnder Schmierung steigt durch ansteigenden metallischen Kontakt der Reibpartner die Rauschpegelanregung im Wälzlager, wie auf dem Abb. 4.2 zu sehen ist. Die Kennwerte liegen hier bei $a_{rms} = 5{,}5$ m/s², $a_{0p} = 30{,}9$ m/s² und $c_f = 4{,}8$ (c_f = Scheitelfaktor = Crestfaktor).

Schlussfolgernd ist zeitnah zum „Nachschmieren" im Schmierintervall eines Lagers eine Körperschallmessung nicht sinnvoll. Der Körperschallpegel im Lager fällt danach sprunghaft ab über bis zu 24 Stunden bis das Schmiermittel sich im Wälzlager stabil verteilt hat bzw. der Überschuss herausbefördert wurde (wie im Abb. 2.13 sichtbar). Dieses Phänomen kann man sich bei einer sog. Schmierprobe zu Nutze machen, wie in Abschn. 3.4 detailliert erläutert wird. Weiterhin entstehen im kurzzeitigen Kontakt mit dem Metallkäfig Körperschallanregungen der Wälzkörper im Ein- und Austritt in die bzw. aus der Lastzone. Auch abrupte Last- und Drehzahlwechsel führen so zu häufigeren erhöhten Anregungen in den Kontakten der Reibpartner und im Wälzkörpersatz im Käfig.

D. Franke, *Wälzlagerdiagnose an Maschinensätzen*, https://doi.org/10.1007/978-3-662-62620-7_4

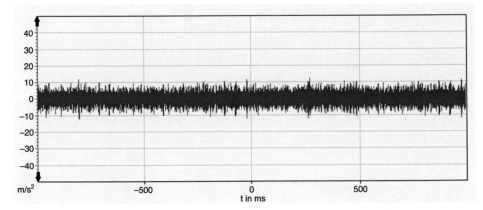

Abb. 4.1 Ungeschädigtes Kugellager bei f_n= 25 Hz im Filterbereich 1kHz – 10 kHz

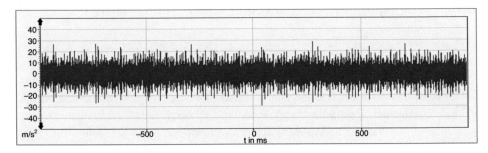

Abb. 4.2 Ungeschädigtes Kugellager bei Mangelschmierung bei f_n= 25 Hz im Filterbereich 1kHz – 10 kHz

4.2   Körperschallanregungen bei Laufbahnschäden und Schadensgeometrie

Bei der Überrollung von Schäden auf den Laufbahnen entstehen neben den genannten rauschartigen Anregungen deutlich „lautere" weil stärkere Stöße, die als Spitzen im Zeitsignal deutlich sichtbar sind, wie ein Beispiel auf Abb. 4.3 und 8.2 gezeigt. Sie werden als „rattern" akustisch wahrgenommen, da die Wälzkörperreihe die Schadenstelle fortlaufend durchrollt. Näher betrachtet durchrollt der Rollkörper den Schadensanfang in Rollrichtung und „fällt" nach der Eintrittskante quasi in diesen hinein und wird dadurch entlastet. Die beiden benachbarten Wälzkörper müssen nun kurzzeitig diesen Lastanteil mit übernehmen, was in Kraftänderungen ähnlich einem Stoß einwirkt. Bei vollständiger Entlastung spricht man hierbei von einem Sprungschaden. Am Schadensende schlägt er auf die gegenüber und nun höher liegende „Austrittskante" auf, was dort zu weiteren Materialzerstörungen und zu Schadensausdehnung in Rollrichtung führt. Mit fortschreitender Ausdehnung kommen mehrfache Stoßanregungen im sich ausdehnenden „Krater" hinzu. Ein populärer Vergleich ist das Durchfahren eines einzelnen Schlaglochs auf der Fahrbahn mit

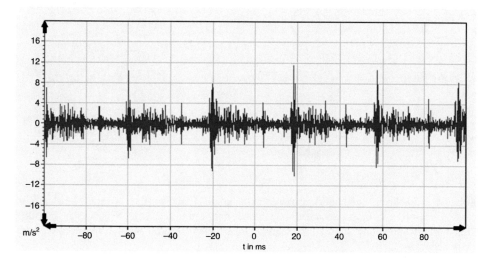

Abb. 4.3 Körperschallsignal 1kHz bis 20 kHz lokaler Einzelschaden im Kugellager am Anfang Stufe 3 am Innenring

hartem Schlag mit Vorder- und Hinterrad bei höherer Geschwindigkeit. Extremer verhält es sich bei ausgedehnten Laufbahnschäden. Diese erzeugen dann zunehmend ungleich-mäßigere Stoßfolgen. Das entspräche im dem bemühten Trivialmodell dem Überfahren einer groben Pflaster- oder Schlaglochstrecke. Es sind aber nicht die geschilderten Aktions-kräfte detektierbar, sondern nur die Reaktionskräfte und die Antwortschwingungen der angestoßenen Bauteile. Diese zeigen die Veränderungen im Kraftfluss und Körperschall und werden bis in den Aufnehmer an der Gehäuseoberfläche übertragen. Deshalb schwin-gen die Stöße zuerst auf, wie im Abb. 4.3 sichtbar, und klingen relativ schnell wieder ab an den eingespannten Bauteilen unter Wechselbelastungen. Die relativ unregelmäßigen Stöße sind typisch für frühe Schadenstufen und Kugellager mit axial variierenden Laufspuren.

Es gibt aber auch Schäden, die geringe oder kaum auswertbare Anregungen bei Über-rollen auslösen. Dazu zählen die in den Abb. 4.5 b) bis d) gezeigten Schäden wie geringere Stillstandsmarken, unregelmäßige Riffelmuster, Anrisse, Riefen in Rollrichtung und Ein-drückungen ohne Randaufwerfungen. Gleiches gilt auch für den gleichmäßig umlaufenden Schaden in Beispiel 13.1. Deren Detektion kann also in der Diagnose deutlich anders er-wartet werden. Es spielen also auch *Form und Verteilung der Schäden* am Bauteil eine Rolle im Anregungsmuster und in der Detektion.

Die Lastzone des Wälzlagers ist die stärkste Köperschallquelle wie ff. erläutert wird, da hier die Schäden mit der größten Kraft überrollt werden. Wie die Schadensausdehnung in Länge, Breite und Tiefe auf den Laufbahnen der Lagerringe wirkt, so tritt hier auch direkt die Wälzkörpergeometrie als Gegenfläche dazu. Kugellager mit sog. Punktkontakt haben naturgemäß ein direkteres und starkes Reagieren auf kleinste Schäden und auf ausgedehnte Laufbahnschäden im Durchrollen. Rollenlager mit Linienauflage reagieren dagegen nur

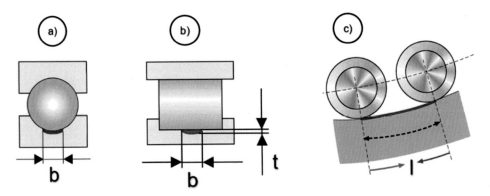

Abb. 4.4 Ausdehnung von Laufbahnschäden in Punkt- und Linienauflagen in der Mitte mit a) u. b) der Schadensbreite b, **b**) der Schadensbreite b und -tiefe t in **c**) rechts der Schadenslänge l (roter Pfeil & Rollrichtung) und Resttragfläche (grüner Pfeil) in dem Überrollabstand am Außenring (rote Linie, schwarzer Pfeil)

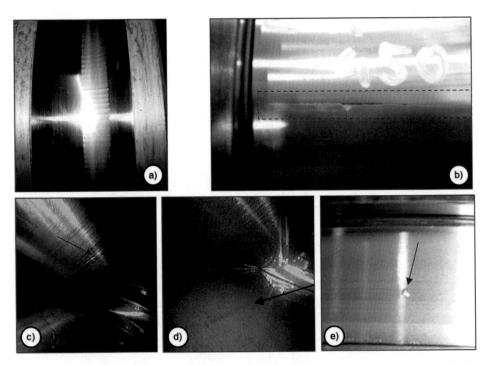

Abb. 4.5 Spezielle Laufbahnschäden: **a**) links Riffel nach Stromdurchgang im Rillenkugellager am Innenring, **b**) Mitte Anriss Innenring, **c**) unten links Riefen nach Überrollung, **d**) unten Mitte Stillstandsmarke, **e**) unten rechts Eindrückung am Innenring nach [1]

auf sehr breite Schäden im Überrollen oder auf einseitige Schäden im zusätzlichen „Verkanten" der Wälzkörper zu den Lagerringen deutlich stärker.

Abb. 4.4 zeigt schematisch die Laufbahnschäden in ihrer Ausdehnung in Schadenslänge in Rollrichtung, in Schadensbreite quer dazu und in Schadenstiefe. Die Schadenslänge wächst i. d. R. in Rollrichtung mit der Schadensausdehnung bis zum Überrollabstand zum nächsten Wälzkörper relativ gleichmäßig an. Danach aber wächst der Schaden deutlich schneller, da nun stets zwei Wälzkörper gleichzeitig hineinfallen und Stoßanregungen ausführen. Aber entscheidender wird nun der Rotor durch stärkere Änderung der Abstützung und Lageänderungen in Lastrichtung einwirken. Mit seiner sehr viel größer Masse wirkt dieser kräftebezogen deutlich verstärkend.

Die Schadensbreite ist im Punktkontakt sehr viel geringer als der im Linienkontakt, der zur stärkeren Anregungen erst fast bis zur ganze Rollenbreite anwachsen muss. Bei Kugeln verbreitert die axiale Laufspurverschiebung im Punktkontakt der Kugel den Schaden in die axiale Richtung. Die Schadenstiefe wächst in Rollrichtung an der gegenüberliegenden „Abbruchkante" mit der Längsausdehnung fortlaufend an bis zur vollen Entlastung. Wenn der Wälzkörper im Überrollen vollständig entlastet wird spricht man vom sog. Sprungschaden, der die maximale Entlastung und Stoßanregung im Körperschall verursacht an der Aufschlagkante. Sie wird verstärkt durch Kraftübertragung der Überrollung in der Lastzone.

Die Abb. 4.6, 4.7, 4.8 und 4.9 zeigen nun wie auch das geschädigte Bauteil selbst, diesen Körperschallpegel beeinflusst. Grundsätzlich wird bei den Überrollungen zwischen Innen- und Außenringkontakt unterschieden wie Abb. 4.7 am Wälzkörperschaden anschaulich zeigt. Der potenzielle *Außenringschaden* im Abb. 4.6 a) wird nur im Außenringkontakt von der Wälzkörperreihe überrollt. Er ist bedingt durch die dort erhöhten Krafteinwirkungen meist in der Lastzone zu finden. Hier wirken auch ideale Signalübertragungen und kurzer Abstand zum Aufnehmer. Sie fallen mit einem ortsfest erzeugten und so optimal stabil hohen relativ stationären Signalpegel zusammen. Diese Schäden werden in der Lastzone beständig laststabil überrollt, da dort auch der Außenring stabil im Lagersitz aufliegt. Fehler, die am Außenring wirken und Außenringschäden regen im Körperschall also mit der Überrollfrequenz des Außenrings an. Analoges gilt ff. für den Innenring und die Wälzkörper.

Es wird im Radiallager der *Innenringschaden* rechts im Abb. 4.6 b) nur in der Lastzone überrollt. Außerhalb der Lastzone wird bedingt durch das Betriebsspiel der Schaden nicht oder nur schwach zufällig überrollt, da die Wälzkörper fliehkraftbedingt nur am Außenring anliegen. Zusätzlich wird der Körperschall von der Innenringüberrollung durch den Wälzkörper und über den zusätzlichen Außenringkontakt hindurch im „Kraftfluss und Schallweg" dabei deutlich abgeschwächt auf dem Übertragungsweg bis zum Aufnehmer. Wirksam sind dabei mehrere Bauteilübergänge, die jeweils eine Energieanteil davon reflektieren. Es wird also ein Innenringschaden insgesamt bei gleicher Größe außen signifikant schwächer am Gehäuse erfasst. Weiterhin ändern sich (modulierend mit Rotordrehfrequenz) dabei periodisch die Pegel der Stöße bei jeder Wellenumdrehung in dem

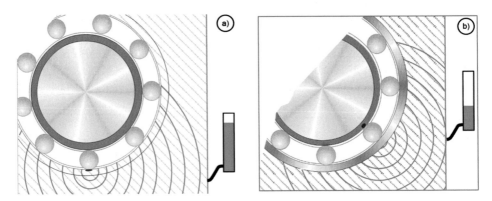

Abb. 4.6 Körperschallpegel und Modulation bei Überrollung des Laufbahnschadens **a**) am Außenring links und **b**) am Innenring rechts

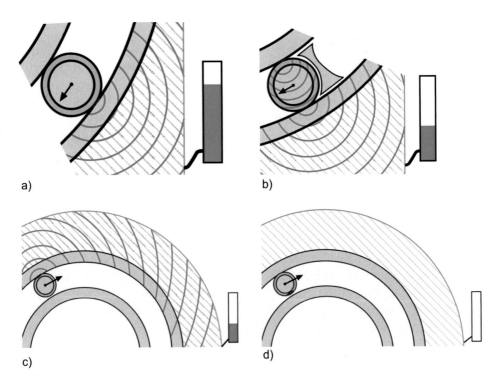

Abb. 4.7 Körperschallpegel und Modulation bei Überrollung am Wälzkörper in der Lastzone **a**) links am Außenring =Außenringkontakt, **b**) rechts am Innenring = Innenringkontakt sowie außerhalb der Lastzone **c**) am Außenring und **d**) nicht am Innenring

Abb. 4.8 Gleitkontakt und
Modulation am Käfig im
Eintritt/Austritt der Lastzone

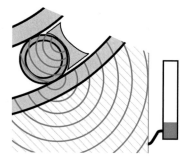

Durchrollen der Lastzone. Es gibt nur dort maximale Stöße und keine Stöße und Überrollungen gegenüber im Betriebsspiel (Abb. 4.5 und 4.6).

Der *Wälzkörper* erfährt beide vorherigen Überrollungen im Innenring- und im Außenringkontakt im Schadensfall wie Abb. 4.7 schematisch darstellt. Seine Überrollfrequenz
entspricht damit der Doppelten seiner Drehfrequenz. Der Außenringkontakt erfolgt
fliehkraftbedingt immer im gesamten Umlauf mit höherer Intensität und verstärkt in der
Lastzone. Der Innenringkontakt wirkt schwächer und nur in der Lastzone. Beide ändern
sich also ebenso periodisch im Durchlauf der Lastzone, nur dass dieses nicht mit der Umdrehung der Welle, sondern mit der Drehfrequenz des Käfigs bzw. des Wälzkörpersatzes
erfolgt. Wegen deutlich unterschiedlichen Pegelhöhen am Innen- und Außenring bilden
beide zwar zusammen die Überrollperiode bzw. -frequenz am Wälzkörper. Aber die deutlich stärkeren und kontinuierlichen Außenringüberrollungen regen davon zusätzlich deren
halbe Frequenz an, was der einfachen Drehfrequenz der Wälzkörper entspricht.

Dagegen ist die Innenringüberrollung „schwächer" und also sehr ungleichmäßig nur in
der Lastzone. Schäden und Fehler am *Käfig* wie in Abb. 4.8 werden nicht periodisch überrollt, wie in Kap. 3 im Normalbetrieb erläutert, sondern werden in periodischen Änderungen mit der Umdrehung des Wälzkörpersatzes angeregt. Sie werden häufig im Kontakt am
Eintritt bzw. Austritt aus der Lastzone mit den dort stärksten Anregungen induziert. Der
Käfig wird dabei auch nicht überrollt, sondern der Körperschall des Wälzkörpersatzes
ändert sich bei dessen Umdrehungen im Wälzlager. Es entstehen maximal Gleitkontakte
des Käfigs an den Lagerringen und an den Wälzkörpern in den Käfigtaschen. Was meist
auch zu vergleichsweise meist niedrigeren Pegel der Signalanteile vom Käfig führt. Fehler
am Wälzkörpersatz oder im Käfigkontakt wirkend oder Schäden am Käfig regen die Käfigdrehfrequenz an.

Die erläuterte unterschiedliche Intensität und Merkmale der Anregungen der vier
Bauteile eines Wälzlagers sind bei jeder Diagnose und Überwachung zu beachten. Dies
macht es auch so wichtig wie ff. erläutert, das fehler- oder schadhafte Bauteil im Wälzlager zu detektieren, um den Zustand, das Ausfallrisiko und die Restlaufzeit korrekt zu
bewerten.

4.3   Körperschallweiterleitung bis zum Aufnehmer und Messstellenauswahl

Der Körperschall wird in sogenannten Kraftflusslinien vom dominierenden Entstehungs-ort in der Lastzone im Lager – über den Kontakt im Außenringsitz – bis zur Gehäuseober-fläche bzw. bis zum Aufnehmer hin weitergeleitet. Abb. 4.6, 4.7, 4.8 und 4.9 zeigen die Einspannung zwischen Rotor und Stator in der Lastzone und die Körperschallausbreitung von der Anregung im Wälzkörperkontakt durch die angrenzenden Bauteile bis zum Auf-nehmer. Direkt am Außenring und Innenring wird in den Kontaktflächen der Lagersitze der Körperschall weitergeleitet. Nur in der Lastzone geht dieser am Außenring lastbedingt auch in das Lagergehäuse oder Lagerschild gut weitergeleitet über. Gegenüber durch das Außenringspiel kann meist kaum oder nur schwache Übertragung stattfinden. Direkt am Gehäuse sollte der Aufnehmer in bestmöglicher Nähe und mit seiner Messrichtung zur Lastzone hin ausgerichtet befestigt werden. Eine angestrebte Früherkennung setzt einen möglichst hohen Körperschallpegel vom Lager selbst und einen geringen Störpegel vo-raus. Um dieses über die Betriebsdauer zu erreichen, muss als oberste Priorität in der Messkette die Messstelle optimal in akustischer Nähe zur Lastzone gewählt werden. Hier-für gelten folgende Grundregeln.

- Messstelle des Aufnehmers radial so *nahe wie möglich* an der Lastzone
- Messstelle des Aufnehmers axial so *nahe wie möglich* zur Mitte der Lagerebene
- Aufnehmer mit Messrichtung *zur Lastzone hin* gerichtet anbringen
- Radiallager entsprechend *radial ausgerichtet messen*
- Axiallager dagegen *axial ausgerichtet messen*

Konstruktionsbedingt kann die genaue Lage der Lastzone ggf. unklar sein. Aber auch größere Ausrichtungsfehler können die Lastzone entscheidend verlagern, wie bereits dargelegt.

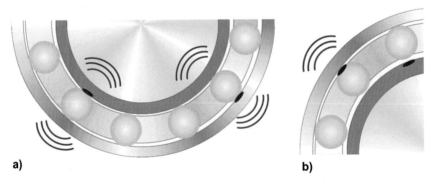

a)   b)

Abb. 4.9   a) Körperschallquellen in der Lastzone mit Außenring- und Innenringüberrollung und **b)** gegenüber der Lastzone ohne Innenringüberrollung und mit Außenring-überrollung nur am Wälzkörper

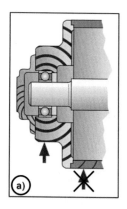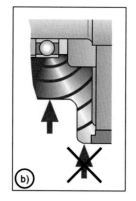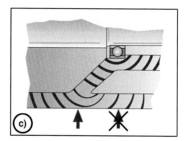

Abb. 4.10 Regeln der Messstellenwahl **a**) links am Lagerträger und am Hohlraum **b**) direkt und nahe am Wälzlager und **c**) direkt an der Körperschallbrücke und nicht „um die Ecke" und am Hohlraum

Im Zweifelsfall an größeren und komplexeren Maschinen muss hier die genaue Lage nachgemessen werden (vgl. Abschn. 2.6.2 Orbitmessung am Gehäuse). Umso größer die Maschine ist, umso wichtiger wird die Einhaltung dieser Regeln, da größere Bauteilmassen (Abstand, Wanddicke und Volumen) auch stärkere Schalldämpfung bedeutet. Im üblichen Standardfall wird der Aufnehmer horizontal an der unteren Lagergehäusehälfte angebracht. An Lagerschilden von Motoren kann er weiter nach unten versetzt angebracht werden. Genauere Ausführungen zu diversen Einbausituationen schließen sich an.

Abb. 4.10 zeigt weiterhin in Gehäusequerschnitten, dass Folgendes dabei vermieden werden sollte bei allen konstruktionsbedingten Schwierigkeiten in der Umsetzung:

- Keine Messung *„um die Ecke"* (Schallausbreitung erfolgtgerichtet)
- Keine oder nur *wenige zusätzliche Bauteilübergänge* (Schall wird dort reflektiert)
- *Nicht an Hohlräumen* der Konstruktion messen (Schall hier nur schwach übertragen)
- Messung möglichst *an Körperschallbrücken* der Kraftweiterleitung hin zur Maschinenauflagerung (Kraftfluss)

Die Wahl der richtigen *Messstelle* für Körperschallmessungen zur Diagnose und Überwachung ist die entscheidende Voraussetzung Messsignale mit hoher und stabiler „Messgüte" gewährleisten zu können. Eine Umsetzung an einer Pumpe kleiner Baugröße zeigt Abb. 4.11 mit Messstellen der roten Pfeile in jeder Lagerebene schräg von unten z. B. für eine Offlineüberwachung mit einem Datensammler. Alternativ können diese horizontal angebracht werden, damit diese mit der Schwingstärkemessung einfacher kombiniert werden können. Bei kleineren Baugrößen der Pumpe und des Motors unter 100 kW in Onlinesystemen können die Messstellen an der Pumpe und am Motor ggf. auf eine reduziert werden. Bei kleinen Baugrößen findet eine gute Schalldurchmischung im Gehäuse statt

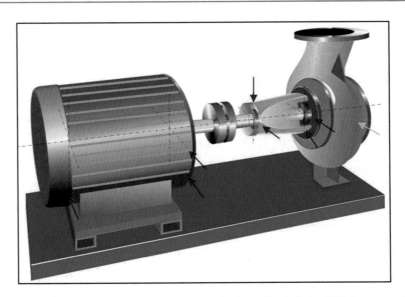

Abb. 4.11 Messstellen zur Körperschallmessung an horizontaler einfacher Wälzlagerung mit roten Pfeilen und für die Kavitation und mit hellem violetten Pfeil; von links hier aufgelistet: Motor NDE 4.00 bei Schraube, M DE 4.30 (groß) 3.00 (klein), Pumpe DE 3.00 (klein) 12.00 (groß), P NDE 3.00 klein 4.30 (groß)

und beide Lager können an einer Messstelle als Kompromiss erfasst werden. An der Nichtantriebseite des Motors macht diese Messstelle oft Schwierigkeiten in der Ankopplung durch die Abdeckhauben der Kühlflügel. Als Lösung kann hier eine Bohrung der Kühlhaubenbefestigung verwendet werden, an die ein passender Messstellenadapter angebracht werden kann (vgl. Abb. 11.1).

Tritt an der Pumpe zusätzlich *Kavitation* auf, ist eine weitere Messstelle dafür im Ansaugbereich des Pumpengehäuses nahe dem Laufradübergang zu empfehlen (violetter Pfeil). Anregungen an dieser Messstelle im mittel- und höherfrequenten Körperschall abhängig vom Betriebspunkt sind ein deutlicher Hinweis auf Kavitation. Diese sollten gesondert parallel erfasst werden, um diese Anregungen vom Körperschall des Wälzlagers unterscheiden zu können.

DIN-ISO 13373-1 nach [2] gibt für einige Standardmaschinen Empfehlung wo und wie viele Messstellen empfohlen werden zur Überwachung. Die standardmäßigen ff. Maschinensätze bestehen aus einer Antriebsmaschine (meist Elektromotor), einem Antriebselement (od. Übertragungselement – hier Kupplung) und einer Arbeitsmaschine (hier eine Pumpe). Jede einzelne Maschine besteht aus einem Stator und einem Rotor-Lager-System.

Abb. 4.13 zeigt einen riemengetriebenen Radialventilator mittlerer Baugröße, an dem die Messstellen für den Körperschall eingetragen sind mit roten Pfeilen. Die Kräftepfeile in blau zeigen die resultierende Kraft aus Schwerkraft und Riemenspannkraft analog der vorhergehenden Erläuterung im Abb. 4.12. Für die Messung wird eine Messrichtung entgegen der Aktionskräfte in der so entstandenen Lastzone gewählt. Der Riemen zieht die

Abb. 4.12 Lastzone
Riemenantrieb nach
resultierender Kraft (grüner
Pfeil) aus Schwerkraft
(schwarzer Pfeil) und
Spannkraft des Riemens
(roter Pfeil)

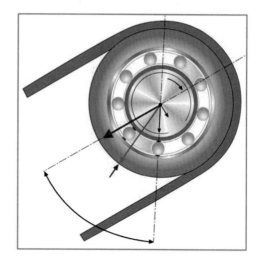

Lastzone jeweils dorthin. Die *Lagerebenen* werden praktisch durchnummeriert *vom Antrieb her gesehen hochgezählt* nach [2]. Nach dieser Norm werden die Messrichtungen, wie dort in Abschn. 8.4 erläutert, mit Gradzahlen im Vollkreis als Winkelangabe definiert. Die Ausrichtung ist hinter dem Antrieb aus axial betrachtet rechts horizontal beginnend gegen den Uhrzeigersinn. Allgemein leichter verständlicher in dem Umgang mit den Messrichtungen ist aber die Verwendung einer Skala der Uhrzeiten (Abb. 4.13).

Abb. 4.13 Messstellen an
Riemenantrieb eines
Radialventilators

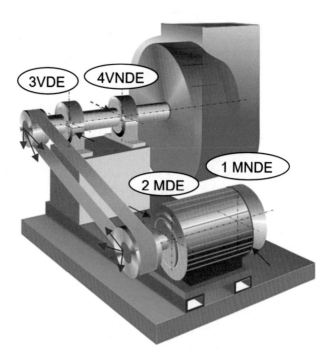

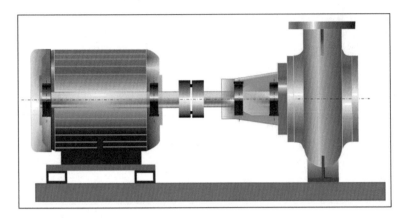

Abb. 4.14 Lastzonen (rot) an horizontaler Pumpe größere Baugröße

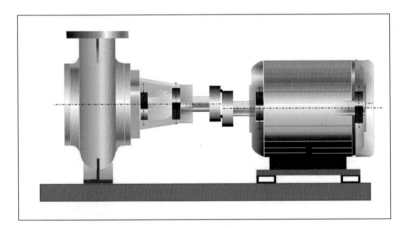

Abb. 4.15 Lastzonen an horizontaler Pumpe mit vertikaler Fehlausrichtung

Die Abb. 4.14 zeigt die genauer zu definierenden Lastzonen an einer Pumpe mit mittlerer und größerer Baugröße über 75–100 kW mit dem deutlichen Einfluss der Laufradmasse. Dadurch schlägt die Lastzone auf der Antriebsseite der Pumpe nach oben um, wo entsprechend diese Wälzlager-Messstelle anzuordnen wäre. Abb. 4.15 zeigt grafisch überhöht dazu den Einfluss einer Fehlausrichtung mit deutlich zu tief stehendem Motor, der die Lastzonen deutlich auf die Gegenseite jeweils verschiebt. Näheres dazu finden sich im Band [3] dieser Buchreihe.

Abb. 4.16 zeigt die Lastzonen an den Lagern einer geradverzahnten Zahnradstufe. Die resultierende Radialkraft der grünen Pfeile ergibt sich aus der anteiligen Schwerkraft des Rotors auf das Lager und der Tangentialkraft aus dem Zahneingriff mit der Momentenübertragung im Wälzpunkt der Zahnflanke. Entgegengesetzt ergibt sich daraus die Lastzone, die hier von der Drehrichtung und der Seite des antreibenden zum angetriebenen

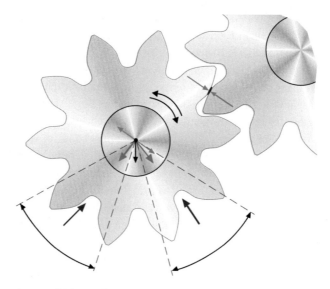

Abb. 4.16   Lastzonen und Messstellen an Zahnradstufen

Rad abhängt. Bei Zahnradstufen mit Drehrichtungsumkehr der Wellen wechselt demnach die Lastzone im Reversierbetrieb entscheidend. Die Änderung der Antriebsseite führt durch die Größe der Tangentialkraft ebenso zum deutlichen Verschieben der Lastzone. Für die Festlegung der Messrichtung sollte für den Last- und Drehmomenteinfluss auch eine im Betrieb häufigere oder eine mittlere Last angenommen werden. Ohne Skizze und genauerer Betrachtung zu einer Zahnradstufe lässt sich eine korrekte Messstelle nicht sicher festlegen. An mehrstufigen Getrieben kommt hierzu noch die Drehrichtungsumkehr in jeder Stufe und die häufig winklige Anordnung der Lagerungen hinzu. Auch hier muss jede Stufe und jede Lagerseite erneut betrachtet werden. Bei kleinen Getrieben dominiert dabei i. d. R. die Zahnkraft aus dem Moment. Mindestens im Hunderter Kilowattbereich kommt dann aber die Schwerkraft deutlicher verschiebend zu der resultierenden Kraft dazu. Der Autor selbst prüft an Getrieben die Messstellen je Stufe und Seite wie in seinen Seminaren demonstriert. Alle ineinander verschränkte Finger beider gefalteten Hände imitieren dabei den Zahneingriff und das einseitig einwirkende Drehmoment in Drehrichtung. Die Kraftwirkungen beider Hände zeigen dann die Lastzonen.

4.4   Störender Körperschall: wälzlager- oder fremdinduziert

Für die Überwachung und Diagnose des Lagerzustandes ist man auf den induzierten Körperschall des betrachteten Wälzlagers angewiesen, der dort im Überrollvorgang angeregt wird. Die Mechanismen der Überrollungen durch die Wälzkörper in der ausgebildeten Lastzone eines Wälzlagers sollten die Betrachtungen in der Wälzlagerdiagnose bestimmen. Tab. 4.1 gibt einen Eindruck der potenziellen Quellen von Störungen im erfassten Körperschall am Wälzlager wieder.

Bereits in nahezu allen Maschinengehäusen kommt naturgemäß der Körperschall des benachbarten Los- oder Festlagers hinzu. Symptomatisch dafür ist das Verhalten des Körperschallpegels bei Laufbahnschäden auf einer Lagerseite. Der Körperschall auf der geschädigten Lagerseite steigt zwar deutlich an, aber der auf der anderen Lagerseite steigt durch die „Schallübertragung und -durchmischung im Körperschallraum" ebenso der Schallpegel. Hier spricht man eingängig vom „Übersprechen" des Körperschalls. Bei kleinen Baugrößen sind dann oft die Pegelunterschiede nicht sehr groß, was sich bei Elektromotoren weiter verschärft durch meist beidseitig baugleiche Wälzlagertypen. Hier zeigen dann nur sorgfältige Vergleiche beider Lager die Seite mit dem Schaden, wofür synchrone Vergleichsmessungen mit mehrkanaligen Messgeräten geeignet sind.

Bei starr verbundenen Arbeits- und Antriebsmaschinen auf dem Maschinenrahmen kommen weitere Schallquellen zum Wälzlager störend hinzu, wie Tab. 4.2 beispielhaft zeigt. Durch die Arbeits- und Maschinenvorgänge strahlen weitere Körperschallquellen höhere Intensitäten ab. Zudem sind in Maschinen trotz i. d. R. unterschiedlicher Lagerbeanspruchung oft vereinfachend beide Lager baugleich ausgewählt. Entsprechend sind die Anregungen und die Frequenzmuster beider benachbarter Lager sehr ähnlich. Die Unterschiede in den Diagnosemerkmalen beider Lager werden so deutlich verringert. Eine klare Unterscheidung ist bei der genannten synchronen Messungen an beiden benachbarten Wälzlagern in den meisten Fällen in genauen Pegelwertvergleichen möglich. Am verursachen Wälzlager sind dann die Körperschallpegel höher.

Tab. 4.1 Quellen wälzlagerfremden Köperschalls an Wälzlagern

Maschinen-komponente	Anwendungskomponente	Anregungsvorgang
Benachbarte Wälzlager	Wälzlager im Rotor-Lager-System	Gleichartig im Wälzlager
Maschinenvorgänge	Maschine selbst	Maschinenfehler beeinflussen Körperschall
Verbundene Maschine im Maschinensatz	Wälzlager im Rotor-Lager-System Maschinen selbst	Ähnlich in den Wälzlagern
Arbeitsprozess	Schrauben- und Kolbenmaschinen Elektromaschinen	Verdichtungsvorgang, Kolbenbewegung, Schraubenbewegung Elektromagnetische Stöße
Antriebsübersetzungen	Riemen, Zahnradgetriebe, Reibräder	Drehmomentübertragung in Reibung und Zahneingriff
Verbundene Anlagenteile	Komponenten mit Transport- od. Arbeitsprozessen	Körperschall im Transport- od. Arbeitsprozessen

Tab. 4.2 Quellen wälzlagerfremden Köperschalls in Maschinentypen (vgl. Tab. 6.1)

Maschinentyp	Anwendung	Anregungsvorgang
Ventilatoren – Gebläse nach [4]	Ventilatoren – Gebläse mit größerer Druckhöhe	Rotating Stall, Schwebungen aus Luftsäulen, Wirbellärm, Schaufelpassierfrequenz
Pumpen nach [5]	Pumpen mit größerer Saughöhe	Kavitation
Elektromaschinen nach [6]	Magn. Luftspalte im Käfigläufer, Schleifringkontakte, Frequenzumrichter	Elektromagnetische Anregungen wie Slotfrequenzen und Trägerfrequenzen am FU
Zahnradgetriebe nach [7]	Zahnradstufen	Zahneingriffe. Ölpumpen
Verdichter nach [8] und Verbrennungsmotore nach [9]	Schraubenverdichter Kolbenverdichter	Verdichtungs- und Ausstoßvorgänge, Schraubeneingriffe hier einzufügen
Fördermaschinen und Anlagen	Für feste und breiige Stoffgemische	Reibung der Stofftransporte in sich und am Gehäuse
Mischer, Rührer und Mühlen	Für feste und breiige Stoffgemische	Reibung der Stofftransporte in sich und am Gehäuse
Werkzeugmaschinen	Alle mechanisch stoffabtragenden Verfahren	Säge, Fräse – Zahneintritt Drehmeisel – Eingriff in Zerspannung Schleifscheiben – Schleifprozess
Antriebsstränge in Fahrzeugen	Räder auf Fahrbahnunebenheiten, Radsätze auf Schienen	Fremdanregungen

Zu Störungen zählen weiterhin die Stoß- und Reibungsvorgänge in Arbeitsmaschinen wie durch Kolben oder durch Strömungsvorgänge in den Fördermedien. Zur Antriebsmaschine hin treten in Getrieben wie an Zahnriemen, Ketten und besonders zwischen Zahnrädern starke Stoß- und erhöhte kontakt-erregte oder reibungsbedingte Anregungen auf. In Kupplungen und Riemenantrieben sind diese Anregungen allermeist durch elastische Verbindungselemente oder Spielfreiheit stärker reduziert und können so nur im Fehlerfall auftreten. Selbst die Einspritzungen von Drucköllschmierungen im Lager, der Zahneingriff von Zahnradpumpen oder die Dichtungen regen Körperschall an. Aber auch in Antriebsmaschinen wird im elektro-magnetischen Spalt und durch Frequenzumrichter höherfrequenter erhöhter Körperschall angeregt, der die Lagermessung störend überlagert.

Um diesen Störpegeln entgegenzuwirken, sind die genannten Grundregeln in der Wahl der Messstelle sorgfältig einzuhalten. Die meist runden Gussgehäusekonturen und von unten schwer zugänglichen Maschinenkonstruktionen zwingen im konkreten Anwendungsfall hier oft zu einigen Kompromissen. Mit horizontaler Messrichtung unterhalb der Lagerteilung nähern wir uns diesen Forderungen meistens den Möglichkeiten entsprechend an. Besonders wichtig sind diese Forderungen bei großen Maschinen und übertragenen Leistungen über hundert Kilowatt. Diese laufen meist langsamer und so mit geringerem Körperschall und dämpfen masse- und distanzbedingt diesen stärker. In kleinen und meist kompakten Konstruktionen wird dagegen der Körperschall weniger gedämpft, stärker „durchmischt" und unterscheidet sich geringer zwischen verschiedenen Messstellen.

Weitere Maßnahmen in der Konzeption des Diagnose- und Überwachungssystems dagegen wie mittels Filterung finden sich in den Ausführungen zum Hüllkurvenspektrum und der Schmalbandanalyse in Kap. 7 und 8 sowie in Kap. 10.

4.5   Schadensüberrollung – Kinematik am Wälzlager

„Das Bild" welches in der Wälzlagerdiagnose im Mittelpunkt der Betrachtung steht, sind wie mehrfach erwähnt die Mechanismen in der Lastzone eines Wälzlagers, was insbesondere nachfolgend auch für Überrollungen von Laufbahnschäden gilt. Die Überrollung von Laufbahnschäden an den drei Bauteilen des Wälzlagers erfolgt entsprechend der Geometrie und Anordnung der Bauteile. Abb. 4.17 zeigt grafisch die Gegebenheiten der inneren Geometrie im Wälzlager für seine sog. Kinematik, d. h. die in der Rotation im Wälzlager wirksamen inneren Abmessungen. Ausgangspunkt der Überrollung sind damit die Umfangsgeschwindigkeiten am Bauteil. Links sind deshalb alle Größen zur Berechnung der sich ergebenden sog. „Überrollfrequenzen" der Lagerbauteile im Bezug zur Drehfrequenz der Welle genannt. Umso schneller die Welle dreht umso schneller, d. h. mit höherer Häufigkeit pro Zeiteinheit, ereignet sich die Schadensüberrollung. Das triviale Bild der Überrollung an einem der Wälzpartner ist wie ein „Schlagloch" auf der Laufbahn, das fortlaufend von der Reihe der Wälzkörper (Wälzkörpersatz) überrollt wird. Jeder Wälzkörper erzeugt dabei einen einzelnen Stoß einer Stoßfolge (Überrollungstakt).

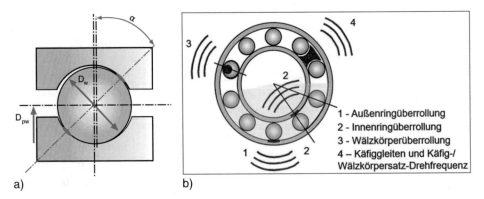

Abb. 4.17 Wälzlagerkinematik **a)** inneren Abmessungen (Berührungswinkel, Wälzkörperdurchmesser und mittlere Laufkreisdurchmesser), und **b)** Überrollungen (rot) und Überrollabstände (blau)

Die Gleitvorgänge am Käfig und das Wälzen im sog. umlaufenden Wälzkörpersatz (Verbund der Wälzkörper einer Lagerreihe) insgesamt, werden mit seiner Drehfrequenz (ca. 40 % der Welle) beschrieben.

Aus den unterschiedlichen nachfolgend kürzer werdenden „Überrollabständen" am Außenring, Wälzkörper und Innenring ergeben sich deren Überrollfrequenzen. Diese werden bei Schäden auf den Laufbahnen, aber auch bei einigen der Wälzlagerfehler durch Überrollen in deren sog. Kinematik angeregt. Es steigt deren „Überrollgeschwindigkeit" im Lager mit dem Wellensitzdurchmesser der Lager und deren Häufigkeit weiterhin mit der Anzahl der Wälzkörper. Der Durchmesser der Welle ergibt sich aus den beiden letzten Zeichen der Wälzlagerbezeichnung nach DIN multipliziert mit Faktor 5. Das ergibt also bei einem Kugellager 62222 d = 110 mm. Sind Wälzlager mit dem Nachsetzzeichen E mit erhöhter Tragzahl im Einsatz, ist mindestens ein Wälzkörper mehr eingebaut und die sog. Überrollfrequenzen erhöhen sich entsprechend. Eine Besonderheit tritt am Umfang des Wälzkörpers auf, der seine Überrollfrequenz nur in der Lastzone am Innen- und am Außenring anregt (mit Doppelter seiner Drehfrequenz). Außerhalb der Lastzone tritt fliehkraftbedingt nur am Außenring stärkere Überrollung – also mit deren halben Überrollfrequenz d. h. seiner einfachen Drehfrequenz auf.

Wie im Abb. 4.17 links gezeigt, werden die Überrollfrequenzen nach [10] mit der Quelle [11] aus den folgenden vier Größen berechnet:

- der Drehfrequenz der Welle (f_n),
- des Wälzkörper-Durchmessers (D_W) und
- des mittleren Teilkreisdurchmessers (D_{PW} – verläuft in der Achse der Wälzkörper) und
- der Anzahl der Wälzkörper (Z) bestimmt. Geringfügiger variiert die Frequenz noch
- mit dem Berührungswinkel (α).

Dieser entsteht im kombinierten Axial- und Radiallager aus der resultierenden Kraft aus Radial- und Axialkraftanteil auf das Wälzlager. Leider werden diese sog. inneren Abmessungen der Wälzlager von den Lagerherstellern seit Ende der neunziger Jahre nicht mehr offengelegt, sondern nur noch sog. fertige Frequenzkataloge der Wälzlager herausgegeben. Diese enthalten diese Frequenzen für 60 min^{-1} und können dann auf Betriebsdrehzahl umgerechnet werden. Einige Hersteller bieten diese Kataloge interaktiv auf Ihrer Webdomain an. Für die genaue Kenntnis der Überrollfrequenzen muss also Lagertyp und Hersteller bekannt sein. Diese Angaben sollten entsprechend bei jeder eingekauften Maschine und dort in der Ersatzteilliste angegeben werden und dafür in den Einkaufsbedingungen angefordert werden. Nachteilig an diesen Frequenzkatalogen ist das fehlende Baujahr des Lagers durch die langfristig auftretenden Änderungen der inneren Abmessungen mit der designmäßigen Weiterentwicklung der Wälzlager. Oft stimmen diese Überrollfrequenzen damit für ältere Lager an älteren Maschinen nicht mit den aktuell angegebenen Frequenzwerten überein. Das gleiche Problem gilt für spezielle Diagnose- und Überwachungssoftware mit den dort jeweils hinterlegten Datenbanken der Überrollfrequenzen.

Sind die Wälzlagertypen oder Hersteller nicht bekannt, können für Standardlager die Überrollfrequenzen überschlägig *abgeschätzt werden*. (in Klammern engl. übliche Bezeichnungen, eingeführt von der Fa. Bruel und Kjaer in den achtziger Jahren).

Die im Nachfolgenden verwendeten Formelzeichen sind in [10] definiert und sollten so verwendet werden. Auch sollte hier stets von Überrollfrequenzen gesprochen werden und nicht von Schadfrequenzen, da diese Frequenzkomponenten auch bereits bei Lagerfehlern angeregt werden, wie in Abschn. 4.6 näher erläutert wird. Nachfolgend sind Formeln für **Schätzwerte** aufgelistet, wenn der Lagertyp und Hersteller nicht bekannt sind. Die Gleichungen sind nur aus der Drehfrequenz grob geschätzt. Ist die Wälzkörperanzahl (Z) zumindest bekannt, kann die Schätzung mit den Gleichungen danach etwas verbessert werden.

Drehfrequenz Wälzkörpersatz: Käfigdrehfreq.

$$f_K \left(FTF \right) = 0,4 * fn \left[Hz \right] Radiallager \tag{4.1}$$

Drehfrequenz Wälzkörpersatz: Käfigdrehfreq.

$$f_K \left(FTF \right) = 0,5 * fn \left[Hz \right] Axiallager \tag{4.2}$$

Drehfrequenz der Welle : $f_n \left(rpm / 60 \right) = \text{Drehzahl}\, n \left[\min^{-1} \right] / 60 \left[Hz \right]$ (4.3)

Überrollfrequenz Außenring : $f_A \left(BPFO \right) = ca.4 * f_n \left[Hz \right]$ (4.4)

od. Überrollfrequenz Außenring : $f_A \left(BPFO \right) = Z * f_K \left[Hz \right]$ (4.5)

Überrollfrequenz Wälzkörper (vgl. Text Abb.8.8) : $f_W \left(BSF * 2 \right) : f_A < f_w < f_I \left[Hz \right]$ (4.6)

Überrollfrequenz Innenring : $f_I \left(BPFI \right) = ca.5…7 * f_n \left[Hz \right]$ (4.7)

od. Überrollfrequenz Innenring : $f_I \left(BPFI \right) = Z * f_n - f_K \left[Hz \right]$ (4.8)

Grundrelation Standardfall : $f_K < f_n < f_A < f_w < f_I$ (4.9)

Grundrelation Käfiglager :
$$0,4 * f_n = f_K < 1 * f_n < 3…4 * f_n = f_A < f_w < 5…7 * f_n = f_I \tag{4.10}$$

Diese Werte erhöhen sich etwas bei den sog. E-Lagern und deutlich bei sog. Vollkugel- oder Vollrollenlagern ohne Käfig mit deutlich mehr Wälzkörpern. **Ohne Schätzwerte** gilt Folgendes. Sind die erkannten Frequenzen in der Messung nicht eindeutig zuordenbar, kann auch anhand der auftretenden Modulationen, wie ff. erläutert in Abschn. 5.2, die Frequenz in einem Radiallager zugeordnet werden nach:

f_I : moduliert fast immer und stärker mit f_n (durch Umdrehungen Welle)

f_W : moduliert meist und stärker mit f_K (durch Umdrehungen des Wälzkörpersatzes/Käfigs)

f_A : moduliert selten und geringer mit f_n (stärkere Unwucht oder Fehlausrichtung)

Begründung ist wiederum jeweils die unterschiedliche Periode des Durchlaufs der Lastzone.

Am einfachsten können die inneren Abmessungen in besonderen Fällen auch an einem beschafften Ersatzlager einfach nachgemessen werden (bei $D_{pW} = D_I + D_W$). Sind die geometrischen Abmessungen des Lagers bekannt können die **Überrollfrequenzen** nach [10] **genau berechnet** werden aus:

$$f_A = 0,5 * f_n * Z * \left(1 - \left(D_W / D_{PW}\right)^* \cos\, \alpha\right)\, \left[\mathrm{Hz}\right] \qquad (4.11)$$

$$f_W = \left(D_W / D_{PW}\right) * f_n * \left(1 - \left(D_W / D_{PW}\right)^{2*} \cos\, \alpha\right)\, \left[\mathrm{Hz}\right] \qquad (4.12)$$

$$f_I = 0,5 * f_n * Z * \left(1 + \left(D_W / D_{PW}\right)^* \cos\, \alpha\right)\, \left[\mathrm{Hz}\right] \qquad (4.13)$$

Ein Sonderfall ist die Berechnung der Käfigdrehfrequenz. Die genaue Formel hängt davon ab, ob Innenring oder Außenring oder beide sich im Betrieb drehen.

$$f_k = 0,5 * f_n * \left(1 - \left(D_W / D_{PW}\right)^* \cos\, \alpha\right) \mathrm{für}\, f_{nI} \qquad (4.14)$$

$$f_k = 0,5 * f_n * \left(1 + \left(D_W / D_{PW}\right)^* \cos\, \alpha\right) \mathrm{für}\, f_{nA} \qquad (4.15)$$

$$f_k = 0,5 * \left\{\left(1 - \left(D_W / D_{PW}^* \cos\, \alpha\right)^* f_{nI} + \left(1 - \left(D_W / D_{PW}\right)^* \cos\, \alpha\right)^* f_{nA}\right)\right\} \mathrm{für}\, f_{nI}\, \&\, f_{nA} \quad (4.16)$$

Der Berührungswinkel bestimmt sich aus dem Vektorverhältnis von Radial- zu Axiallast. Wird dieser zu 0 gesetzt (cos 0 = 1) liegt der max. Fehler bei 3% n ach [10].

Geringe Abweichungen der Frequenzen nach unten entstehen ggf. durch mitunter auftretenden Schlupf im Wälzlager, der beispielsweise bei zweireihigen Lagern auf der entlasteten Lagerreihe vorkommt. Schlupf kann auch bei einreihigen Lagern auftreten im Kaltanlauf bei niedrigen Temperaturen und damit hoher Viskosität im Schmiermittel oder bei deutlicher Unter- oder Entlastung, wie im Beispiel 13.1 zu den Wälzlagerfehlern näher erläutert wird. An vertikalen Wellen kann es vorkommen, dass bei umlaufenden Lastzonen die Überrollfrequenzen deutlich ansteigen zu den Sollwerten. Dies entsteht, wenn sich zum drehfrequenten Umlauf der „Lastzonenumlauf" richtungsabhängig gegenläufig aufaddiert. Im Gleichlauf beider Phänomene läge entsprechende Frequenz-Absenkung durch Subtraktion vor (vgl. Abschn. 2.6.2). Dieser kann mit der dort geschilderten Orbitmessung messtechnisch geprüft werden.

4.6   Fehleranregungen – Komplexität im und am Wälzlager

Die Anregungen, die von einem Wälzlagerfehler ausgehen sind dagegen sehr vielgestaltig und nicht eindeutig nur einfach einem Bauteilfehler zugeordnet wie bei Laufbahnschäden. Sie entsprechen im Fehlertyp den jeweiligen Anregungen, die am Fehlermechanismus maßgeblich direkt beteiligt sind. Einige Beispiele zeigt nachfolgende Tab. 4.3.

Um hier eine Zuordnung zu einem beteiligten Wälzlagerfehler zu erreichen, empfiehlt es sich die typischen Lastfälle im Einsatzfall des Wälzlager sich zu vergegenwärtigen. Und ein Vergleich mit den Anregungen in der Schwingstärke gibt Aufschluss über mögliche beteiligte Maschinenfehler. Daraus wird deutlich, dass die Diagnose von Wälzlagerfehlern

Tab. 4.3 Häufige Mechanismen von Wälzlagerfehlern

Wälzlagerfehler/ Maschinenfehler 1)	Anregungsmechanismen	Typische Anregung in Modulationen des Körperschall – Hüllkurvenspektrum
Mangelschmierung	Metall. Kontakt erhöht im Rollen und Gleiten der Wälzlagerbauteile	Erhöhte Rauschpegel, ggf. höhere Frequenzkomponente (kHz) in Gleitreibung
Winkelfehler zwischen Lagerringen	Rollenlager-Linienkontakt verkürzt	Anregung mit Wälzkörperüberrollung Anregung mit Außenringüberrollung
Reduziertes Betriebsspiel	Anregungen vom Wälzkörpersatz/ Käfigumdrehungen	Anregung mit Wälzkörperüberrollung
erhöhtes Betriebsspiel	Erhöhte Anregungen von Maschinenfehlern mit Drehfrequenz	mit Drehfrequenz in Schwingstärke
Eingeschränkte Loslagerfunktion	Vielfältige Geometriefehler im Loslagersitz	Anregung mit Wälzkörperüberrollung Anregung mit Außenringüberrollung
Unterlast	Erhöhtes Gleiten der Wälzkörper	Erhöhte Rauschpegel aus Gleitreibung
Radial-, Axiallast Wechsel	Anregungen vom Wälzkörpersatz/ Käfigumdrehungen	Anregung mit Käfigumdrehungen
fehlerhafter Außenringsitz	Kippen und biegen des Außenringes in mangelndem Sitz	mit vielfachen Außenringüberrollung
Fehlausrichtung im Wellenstrang	Änderung der stat. Lagerbelastung, Anregung Wälzlagerfehler	mit Einfacher oder Vielfachen der Drehfrequenz
Krumme Welle	Änderung der stat. Lagerbelastung, Anregung Wälzlagerfehler	mit Vielfachen Drehfrequenz
Anstreifen am Rotor	Anregungsimpuls einmal je Umdrehung	mit erhöhten Vielfachen Drehfrequenz

1) Hier sind solche Maschinenfehler aufgelistet, die erfahrungsgemäß neben der Schwingstärke auch den Köperschall deutlicher beeinflussen.

sich deutlich schwieriger gestaltet als die sehr stringente Zuordnung und Bewertung bei Laufbahnschäden einfach zum Bauteil. Es sind Betrachtungen unter verschiedenen Gesichtspunkten und Erfahrungen aus der Wälzlagertechnik (inkl. die der Tribologie) und dem Maschinenbau im Allgemeinen erforderlich. Eine relativ einfache, aber sehr wirksame Abgrenzung, ist dabei noch der Ausschluss des Vorliegens von Laufbahnschäden. Aber nur in der Diagnose von Wälzlagerfehlern lassen sich echte Vorbeugungen zu Wälzlagerschäden erreichen. Selbst unter etwas mehr erfahrenen Wälzlager-Diagnostikern könnte Tab. 4.3 deshalb zu intensiven Diskussionen führen. Deshalb sind die Aussagen in der VDI 3832 dazu auch sehr zurückhaltend. Anspruchshöhe und Sorgfalt sollte bei der Diagnose der Wälzlagerfehler deshalb immer besonders beachtet werden.

Bilder

Das Copyright für die Teilbilder der Abb. 4.5 liegt bei der WSB Service GmbH, Dresden, 2013

Literatur

1. Wälzlagerseminar III, D. Franke, Dresden, 2008
2. DIN ISO 13373-1: Zustandsüberwachung und -diagnostik von Maschinen. Schwingungs-Zustandsüberwachung von Maschinen. – Teil 1: Allgemeine Anleitungen, 2002-07
3. „Ausricht- und Kupplungsfehler an Maschinensätzen", Dieter Franke, Springer Verlag GmbH, Berlin, 2020
4. VDI 3839, Bl. 4, Hinweise zur Messung und Interpretation der Schwingungen von Maschinen – Typische Schwingungsbilder bei Ventilatoren, 2011-01
5. VDI 3839, Bl. 7,Hinweise zur Messung und Interpretation der Schwingungen von Maschinen – Typische Schwingungsbilder bei Pumpen, 2012-05
6. VDI 3839, Bl. 5, Hinweise zur Messung und Interpretation der Schwingungen von Maschinen – Typische Schwingungsbilder bei elektrischen Maschinen
7. ISO/DIS 20816-9, Mechanische Schwingungen – Messung und Bewertung der Schwingungen von Maschinen – Teil 9: Getriebe, 2019
8. VDI 3836, Messung und Beurteilung mechanischer Schwingungen von Schraubenverdichtern und Rootsgebläsen – Ergänzung von DIN ISO 10816-3, 2012-03
9. VDI 3839, Bl. 8, Hinweise zur Messung und Interpretation der Schwingungen von Maschinen – Typische Schwingungsbilder bei Kolbenmaschinen, 2004-06
10. VDI 3832, Schwingungs- und Körperschallmessung zur Zustandsbeurteilung von Wälzlagern in Maschinen und Anlagen, 2013-04
11. "Grundlagen der Wälzlagertechnik", Palmgreen, A., Francksche Verlagsbuchhandlung, 1964

Einsatzfälle von Wälzlagertypen und Sonderfälle im Betrieb

5

5.1 Unterschiede von Radial- und Axiallager und Los- und Festlager

Je nach Wälzlagertyp und Einsatzfall des Wälzlagers treten deutliche Unterschiede in dem Betriebsverhalten auf. Dabei sind von diesem abhängig auch potenzielle und spezifische Wälzlagerfehler zu erwarten. Hier muss zwischen Radial- und Axiallager und kombinierten Axial-/Radiallagern entsprechend der aufzunehmenden Kräfte unterschieden werden. Dies betrifft auch die dafür eingesetzten speziellen Bauform, wie in Tab. 5.1 übersichtsmäßig dargestellt. In dem Rotor werden die Axialkräfte zwischen dem auf einer Seite der Maschinen eingesetzten Los- und dem anderen Festlager dominierend dem letzteren zugeordnet. Ebenso die Axiallage im Lager- bzw. Maschinengehäuse wird dort fixiert. Auch die Bauform des Lagergehäuses im Lagerdeckel der Motoren oder Einzellager oder Blocklagergehäuse der Arbeitsmaschine weist Unterschiede in der Einspannung der Lagerringe auf und birgt spezifische potenzielle Fehlerquellen.

Wichtig für die Temperatur- bzw. die verursachenden Laständerungen in Elektromaschinen ist die Loslagerfunktion, die einen Längenausgleich im axial verschiebbaren Loslager zulässt (mehrere Millimeter axiales Spiel). Ist diese wichtige Loslagerfunktion eingeschränkt kann es zu weiteren Fehlerquellen im Rotor-Lager-System kommen (vgl. Abschn. 3.5)

Es ist für jeden Anwender hier empfehlenswert sich auf Erfahrung zu stützen und gezielt Vergleichsmessungen und Diagnosen synchron an zwei derartig unterschiedlichen Lagern durchzuführen. Das wird dadurch erleichtert, dass auch die meisten Schwingungs-

Tab. 5.1 Vergleich der unterschiedlichen Eigenschaften von Axial- und Radiallagern

Eigenschaft Berührungswinkel	Radiallager 0 ... 45°	Kombinierte Radial-Axiallager	Axiallager 45° ... 90°
Messrichtung	radial horizontal	je nach dominierenden Lastanteil eine von beiden	axial horizontal in Fußnähe
Soll-Lastzone	90° ... 180° ... 220° (270)°	≤ 360°	<= 360°
Betriebsspiel	Sollbereich	Radial bis Sollbereich	kaum
Lagerfunktion hor. Wellen	Loslager	Festlager	Festlager
Statische Last	dominant radial aus Schwerkraft Rotor aus Riemenkraft Rotor aus Fehlausrichtung	beides	dominant axial aus Strömungskräften aus Loslagerfunktion aus Fehlausrichtung
Dynamische Beanspruchung	radial aus Rotorunwucht aus Fehlausrichtung aus Riemenfehlern aus weiteren Maschinenfehlern	beides	Axial aus Fehlausrichtung aus Strömungskräften aus Loslagerfunktion aus weiteren Maschinenfehlern
Lagertypen	Rillenkugellager (radial) Rollenlager ohne Borde Nadellager Pendelrollenlager (radial)	Kugellager Pendelrollenlager Pendelkugellager CARBlager	Rollenlager mit Borden Kegelrollenlager (axial) Axialkugellager Pendelrollenlager (axial)

analysesysteme zweikanalig sind. Wälzlagerüberwachung und -diagnose erreicht erfahrungsgemäß erst mit der längeren Erfahrungen beim Anwender ausreichende Qualität und Zuverlässigkeit in ihren Zustandsaussagen.

5.2 Wälzkörpertypen in Wälzlagern

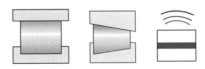

Zylinderrollenlager zeigen bei erhöhten Axiallasten ggf. stärkere Wälzlagerfehler, da diese bei Typen mit Lageringborden zwar dafür geeignet sind, diese aber nur begrenzte Axialkräfte aufnehmen und etwas unsymmetrisch die Lasten daraus verteilen. Auch sind diese empfindlich für Winkelfehler zwischen Rotor und Stator, wie auch insgesamt alle Rollen-Lagertypen. Beispiele von Schäden daraus zeigen die Bilder ab 13.109 und 3.18 d.

Axiallager sind ebenso empfindlicher auf stärker wechselnde Radial-/Axialkräfte sowie hinsichtlich der Unterlastung und auf Winkelfehler. Winkelfehler führen zur Reduzierung der sonst voll volltragenden 360° Lastzone durch Kippen des Rotors zum Stator. Damit werden mitunter die dann noch tragenden wenigeren Wälzkörper lokal mehr belastet.

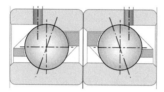

Schrägkugellager in sog. O- oder in X-Anordnung werden für höhere Axiallasten oft in Getrieben ausgeführt. Hier spielt die axiale Passung beider Lager eine Rolle, die ein funktionsgemäßes geringes Axialspiel herstellen soll. Dieses wird meist mit Passscheiben am Außenringsitz hergestellt. Bei erhöhten Lagerspiel wie durch erhöhtem weichen Verschleiß steigen hier automatisch die Winkelfehler mit an.

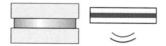

Nadellager mit langestreckten Zylinderrollenformen bzw. Lastlinien haben geringere Durchmesser und ertragen hohe Radialkräfte bei radial geringerem Außendurchmesser. Sie sind aber relativ empfindlich auf Winkelfehler des Rotors bzw. zwischen den Lagerringen.

Pendelrollenlager (Tonnen-Wälzkörper) als zweireihige Bauform werden häufig bei höheren Radiallasten und zusätzlichen und wechselnden Axiallasten eingesetzt. Sie ertra-

gen auch Winkelfehler des Rotors. Geometriebedingt treten erhöhte wälz- bzw. reibungs-
bedingte Beanspruchungen auf durch einen Schräganteil der Abrollbewegung innenseitig
(Außenring) bzw. außenseitig (Innenring) auf den je Lagerreihe schräg gestellten Abroll-
bahnen der Ringe. Bei höheren und wechselnden Axiallasten treten häufig wechselnde
Belastungen der entlasteten Wälzlagerreihe auf, was ggf. zu wechselnden Kennwert- und
Signalmerkmalen führen kann.

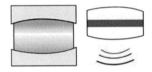

Toroidallager (Tonnen-Wälzkörper) einreihig ausgeführt werden bei höheren Radiallasten eingesetzt und ertragen höhere Winkelfehler des Rotors. Geometriebedingt treten
erhöhte reibungsbedingte Beanspruchungen auf durch einen Schräganteil der Abrollbewegung auf der beidseitig schräg gestellten Abrollbahn der Ringe abhängig von der Axiallast.

Mehrreihige Wälzlager wie vorgenannte Pendelrollen, Pendelkugellager für erhöhte
Radiallasten und reduziertem radialen Bauraum haben designgemäß eine wechselnde und
häufig unsymmetrische Lastverteilung auf die meist zwei Lagereihen, was zu speziellen
Anregungen führen kann. Fast alle genannten Bauformen können mehrreihig eingesetzt werden.

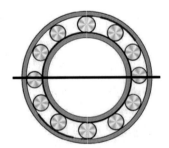

Geteilte Lager sind ein Sonderfall auch für die Diagnose und Überwachung. Wie in
Abschn. 13.11 gezeigt, sind Innenring, Außenring und Käfig an diesen Lager halbiert und
werden von Spannringen zusammengehalten. Durch dynamische Kräfte und lastbedingte
Geometriefehler kommt es dadurch häufig zu oft auch stärkeren Wälzlagerfehlern. Das
Beispiel dazu illustriert wie stark diese Auswirkungen sein können. Potenziell können sie
in ungünstigen Betriebszuständen damit zu früheren Lagerschäden führen.

5.3 Kugel- und Rollenlager – Punkt- und Linienkontake

Die Grafiken in Abb. 5.1 zeigen die drei grundsätzlichen Bauformen von Wälzkörpern mit zunehmender Ausdehnung der hertzschen Fläche von Punktlast zu Linienauflage. Damit steigt die mögliche und gewünschte Tragfähigkeit der Lager an. Entsprechend sinkt durch die deutliche Vergrößerung des Kontaktfläche im statischen und dynamischen Kraftfluss die Körperschallanregung zwischen den Wälzpartnern. Das geschieht deutlich hin zur längeren Linienauflage im regulären Betrieb. Mit zunehmender Kontaktfläche wird aber damit auch die Überwachung und Diagnose des Wälzlagerzustandes schwieriger. Einerseits sinken die wälzlagereigenen Anregungen in der Linienauflage ab deutlich, anderseits regen dort kleinere Schäden nur deutlich geringere Änderungen im Körperschall an und sind entsprechend schwerer zu erkennen. Schäden werden so bei Linienkontaktfläche in der Praxis deutlich später erst ab einem deutlich größeren Ausmaß im Vergleich zur Punktauflage erkannt. Nach [1] ist eine sicher Schadensdetektion in Rollenmitte erst ab ca. 70 % der Linienbreite sicher möglich. Mechanische Ursache ist dafür, dass die beiderseitigen Stege der Restfläche der Laufbahn noch tragen (vgl. Abb. 4.1). Damit ist die verbleibende Restlaufzeit nach Schadensdetektion meist deutlich geringer. Etwas deutlicher ist die Schadensentwicklung im „Kantenlauf" bei Winkelfehlern der Rollen, die entsprechend deutlich früher erkannt werden können. Dabei ist die Linienauflage ggf. deutlicher verkürzt und es gibt im Schadensfall nur noch eine statt zwei Auflagen auf der Restlauffläche. Besonders bei langsamlaufenden Wälzlagern unter 120 Umdrehungen pro Minute stellt dies hohe Anforderungen an die Signalmessung und die Diagnose- und Überwachungsfähigkeiten des CM-Systems und beim Anwender. Ursache ist, dass die Pegel der Merkmale

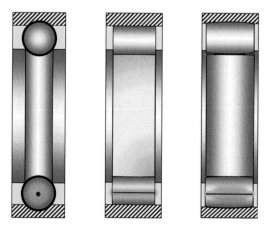

Abb. 5.1 Vergleich Kugel- Rollen- und Pendelrollenlager

mit der deutlich abgesenkten Überrollgeschwindigkeit ebenso absinken. Eine mögliche Lösung für derartige Anwendungsfälle ist in Abschn. 8.5 zu finden. Zusammengefasst führen folgende Eigenschaften in der Überrollung im Vergleich zwischen unterschiedlichen Einsatzfällen zu sinkenden Pegeln der Kennwerte und machen deren Detektion anspruchsvoller:

- vom Punkt zum Linienkontakt und mit dessen zunehmender Ausdehnung
- zunehmende Anzahl der Wälzkörperreihen
- stärker abnehmende Radial- und Axiallast im Verhältnis zur Tragzahl
- abgesenkte Überrollgeschwindigkeit, abhängig von Durchmesser & Drehfrequenz
- zunehmende Anzahl der Wälzkörper pro Reihe
- zunehmende Baugrößen (Massen, Leistungen und Spitzenhöhen des Rotors steigen an)
- ansteigende Viskosität z. B. bei deutlich sinkender Temperatur
- erhöhte Schmiermittelmengen bei Fettschmierung
- vergrößerte Lastzone: bei reduziertem Betriebsspiel oder im Axiallager oder -lastfall

Bei der Trendüberwachung sind die meist deutlich unterschiedlichen Pegel der Linien- und Punktauflage in den Anfangswerten und im Alarmabstand zu beachten. Abb. 5.2 stellt die anwachsende Auflagefläche im Tragbild des Wälzlagers in einer Übersicht von links nach rechts dar. Verstärkt wird dieser Effekt durch die zwei- und mehrreihig eingesetzten Wälzlagertypen. Ein sog. häufig vorkommender bekannter „Anfängerfehler" ist die Verwechselung mit Wälzlagerzuständen in den unterschiedlichen Pegelwerten eines Kugellager und eines Rollenlagers in der Antriebs- bzw. Nichtantriebseite eines Motors. Dort wo das Kugellager läuft – wird dann ein „Schaden" vermutet. Dies wird aber nur aus den erhöhten Anregungen in der Punktauflage verursacht. Für Kennwerte der Stoßimpulsmessung in der logarithmischen Skalierung liegen diese Unterschiede bei -10 bis -15 dB zwischen den Kugeln und (Punkt- zu Linienauflage) den Rollen. Auch mit logarithmischer Skalierung der Beschleunigung kann man vereinfachend und grob hier von ca. 10 dB ausgehen. Extrem wird dieser Effekt beispielsweise bei seltener anzutreffenden Nadellagern in kleineren Sondergetrieben und Schraubenmaschinen mit relativ langen Linienauflagen bei kleinerem Durchmesser, die nur noch relativ niedrige Körperschallanregungen erzeugen. Zusätzliche Anregungen im Normalbetrieb hin zu Zylinderrollenlagern entstehen bei unsymmetrisch abwälzenden Bauformen der Wälzlager. So ist dies bei Pendelrollen- oder Kegelrollenlagern durch die unsymmetrischen schrägen Auflagerungen zur Mittellinie anzutreffen. Daraus resultiert eine nicht geradlinig zum Rotationsumfang verlaufende Abrollkinematik der Wälzkörper. Es ist für jeden Anwender hier empfehlenswert sich auf Erfahrungen zu stützen und gezielt Vergleichsmessungen und Diagnosen synchron an zwei derartig unterschiedlichen Lagern durchzuführen. Für Kennwert- und Signalpegel der Schwingbeschleunigung sind diese Pegelunterschiede weiterhin auch stark last- und vor allem drehzahlabhängig, wie im nächsten Kapitel näher erläutert wird.

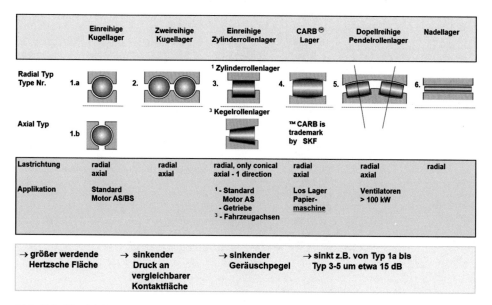

Abb. 5.2 Vergleich Wälzkörper- und Wälzlagertypen – Einfluss auf Körperschall nach [2]

Literatur

1. VDI 3832 Schwingungs- und Körperschallmessung zur Zustandsbeurteilung von Wälzlagern in Maschinen und Anlagen, 2013-04
2. Seminar Wälzlagerdiagnose, D. Franke, Dresden, 2008

Körperschallmessung und Signalverarbeitungs-Verfahren

6

6.1 Einfache und komplexe Wälzlagerungen

Abhängig vom Auftreten von wälzlagerfremden Störgeräuschen ist eine deutliche Unterscheidung in der Diagnose- und Überwachungsmethode am Wälzlager erforderlich. Davon ausgehend unterteilt die VDI 3832 [1] zwei Diagnose- und Überwachungsprinzipien. Ohne bzw. bei niedrigen Störgeräuschen im Bezug zum wälzlagerinduzierten Körperschall sprechen wir von einfachen Wälzlagerungen. Mit dagegen dominierenden Störgeräuschen sprechen wir von komplexen Wälzlagerungen, die höhere Anforderungen in der Methodik stellen. Die grafische Übersicht in Abb. 6.1 zeigt dafür typische Einsatzfälle der *einfachen Lagerungen* an Motoren, Bandtrommeln, Pumpen oder Ventilatoren. Aber auch hier können Abweichungen auftreten, die eine fallweise Zuordnung zu komplexen Lagerungen erfordern. An Pumpen wären das die oben erwähnte Kavitation oder an Elektromotoren typische hochfrequente Geräusche durch elektro-magnetische Anregungen und Frequenzumrichter. Da der wälzlagerinduzierte Körperschall an einfachen Wälzlagern die dominierende d. h. „lauteste" Schallquelle sein sollte, kann der Lagerzustand mit einem breitbandigen Signal sicher erfasst werden. Das heißt, über den gesamten höherfrequenten Signalbereich des Körperschalls wird ein Kennwert gebildet. Einige typische breitbandige Kennwerte dafür führt Abschn. 7.1 auf.

Dort werden die Details dieser Methodik weiter erläutert. Von breitbandigen Kennwerten spricht man auch noch, wenn ein engeres begrenztes Band aus dem Kiloherzbereich des Körperschalls herausgefiltert wird. Nachteilig an dieser Methode ist, dass meist nur eine sog. Abweichung im Trendverlauf oder bei erhöhten Kennwerten zu einem Grenzwert hin festgestellt werden kann. Diese relativ unspezifischen Zustandsänderungen im Kennwert ist aber als typisch zu adaptieren. Es kommen dafür als Ursache meist eine Vielzahl möglicher Fehler, Schäden oder auch nur Änderungen der Parameter im Betrieb

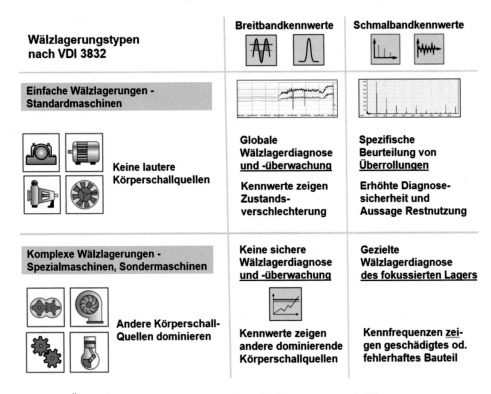

Abb. 6.1 Übersicht von einfachen und komplexen Wälzlagerungen nach [2]

des zu beurteilenden Wälzlagers in Frage. Einzelne Kennwerte sind entsprechend schwieriger zu beurteilen, wenn ein Bezugszustand dazu fehlt. In der *Überwachung im Trend*verlauf gibt es dazu deutlich mehr Informationen zur Bewertung von auftretenden Änderungen im Trendverlauf.

Es können im Trendverlauf beurteilt werden:

- die Annäherung an gut angepasste Grenzwerte
- die Änderungsdifferenz,
- die Änderungsgeschwindigkeit (Delta pro Zeiteinheit)
- Linearität des Trendverlaufs: langsam stetig, beschleunigend, eskalierend, sprunghaft
- die Synchronität mehrere Kennwertverläufe (rms/0p/C_f) eines Messstellenbezuges oder
- die Synchronität benachbarter Messstellen oder zu Schwestermaschinen
- Trendschwankungen und deren Höchstwerte und Niedrigstwerte
- die Drehzahl- und Lastabhängigkeit der Änderungen.

Wird die Zustandsänderung im Kennwert als relevant bewertet, setzt nun die ff. geschilderte Signalanalyse an diese Abweichung näher zu bestimmen. Aufgabe des Kennwertes ist es also eine erste grobe Beurteilung abzugeben, ob ein Befund vorliegt und zunächst eine Vertiefung der Analyse angeraten erscheint. In einem größeren Maschinenpark können damit sehr effektiv die wenigen aktuellen Fälle mit möglicherweise kritischeren Zuständen herausgefunden werden. Das gilt auch für die langjährige Lebensdauer von Wälzlagern, dass damit Zeitpunkte von auftretenden kritischen Fehlern oder eventuellen Schädigungen punktuell erkannt und zunächst als Diagnosefälle in der Überwachung detektiert werden können.

Ist das Störgeräusch lauter als der wälzlagerinduzierte Körperschall, müssen für eine *komplexen Lagerungen* erst die wälzlagerinduzierte Signalanteile aus dem Körperschall herausgefiltert werden. Typische Störgeräusche sind Körperschallanregungen durch Zahneingriffe, Schraubeneingriffe an Schraubenverdichtern, Anregungen in Turboverdichtern oder in Kolbenmaschinen. Aber auch stärkere Strömungsgeräusche, Öl- und Hydraulikpumpen oder dominierende Taktfrequenzen der Frequenzumrichter zählen dazu. Dafür am häufigsten wird die sog. Hüllkurvenfilterung mit der Beurteilung der Überrollfrequenzen nach Abschn. 4.5 eingesetzt. Weiterhin wird diese Signalanalysemethode in Abschn. 8.3 erläutert. Einfach beschrieben entsteht bei der periodischen Überrollung von Laufbahnschäden ein Takt der Überrollung eines Schadens durch die Wälzkörperreihe als eine sog. Impulswiederholung oder -folge. Es wird nun ein Signalbereich des Körperschalls herausgefiltert, wo dieses typische Geräusch dominierend auftritt. Durch Demodulation wird dann dieser Takt der sog. lager- und bauteilspezifischen Überrollfrequenz, im Hüllkurvensignal direkt extrahiert. Aus dem Hüllkurvenzeitsignal wird mittels FFT das „Hüllkurvenspektrum" gebildet. Aus diesem werden dann schmalbandig aus wenigen Linien um diese Überrollfrequenzen Kennwerte gebildet und beurteilt. Weiterhin einschränkend ist hier, dass nicht alle Fehler und Schäden insbesondere bei geringeren Ausmaßen ausreichend Überrollanregungen erzeugen. Alles was keine Überrollungen erzeugt (z. B. wie weicher Verschleiß) muss also mit einer anderen Methodik erkannt werden. Bei ausreichenden Überrollanregungen kann die Anregungsquelle im Wälzlager direkt zu einem der Bauteile im Wälzlager sicher zugeordnet werden. Wie man diese Merkmale dann weiter beurteilt werden kann, wird im nächsten Kapitel näher dargestellt. Erfahrungsgemäß funktioniert diese Methode meist zuverlässig für die häufigsten und kritischen Fehler und ausgedehnteren Schäden an Wälzlagern.

Tab. 6.1 zeigt ergänzend einen Zusammenhang in einer diagnostisch orientierten Aufteilung des Autors die häufigsten Maschinentypen in fünf Grundtypen, die nach Bewegungsform und Betriebsverlauf strukturiert sind. Ausgerichtet ist dies nach der damit eng verbundenen diagnostischen Einteilung der Komplexität der Wälzlagerungen. Die jeweilige Arbeitsmaschine bzw. das Getriebe dazwischen bestimmt die zusätzlichen Bewegungsformen und deren Abweichungen und die Instationärität des Betriebes. Von oben nach unten wächst die Komplexität und damit die Störquellen und so die Anforderungen an die Diagnose und Überwachung der Wälzlagerungen.

Tab. 6.1 Maschinentypen und Anregungsformen und Wälzlagerungstyp (vgl. Tab. 4.2)

Maschinetypen	Typ	Bewegung	Betriebsverlauf	Bsp. Störquellen	Beispiele
Standardmaschinen	E	rotierend	stationär	Strömung	Ventilatoren, E-Motore Pumpen, Bandtrommel
Fließstrecken	E	rotierend	stationär	Getriebe	Papiermaschinen, Folienma., Spanplattenma.
Spezialmaschinen	K	rotierend, oszillierend	quasi stationär	Verdichtung	Schraubenmaschinen Kolbenmaschinen Zahnradgetriebe
Fördersysteme *Sondermaschinen*	K	rotierend, linear	instationär	Material-Kontakte	Material-Handling-Systeme
Fertigungsmaschinen *Sondermaschinen*	K	rotierend, & diverse	instationär dynamisch	Zerspanung	Werkzeugmaschinen
Triebstrang Fahrzeuge *Antriebssätze*	K	rotierend	instationär dynamisch	Fahrbahn-anregung	Antriebsstränge

E … einfache Wälzlagerung, K … komplexe Wälzlagerung,

6.2   Aufnehmer zur Körperschallmessung und deren Ankopplung

Es werden heute in der Breite zur Körperschallmessung robuste und kostengünstige *piezo-elektrische* Schwing-*Beschleunigungsaufnehmer* eingesetzt. Sie haben einen weiten linearen Frequenzbereich bis 10 und bis über 20 bis max. 50 kHz und entsprechend höhere Resonanzfrequenzen. Nach unten haben diese Aufnehmer eine untere lineare Grenzfrequenz um 1 Hz und können naturgemäß keinen Gleichanteil messen. In *piezo-elektrischen* Aufnehmern erzeugen jeweils Druck-, oder Scher-, oder Biege-Kräfte von einer seismische Masse auf Piezoelemente ein beschleunigungs-proportionales Ladungs- bzw. gewandelten Spannungssignal in eine Messrichtung. Abb. 6.2 zeigt ein verbreitetes Messprinzip der Scherkraft an qualitativ besseren Aufnehmern eines traditionsreichen Herstellers, die häufig im Industrieeinsatz zu finden sind.

An den Aufnehmergehäusen ist am Boden integriert eine steife oder lösbare Ankopplung für das Messobjekt bzw. für metallische Adapter. Die übliche Körperschallmessung erfolgt im linearen Bereich des Aufnehmer und des Messgerätes laut Datenblatt bis ca. 10 … 20 kHz. Einige der Messverfahren für Wälzlager integrieren aber auch die Resonanzen des Aufnehmers in das Messignal oder werten nur diesem Resonanzbereich der Messkette aus. Die *Aufnehmerresonanz* selbst tritt im Aufnehmer am Sensorelement in der Eigenschwingung mit der seismischen Masse in ihrer Einspannung ein. Sie wird im Sensordatenblatt angegeben. Der Ultraschallfrequenzbereich beginnt ab 16 kHz und reicht in der Anwendung bis zu einigen Hundert Kilohertz. Für diesen Frequenzbereich gibt es

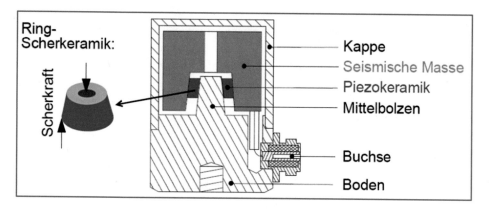

Abb. 6.2 piezo-elektrischer Beschleunigungsaufnehmer, nach dem Scherprinzip nach [3]

Tab. 6.2 Übersicht Körperschallaufnehmer zur Messung am Wälzlagergehäuse

Aufnehmer-Messprinzip 2)	Mess-größe	Messausgang	f u linear Hz	f o linear kHz	f res kHz	CMS	Prinzipien Krafteinleitung
Piezo-elektr. Sensorelement 1)	**Beschleunigung** in m/s²	Ladung/ Spannung	0,2 …	5 … 20 … 50	500	++	Druck Biegung, Scher Delta-scher Tandempiezo
Piezoelektr. Sensorelement	**Kraft** dyn in N	Ladung/ Spannung	2 Hz	5 … 10	20	++	Druck Biegung, Scher Verformung
Piezo-elektr. Sensorelement **Ultraschall**	Beschleunigungsproportional Spannung	Spannung	X kHz	16 … 250	< 250	+	Druck
Piezo-**resistiv/ kapazitiv MEMS**	Beschleunigung inm/s²	Spannung	0 Hz	bis 1 … 8 bis 10	+	+	Biegung

1) höher empfindliche Aufnehmer und Messsysteme bei *langsamen Wälzlagern* (<120 min⁻¹) > =250 mV/g, bei schnelleren reichen i. d. R. 100 mV/g aus
2) bekannt sind seit den neunziger Jahren (z. B. von der Fa. ACIDA) Überwachungssysteme für Wälzlagerung mittels preiswerteren Klopfsensoren (piezoelektrische Kraftsensoren), die im Hüllkurvensignal ausgewertet werden; dabei sind deren Frequenzgänge weniger exakt definiert verglichen zu den hier genannten Sensoren

sog. *Ultraschall- meist ebenso piezoelektrische Aufnehmer,* die auf ein dafür geeignetes Messsystem mit hohen Abtastraten abgestimmt sein müssen. Ist die Aufnehmer- bzw. Ankoppelungs-Resonanz in den Kennwert integriert, sollte auf die Abstimmung der Ankoppelung besondere Sorgfalt gelegt werden. Tab. 6.2 zeigt eine Übersicht weiterer Aufnehmertypen die sich zur Wälzlagerdiagnose eignen.

Für spezielle hochfrequente Ultraschall-Kennwerte nach Abschn. 7.4, wie die Stoßimpulskennwerte, sind auch entsprechende spezielle Aufnehmer vorgesehen. Von der Fa. SPM Instruments AB gibt es dafür eigene Stoßimpulsaufnehmer.

Von der Fluke Deutschland GmbH gibt es kombinierte Aufnehmer für den üblichen genannten linearen Messbereich und mit einer abgestimmten Aufnehmer- und Ankoppelungsresonanz um die 32 kHz. Erfahrungsgemäß werden die damit erzielbaren hochfrequenten Kennwerte auch stärker von der Ankopplungsresonanz und dem Koppelmedium beeinflusst, die dafür stabil und reproduzierbar sein sollten. Dazu werden im Abb. 6.3 weitere Erläuterung gegeben.

Als Aufnehmer verbreiten sich heute zunehmend sog. mikro-elektro-mechanische Systeme *(MEMS)*, die mittlerweile auch in Ausführungen bis knapp an den 10 kHz-Bereich verfügbar sind. Diese messen direkt in einem Schaltkreis integriert die mechanische Änderung im Sensorelement in der Kapazität als kapazitive Aufnehmer oder als resistive Aufnehmer die des Widerstandes in einem Verformungskörper. MEMS werden als kostengünstig zunehmend angewendet und können weiterhin auch DC-Werte erfassen. Besondere Bedeutung erlangen diese zunehmend in Smart-Sensoren durch die direkte Kopplung mit einem AD-Wandler als sog. digitale Beschleunigungsaufnehmer (vgl. Abschn. 11.5).

Dynamische Kraftaufnehmer für den Kilohertzbereich eignen sich ebenso zur Wälzlagermessung, wenn diese konstruktiv in den Kraftfluss der Wälzlagerung am Gehäuse eingebracht werden können.

Für die meisten Aufgaben in der Körperschallakustik reicht im linearen Frequenzbereich in der gesamten Messkette die 3 dB Toleranz der Linearitätsabweichung im Amplitudenbereich aus. Es kommt dabei auch i. d. R. stärker auf relative Änderungen im Trendverlauf an. Damit kann vom Aufnehmer aus dem Datenblatt meist die 10 % bzw. die 3 dB

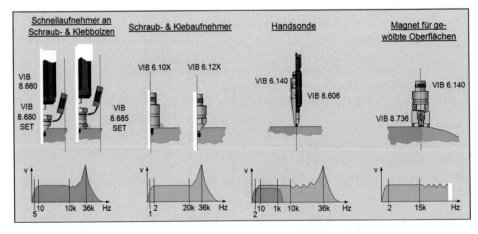

Abb. 6.3 Ankopplung Beschleunigungsaufnehmer – hochfrequente Ankopplung und Stoßimpulsmessung nach [2]

Grenze angewendet werden. Als Energieversorgungs- und Messignalstandard an diesen Aufnehmer hat sich heute der „IEPE-Standard" durchgesetzt neben einigen firmenspezifischen Systemen. Im Aufnehmer ist dabei ein Verstärker integriert, der aus dem Ladungssignal des Piezo's ein spannungsproportionales Ausgangssignal erzeugt bei ca. 4 mA Konstant-Strom. Damit sind Kabellängen zum CMS ohne Signalverlust bis ca. 100 m möglich.

Die optimale Ankopplung von Beschleunigungsaufnehmern ist möglichst steif, reproduzierbar und langzeitstabil und folgt den Empfehlungen der Varianten nach [4]. Folgende Möglichkeiten haben sich hier in der Praxis als vorteilhaft erwiesen und werden breit eingesetzt. Im Abb. 6.3 werden auch Varianten von der Prüftechnik Gruppe für die Stoßimpulsmessung zeigt, die eine Koppelresonanz über 25 kHz benötigt. Dazu zählen:

- Festaufnehmer an 90° *Konussitz verschraubt*
- *Klebung* mit metallgefülltem steifem Kleber an Messbolzen und Festaufnehmer
- *starrer Magnet* an geklebten Stahlplättchen
- *adaptiver/beweglicher Magnet* für gewölbte od. unebene metallische Flächen
- Handsonde mit intern entkoppeltem Aufnehmer in *Tastspitze in Senkung* an Oberfläche
- Messbolzen an 90° *Konussitz verschraubt* und Aufnehmer mit Federarretierung

Entsprechend nicht empfehlenswert oder meist fehlerbehaftet sind hier:

- einfache starre Tastspitzen an üblichen Aufnehmern
- **Ankopplungen auf Farboberflächen**
- Verschraubung zwischen planen Flächen mit von Hand gesetzten 90° Bohrungen mit potenziell erhöhten Winkelfehlern
- starrer Haftmagnet an gewölbten od. unebenen Flächen

6.3 A/D-Wandlung der Sensorsignale

Mit dem eingehenden analogen Messsignal im Messgerät erfolgt zuerst eine Abtrennung des Wechselanteil vom Gleichanteil in der sog. AC-Entkopplung, um diesen erst erfassen zu können. Das so gewonnene analoge AC-Spannungssignal wird anschließend digital umgewandelt zum weiteren Verarbeitung im Messcomputer. Abb. 6.4 zeigt das Ergebnis der Umwandlung des stetigen analogen Spannungssignales vom Sensorausgang im starken Zoom einzelner Abtastwerte die mit „Linienstückchen" verbunden dargestellt werden. Die einzelnen Abtast- oder Samplewerte werden zu einem Zeitpunkt i erfasst. Mit der sog. Abtastrate f_s erfolgt dabei eine fortlaufende Erfassung einer Wertereihe von Abtastwerten im Zeitabstand des sog. Abtastintervalls T_s als Reziprokwert der Abtastrate $1/f_s$. Diese Wertereihe mit

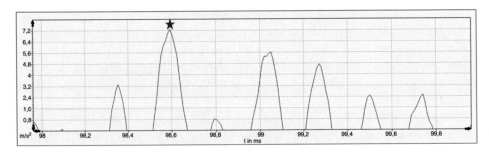

Abb. 6.4 zeigt den stufenförmigen Verlauf eines hochfrequent digital gewandelten Beschleuni-
gungssignals mit der Verbindung einzelner Samplewerte mit geraden „Linienstückchen" (Abtastrate 40 kHz)

Abtastabstand als Zeitsignal aus dem analogen Rohsignal kann nun im Messcomputer einfach in der sog. Signalverarbeitung als digitales Rohsignal weiter- verarbeitet werden.

Umso höher nun die Abtastrate ist, umso besser entsprechen die Samplewerte dem analogen Signalverlauf. Aus dem sog. „Shanon-Abtasttheorem" ergibt sich für sinusförmige
Signale eine Mindestabtastrate zur maximal auswertbaren Frequenz eines Signale von dem
2,25-fachen. Umso höherfrequent nun ein Körperschall- od. Ultraschallsignale selbst im
Verlauf ist, umso wichtiger ist z. B. bei schmalen Impulsen eine möglichst hohe Abtastrate
anzuwenden (rot markiert in Abb. 6.4). Es wird in der Wälzlagerdiagnose deshalb eine
Überabtastung mit dem 5-fachen, besser 8-fachen und maximal 10-fachen empfohlen
(siehe dazu auch in [1]). Am sichersten sollte immer mit maximaler Abtastrate des Messka-
nals am Wälzlager gemessen werden. Ggf. muss in einer Überwachung zur Datenreduktion
hier ein Kompromiss von Signalqualität, Signaldauer und Abtastrate gefunden werden.
Auch die Amplitudenauflösung des AD-Wandlers spielt hier eine wichtige Rolle im Zusammenhang mit dem Verstärkungsfaktor des Messverstärkers. Erinnert sei hier auch an den
sehr weit variierenden Amplitudenbereich des Körperschalls an Wälzlagerungen um 5–7
Zehnerpotenzen in diesem Zusammenhang. Bei älteren Messgeräten mit 8- od. 12-bit
Amplitudenauflösung spielte deshalb die Dynamik des Verstärkers und der Messkette eine
große Rolle. Die heutigen AD-Wandler mit definierten 24-bit erzielen ausreichend hohe
Amplitudenauflösungen im Zusammenhang mit hohen Abtastraten; und es spielt die Anpassung der Signalverstärkung nur noch eine Rolle bei niedrigeren Signalpegeln.

6.4   Messkette mit Signalverarbeitung zur Wälzlagerdiagnose

In Kap. 1.2 und 1.3 wurden als grundlegende Anforderung bei der Messung des Körperschalls die Schwingbeschleunigung als Mess- und Kenngröße eingeführt. Bei der Auswahl
der Messsysteme dafür gibt es folgende Schlüsseleigenschaften, die die Überwachungs-
und Diagnosefähigkeiten entscheidend beeinflussen:

- Ankopplungs-Resonanz [kHz]	← Aufnehmertyp und Umsetzung an der Messstelle
- Aufnehmerempfindlichkeit [mV/m/s²]	← ausgewählter Aufnehmertyp
- Aufnehmerresonanz [Hz]	← ausgewählter Aufnehmertyp
- Max. Aufnehmer-Amplitudenbereich [m/s²]	← ausgewählter Aufnehmertyp
- Rauschgrenze Aufnehmer [m/s²]	← ausgewählter Aufnehmertyp
- A/D-Wandler-Auflösung im Gerät	← ausgewähltes Messgerät
- Abtastrate Rohsignal	← ausgewähltes Messgerät und Messeinstellung
- Signaldauer [s]	← ausgewähltes Messgerät und Messeinstellung

Weitere wichtige Messeinstellungen sind die Triggerung (Start = Auslösung) der Messung, Signalfilterung und -verarbeitung und die Ergebnismittelung und Kennwertbildung.

Ein wichtiger Zusammenhang in der Auswahl und dem Betrieb von Messketten in der Wälzlagerdiagnose ist die Anwendung einer sicheren Messkette, die einen sog. einpfadigen Single-String darstellt. Die Funktion und passende Eigenschaft jeden Gliedes der Kette ist somit direkt erfolgsentscheidend. Bei Fehler nur eines Gliedes leitet dieses die Fehler weiter und das Signal und dessen Auswertungsergebnis wird beeinträchtigt oder es fällt gar die ganze Kette aus. Die Grafikübersicht 6.5 zeigt schematisch eine typische Messkette zur Körperschallmessung an Wälzlagern.

Die Funktions-Kette umfasst:

Rotor-Lager-System/Wälzlager:	mit Abwälzdynamik/Kinematik – Messstelle – Ankopplung
die Messkette:	Aufnehmer – Kabel – Messgerät
Signalvorverarbeitung:	mit AC-Entkopplung – A/D-Wandlung (gesamt auch als Digital- od. Smart-Sensor) – Speicherung im Gerät oder Remotepfad/Cloud
Signalnachverarbeitung:	mit Hard- und Softwarefilterung – Mittelung und – Kennwertbildung
Ergebnis-Visualisierung:	Trend- und Signaldarstellung u. Merkmals-Darstellung und
Interpretation der Messergebnisse:	Zustandsbewertung und Diagnose

Eine neuere Entwicklung bilden hier die sog. *Smart-Sensoren*, die die Aufnehmerfunktionen und die unverzichtbaren lokal erforderlichen Messgerätefunktionen in sich vereinigen. Diese verwenden meist im Aufnehmer integrierte MEMS-basierten Sensorelemente mit A/D Wandlern. Sie liefern damit fernübertragbare digitale Körperschallsignale. Ergänzend zum Beschleunigungsaufnehmer erfordert eine Wälzlagermessung bei Drehzahlregelung eine zusätzliche synchrone Drehzahlmessungen. Bei erhöhten Temperaturen oder in Getrieben sind weiterhin ggf. bereits integrierte Temperaturmessungen nützlich (vgl. Abschn. 11.5).

Fallweise sind bei *höheren Gehäusetemperaturen* über 80 °C am Aufnehmer dagegen besondere mechanische Abschirmmaßnahmen nötig wie Abschirmbleche und Messstan-

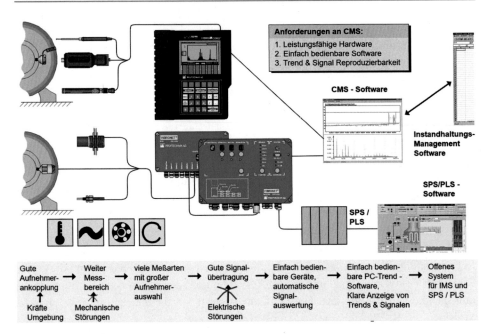

Abb. 6.5 Erfolgreicher String zur Wälzlagerüberwachung und -diagnose nach [2]

gen, die auch die Aufnehmerhersteller anbieten. Spezielle Hochtemperaturaufnehmer sind für Bereiche über 110 °C bis 250 °C entsprechend kostenintensiver.

Nach der Festlegung der Messstelle nahe der Lastzone, hier als üblicher Kompromiss horizontal am Gehäuse unten im Abb. 6.4, ist die Aufnehmerankopplung die wichtigste für den Anwender direkt sicht- und beeinflussbare Messvorrausetzung (Abb. 6.5).

Anders als bei der Maschinendiagnose sind hier vielfältige, aber spezielle Lösungen im Einsatz, um eine steife und reproduzierbare Ankopplung zu sichern, wie in Abschn. 6.2 gezeigt. Fehler führen hier ggf. bis zur Unbrauchbarkeit der Messung.

Hier sind verschiedene geeignete technische Lösungen erforderlich für die Einmalmessung am Problemfall oder die regelmäßige Trendmessung im Maschinenpark oder langzeitlich bei Online-CMS. Die gültige Richtlinie dafür ist die DIN ISO 5348 [4].

Die Tab. 6.3 zeigt potenzielle Fehler und Störquellen für einen sicheren Betrieb der Komponenten der Messkette, auf die sorgfältig geachtet werden sollte für ausreichende Kennwertgüte. Korrekt erfasste, langzeitstabile und zustandsorientierte Kennwerte erfordern optimierte und sachgerecht angewendete Messketten. Stärker variierende (> 50 %) und sprunghaft sich ändernde Trendverläufe der Kennwerte sollten ggf. Anlass für eine Überprüfung der „Messgüte" in der gesamten Messkette auf die genannten Fehlerquellen sein.

Tab. 6.3 Fehler- und Störquellen in der Messkette erzeugen Fehlerquellen

Komponente	Fehler- Störquelle	Abhilfe
Messstelle Datensammler Messstelle Online	Verwechselung Messstelle falsche Position, fehlende Position	Messstellenerkennung, Testmessung, Bestimmung Übertragungsfunktion
Ankopplung Aufnehmer	Zu elastische Ankopplung, lose Ankopplung, Aufnehmer zu unempfindlich	Konusverschraubung, Verklebung, Schraubenkleber, Kupferscheiben, empfindlichere Aufnehmer
Aufnehmer inkl. Stromversorgung, Vorverstärkung	EMV-Störung	Gehäuseisolation, Schirmung prüfen, Erdungskonzept anpassen
Kabelverlegung	EMV-Störung, induktiv od. kapazitiv eingekoppelt	Änderung geschirmter Kabelverlegung Twinax statt Koax-Kabel, separater Schirm aufgelegt
Messgerät Hardware	EMV-Störung	Anpassung Erdungskonzept
Verstärkung, DC/AC-Entkopplung	Autorange, DC-Drift, Settling-Time	24 bit AD-Wandlung
AD-Wandlung	Amplituden Auflösung zu gering	24 bit AD-Wandlung, hochempfindliche Aufnehmer
Filterung	Filterbereich unpassend für Fehler/Schäden	Test und Anpassung Filter
Signalverarbeitung	Nutzsignal/Störsignal-Abstand	Messstelle optimieren, optimierte Filterung
Speicherung	Datenreduktion zu gering, zu hoch	Optimierung Datenreduktion Optimierung Mittelung
Darstellung	Fehler-/Schadens-Merkmale nicht sichtbar	Mittelungsart anpassen, drehzahlvariabel mitteln mit Resampling & Ordnungsanalyse

6.5   Regeln der Körperschallmessung am Wälzlager

Die Körperschall-Zustandserfassung am Wälzlager kann fallabhängig ein relativ anspruchsvolles Gesamtsystem sein. Ein Erfolgsfaktor darin ist einen möglichst maximaler Nutzsignal-Restsignal-Abstand anzustreben. Das bedeutet, das wie in Kap. 4 erläutert, möglichst dominierende Signalanteile vom Wälzlager selbst induziert werden bei niedrigen Fremd- und Störanteilen. Konzeptionell ergeben sich in Tab. 6.4 aus dem bereits Erläutertem folgende Punkte zur optimalen Erfassung, Verarbeitung und Speicherung von Messignalen.

Das genannte sichert eine bessere Fehler- und eine sicherere Schadensfrüherkennung in der Wälzlagerdiagnose und -überwachung. Schon geringere Anregungen sollen im

Tab. 6.4 Konzeption der Eigenschaften der Erfassung, Verarbeitung und Speicherung von Kennwerten und Messignalen – maximaler Nutzsignal-Restsignal und Rausch-Abstand

Nr.	Konzeptpunkt	Anforderung	Eigenschaften
1.	Schallquelle *Lastzone*	Max. Nutzsignal an Messstelle	Optimale Messstelle und -richtung und Anzahl je Maschine
2.	*Früherkennung* von Schäden und Fehlererkennung	bereits geringe Änderungen von Signalmerkmalen müssen detektierbar sein	Optimale Amplituden-Empfindlichkeit und -auflösung in Aufnehmer und A/D-Wandlung und max. Abtastrate
3.	Körperschall und Ultraschall – *Messgröße* Schwing-Beschleunigung und deren Ableitungen	Großer Amplitudenbereich der Messgröße, besonders bei Schnellstläufer und niedrige Rauschpegel bei Langsamläufern	Optimaler Amplituden-bereich Aufnehmer und Messgerät und max. Abtastrate
4.	Schalleigenschaften in *Körper- und Ultraschall*	Weiter Frequenzbereich der Messgröße, besonders bei Schnellstläufern	max. Abtastrate und max. Nutz-Frequenzbereich im Signalstring über Ankopplung, Aufnehmer, Messgerät, Signalverarbeitung
5.	Starke *Drehzahl- und Lastabhängigkeit* der Messgröße	Erhöht bei Drehzahlregelung und Langsamst- und Schnellstläufer	Reduzierung der Einflüsse in Normierungen, Kennwertklassen
6.	*Langzeitliche Überwachung* und späte bzw. langsame Schadensentwicklung	Stabile Systemeigenschaften	Reproduzierbarkeit der Ankopplung langzeitliche Stabilität der Messung Fixierte Einstellungen im System

Restsignal nicht untergehen und diese zustandsbedingten Änderungen im Körperschall sollten detektierbar sein. Weiterhin sollten ggf. potenzielle wälzlagerfremde Fremd- und Störgeräusche bei der Messung möglichst niedrig sein. Ein Beispiel wäre hier betriebspunkt-abhängige Kavitation an meist kompakten Pumpengehäusen, die durch Wahl des Betriebs-zustandes ggf. zum Messzeitpunkt reduziert werden können.

Dagegen sollte das wälzlagerinduzierte Körperschallgeräusch bei der Messung möglichst dominierend und stabil sein, was meist bei höheren Drehzahlen der Fall ist. Bei drehzahlgeregelten Antrieben bedeutet das bei höheren und ähnlichen Drehzahlen zu messen z. B. im Bereich einer so gewählten „Drehzahlklasse". Um eine statistisch abgesicherte Zustandsaussage treffen zu können, sollte die Messung bei repräsentativen und ähnlichen Betriebsbedingungen ausgeführt werden. Das heißt die Leistung und die Betriebsparameter sollten in einem typischen Betriebsbereich sein. Auch eine „warmgelaufene" und stabil laufende Maschine ist nötig, sowie ein „Leerlauf" der Maschine sollte dabei im Regelfall vermieden werden.

Zusammenfassend empfiehlt es sich folgende Einsatzbedingungen anzustreben.:

- *ein Aufnehmer je Lagereben, z. B.* typisch ab Baugrößen 132 mm der Elektromaschine
- Positionierung der Aufnehmer möglichst *nahe in der Lastzone* der Lager
- Positionierung möglichst entfernt von *Störquellen*
- metallisch saubere, geometrisch optimale und steife *Kontaktflächen*
- möglichst *steife reproduzierbare Ankopplung* zur Anbringung des Aufnehmers
- Messung bei regulären und *repräsentativen Betriebsbedingungen* anzustreben (kein Hochlauf, kein Leerlauf z. B.) bei mittlerer Leistung oder Förderstrom
- Messung bei geringeren *Störanregungen*
- Messung z. B. *bei erhöhter Drehzahl* bei drehzahlgeregelten Antrieben
- Messung bei *sollgemäßer und höherer Wälzlagerbelastung*, wenn diese variiert im Betrieb

Aufgabe in jeder Anwendung sollte es sein, über die Umsetzung dieser „Akustikregeln" diese für die zuverlässige Erfassung des Wälzlagerzustandes über die Überwachungsdauer einzuhalten und deren Variation zu begrenzen. Allen damit nur am Rande oder temporär befassten Anwendern sollten diese Zusammenhänge klar gemacht werden, da sie von den übrigen Schwingungsmessungen deutlich verschieden sind und meist nicht als bekannt vorausgesetzt werden können. Weiteres dazu findet sich in Abschn. 14.2.

Bilder
Das Copyright für die Teilbilder der Abb. 6.3, 6.5 liegt bei der Fluke Deutschland GmbH
Das Copyright für die Teilbilder der Abb. 6.2 liegt bei Metra Mess- und Frequenztechnik in Radebeul e.K., 2017

Literatur

1. VDI 3832 Schwingungs- und Körperschallmessung zur Zustandsbeurteilung von Wälzlagern in Maschinen und Anlagen, 2013-04
2. Seminar, Wälzlagerdiagnose, D.Franke, 2006
3. „Theorie_und_Anwendung_piezoelektrischer Beschleunigungsaufnehmer", Metra Mess- und Frequenztechnik in Radebeul e.K., Jan Burgemeister, 2008
4. DIN ISO 5348: Mechanische Schwingungen und Stöße – Mechanische Ankopplung von Beschleunigungsaufnehmern, 1999-07

Teil II

Erweiterung in Anwendung nach VDI 3832

Anwendung breitbandiger Kennwerte in einfachen Wälzlagerungen

7

7.1 Überblick der breitbandigen Kennwerte nach [1]

Breitbandige Kennwerte des Körperschalls werden an Wälzlagern angewendet, um einfache und umfassend beschreibende Zustandskennwerte zur Verfügung zu haben. Diese sollen grob ausgedrückt einen „Zustandsüberblick" anzeigen, ob im Wälzlager zum Messzeitpunkt eine signifikante Zustandsabweichung vorliegt. Genauer ausgedrückt, ob der Zustand des Wälzlagers signifikante Abweichungen zum Normalzustand aufweist, d. h. ob ggf. ein Wälzlagerfehler oder gar -schaden vorliegt. Sie detektiert weiterhin, ob der Zustand sich um ein relevantes Ausmaß zu einem angenommenen „Vergleichs- oder Referenzzustand" verändert hat. Betrachtet man damit in einer systematischen Überwachung regelmäßig einen ganzen über Jahre zu überwachenden Maschinenpark, sollen damit die „abweichenden Wälzlager" zum aktuellen Betriebszeitpunkt betriebsbegleitend herausgefunden werden. Diese werden dann in einem Gesamtkonzept aktuell jeweils ereignisgesteuert näher auf potenzielle Fehler- und Schadensmerkmale analysiert. Das ist ein wichtiger Schritt in einem Überwachungskonzept, um den Diagnoseaufwand auf wenige Ereignisse zu begrenzen, da die sog. Tiefendiagnose fallweise relativ aufwendig sein kann. Denn der Kennwert selbst mit seiner nur globale Aussage kann im Detail nicht genauer anzeigen, ob eine und welche Fehler- oder Schadenart vorliegt. Profan verglichen ist der Kennwert „das Fieberthermometer oder der Blutdruckmesser", und zeigt ob der Normalzustand einfach mess- und bewertbar verlassen wurde. Wie nachfolgend gezeigt wird, kann mit einfachen breitbandigen Kennwerten eine relativ zuverlässige automatische Überwachung realisieren werden an einfachen Wälzlagerungen. Und in einer damit kombinierten Diagnosemethodik der Trendanalyse sind zunächst einfachere orientierende Diagnosebefunde möglich.

Möglichst breitbandig werden die Kennwerte aus dem Schwingbeschleunigungssignal des Aufnehmers gebildet, um möglichst sicher alle potenziellen Anregungen „einzufangen" und anzeigen zu können. Dieses breite Band aus dem gesamten Aufnehmersignal soll aber möglichst wenig Störanteile aufweisen, weswegen es nach unten auf ca. 1 kHz meist beschränkt wird wie schon erläutert. Leider werden trotzdem damit auch teilweise je nach Kennwerte andere Signalanteile oft miterfasst, die mit den wälzlagereignen Anregungen ursächlich nichts zu tun haben. Stärker begrenzte Kennwerte sind zwar spezifischer in der Detektion, bergen aber immer das Risiko, dass einzelne Anregungen nicht miterfasst und so übersehen werden.

Historisch gesehen wurde nach Abschn. 1.1 in den Anfängen der schwingungstechnischen Wälzlagerdiagnose von verschiedenen Herstellern eigene breitbandige Zustandskennwerte eingeführt. Die Tab. 7.1 zeigt eine Übersichten der in der Praxis

Tab. 7.1 Übersicht verbesserter breitbandiger Kennwerte zur Wälzlagerüberwachung

Kennwert (Firmenbezug)	f/Hz[1] (nicht definiert)	Drehzahl-Normier.	Adaptiert Grenz-werte	erhöhter Anstieg im Trend	Filterung KS/US	direkte Erfassung Stoßfolgen	Anzahl Kwt
Scheitelfaktor[2] linea-re Schwingbeschleunig. (Abb. 7.1, Abschn. 7.1)	(1–10 kHz)	+	–	–	–	–	1
K(t) – Methode[2] (Sturm und Partner)	(1–10 kHz)	–	++	+	(+)	–	1
Spike Energy[3]/gSE (IRD Mechanalysis)	2–20 kHz	–	–	+	(+)	(+)	1
Kurtosis Kennwert Abschn. 10.8	(1–10 kHz)	+	–	+	(+)	–	1
BCU Kennwert (Brüel &Kjaer Vibro)	30 kHz	–	–	+	+	+	1
Stoßimpulsmessung dBm/dBc-Methode K.7.4 (SPM Instruments AB)	36 kHz	+++	+++	++	+	++	3
SEE – HFE HF Acoustic Emmission- (SKF Schweinfurt)	250–350 kHz zu 20 kHz	–	–	++	+	++	1

[1]die in Klammern angegebenen Frequenzwerte sind zu empfehlende Bereiche (oberer Wert ist abhängig von der Messkette), sind aber im Verfahren selbst nicht definiert

[2]der Kennwerte kann ebenso im linearen als auch im resonanten Frequenzbereich der Messkette gebildet werden, wie auch in beiden Bereichen zusammengefasst

[3]Kennwert in gSE ist eine Zusammenfassung von Effektivwert der Schwingbeschleunigung und Effektivwert des Hüllkurvensignal und der Kurtosis

verbreitetsten meist firmen-spezifischen Kennwerte. Zum Vergleich sind die jeweils zutreffenden von sechs möglichen Diagnosemerkmalen für jedes Verfahren angezeigt. Die Kennwerte lassen sich vom Frequenzbereich her in drei Gruppen einteilen. In der VDI 3832 nach [1] werden einiger dieser Kennwerte z. T. noch weitergehend vorgestellt.

Die sog. breitbandigen Kennwerte lassen sich in folgende Gruppen unterteilen:

1.) Einfache breitbandige Beschleunigungskennwerte aus Körperschallsignal: (linear bis 5/10/20 kHz) Fortfolgend werden a) bis c) als einfache breitbandige Kennwerte bezeichnet.
    a. Effektivwert (Maß für gemittelten Energieinhalt im Signal)
    b. Betragsmaximalwert (Spitzenwert im Messintervall ohne Abklingverhalten)
    c. Scheitelfaktor (Verhältnis: Spitzenwert/Effektivwert)
    d. K(t)-Methode (Spitzenwert/Effektivwert) $_{Startwerte}$/(Spitzenwert/Effektivwert) $_{Istwerte}$
    e. Kurtosis Faktor (höhere statistische Momente aus Amplitudenverteilungsdichte)

Etwas gröber bewertet lassen sich die Beschleunigungskennwerte unter 1.) einschätzen, dass diese auf viele Änderungen des Normalzustandes reagieren jedoch leider auch auf wälzlagerfremde Anregungen. Sie werden meist im linearen Frequenzbereich der Messkette und damit bis 5,10 oder 20 kHz gebildet. Hier kann durch Einschränkung des unteren Frequenzbereiches eine Verbesserung erreicht werden wie ff. erläutert. Die genannten Kenngrößen und daraus gebildeten Kennwerte werden in DIN 1311-1 [2] und DIN 45662 [3] definiert und weitere Hinweise finden sich in 3839 Blatt 1 [4]. Die Bilder in Abschn. 7.1 zeigen das Grundproblem der Bewertung der einfachen Kennwerte des Effektivwertes und der Spitzenwerte. Die dort gezeigten Kurven der Pegelwerte zeigen eine starken drehzahlabhängigen Anstieg der Werte mit der Drehzahl bis 3500 min^{-1} fast linear an einem ungeschädigten Wälzlager nur mit relevanten Wälzlagerfehlern. Damit eignen sich diese Kennwerte nicht direkt für Bewertungen bei Drehzahlregelungen, sondern zunächst nur für feste Drehzahlen. Die Grenzwerte einer Überwachung müssten dann für jede Maschine entsprechend der Drehzahlstufe eingestellt werden. Weiterhin kann man die Grenzwerte so auch besser an andere Einflüsse wie die Lagerlast und den Wälzlagertyp anpassen.

Im Abb. 7.1a sind schematisch die Grenzwertkurven für den Spitzenwert eingezeichnet, wie bei einem Inbetriebnahme-Beginn. Die Alarmgrenze (rote Linie) liegt bei 2,1- fachen Werten und die Warnung (orange Linie) bei 75 % davon. Ersichtlich ist hierbei beispielsweise in den erhöhten Schwankungen der Spitzenwerte, dass im nächsten Schritt die Mittelungsanzahl erhöht werden sollte, um Fehlwarnungen zu vermeiden. Bei drehzahlgeregelten Antrieben erfüllt diese Kurve weiterhin die Prüfung der **Resonanzfreiheit des Körperschalls** im Drehzahlbereich. Dies ist aus dem hier fast idealen stetigen Verlauf ersichtlich.

Bei Verwendung des Scheitelfaktors als Kennwert wird dieses Problem deutlich reduziert. Die Kurven zeigen im linearen Frequenzbereich links den Scheitelfaktor bei ca. 3–4 (grüne Linie), und das annähernd in diesem weiten Drehzahlbereich. Im Falle von

a

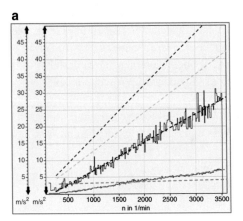

b

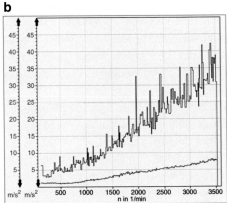

Abb. 7.1 Hochlaufkurven der breitbandigen Schwingbeschleunigung (blau – Effektivwert/violett – absoluter Spitzenwert, grün- Scheitelfaktor), a) links 1 k bis 20 kHz und b) rechts 1 k bis 40 kHz eines ungeschädigten Kugellagers mit relevanten Wälzlagerfehlern

Wälzlagerschäden steigt dieser Faktor mit der Schadensausdehnung auf Werte bis über 7 bis über 10 an. Hierin können aber auch ggf. unerkannte Störquellen Fehlanzeigen verursachen. Der Vergleich beider Kurven zeigt indirekt den Vorteil einer Erweiterung auf den resonanten Bereich. Selbst die hier im Kennwert abgebildeten Wälzlagerfehler werden rechts deutlicher angezeigt. Auch die stärkeren Schwankungen des Spitzenwertes dort sind selbst ein weiteres Fehlermerkmal in einer üblichen Trendbewertung.

Die verbesserten Kennwerte K(t) und Kurtosis in 1.) d. und e. sind gegen die verschiedenen „störenden" Einflüsse etwas besser geeignet und können so den Lagerzustand etwas unabhängiger abbilden. Für Ersteren ist ein Trend in [1]. Für Letzteren findet sich in Abschn. 10.8 in Abb. 10.9 ein Beispieltrend.

Häufig noch spezifischer als aus dem direkten Körperschallsignal verhalten sich die Kennwerte aus dem Hüllkurvenzeitsignal. Diese bilden in erster Linie die Überrollungen und die erhöhte metallische Reibung ab.

2.) Breitbandige Beschleunigungskennwerte des Hüllkurvenzeitsignals (ff. in Abschn. 7.2) sind:

    f. Effektivwert (Maß für gemittelten Energieinhalt im Hüllkurvenzeitsignal)

    g. Arithmetischer Mittelwert (Maß für gemittelten Durchschnittswert im Hüllkurvenzeitsignal)

    h. Betragsmaximalwert (Spitzenwert im Messintervall Hüllkurvenzeitsignal)

    i. Scheitelfaktor (Spitzenwert/Effektivwert des Hüllkurvenzeitsignals)

3.) Höherfrequente firmenspezifische Kennwerte bzw. Ultraschallkennwerte (ff. in Abschn. 7.4) und nach Tab. 7.1 sind:

    j. Stoßimpuls-Kennwerte (über 25 um 36 kHz; Teppichwert/Max-wert)

    k. BCU-Kennwert (arithmetischer Mittelwert aus 15–60 kHz gleichgerichtet)

    l. Kurtosis-Faktor (höhere statistische Momente aus Amplitudenverteilungsdichte >2 kHz)

m. Spike Energy ®- Kenngröße (Effektivwert des Zeitsignals * Effektivwert des Hüllkurvenzeitsignals * Kurtosisfaktor)

n. SEE-Kennwert (transformiert bis 20 kHz aus Signalbereich 250 … 300 kHz)

Die höherfrequenten Kennwerte im Ultraschall reagieren meist stärker auf Anregungen aus dem hertzschen Flächenkontakt. So werden beginnende Lagerschäden und Schmierungsmangel hier sensibler angezeigt. Wenn die Stärken auch als Schwächen betrachtet werden, fehlen in diesen Kennwerten einige Aussagefelder. Der Anwender sollte wissen, worin die Spezifika der auswählten Kennwerte liegt. Das heißt was im Fokus dessen Aussage steht und wozu er nur geringe Aussagen macht. Keiner der Kennwerte ist universell einsetzbar. Und es ist kein Kennwert allgemein schlechter oder besser, sondern er hat jeweils einen Fokus der Aussage und „Schattenbereiche" mit nur geringen Reaktionen.

7.2 Methodik der breitbandigen Kennwerte in dem Hüllkurvensignal der Schwingbeschleunigung

Die Betrachtung von Überrollungen wird in Abschn. 4.5 erläutert. Detailliert beschrieben ist das Hüllkurvenverfahren in Abschn. 6.1 und 8.3. Nur grob erläutert wird das Sensor-Rohsignal gefiltert ca. ab 1 kHz bis 5 bis 20 kHz im linearen Körperschallbereich der Messkette. Da die angeregten hohen Eigenfrequenzen der Stöße im Kilohertzbereich im Frequenzwert selbst weniger aussagefähig sind, wird das Signal gleichgerichtet und final tiefpass-gefiltert. Nur ein „einhüllender Zeitverlauf von Stoßamplituden und Restsignal" bleibt übrig und beschreibt die Stoßfolge von Schadensüberrollungen. Entscheidend ist hierbei der Filterbereich dieser Signalbildung. Signaltechnisch wären korrekt schmalere Anregungsgebiete zu filtern, wie es in Abb. 8.16 dargestellt wird. Das erfordert jedoch genauere Analysen vorher. Als einfacher wird dies meist umgesetzt, indem der gesamte verfügbare Frequenzbereich angewendet wird oberhalb von 1 kHz. Dies gilt als Kompromiss vom Aufwand für jeden Einsatzfall zu einem prinzipiell anwendbaren akzeptablen Ergebnis.

Grundsätzlich gilt, umso höher die obere Frequenzgrenze des Filterbereiches ist, umso besser und sicherer können i. d. R. relevante Anregungen aus dem Wälzlager detektiert werden. Aber es besteht dann auch die Gefahr, zusätzliche wälzlagerfremde Anregungen mit zu erfassen. Letzteres lässt sich allerdings meist kaum vermeiden und lässt sich mit weiteren nachfolgenden Maßnahmen begrenzen.

Weiterhin ist es in den genannten firmenspezifisch ausgelegten Messsystemen üblich dort den Filterbereich der empfohlen Kennwerte auch in der Hüllkurve anzuwenden, wie auch beim SPM-Kennwert gezeigt in Abschn. 7.4. Damit lassen sich i. d. R. höhere Amplitudenwerte der Überrollfrequenzen generieren, die aber auch spezifische erfahrungsgemäße Grenzwerte in der Überwachung und Bewertung erfordern.

Steht im ausgewählten Messsystem z. B. kein firmenspezifischer breitbandiger Wälzlagerkennwert nach Übersicht der Tab. 7.1 zur Verfügung, kann alternativ ein Kennwert der im Hüllkurvensignal der Schwingbeschleunigung gebildet werden. Ziel ist es, damit erhöhte Komponenten aus der Überrollung auf den Laufbahnen in einem Anstieg der

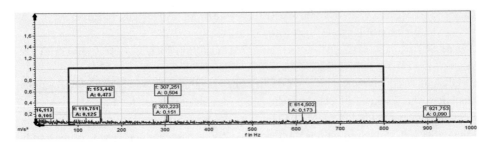

Abb. 7.2 Beispiel Alarm-Maske der Überrollfrequenzen inkl. deren Vielfachen (f$_n$ = 25 Hz) an einfacher Wälzlagerung im Hüllkurvenspektrum

Kennwerte zu detektieren. Die erhöht angeregten Überrollungen im Wälzlager können aus Fehlern und Schäden resultieren und werden so global angezeigt.

Abb. 7.2 zeigt ein Beispiel einer breitbandigen „Maske" für 50 Hz Drehfrequenz für die Überrollfrequenzen bis zur dritten Harmonischen, wobei hier die Außenringüberrollfrequenz im Signal sichtbar ist. Aber auch aus anderen wälzlagerfremden Körperschallquellen können Modulationen kommen und die Kennwerte erhöhen. Damit sind diese Kennwerte nur eine globale und „unscharfe" Anzeige und ggf. Anlass für tiefere Analysen. Aus einem Elektromotor als häufigste Maschine mit einfacher Wälzlagerung kommen sehr häufig elektro-magnetische Anregungen, die diese Kennwerte ggf. bestimmen können. Typisch liegen diese fix bei 50 oder 100 Hz und deren Vielfachen. Diese einfachen Kennwertanzeigen allein sind für Wälzlagerungen deshalb nur mit speziellen Anpassungen geeignet. Erfahrungsgemäß ist es zweckmäßig dabei die drehfrequenten Anregungen und die Überrollfrequenzen mit ihren Seitenbändern in zwei getrennten Kennwerten zu erfassen.

7.3   Zusammenfassung zu breitbandigen Kennwerte der Schwingbeschleunigung

In der ISO 13373-3 [5] *wird im Anhang D* ein Verfahren vorgestellt zur Wälzlagerüberwachung, Zustandsbewertung und Wälzlagerdiagnose mit „5 Fehlerstufen" bis zum Totalausfall mit einfachen breitbandigen Kennwerten. Problematisch können in der Anwendung dessen neben der Vermischung von Fehlern und Schäden am Wälzlager (dort nur als Fehler bezeichnet) auch die Überlagerung mit dem Einfluss von Maschinenfehlern werden. Diese sind in einer Übersichtstabelle aufgelistet. Die einzelnen „Fehlertypen" sind dort zu Signalmerkmalen und mit einzelnen stark vereinfachten Diagnoseregeln zu Ursachen und Fehlerstufen zugeordnet. Im dort definierten Frequenzbereich von 10 Hz bis 10 kHz sind Schwingstärke und Körperschall als verschiedene physikalische Phänomene zusammengefasst und als Schwingstärke bezeichnet. Die darin vorgeschlagene Kennfeldbewertung des Spitzenwertes über dem Effektivwert mit den Fehlerstufen 1–4 ist gewählt, um das Problem der wie erläutert stark beeinflussten Amplitudenbewertung zu lösen. Erfahrungsgemäß ist darin der drehzahlbedingte Pegelanstieg beider Kennwerte nicht ausreichend berücksichtigt. Auch die bewerteten Fehlerstufen und Bewertungen der einzelnen spezifischen „Fehlertypen folgen" nicht dem Prinzip der anwendungsorientierten Risikovermeidung wie hier weitestgehend empfohlen. Die Fehlerstufen legen unbewertet einen Betrieb bis zum Totalausfall nahe. (vgl. Abschn. 9.4)

Die vorgenannten *firmenspezifischen Ultraschall-Kennwer*te eigenen sich zur Überwachung von Überrollungen und metallischer Reibung im hertzschen Flächenkontakt. Damit lassen sich Laufbahnschäden und Schmierungsfehler gut erfassen.

Gegen die genannten Einflüsse auf die Kennwerte und Störungen von wälzlagerfremder Körperschallquellen sind erfahrungsgemäß die dargelegten *breitbandigen Kennwerte aus dem Hüllkurvensignal* am besten geeignet. Aber auch hier sind objektspezifisch Anpassungen erforderlich, um nur die Überrollungen und aus dem betrachteten Wälzlager in den Kennwert einfließen zu lassen. Damit kann im Kennwert ein signifikantes Abbild für Zustandsverschlechterungen im Betrieb des Wälzlagers generiert werden.

Als Ergänzung zu einem vorgenanntem spezifischen Kennwert ist ein *einfacher breitbandiger Beschleunigungskennwert* aus dem Breitbandbereich nach 1.) meist sinnvoll. Hiermit können durch Wahl begrenzter Frequenzbereiche Kennwerte gebildet werden, die eine einfache globale Überwachung mehr fokussiert auf Wälzlagerfehlern erlauben. Die breitbandigen Kennwerte wie im vorherigen Kapitel unter 1.) und 2.) aufgelistet sollten aus dem Zeitsignal gebildet werden. Werden diese im Frequenzbereich gebildet sind die Kennwerte dazu vergleichsweise niedriger und dürfen mit denen aus dem Zeitbereich nicht absolut verglichen werden. Sie sind auch aus den Einstellungen der FFT beeinflusst.

Um sich bei Inbetriebnahmen oder unbekannten Objekten in den Kennwerten und Messignalen einfach und grob orientieren zu können, empfiehlt der Autor hier seine einfache *„Einser Regel"*, wie in Tab. 7.2. Amplitudenwerte in Standardfällen

Tab. 7.2 „Einser-Regel" nach D. Franke mit einfachen groben Orientierungs-Grenzwerten zur Bewertung von Schwingungs-Kennwerten im Standarddrehfrequenzbereich 2 Hz … 67 Hz an den häufigsten Maschinensätzen

Kennwert 1)	f HP/ Hz	f TP/ Hz	Wert	Einheit	Zustandsverschlechterung	Anwendung
v_{rms}	2	1000	≤1,0	mm/s	weniger relevant	Schwingstärke
v_{rms}	2	1000	≥10	mm/s	Schäden entstehen	Schwingstärke
$v_{0p\,abs}$	2	1000	≤1,5	mm/s	weniger relevant	Schwingungsmaxima
$v_{1.fn}$	2	1000	≤1,0	mm/s	weniger relevant	Unwucht z. B.
$a_{rms\,Broadband}$	1000	10.000	≤1,0	m/s²	weniger relevant	Grundpegel KS
$a_{0p\,Broadband}$	1000	10.000	≤10	m/s²	weniger relevant	Maxima KS
$a_{fx\,0p\,Base}$	1000	10.000	≤0,1	m/s²	weniger relevant	Überrollungen KS
$a_{fx\,0p\,HKD}$	1	1000	≤0,1	m/s²	kaum relevant	Überrollungen KS
$a_{fx\,0p\,HKD}$	1	1000	≥0,1	m/s²	fehlerrelevant	Überrollungen KS
$a_{fx\,0p\,HKD}$	1	1000	≥1,0	m/s²	schadensrelevant	Überrollungen KS
$a_{noise\,0p\,HKD}$	1	1000	≤0,1	m/s²	kaum relevant	Rauschpegel KS
$a_{noise\,0p\,HKD}$	1	1000	≥1	m/s²	meist kritisch	Rauschpegel KS

1) Base…Grundspektrum, Broadband …Breitband, HKD … Hüllkurvendetektion fx … Frequenzkomponente, noise … Rauschpegel, HP … Hochpass, TP … Tiefpass, KS … Körperschall

kennzeichnen dem folgend „Zustände" an Maschinen und deren Bauteilen. Sie ist über eine Orientierung hinaus nicht geeignet danach Grenzwerte und Überwachungen einzurichten, was immer relativ bezogen auf den Anwendungsfall des Kennwertes und die eingesetzte Methodik erfolgen sollte.

7.4   Methodik der breitbandigen Kennwerte in der Stoßimpulsmethode

Stellvertretend wird im Folgenden auf die Stoßimpulsmethode vertiefend eingegangen, da es sich hierbei um die am weitesten und historisch am längsten verbreitete Methode für Wälzlagerkennwerte handelt. Als verbreitetste Ultraschall-Anwendungen in Europa werden hier stellvertretend Gerätesysteme vom Anwendungspionier und der namensgebenden Fa. S.P.M. Instrument Schweden AB nach [6] und der Messsysteme der Prüftechnik Gruppe der Fluke Deutschland GmbH nach [7] angeführt.

Die Anwendungs-Zuverlässigkeit an einfachen Wälzlagerungen ist in diesem SPM-Verfahren in der Anwendungsbreite und -anzahl mit höheren fünfstelligen Anwenderzahlen seit ca. fünf Jahrzehnten am besten statistisch abgesichert. Mit dem relativ einfach und sicher anwendbarem sog. **„dBm/dBc-Messverfahren"** ist eine verbesserte und zuverlässigere Aussage zur Erfassung des Wälzlagerzustandes möglich. Diese ist fokussiert auf „einfache Wälzlagerungen", was durch einige spezielle Systemmerkmalen des Ultraschalls erzielbar wird. Die Stoßimpulsmessung ist erfahrungsgemäß bestens zur Schadenserkennung auf Laufbahnen und zur Schmierungsbeurteilung geeignet, hat aber erfahrungsgemäß weniger Aussagegehalt zu den Wälzlagerfehlern. Auch ist eine Anwendung an komplexen Wälzlagerungen nur bei genaueren Prüfungen und mit entsprechenden Erfahrungen zu empfehlen. Das Stoßimpulssignal wird im höherfrequenten Bereich über 25 kHz mit einer Resonanz-Mittenfrequenz von ca. 32 kHz erzeugt bzw. herausgefiltert. Das Messsignal des piezoelektrischen Sensors im Aufnehmer ist durch den relativ steilen Resonanzfilter der Eigenfrequenzen im Aufnehmer und in seiner Ankopplung nicht einfach ein Äquivalent zur Beschleunigung. Das Spannungsausgangssignal des resonierenden Sensors wird bei dieser Methode umgerechnet in eine logarithmische Skalierung. Das hat den Vorteil, dass der sonst in der linear bemessenen Beschleunigung sehr große Wertebereich einfach handhabbar verkleinert wird. Es werden so auch die Trendwerte und Fallbeispiele aus größeren Amplitudenbereiche besser vergleichbar. Sie können logarithmisch mit Addition und Subtraktion einfach untereinander verrechnet werden. Damit werden die Vergleiche sehr einfach, was hier auch physikalisch korrekt ist, da es in der sog. Relativmethode nur um Änderungen im Trend und relativ zum Normalzustand geht. Sehr große Sorgfalt muss bei der Stoßimpulsmessung auf die Aufnehmer-Ankopplung gelegt werden, wie es allgemein im Ultraschall gilt. Es wurden dafür ganz spezielle Aufnehmer und steife Ankopplungsmethoden entwickelt, die eine Ankoppelresonanzen über 25 kHz sichern. Abb. 6.3 zeigt u. a. die Verklebung mit steifem Mehrkomponentenkleber als geeignet. Eine übliche Verschraubung mit planen Flächen und Bohrungen mit handgeführten

Maschinen und Werkzeugen ist ungeeignet. Anwendbar wäre eine Bohrung in der Plan-fläche nur, die maschinell in einer genaueren 90° Einspannung mit der Flächenfräsung entsteht. Als Lösung dafür werden deshalb 90°-konische Bohrungen an Messbolzen und Aufnehmer eingesetzt, die eine steife reproduzierbare Ankopplung sichern. Alternativ kann ohne Bohrung nur in einer konischen oder einer speziellen sphärischen Senkung mit einer speziellen Tastsonde gemessen werden. In der Tastsonde ist die Sensorspitze vom übrigen Handgriff intern mit einem elastischen Körper isoliert, um die „mitschwingende – angekoppelte" Masse geringer zu halten. Damit wird auch eine notwendige Entkopplung von der Hand-Arm-Schwingung des Anwenders erreicht. Auch die Andrückkraft wird als Einfluss damit weitgehend kompensiert.

Abb. 7.3 zeigt anschaulich die wesentlichen Schritte der Erzeugung der Stoßimpuls-kennwerte.

Das breitbandig angeregte Beschleunigungsspektrum oben in a) wird wie beschrieben bandpassgefiltert um 32 kHz zum mittleren Signalanateil in b). Dieser wird einer Signal-verarbeitung wie u. a. Gleichrichtung unterzogen. Daraus wird nur grob vergleichbar aus-gedrückt ähnlich einem Effektivwert ein Teppich- bzw. Carpetwert, und ähnlich einem Spitzenwert ein Max-wert gebildet. Wie auf der Homepage und in der Literatur der Fa.

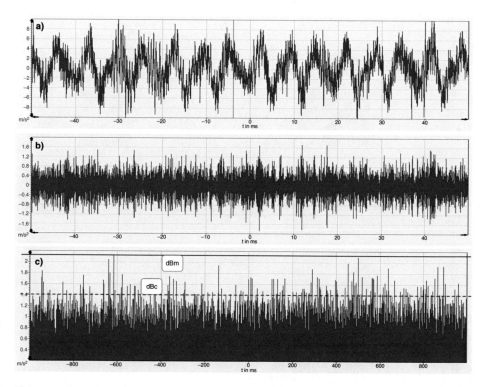

Abb. 7.3 Signalverarbeitung und Kennwertbildung der Stoßimpulsmessung von oben: (hier noch lineare Skalierung) **a)** Rohsignal Beschleunigung, **b)** daraus Ultraschall bei 32 kHz gefiltert, **c)** da-raus Kennwertbildung dBm beim Maximum dBc bei 200 Peaks/2 s

S.P.M. Instrument AB dargestellt, gibt es ergänzend zu den genannten Max- und Carpet-werten dBm/dBc zwei weitere ähnliche aber etwas abgewandelte Kennwerte, die in folgender Übersicht wiedergegeben werden. Diese beiden jüngeren Messverfahren stellen Weiterentwicklungen des „dBm/dBc-Verfahrens" dar. Grob ergibt sich darin die nachfolgende Zuordnung. LR/HR stellt eine vertiefende Erweiterung in den Berechnungen der zustandsspezifischen Kennzahl „CODE", der schmierungsspezifischer „LUB-Zahl" und der oberflächenspezifischen „COND-zahl" dar unter Eingabe und Erfassung weiterer Parameter und Algorithmen. Dies ergibt den Vorteil, dass schon bei der ersten Messung eine direkte Zustandsbewertung ohne Trendauswertung vorgenommen werden kann. Das Verfahren wurde des Weiteren auch im Hinblick auf einzelne Störpotenziale optimiert und filtert diese aus. Dabei wird der Anwender durch die visuelle Evaluation mit dem Softwaretool „Lubmaster" unterstützt. Es wird in einer Auswertung klar zwischen Oberflächenschaden und Mangelschmierung unterschieden, wie ein Beispiel auf Abb. 7.4 darstellt.

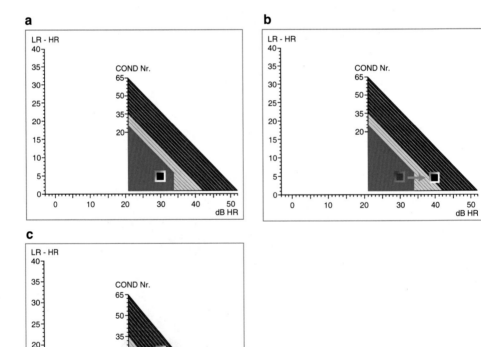

Abb. 7.4 Kennfelddiagramme Softwaretool „Lubmaster" Fa. Status Pro GmbH [8] **a**) Wälzlager im Normalzustand, **b**) Mangelschmierung, **c**) mechanischer Verschleiß

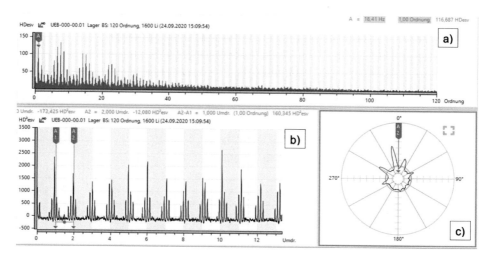

Abb. 7.5 SPM HD Expert Auswertegrafiken am Beispiel eines Innenringschadens, oben **a)** Spektrum, links unten **b)** Zeitsignal; rechts unten **c)** Kreisdiagramm; nach [9]

SPM HD, als aktuellste Weiterentwicklung der Stoßimpulsmethode aus den 2010er-Jahren, ist u. a. eine Erweiterung im anwendbaren Drehzahlbereich beginnend ab 0,035 Hz. Sie arbeitet unter Verwendung hoher Amplitudenauflösung in der A/D-Wandlung mit 24 Bit, drehzahlabhängiger Messsignaldauer, deutlich erhöhter Abtastrate und einem patentierten Order Tracking Verfahren. Hierbei wird der Anwender in die Lage versetzt bereits im Zeitsignal und daraus abgeleiteten Kreisdiagramm eine qualitative Bewertung der Schadenart und des Schadenausmaß vorzunehmen. Wie in Abb. 7.5 gezeigt für einen sich ausdehnenden Innenringschaden sieht man im Zeitsignal a) deutlicher das „Durchrollen" eines noch lokal diskreten Schadens durch die Wälzkörper in der Lastzone (4 Überrollungen). Das Kreisdiagramm b) stellt eine „quasi Einhüllende" dieses Zeitverlaufes der Überrollungen als Kurve dar, die auf den Vollkreis des Umfangs am Innenring skaliert und dargestellt wurde zur Zeitmarke = Winkelmarke A1/2. Das Hüllkurven-Spektrum c) zeigt die Drehfrequenz f_n unter der A-Marke und die Innenring-Überrollfrequenz (ca. 8* f_n) mit vielen Seitenbändern der Drehfrequenz.

Tab. 7.3 zeigt diese drei genannten Kennwerte in einer Übersicht. Für nähere Informationen dazu wird auf die genannten Quellen und dazu erstellten Anleitungen verwiesen.

Die Pegelhöhen der Kennwerte und Kennzahlen der Stoßimpulse hängen von folgenden Faktoren ab.

Tab. 7.3 Vergleich der SPM-Verfahren nach [6]

Verfahren	Grundpegel – Niedrige Stöße	Pegelspitzen – Höchste Stöße
SPM dBm/dBc	Teppich-wert dBc (Pegel bei 200 Stößen/s)	Max-wert dBm <2 s
LR/HR	High Rate HR (Pegel bei 1000 Stößen/s)	Low Rate LR (Pegel bei 40 Stößen/s)
SPM HD	HDc (Pegel bei 200 Stößen/s)	HDm – höchster Pegel pro Messdauer

   I. Abrollgeschwindigkeit (Wellensitzdurchmesser und Drehzahl)
  II. Lagerbelastung (statische Kraft radial/axial und dynamische Kräfte)
 III. Wirksamer Schmierfilm (mechanische Trennung der Laufbahnoberflächen)
  IV. Mechanischer Zustand der Laufbahnen der Lagerbauteile (Rauigkeit, Last, Schaden,
       kritische Fehler) im Überrollen
   V. Fallweise mögliche Stör- und Fremdanregungen im Ultraschallbereich sind:
       a. elektro-magn. Anregungen od. Trägerfreq. Frequenzumrichter,
       b. hohe Vielfache der Zahneingriffe und Schraubeneingriffe,
       c. Quellen von Reibgeräuschen, Kolbenreibung,
       d. Druckpulsationen in Verdichtern,
       e. Strömungswirbel od. Kavitation,
       f. fehlerhaftes Anstreifen von Rotor-Bauteilen.

   Faktor „I." kann in der ff. Normierung kompensiert werden. Faktor „II." sollte innerhalb der Messdatengewinnung in der Schwankung begrenzt werden. Faktor „V." schränkt
die Anwendungen auf „einfache Wälzlagerungen" ein und erfordert fallweise Über-
prüfungen und Erfahrungen beim Anwender. Damit können bei den Anwendungen der
häufigsten Standardmaschinen die Kennwerte aus „III." und „IV." für eine Zustandsbeschreibung abgesichert eingesetzt werden. Entsprechend einem ggf. auch testweise erfassten erhöhten Störpegel sollte derartige Applikation ggf. ausgeschlossen werden, bzw.
ihrer Eignung vorher in einer Tiefendiagnose (Spektralanteile) ausreichend abgeklärt werden. Sind die Störpegel nach „V." zu hoch in Bezug auf die Wälzlagersignalanteile, sollte
auf eine schmalbandige Überwachung nach Kap. 8 ggf. mit dem gefilterten Stoßimpulssignal ausgewichen werden.
   Nachfolgend werden die Vorteile der Stoßimpulsmethode aufbauend auf der Numme-
rierung „1." bis „6." in Abb. 7.2 bezogen auf das Verfahren der dBc/dBm-Werte noch
etwas eingehender erläutert nach [7].

Zu 6. Drei Kennwerte:
Es werden aus dem Messsignal ein *„Max-wert" dBm und ein sog. „Teppichwert"* (engl.
Carpetvalue) dBc durch genannte Signalverarbeitung und Kennwertbildung erzeugt (vgl.
Abb. 7.3). Der Maximalwert beschreibt den Pegel der höchsten Spitzen und der Teppichwert
den Pegel eines Signal-Grundpegels oder Teppichs. Dafür werden die Häufigkeiten des
Auftretens von Stößen im Messintervall erfasst. Es werden dabei in einem Vergleichsver-
fahren im Gerät eine Vergleichsschwelle des Pegels solange gesteuert verändert, bis die
beiden Amplitudenwert bestimmt sind. Mit beiden Kennwerten können drei verschiedene
Signaleigenschaften bewertet werden, wenn der Abstand beider genannter Kennwerte
hinzugenommen wird. Dieser sog. Deltawert (Abstandswert) wird im logarithmischen
Maßstab einfach durch Subtraktion von Max-wert und Teppich-wert gebildet.

$$\Delta\left(\text{Delta}\right) = \text{dBm} - \text{dBc} \tag{7.1}$$

Der Max-wert reagiert stärker bereits auf beginnende schadensbedingte Überrollungen. Der Teppichwert folgt bei stärkeren und ausgedehnten Überrollungen. Er steigt aber auch bei Mangelschmierung signifikant mit dem Max-wert an.

Zu 1. Normierung

Der *Einfluss der Umfangsgeschwindigkeit* wird nahezu kompensiert durch Einrechnen von Drehzahl und Wellendurchmesser am Innenring in eine Formel eines Normierungs-Kennwertes. Nicht normierte Kennwerte werden mit dB_{sv} (shock value) bezeichnet. Normierte Kennwerte mit dB_n (Normalized). Beide Parameter der Drehzahl und des Durchmessers werden in der Formel zu einem sog. Startwert = dB_i-wert (initial value) verrechnet. Abb. 7.6 zeigt anschaulich, dass der Kennwertanstieg über der Drehzahl im linken Bild durch die Normierung so auf eine Schwankung von 3 dB reduziert wird. Diese übliche Schwankung der Kennwerte tritt auch bei Trendverläufen der Kennwerte im Betrieb des Wälzlagers auf. Um dies ggf. etwas zu kompensieren werden die gültigen Trendwerte innerhalb der Messung i. d. R. aus mehreren Kennwerten erst gemittelt berechnet. Der Startwert beider Kennwerte wird in Tab. 7.4 genannt. Der normierte Kennwert dB_n wird dann durch Subtraktion mit dem dB_i-wert gebildet.

$$\text{Umfangsgeschwindigkeits} - \text{Normierung}: \quad dB_n = dB_{sv} - dB_i \qquad (7.2)$$

In den Stoßimpulsmethoden bei verschiedenen Herstellern werden verschiedenartige sog. *angepasste Signalnormierungen* angeboten, um die Normierung weiter zu verbessern und Wälzlagereinsatzfälle besser vergleichbar zu machen. Bei dem Verfahren der Prüf-technik Gruppe nach [7] wird eine angepasst Normierung empfohlen. Diese berücksichtigt weitere meist unbekannte Signaleinflüsse wie die Signaldämpfung durch den Aufnehmer-Abstand, die Materialübergänge und die Köperschallbrücken im Kraftfluss. Auch der Einfluss der vorliegenden Lagerbelastung und des Schmiermittels fließt hier ein.

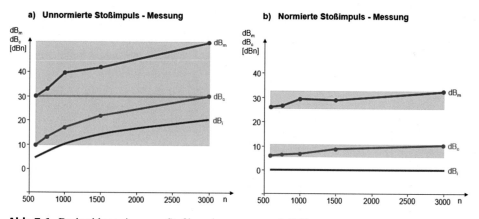

Abb. 7.6 Drehzahlnormierung – Stoßimpulsmessung nach [10]

Vorrausetzung ist eine vertiefte diagnostische oder visuelle Überprüfung des Wälzlager-zustandes nach einer Reparatur oder Neuinbetriebnahme oder mittels einer erweiterten Signalanalyse. Liegen abgesichert keine größeren Fehler und keine Schädigungen vor, sollte der Teppichwert bei 5 dB_n liegen. Die Differenz zum tatsächlich gemessenen Teppichwert wird dann als dB_a-wert zu dem dB_i-wert einfach hinzuaddiert und in einen dB_{ia}-wert überführt. Die angepassten Kennwerte werden analog durch Subtraktion des an-gepassten Normierungswertes vom dB_{sv}-wert berechnet.

$$\text{Angepasste Normierung: } dB_n = dB_{sv} - \left(dB_i + dB_a\right) \tag{7.3}$$

$$\text{bei} \quad dB_a = dBc\left(\text{Istwert}\right) - 5 \tag{7.4}$$

Bei einer korrekten Normierung können so einzelne einmalig gemessene oder wenige Kennwerte im Trend bereits auf eine Zustandsaussage in den logarithmischen normierten Kennwerten zu absoluten d. h. vordefinierten Grenzwerten hin bewertet werden. Mit den meisten der übrigen Kennwerten gelingt dies i. d. R. erst nach längeren Trendverläufen relativ sicher.

Zu 2. feste Grenzwerte
Hauptarbeit und diagnostisch entscheidend in den Wälzlagerkennwertmethoden ist die Bewertung anhand von angepassten Grenzwerten. Durch die genannte Normierung und logarithmische Skalierung werden nun absolute Grenzen anwendbar wie folgende Tab. 7.4 zeigt. Ohne diese Anpassungen müssen fallspezifisch die Grenzwerte manuell berechnet zum Trendverlauf bezogen eingestellt werden.

Der Max.-wert steigt demnach bei einer Zustandsverschlechterung um ca. 20 dB bis zu einer signifikanten „Schadensgrenze" an. Der Teppichwert nur um 10 dB. Die War-nung dazu liegt im logarithmischen Maßstab bereits bei jeweils der Hälfte der logarith-mischen Anstiege. Damit kann an jedem Wälzlager auch ohne Normierung einfach der Trendanstieg um 20 dB im Max- bzw. 10 dB im Teppichwert völlig unabhängig beurteilt werden. Mit einer Zustandsverschlechterung steigt wie dort gezeigt auch der Deltawert ebenso von 10 auf 15 bis 20 dB an. Damit können bereits unnormierte einzeln erfasste Kennwerte weiterhin auf ihre Zustandsaussage hin überprüft und relativ zueinander be-wertet werden.

Tab. 7.4 Bewertung der Stoßimpuls-Kennwerte mit festen Grenzwerten

Bewertung in dB	Startwert	Warngrenze	Alarmgrenze	Trendanstieg zum Alarm
Teppichwert	5	10	15	10
Maxwert	15	25	35	20
Deltawert	10	15	20	10

Zu 4. Herausfilterung der Schwingstärkeanregungen

Durch die hochfrequente Filterung und durch die Kennwert-Bildung im höherfrequenten Ultraschall werden die tieffrequenten Anregungen der Drehfrequenzharmonischen der übrigen *Maschinenkomponenten oder Zahneingriffe herausgefiltert*. Es werden die im Wälzkontakt entstehenden Signalanteile im Kennwert dominanter abgebildet.

Zu 5. Messung gefilterter Stoßfolgen

Durch die relativ *hochfrequente Signalerzeugung* und -filterung in der Messkette werden in einem Messsignal eines geschädigten Wälzlagers direkt die bei der Schadensüberrollung durch die Wälzkörperreihe entstehenden Stoßfolgen abgebildet. Diese ragen dann deutlich aus dem Restsignal heraus, wie in Abb. 7.3 dargestellt.

Zu 3. Trendmessung und Anstiegsgeschwindigkeit

Der *Trendverlauf beider Kennwerte* über der Betriebsdauer ist die entscheidende Methode, um Fehler und Schäden im Wälzlager zu erkennen. In einem typischen Verlauf eines Laufbahnschadens steigt anfänglich der Max.-wert stärker d. h. fortlaufend und zunehmend an. Bei „großen" ausgeprägten Schäden verlangsamt sich dieser Anstieg. Der Teppichwert steigt später an und steigt aber in der späteren Schadensentwicklung noch länger an. Bei verschlechtertem Schmierungszustand dagegen steigen beide Werte zeitgleich an, was so bereits eine Unterscheidung in der Erkennung beider primären Zustandsverschlechterungen ermöglicht. Nachfolgend illustriert Abb. 7.7 die Normierung einfach als Verschiebung der Skalierung zu festen Grenzwerten, normiert zur Abrollgeschwindigkeit links und angepasst zu Messstelle und Einsatzfall in der Mitte und rechts.

Wie markant und eindeutig sich die Kennwerte nun in Bezug auf den Trendverlauf bei Laufbahnschäden verändern, zeigen beispielhaft zwei nachfolgende Trendbeispiele.

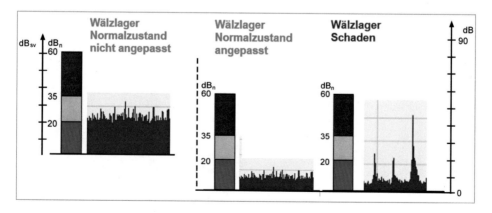

Abb. 7.7 Drehzahlnormierung und angepasste Normierung – Stoßimpulsmessung

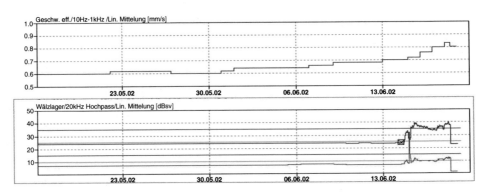

Abb. 7.8 Trendverlauf eines Laufbahnschaden im Kugellager an einer Kugel [11]

Abb. 7.8 zeigt einen typischen Schadensverlauf auf der Laufbahn des Außenrings in einem Kugellager an einem Ventilator auf der Nichtantriebs- bzw. Laufradseite. Er wurde in einem Onlinesystem erfasst und wird im Fallbeispiel im Abschn. 13.4 näher erläutert. Typisch für einen Laufbahnschaden ist hier der grob bewertet synchrone Anstieg von Max.- und Teppichwert und der steilere Anstieg des Maxwertes. Auch typisch ist der wechselnde zuerst steilere (Vertiefung) dann wieder etwas flacher werdende Anstiegsverlauf (Längsausdehnung) bis zum erneuten Anstieg. Der Max.-wert steigt um ca. 14 dB (von 24 auf 38 dB), der Teppichwert um 5 dB (von 7 auf 12 dB) an. Der an Kugellagern meist höhere Deltawert steigt hier um 10 dB von 17 auf 27 an. Auch typisch an Kugellagern ist der relativ hohe Pegelunterschied bereits bei geringeren Schadensausmaß, was hier noch im unteren Bereich der Schadensstufe 3 von 5 nach [1] lag. Auch typisch am Schadensbeginn sind die höheren Schwankungen im Trend bis 5 dB. Der Anstieg der Schwinggeschwindigkeit in der oberen Kurve ist so tendenziell eher bei kleinen Maschine und Kugellagern zu beobachten.

Tendenziell sehr ähnlich verläuft ein Laufbahnschaden an einem Pendelrollenlager im Abb. 7.9 auf der Nichtantriebsseite eines Ventilators, da dieses im fehlerhaften Kantenlauf und damit angenähert an einen Punktkontakt betrieben wird. Er wurde ebenso in einem

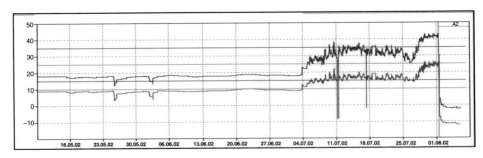

Abb. 7.9 Trendverlauf eines Außenringschadens in einem Pendelrollenlager im Kantenlauf nach [12]

Stufe	Rollbahnschaden	SP_{carpet} dB_n [1]	SP_{max} dB_n [1]	SP carpet	SP max
1	Ungeschädigt - „gut" -	5	15 (Δ 3dB)	→	→
2	Beginnend [2] - „klein" -	5	>15 (Δ 5dB)	→	↗
3	Ausbreitend [2] - „mittel" -	10	25 (Δ 10dB)	↗	↑
4	Fortgeschritten - „groß" -	15	35 (Δ>10dB)	↗	↗
5	Ausgeprägt Endstadium - „sehr groß" -	>15	>35	↗	→

Abb. 7.10 Schadensstufe 1 bis 5 nach VDI 3832 [1], Bild nach [10]

Onlinesystem erfasst und wird im Fallbeispiel im Abschn. 13.3 näher erläutert. Der Max.-wert steigt um ca. 17 bis 23 dB (von ca. 18 auf 35 bis 41 dB) an. Der Teppichwert erhöht sich um ca. 6 bis 13 dB (von ca. 9 auf 15 bis 23 dB) an. Der an Rollenlagern meist niedrigere Deltawert steigt von 9 auf 18 dB an. Nicht dargestellt ist hier die längere Phase eines geringen Anstiegs. Auffällig ist der zweimalig kurzzeitige Trendabfall, der mit dem Nachschmieren des Wälzlagers einhergeht.

Abb. 7.10 zeigt eine grobe Übersicht der Schadensstufen 1–5 nach VDI 3832 und [1]. Folgende Gliederung erläutert die Längs-Ausdehnung in Rollrichtung als Maß für normierte Schadensstufen von 1–5.

Laufbahnschäden als Folge von Ermüdung wachsen in Ihrer Entwicklung in Rollrichtung immer weiter an. Mechanismus dabei ist das periodische Aufprallen der Wälzkörperreihe auf die Austrittskante des Schadens in Rollrichtung. Diese sind deshalb in fünf Stufen nach der geometrischen Ausdehnung in Rollrichtung eingeteilt bis zum Überrollabstand zwischen zwei benachbarten Wälzkörpern in den Kontaktpunkten auf der Laufbahn der Lagerringe. Detaillierter werden diese Schadensstufen in Kap. 9 dargestellt.

- *Stufe 1*: beschreibt „ungeschädigt" also ohne Laufbahnschäden. Die normierten Startwerte der Stoßimpulskennwerte liegen bei dBc = 5 dB_n und bei dBm = 15 dB_n (Δ = 10). Normale Schwankungen im Trend liegen bei 3 dB.
- *Stufe 2:* beschreibt „beginnender Schaden" mit Ausdehnung etwas über der Größe der hertzschen Fläche von wenigen Zehntel-Millimeter in Rollrichtung. Die Stoßimpulskennwerte sind kaum verändert bei dBc = 5 dB_n und bei dBm = 15 dB_n (Δ = 10). Die Schwankungen nehmen etwas zu. (Diese Schäden sind kaum sichtbar ohne Hilfsmittel aber bereits fühlbar mit dem Fingernagel.)

- *Stufe 3*: als „ausbreitendes" oder mittleres „Schadensausmaß" liegt bis im Bereich ca. eines bis wenige Millimeter in Rollrichtung. Stoßimpulskennwerte bei dBc = 10 dB$_n$ (+5) und bei dBm > 25 dB$_n$ (+10) und (Δ = 10). Deltawert und Schwankung nehmen deutlich zu. (Schaden ist gut sichtbar und messbar.)
- *Stufe 4:* „fortgeschrittener" oder großer Schaden liegt unterhalb des Überrollabstandes zwischen zwei benachbarten Wälzkörpern in Rollrichtung. Die Stoßimpulskennwerte sind nahe bei dBc $\geq$ 15 dB$_n$ und über dBm $\geq$ 35 dB$_n$.
- *Stufe 5*: „ausgeprägter" oder sehr großer Schaden im Endstadium liegt bei oder oberhalb des Überrollabstandes zwischen zwei benachbarten Wälzkörpern in Rollrichtung. Die Stoßimpulskennwerte sind deutlich über dBc > 15 dB$_n$, dBm > 35 dB$_n$.

Aus den Erfahrungen und den vorgestellten Merkmalen der SPM-Methode und der Kennwerte ist erkennbar, dass diese mit leicht erlenbarem Anwendungswissen relativ robust in der Praxis für die Überwachung und einzelne Kennwertbewertung von einfachen Wälzlagerungen über ihre Betriebsdauer eingesetzt werden kann.

7.5 Anwendung in einfachen Wälzlagerungen und Signalanalyse spezieller Frequenzbereiche

In Abschn. 7.1 wurden eine Vielzahl von breitbandigen Kennwerten vorgestellt für die Diagnose und Überwachung einfacher Wälzlagerungen. Je nach gewähltem Hersteller können am zweckmäßigsten *höherfrequente firmenspezifische* Kennwerte für die Überwachung von Laufbahnschäden und Schmierung angewendet werden. Ergänzend empfiehlt sich für Wälzlagerfehler eine *breitbandige Beschleunigung* über 0,5 kHz mit Effektiv- und Betragsmaximalwert anzuwenden über den gesamten linearen Bereich.

Mit den Möglichkeiten heutiger Datensammelsysteme werden zweckmäßig beide breitbandigen Kennwerttypen z. B. lineare Beschleunigungs- und Stoßimpulsmessung in Datensammel- der Online-Systemen jeweils parallel überwacht und bewertet.

Um die Bewertung der Beschleunigungskennwerte zu erleichtern, können diese auch in dB in *logarithmische Skalierung* umgerechnet werden. Diese Grundsatzentscheidung sollte man am Beginn der Arbeit auf diesem Gebiet oder der Einführung derartiger System fällen. Für die Erfahrungen jeden Anwenders ist die „antrainierte" Bewertung im Amplitudenbereich und zu Grenzwerten das wohl wichtigste Alltagswerkzeug. Deshalb sollten die Erfahrungen jeweils im linearen oder logarithmischen Bereich gebildet werden. Paralleles oder wechselndes bewerten ist hier deutlich schwieriger. Als Bezugswert für die logarithmische Bewertung der Beschleunigung ist nach ISO mit $1*10^{-5}$ m/s^2 empfohlen. Die logarithmischen Werte bei der Stoßimpulsmessung resultieren aus dem Spannungsausgang der Ultraschallsensoren und können so nicht in Beschleunigung umgerechnet werden, sind auch nicht mit dieser vergleichbar. Sollte man sich für eine Bewertung mit SI-Einheiten entschließen, empfiehlt es sich „m/s^2" oder die im anglo-amerikanischen Anwenderbereich immer noch üblichen „g" jeweils durchgehend anwenden. Grund dafür

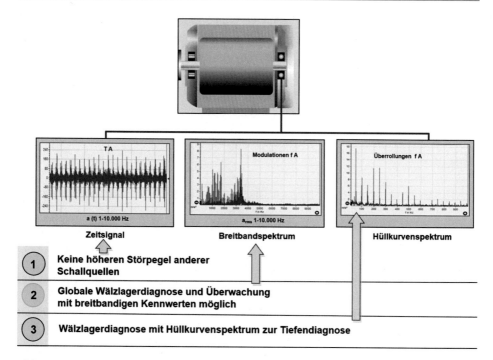

Abb. 7.11 Einfache Wälzlagerung – breitbandige Kennwerte nach [10]

sind die beständig durchzuführenden Vergleiche, die mit einheitlicher Skalierung sicherer anwendbar sind. Wie in Abb. 7.11 dargestellt resultiert der *Körperschall* im Auswertebereich des Aufnehmers im mittleren Bild dominant von dem untersuchten Wälzlager an einfachen Lagerungen.

Die genannten Kennwerte werden links *im Zeitsignal gebildet*, wie in allen einschlägigen Normen und Richtlinien dazu empfohlen wird (vgl. [7]). In einigen Messsystemen ist das nicht möglich durch begrenzte analoge oder digitale Filterung, sondern nur im Frequenzbereich. Es muss bei allen Kennwerten beachtet werden, dass diese unterschiedlichen Signalquellen der Kennwerte nicht untereinander verglichen werden können. Diese aus dem Frequenzbereich sind niedriger und einstellungs-abhängig. Sie variieren je nach Messeinstellungen, die aber im Trendvergleich immer konstant gehalten werden sollten. Da die Körperschallsignale last- und drehzahlbedingt und auch zustandsabhängig immer stärker schwanken auch in kurzzeitlichen Intervallen, sollten die einzelnen Kennwerte immer über mehrere Signalabschnitte gemittelt werden. Dafür empfehlen sich zwei Mittelungsarten mit der *linearen Mittelung* und der *Spitzenwerterfassung*. Erstere empfiehlt sich zur vergleichenden Fehler- oder Schadensbewertung. Letztere empfiehlt sich zur sensibleren Früherkennung von Fehlern und Schäden in Wälzlagern. Das im Abb. 7.11 rechts gezeigte *Hüllkurvenspektrum* wird an einfachen Lagerungen für die vertiefte Diagnose eingesetzt bei relevanten Zustandsänderungen im Kennwert. Es können aus diesem Signal nach dem vorherigen Kapiteln breitbandige Kennwerte gebildet werden, ggf. auch als Ersatz für die hochfrequenten Kennwerte. Diese werden über den Bereich der Überrollfrequenzen des Wälzlagers im Hüllkurvenspektrum gebildet.

Bilder

Das Copyright für die Teilbilder der Abb. 7.4 und 7.5 liegt bei Status Pro Maschinendiagnostik GmbH, Aschheim b. München, 2021

Literatur

1. VDI 3832, Schwingungs- und Körperschallmessung zur Zustandsbeurteilung von Wälzlagern in Maschinen und Anlagen, 2013-04
2. DIN 1311-1, Schwingungen und schwingungsfähige Systeme – Teil 1: Grundbegriffe, Einteilung, 2000-02
3. DIN 45662, Schwingungsmesseinrichtungen – Allgemeine Anforderungen & Prüfungen, 1996-02
4. VDI 3839-1 Hinweise zur Messung und Interpretation der Schwingungen von Maschinen – Allgemeine Grundlagen, 2001-03
5. DIN ISO 13373-3 Zustandsüberwachung und -diagnostik von Maschinen – Schwingungs-Zustandsüberwachung – Teil 3: Anleitungen zur Schwingungsdiagnose, (ISO 13373-3:2015)
6. Quelle: Status Pro Maschinendiagnostik GmbH, Aschheim b. München
7. Bedienungsanleitung VIBROCORD, Prüftechnik AG, 1996
8. Quelle: Status Pro Maschinendiagnostik GmbH, Aschheim b. München
9. Quelle: Status Pro Maschinendiagnostik GmbH, Aschheim b. München
10. Seminar Wälzlagerdiagnose, D. Franke, 2008
11. Fallbeispiele und Bilder in Kap. 13.4, von Ralf Dötsch
12. Fallbeispiele und Bilder in Kap. 13.3, von Ralf Dötsch

Signalanalyse und Anwendung schmalbandiger Kennwerte in komplexen Wälzlagerungen

8.1 Überrollungen bei Schäden und Fehlern auf den Laufbahnen im Wälzlager

Die Signalanalyse des Körperschalls kann sehr nahe an die ablaufenden Kontaktereignisse im Wälzlager quasi heranzoomen und diese in der Tiefe diagnostizieren. Dominierende Ereignisse davon finden in der Lastzone und in Fehlersegmenten und an lokalen Laufbahnschädigungen statt. Die Überrollung der Letztgenannten beschreibt den permanent wirkenden Vorgang von kurzen Kontaktereignissen an einen Laufbahnpunkt auf einem der Lagerringe durch die passierenden Wälzkörper. Oder es erfolgt dies an einer Stelle eines Wälzkörperumfangs selbst im wechselnden kurzen Überrollereignis am Innenring oder am Außenring, wie näher in Abschn. 4.5 erläutert wird. Die Gleitvorgänge am Käfig und das Wälzen im umlaufenden Wälzkörpersatz insgesamt, als einem eigenen Wirkungsmechanismus, laufen mit seiner Drehfrequenz (ca. 40 % der Welle) ab. Die dabei entstehenden „Ereignisketten" werden im Wälzlager geprägt von den Überrollfrequenzen und Drehfrequenzen der Wälzvorgänge. Diese sind die bestimmenden Merkmale bei lokalen Schäden der Laufbahnen oder bei den meisten der Wälzlagerfehler im Körperschall. Diese angeregten Passier- bzw. Überrollfrequenzen stellen bei Schäden keinen kontinuierlichen Schwingungsvorgang dar, sondern eine sog. Folge von Stößen oder Impulsen als Stoßwiederholung wie im Beispiel der Abb. 8.1. Die Wiederholfrequenz der Stöße ist die dabei entstehende Taktrate. Audioakustisch hört sich ein derartiges Geräusch wie ein lauteres Rattern und Rumpeln an. Bestimmt wird dies von den Stoßmaxima und dem „Grundrauschen" des Signales, das in diesem Zustand mehr in den Hintergrund tritt.

Diese Zusammenhänge stellen in der Signalanalyse besondere Anforderungen an deren Signalverarbeitungsschritte. Ebenso erfordern die Merkmale der pegelbestimmenden hohen Stöße oder die noch kurzzeitigeren Impulse weitere Kriterien der Signalverarbeitung und -interpretation.

D. Franke, *Wälzlagerdiagnose an Maschinensätzen*, https://doi.org/10.1007/978-3-662-62620-7_8

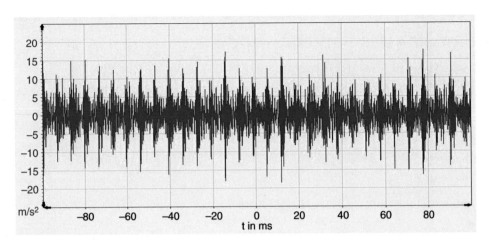

Abb. 8.1 erhöhte Impulsfolge am Außenring (Kugellager) in Stufe 3 (Drehfreq. f_n ca. 50 Hz)

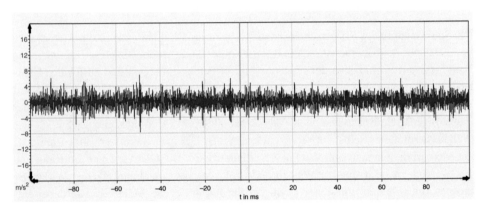

Abb. 8.2 Signalverlauf am ungeschädigten Wälzlager mit stochastisch verteilten niedrigen Stößen (bei $f_n = 50$ Hz)

Mit einem deutlich anderem Signalcharakter zeigen sich ungeschädigte oder auch erhöht fehlerhafte Wälzlager. Temporär auftretende Stoßfolgen sind kaum mehr regelmäßig sichtbar und stark schwankend in den Amplituden. Deren Pegel sind deutlich niedriger, wie das Abb. 8.2 eines solchen Zustandes zeigt. Audioakustisch hört sich ein derartiges Geräusch wie ein weniger lautes surren, knistern oder eher rauschartig an. Das „Grundrauschen" oder Effektivwert des Signales tritt deutlicher hervor. Eine stärkere Drehzahlerhöhung sorgt ggf. erst für höhere Pegelwerte und macht die Drehzahlabhängigkeit auch im Grundrauschen eindrucksvoll hörbar.

Beide geschilderten typischen Signalbilder und Lagerzustände bilden die Grundzustände der „Überrollgeräusche" ab. Sie werden als Referenzen mit ihren Merkmalen aus der Signalverarbeitung vergleichend gegenübergestellt. Im Folgenden schauen wir mehr diagnostisch (durchblickend) auf die Beurteilung der in der Signalanalyse generierten Merkmale.

8.2   Überblick zur Methodik der Signalanalyse

Um an Maschinen beispielsweise mit Zahnradgetrieben komplexe Wälzlagerungen diagnostizieren zu können, reicht es nicht breitbandigere Kennwerte zu messen, wie in Abschn. 7.1 bereits dargestellt. Da der Zahneingriff mit seinen Eingriffsfrequenzen und Wirkungen auf Resonanzen i. d. R. deutlich „lauter" ist, überdeckt er (Fachbegriff: maskiert) Körperschallanteile der Wälzlager. Der Zusammenhang mit dem Maschinentyp der Wälzlagerung wurde in Abschn. 6.1 in Tab. 6.1 sichtbar gemacht. Abb. 8.3 zeigt in der Übersicht die Signalverarbeitungsschritte für ein derartiges, links gezeigtes Zeitsignal. In den Frequenzbereich übertragen wird dieses mittels *schmalbandiger FFT-Analyse* (Fast-Fourier-Transformation). Im so gebildeten Spektrum werden alle Frequenzkomponenten des Signals sichtbar. Die Frequenzanalyse der Fourier-Transformation geht davon aus, dass jedes Signalgemisch mit periodischen Anteilen sich in einer Überlagerung von vielen einzelnen Sinussignalen abbilden lässt. In der Fast oder (schnellen) Fourier-Transformation wird in Abwandlung der „Diskreten Form" (DFT) eine Senkung des Rechenaufwandes durch Verwendung von Zwischenergebnissen erreicht. Das Ergebnis der FFT-Analyse des Zeitsignales zeigt das Bild in der Mitte als ein sog. Breitbandspektrum. Hier über dem analysierten linearen Frequenzbereich bis 10 kHz. Weiterhin sind daraus „ausgeschnitten"

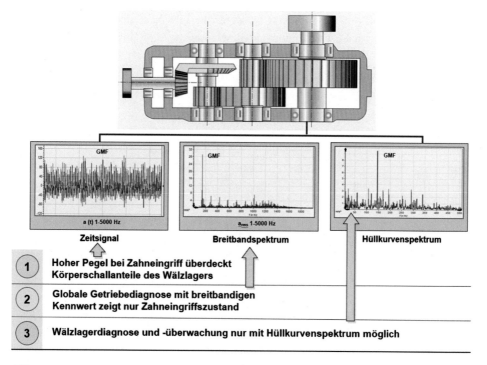

Abb. 8.3 Komplexe Lagerung – schmalbandige Kennwerte nach [1] dominiert von der Gear-Mesh-Frequency (Zahneingriffsfrequenz)

die niederfrequenten Signalanteile bis 1 kHz interessant, die in einem sog. Grundspektrum unterhalb der Körperschallgrenze ggf. niedrigere Signalanteile des Wälzlagers zeigen. In einer spezielleren Signalverarbeitung kann ein sog. Hüllkurvensignal (engl. Envelopesignal) erzeugt werden (vgl. Abschn. 6.1 und 7.2). Im Wälzlager werden die einzelnen Stöße z. B. durch Anstoßen einer oder mehrerer Außenringeigenfrequenzen angeregt in der Schadensüberrollung. Daraus wird ein rechts abgebildetes Hüllkurvenspektrum berechnet, wie im folgenden Kapitel signaltechnisch erläutert wird. Dieses zeigt nun keine direkten Signalanteile der einzelnen Stöße mehr, sondern nur deren Modulationen, die in einem dafür ausgewählten Filterbereich enthalten sind. Solche entstehen als Überrollfrequenzen im Wälzlager durch die geschilderte Schadensüberrollung.

Die Breite jeder Linie in der FFT-Analyse entspricht dem Quotienten aus der Maximalfrequenz des Frequenzbereiches und der Linienanzahl. Umso mehr Linien verwendet werden, umso schmaler sind diese. Umso besser können die Frequenzanteile in den benachbarten Linien detaillierter dargestellt (aufgelöst) werden.

Zweckmäßig ist eine Frequenzauflösung z. B. von 0,05 Hz, die z. B. die Drehfrequenz einer Asynchronmotors beispielsweise von 49,85 Hz deutlich trennt von der 50 Hz Linie, die durch den Netz-Wechselstrom verursacht ist. (trennt heißt mindestens ein niedrigere Linie zwischen Beiden)

Bei stabilen festen Drehzahlen ist die FFT-Spektralanalyse das üblichste Werkzeug wie im Abb. 8.4a links dargestellt. Es kann bei Drehzahlregelungen jedoch nicht angewendet werden. In den Signalen „verschmieren" sonst bei der FFT diese sich permanent ändernden sog. drehsynchronen Signalkomponenten, wie im Abb. 8.4b links gezeigt. Bei varia-

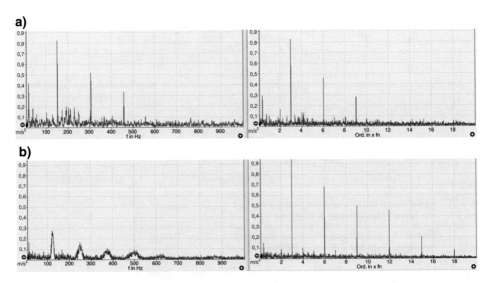

Abb. 8.4 Hüllkurvenspektren als FFT-Spektrum links und rechts Ordnungsspektrum aus der Ordnungsanalyse mit Resampling eines Außenringschadens a) und oben bei fixer Drehzahl und b) unten bei kontinuierlich ansteigender Drehzahl im Hochlauf

bler Drehzahl sollte die sog. Ordnungsanalyse mit Resampling (Wiederabtastung) eingesetzt werden, wie in beiden Abb. 8.4a, b rechts. Die Frequenzachse wird dann statt in
Hertz mit den Ordnungen als Harmonische der Rotordrehfrequenz als Bezug skaliert. Beispiele der Wirkungen mit beiden Verfahren der Frequenzanalyse bei fixer und hoch-
laufender Drehzahl zeigt diese Bild anschaulich im Überblick.

8.3   Hüllkurvenbildung und schmalbandige Kennwerte

Abb. 8.5 zeigt schematisch das Verfahren der Hüllkurvenbildung mit dem die Überrollungen
aus dem Rohsignal extrahiert werden können. Die Darstellungen zu in Abschn. 6.1 und 7.2
werden hier im Hinblick auf die Signalverarbeitung erläutert. Modulationen sind periodische Änderungen einer Signalkomponente, die selbst als Trägersignal bezeichnet wird. In
der Wälzlagerdiagnose sind die Trägersignale die Eigenschwingungen der angestoßenen
Bauteile wie die des Außenrings, die aus dem linearen Frequenzbereich im Körperschall
oder aus dessen Resonanzbereich gewonnen werden. Zur optimalen Filterung wurden in
Abschn. 6.1 bereits Aussagen getroffen. Die Modulationen sind die Überroll- und Drehfrequenzen im Wälzlager mit deren Frequenz sich die Trägerfrequenz in der Stoßamplitude
ändert z. B. bildlich gesprochen entsteht eine Stoßfolge mit einer Taktfrequenz, wenn die
Wälzkörperreihe über einen Laufbahnschaden rollt. Ziel ist es nun den Takt dieser Stoßfolge
zu analysieren und nicht den „Klang des einzelnen Stoßes" (Trägerfrequenz) selbst. Es gibt

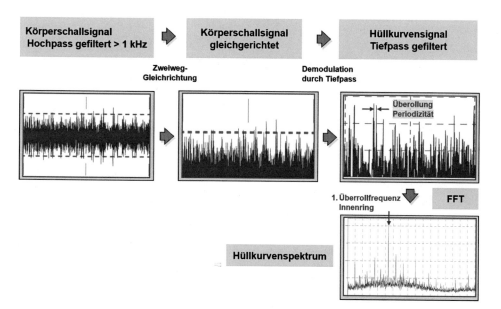

Abb. 8.5 Signalverarbeitungsschritte zum Hüllkurvenspektrum aus [1]

verschiedene analoge (hardwaregebunden) oder digitale Verfahren dieses Hüllkurvensignal zu bilden. Es werden darin i. d. R. folgende Schritte realisiert.

Danach erfolgt eine Gleichrichtung des Signales, die bildlich gesprochen als optimale Zweiweggleichrichtung im Bild den negativen Zeitsignalanteil und den positiven „übereinanderlegt". Damit wird u. a. der Stoßcharakter des Signales stärker betont. Als letzter Schritt erfolgt eine Tiefpassfilterung nahe der genannten Hochpass-„Eckfrequenz", die eine sog. Einhüllende Kurve über die Signalanteile legt. In diesem Schritt ist das Signal nicht verschwunden, wenn erst über einer Frequenz und danach darunter weggefiltert wird. Es werden darin nun die gesuchten niederfrequenteren Modulationen in einer Einhüllenden der Stoßfolgen im Signal hervorgehoben. Wird dieses Signal final in den Frequenzbereich mittels FFT übertragen, können nun auftretende Modulationsfrequenzen der Überrollfrequenzen direkt dargestellt werden. Ein alternative Signalverarbeitung zur Hüllkurvenbildung bietet die Hilberttransformation, wie in [1] erwähnt.

Die für jedes Wälzlagerbauteil spezifische Entstehung der Überrollfrequenzen wurde im Kap. 4 bereits erläutert. Das Hüllkurvenverfahren ist in der Wälzlagerdiagnose das sog. Schlüsselverfahren und generiert damit Schlüsselmerkmale „KPI" (Key Performance Indikator) als Merkmale von relevanten Zustandsverschlechterungen in der Diagnose und Überwachung. Warum sind diese Überrollfrequenzen so wichtig und ein Schlüssel? Zunächst zeigen Sie einfach an, ob ein Bauteil eines der beiden meist zu diagnostizierten Wälzlager Überrollungen in einem Rotor-Lager-Satzes auslöst. Diese Merkmale sind nur bei erhöhten Fehlern oder Schäden im Wälzlager der Fall. In dem Fall erhöhter Merkmale aus dem Wälzlagers kann damit das betroffene oder beteiligte Bauteil genau zugeordnet werden. Das ist wälzlager-technisch notwendig, da die potenziellen Schäden deutlich unterschiedlich schnelle Schadenentwicklungen an den Bauteilen aufweisen. Und vor allem bergen die vier Bauteile bei starken Fehlern und ausgedehnten Schäden sehr unterschiedliche Ausfallrisiken für das Lager. Ein potenzieller Ausfall kann je nach Bauteil seltener nach wenigen Stunden und allermeist nach mehreren Wochen oder Monaten erfolgen. Auf die Entscheidung ob nur ein Fehler an einem Bauteil auftritt oder bereits ein Schaden des Bauteils vorliegt wird in den folgenden Kapiteln noch vertiefend eingegangen. Erfolgsentscheidend in der Hüllkurven-bildung ist die Filterung eines sog. Anregungsgebietes des Wälzlagers in dem die Überrollungen als Modulationen enthalten sind (vgl. ff. Abschn. 8.6.2, Abb. 8.16).

8.4   Schmalbandige Kennwerte im Wälzlager aus bauteilspezifischen Überrollfrequenzen

Alle nachfolgenden Erläuterungen werden beispielhaft für die Anwendungsfälle in Radiallagern ausgeführt. An Axiallagern gilt das gesagte meist analog jedoch mit einigen abweichenden Details. Im Abschn. 4.2 wurden die bauteilspezifischen Überrollfrequenzen eingeführt. Diese haben geometrisch bedingt unterschiedliche Anregungsmuster und daraus entstehende Signalmerkmale.

Den typischen Charakter (Muster) der *Überrollungen am Außenring* zeigt Abb. 8.6. Im Hüllkurvenspektrum sind am Beginn einer Schadensentstehung eine erhöhte Linie bei der

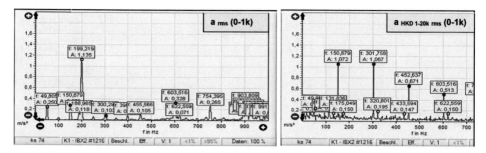

Abb. 8.6 Merkmale Überrollung Außenring f_A links im Grund- u. rechts Hüllkurvenspektrum (rote Punkte) und Seitenbänder Käfigdrehfrequenz (gelbe Punkte) und Vielfache der Rotordrehfrequenz (türkise Punkte) (f_n = 49,805 Hz)

Überrollfrequenz des Außenrings sichtbar mit der sog. ersten Harmonischen. Meist treten mit ansteigendem Schadensausmaß erhöhte Vielfache und Amplituden auf. Aus dem Muster der Amplitudenhöhen der ersten und weiteren Harmonischen kann dieses Schadensausmaß näherungsweise abgeschätzt werden nach [2]. Die Überrollung als Modulation im Wälzlager erfährt selbst wiederum Modulationen. Das heißt, in der Überrollung durch die Wälzkörperreihe erfährt diese selbst wieder periodische Änderungen im Umlauf im Lager. Am Außenring treten diese zusätzlichen Modulationen jedoch seltener auf. Ein Beispiel wären Modulationen mit der Drehfrequenz der Welle bei sehr starken Unwuchten. Die erhöhte Fliehkraft aus einer Unwucht erhöht beim Umlaufen die Kraft in der Überrollung in der Lastzone. Dort ist kräftebedingt meist der Schaden vorzufinden. Außerhalb der Lastzone reduziert diese die resultierende statische Kraft, in der Lastzone erhöht sie diese. Diese Drehfrequenz ist als erhöhte Linie mehrfach mit den sog. Seitenbänder links und rechts der Überrollfrequenz im Abstand der Drehfrequenz sichtbar. Seitenbänder sind aber gleichzeitig als deren Grundfrequenzen links sichtbar im Hüllkurvenspektrum. Außenringschäden sind die häufigsten Laufbahnschäden im Normalfall des drehenden Innenrings und feststehendem Außenring im Radiallager. Ursache ist die dauernde lokale Belastung in der Lastzone im stehenden Außenring. (vgl. Fälle in Abschn. 13.1, 13.3, 13.8, 13.13, 13.14 und 13.15)

Im Abb. 8.7 ist die *Innenringüberrollung* deutlich sichtbar. Als Muster ist die Innenringüberrollfrequenz mit Vielfachen angezeigt. Verbunden ist diese wie hier meistens mit

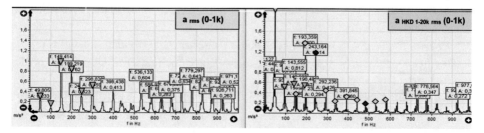

Abb. 8.7 Merkmale Überrollung Innenring f_I links im Grund- u. rechts Hüllkurvenspektrum (rote Marker) und Seitenbänder Drehfrequenz (gelbe Marker) und Vielfache Drehfrequenz (türkise Dreiecke)

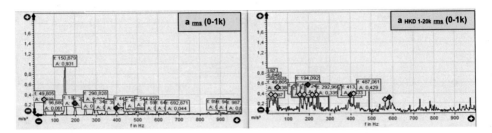

Abb. 8.8 Merkmale Überrollung Wälzkörper f_W links im Grund- u. rechts Hüllkurvenspektrum (violette Marker) und Seitenbänder Käfigdrehfrequenz (gelbe Marker) und Vielfache Drehfrequenz (tükise Marker)

der dominierenden Modulation mit der Rotordrehfrequenz. Es zeigt sich daraus ein dichtes Muster der erhöhten linken und rechten Seitenbänder der Drehfrequenz. Mit jeder Umdrehung durchläuft ein Innenringschaden einmal die Lastzone und löst nur dort periodisch erhöhte Stöße in den Überrollungen aus. Gegenüber der Lastzone ist das Betriebsspiel und der Schaden wird nicht überrollt. Dazwischen tritt überrollen mit geringerer Kraft und unregelmäßig auf. Innenringschäden sind am drehenden Bauteil entsprechend seltener, da die Lastzone lokal auf der Laufbahn betrachtet nur periodisch durchlaufen wird und regulär keine kritische lokale Mehrbelastung auftritt wie am Außenring. (vgl. Abschn. 13.4, 13.7 und 13.14)

Im Abb. 8.8 ist die *Überrollung am Wälzkörper* gezeigt. Die Überrollfrequenz der Wälzkörper tritt dort als eine nur etwas erhöhte Linie auf. Ebenso treten deren Vielfache auf. Deutlich sind die hier meistens zahlreich auftretenden Seitenbänder mit der Käfigdrehfrequenz erhöht. Der betroffene Wälzkörper durchläuft in der Wälzkörperreihe mit deren Umlaufen bzw. der Käfigdrehfrequenz die Lastzone. Die Überrollung erfolgt dabei dort unter deutlich erhöhter Last. Die Wälzkörper liegen fliehkraftbedingt immer am Außenring an, wodurch der Laufbahnschaden dort immer überrollt wird.

Zusätzlich wird dieser auch am Innenring mit Last überrollt, aber nur innerhalb der Lastzone. Weshalb die Überrollfrequenz der Wälzkörper mit der halben Harmonischen der Überrollfrequenz auch auftreten kann und die Erste der Überrollfrequenz in der Nähe der des Außenrings liegt. Es gelten daraus folgende Beziehungen und Mechanismen für die Wälzkörper:

1. Überrollfrequenz = 2. Drehfrequenz des Wälzkörpers (Überrollung Außen- und Innenring)

0,5. Überrollfrequenz = 1. Drehfrequenz des Wälzkörpers (Überrollung Außenring)

1. Drehfrequenz Käfig = 0,4 * Drehfrequenz Rotor (periodisches Überrollen in der Lastzone)

1. Drehfrequenz Käfig = Umlauffrequenz Wälzkörpersatz (Außen-, Innenring, Lastzone)

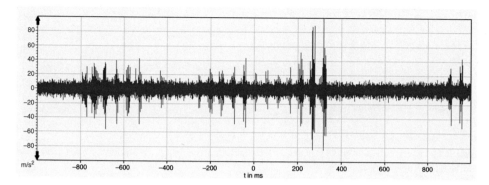

Abb. 8.9 Überrollung Wälzkörperschaden bei f_n 50 Hz mit „Lücken" der Stoßfolgen (1k-40k)

Eine weitere Abweichung ist bei Kugellagern an den Kugeln zu beobachten, wie im Abb. 8.9 sichtbar. Durch den Spin der Kugeln schräg zur Abrollrichtung unter dem Axiallastanteil wird der Laufbahnschaden an einer Kugel periodisch aus der Überrollung herausgedreht und wieder hineingedreht. Im Zeitsignal sieht man ggf. Zeitabschnitte mit deutlichen anwachsenden Schadensüberrollungen und solche ohne Überrollungen. Ähnlich wie Innenringschäden sind Wälzkörperschäden etwas seltener, da es auch hier sich um ein immer rotierendes Bauteil mit regelmäßigem Durchlauf der Lastzone handelt und zudem mit besseren d. h. widerstandsfähigeren Materialeigenschaften und kompakter Gestalt. Außerdem sind die Geometrieabweichungen des Bauteils geringer und das Material ist härter als bei den Lagerringen. (Wälzkörperschäden vgl. Fälle in Abschn. 13.2, 13.6 und 13.14)

Abweichend von den vorher erläuterten Schäden an den drei tragenden Bauteilen des Wälzlagers auf den Laufbahnen treten bei *Käfigfehlern oder -schäden* keine direkten Überrollungen auf. Der Käfig führt lediglich die Wälzkörper im Abstand und wird von diesen angetrieben. Es können aber periodische Änderungen der Käfigumdrehungen durch Abbremsen oder Beschleunigen des Wälzkörpersatzes auftreten. Dies kann aber auch ruckartig auftreten. Angeregt werden kann dieses beispielsweise durch axiale bzw. radiale Lastwechsel und beim Ein- od. Austritt aus der Lastzone. Funktionell steht der Käfig im Körperschall für die Muster des gesamten Wälzkörpersatzes im Vorgang des Umlaufens. Die Mechanismen daraus wurden bereits mit den Wälzkörpermechanismen aufgelistet. Aber auch Käfigbrüche können auftreten, die dann die Käfigrotation und den Wälzkörperlauf unter den wirkenden Kräften massiv stören, wie in Abb. 8.10 durch den Bruch eines Käfigsteges gezeigt. Käfigschäden sind statistisch am seltensten, da das Bauteil keinen Wälzkontakt unter Lagerlast unterliegt und lediglich in den Käfigtaschen und der Käfigführung Gleitreibung erfährt. (Käfigschäden vgl. Fälle in Abschn. 13.5, 13.9 und 13.10)

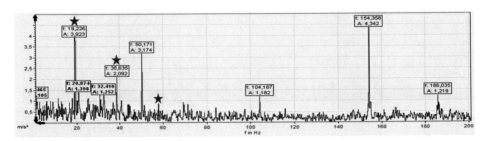

Abb. 8.10 Merkmale Käfigschäden/-fehler mit Käfigdrehfrequenz f_K im Hüllkurvenspektrum (rote Marker) am Kugellager (bei f_n 50 Hz)

Zusammenfassen lassen sich erhöhte Überrollmechanismen durch Wälzlagerschäden, die auch ähnlich in Fehlermechanismen wirken, wie folgt.

+ **Innenringkontakte** *[nur in Lastzone]* = *bei Innenringschäden und von Wälzkörperschäden*
+ **Außenringkontakte** [nur und stärker in Lastzone oder umlaufend] = Lastzone mit *Außenringschäden oder umlaufend von Wälzkörperschäden und stärker in Lastzone*
+ **Drehender Käfig** *[drehend, angeregt am Lastzonen- Ein- und -austritt]* = *bei Käfigschäden*
+ **Umlaufender Wälzkörpersatz** [umlaufend am Außenring und dort stärker in Lastzone, am *Innenring nur in Lastzone]* = *Wälzkörperschäden umlaufend im Satz*
+ **Lastzone** [lokal unten im Radiallager, ggf. diese periodisch umlaufend, oder nahe Vollkreis im *Axiallager]* = *beeinflusst fast allen Mechanismen, insbesondere die Schmierung*

In Tab. 8.1 sind die vorher geschilderten *vier Schadenstypen* an den Bauteilen im Wälzlager in einer Übersicht dargestellt. Sie sind von oben nach unten mit zunehmender Priorität der Abhilfe und steigendem Ausfallrisiko angeordnet. Bedingt ist das durch die Geometrie in der Überrollung und die dabei wirkenden Kräfte und Mechanismen.

Außenringschäden sind am „gutmütigsten" und können meist mit geringerem Risiko über Monate weiter betrieben werden. Der Außenring liegt bedingt durch sein Spiel im Lagergehäuse nur in der Lastzone auf und wird im Gehäuse sicher geführt. Schäden könnten eigentlich so lange weiterwachsen, bis andere Bauteile stärker betroffen sind.

Innenringschäden können maximal über wenige Wochen weiter betrieben werden. Hier besteht durch die ggf. starken lokalen Stoßeinwirkungen am Schaden die Gefahr, dass der im Wellensitz vorgespannte Innenring durchreißt.

Das führt dann unmittelbar zum Verschwinden der Lagerluft und so zum Heißläufer oder starkem axialem Verschieben und Anlaufen. Der Innenring sitzt im zylindrischen Sitz unter Vorspannung auf dem Wellensitz oder ist auf einer Kegel- oder Spannhülse noch

Tab. 8.1 Übersicht der Auswirkungen von Wälzlagerschäden an den vier Lagerbauteilen an Radiallagern

Schaden am	Häufige Schadens-entwicklung	Aktion	Empfohlener risiko-armer Wechsel	Seitenbänder
Außenring	Über Monate	Trend f_A langfristig verfolgen	Ab Stufe 4–5, spätestens bei nächstem planmäßigem Halt	Mitunter Rotor-Drehfreq.
Innenring	Über Monate/ Wochen	Trend f_I & SB f_n eng kurzfristig verfolgen	Ab Stufe 3–4 bei nächsten planmäßigem Halt	Fast immer Rotor-Drehfreq.
Wälzkörper	Über Wochen/ Tage	Trend f_W ohne Lücken ab Stufe 3–4 verfolgen	Frühestmöglich Sofort bei schnellem Pegelanstieg	Meist mit Käfig-Drehfreq.
Käfig	Über Wochen/ Tage/Stunden	Trend f_K immer ohne Lücken verfolgen	Sofort bei erhöhtem Pegel od. schnellem Pegelanstieg	Mitunter mit Pendel-, Schlupffreq.

SB … Seitenbänder

stärker vorgespannt. Diese Spannung erhöht die Gefahr des Durchreißens und führt zu dem erläuterten Mechanismus. (vgl. Abb. 3.16 und 3.20)

Wälzkörper mit Schäden haben ein noch weiter erhöhtes Ausfallrisiko. Große Bruchstücke können den nachfolgenden Wälzkörper blockieren und so direkt zum Heißläufer führen. Besonders gilt das für Rollen, da die Stücke bei Kugeln eher nur zur Seite gedrückt werden. Rollen werden bei größeren Bruchstücken meist einseitig abgebremst und im folgenden stärkerem „Schrägstellen" so zwischen den Ringen „Einklemmen". In Folge können sie so Heißläufer werden oder final „Blockieren" oder Käfigbrüche erzeugen.

Die gefährlichsten Lagerschäden mit hohem Potenzial zur plötzlichen Schadenseskalation sind *Käfigschäden*, die mitunter bereits nach sehr kurzer Zeit zum Lagerausfall führen. Wenn einzelne Rollen nicht mehr auf Abstand gehalten werden nach Käfigring- oder Stegbrüchen können sie das Lager zum „Verklemmen" bringen und bis zu Heißläufern führen (vgl. Abb. 8.11). Das kann bis zu Ausfällen im Minutenbereich führen nach massiven Brüchen. Schäden treten hier zum Glück aber seltener auf. Starker Verschleiß in einzelnen Käfigtaschen oder Ermüdungsbrüche an Käfigstegen entstehen erst über längere Beanspruchungs-Zeiträume.

Typisch sind lokale Käfigschäden einzelner Stege in Rollenlagern mit temporär stark erhöhten Anregungen, wie im Abb. 8.11 im Trendverlauf ersichtlich. Dabei nehmen einzelne schlecht geführte Wälzkörper starke Winkelfehler in der Drehachsenlage ein und neigen geometriebedingt dazu zwischen den Lagerringen zu klemmen.

Dieses ansteigende Ausfallrisiko der verschiedenen Lagerbauteile macht eine Tiefendiagnose nach festgestellten unerwarteten Schäden in der Überwachung unerlässlich. Ist die geschädigte Komponenten im Hüllkurvenspektrum detektiert und das Bauteil bekannt, kann nun für einen ggf. erforderlichen Weiterbetrieb oder für die Instandhaltung der opti-

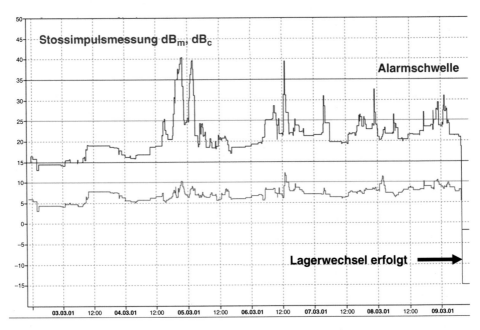

Abb. 8.11 Trendverlauf nach Bruch eines Käfigsteges am Pendelrollenlager und temporärem Klemmen des betroffene Wälzkörpers nach [3]

male Zeitpunkt eines Lagerwechsels grob abgeschätzt werden. Optimaler Zeitpunkt heißt, dass das Ausfallrisiko sich in Grenzen hält und das Schadenswachstum zusätzlich überwacht werden sollte. Dazu werden in Abschn. 10.3 noch weitere Ausführungen gemacht.

Schmalbandige Kennwerte der Überrollfrequenzen werden aus Spektren gebildet, indem einige Linien um eine markierte Frequenz herum zu einem sog. Bandkennwert zusammengefasst werden. Ähnlich wie im Zeitsignal können hier verschiedene Kennwerte den Inhalt eines Bandes im Spektrum unterschiedlich bewerten. Es können der arithmetische, der energetische oder der Maximalwert gebildet werden. Ebenso beeinflussend ist dabei, wie dieses Spektrum in der Mittelung vorher gebildet wurde. Da das Laufverhalten des Wälzlagers im Betrieb unter Last- und Drehzahleinfluss stärker variiert, sollte eine ausreichende Mittelung durchgeführt werden, um kein zufälliges und nur wenig repräsentatives Signalabbild zu verwenden. Es können alternativ auch die Variationen fortfolgender Spektren vergleichend beobachtet werden. Auch sind selbst kurze Signalabschnittes eines sog. einzelnen Signalblockes bereits stärker stochastisch schwankend. Es gibt mehrere Mittelungsmethoden von denen die drei am häufigsten angewendeten und aussagefähigen hier genannt werden.

Die am häufigsten angewendete Mittelung ist die *lineare oder arithmetische Mittelung*. Werden derart gemittelte Spektren berechnet, werden die Linien gleicher Frequenz der zu mittelnden Spektren einfach aufaddiert und durch die Mittelungsanzahl geteilt. Als Ergebnis erhält man Schwingungskomponenten, die so im Mittel über der gesamten Messzeit auftreten. Diese Mittelung eignet sich für die Bewertung des Schadensausmaßes.

Die am zweithäufigsten angewendete und für die Früherkennung unerlässliche Mittelung ist die *„Spitzenwerterfassungs-"* oder *„peak hold-"* Mittelung. Werden derart gemittelte Spektren berechnet, werden die Linien gleicher Frequenz der zu mittelnden Spektren verglichen und nur die höchste Linie wird gewertet. Als Ergebnis erhält man Schwingungskomponenten, die im Mittel über der gesamten Messdauer als höchstes Ereignis aufgetreten sind. Diese Mittelung eignet sich zur Schadensfrüherkennung.

In einer *„gleitenden Mittelung"* werden die momentan in die Mittelung einfließenden Komponenten am stärksten betont und die zurückliegenden weniger eingerechnet. Sie eignet sich für die Beurteilung aktueller oder als sog. „Replay" ablaufender Signale. Sichtbar erscheint das wie eine Art „Slow Motion"-Mode bei der Betrachtung von ablaufenden Signalabschnitten. Alternativ kann visuell eine Wasserfalldarstellung einer Anzahl fortlaufend gebildeter Spektrum beurteilt werden (vgl. Abb. 8.17).

Bedingt durch die unregelmäßige geringer anregende Überrollung von Schäden im Entstehungsstadium, den instationären Signalcharakter und Anregungslücken wie beim Wälzkörper empfiehlt es sich *längere Zeitabschnitte* zu speichern und auszuwerten als theoretisch notwendig wären. Bewährt haben sich dabei mindestens 10 Käfigumdrehungen auszuwerten, was nach ca. 25 Rotorumdrehungen vorliegt ($T_n = 1/f_n$ und $T_K = 2,5 * T_n$).

8.5 Anwendung schmalbandiger Kennwerte in der Wälzlagerüberwachung

Wie in Abschn. 1.1 erwähnt, war die Einführung der Schwingungsüberwachung von Windenergieanlagen (WEA) in den neunziger Jahren ein wichtiger Meilenstein zur breiteren Einführung von CMS und zur Fernüberwachung an Wälzlagerungen mittels der Schmalbandüberwachung. Einer der ersten Anwender in großen Anlagenstückzahlen der Betriebsführung derartiger Überwachungen war die Fa. Bachmann Monitoring GmbH in Rudolstadt.

Mit der Überwachung schmalbandiger Kennwerte von Überrollfrequenzen können Wälzlager in sehr komplexen Triebstränge wie auf WEA überwacht werden. An WEA mit Getrieben werden für den gesamten Triebstrang je nach Anlagentyp 400 bis 900 schmalbandige Kennwerte an mindestens 7 Beschleunigungsaufnehmern parallel überwacht (vgl. Abb. 8.11). Die automatisierte schmalbandige (frequenzselektive) Überwachung stellte gegenüber der bis dahin gängigen Praxis in der Industrie einen prinzipiell notwendigen Paradigmenwechsel dar. Sie löst die einfache Schwingungspegelüberwachung in ausgewählten Frequenzbereichen ab, um die erforderliche Diagnosegüte zu erhöhen.

Diese erhebliche Quantität erforderte auch eine deutlich höhere Qualität in Betriebsführung der Überwachung als bei herkömmlichen CM-Systemen in der Industrie. Es gibt in der Windbranche relativ hohe Anforderungen an die Zuverlässigkeit der Zustandsüberwachung und die frühzeitigen Detektion von Laufbahnschäden. Hier kommt in der Kennwertbildung hinzu, dass Drehzahl und Leistung an WEA in einem weiten Bereich relativ dynamisch variieren mit dem Windangebot an den Blättern. Diese erhöhten Anforderungen müssen in der Messtechnik und in dem Durchführungskonzept und nicht zuletzt von den Bedienern des CM-Systems während der gesamten langjährigen Betriebsdauer umgesetzt werden.

Nachfolgendes Beispiel im Abb. 8.12 nach [4] eines sich entwickelnden Außenringschadens über 17 Monate macht die Anwendung der schmalbandigen Kennwerte und deren starke Variation im Trendverlauf sichtbar. Je nach Anwendungsfall der überwachten Komponente in einer Überwachung können die Einfache und Vielfache der Harmonischen einer „Überrollfrequenz" zu einem Kennwert zusammengefasst werden. Im Beispielbild 8.13b sind die Harmonischen bis zur 5.ten hier deutlich erhöht angeregt. Für größere und langsamere Wälzlager ist eine parallele Überwachung im Hüllkurvenspektrum und im Grundspektrum in vielen Fällen zweckmäßig. Sie kann weiterhin auch mit breitbandigen Kennwerten ergänzt werden. An Hauptlagern (hier Aufnehmer AI 2) sind die Detektionen der Schmalbänder in den Grundspektren sehr häufig frühzeitiger. Bedingt ist das Verhalten durch die Eigenschaften von Langsamläufern mit geringeren Anregungsenergien und durch die derartigen enormen Baugrößen mit großen dämpfenden Massen und einem dadurch bedingten tieffrequenteren Frequenzcharakter der Stoßantworten.

Für die Überwachung wird deshalb von der Fa. Bachmann Monitoring GmbH ein dynamischer Kraftaufnehmer mit der „μ-Bridge" ® eingesetzt nach [5]. Es sorgt ein angeklebter dynamischer Kraftaufnehmer an den langsamer laufenden und großen schweren Hauptlagern für eine erforderlich höhere Empfindlichkeit zur verbesserten Früherkennung bei niedrigeren Anregungen im Wälzlager. Die hohen Ersatzteilkosten und Reparaturkosten und Stillstandszeiten bei Lagerausfall bei derartigen Großlagern mit Durchmessern mehrerer Meter geben dem hohe Priorität in der Betriebsführung in Windparks.

Der Trendkurvenverlauf im Abb. 8.13a des Kennwertes der Harmonischen der Überrollfrequenz am Außenring am Hauptlager zeigt einen beständigen schadenstypischen An-

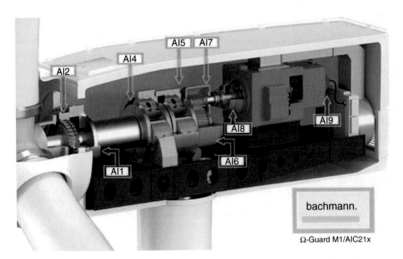

Abb. 8.12 Triebstrang einer WEA der MW-Klasse mit den Aufnehmerpositionen des CMS Omega-Guard der Fa. Bachmann Monitoring GmbH [4]

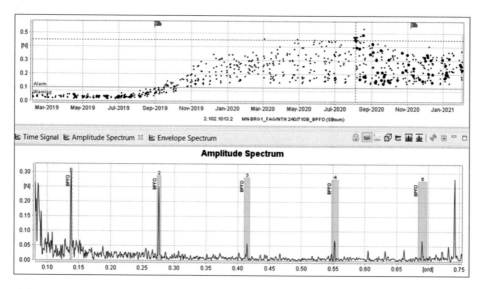

Abb. 8.13 a) oben: Kennwert aus Schmalbandüberwachung mittels dynamischem Kraftsensor im Trendverlauf des Kennwertes aus den Harmonischen der Überrollfrequenz des Außenrings und deren Vielfachen am Hauptlager (AI2 in Abb. 8.9); **b)** unten: mit Merkmalen eines Außenring-schadens im Amplitudenspektrum (grüne Balken Harmonische Außenringüberrollung) im Ordnungsspektrum nach [4]

stieg. In seinen Höchstwerten erfolgt ein Anstieg um Faktor 8 über 10 Monate bis ca. Juni 2020. Die eng und empfindlich gesetzten Grenzwerte werden beide bereits nach einem Monat überschritten. Etwas langsamer, aber ähnlich steigen die Niedrigwerte an und die Streuung der mittleren Werte nimmt dazwischen schadenstypisch beständig zu. Das entspricht dem Verhalten einer Schadensstufe 3 des Wachstums. WEA-typisch gibt es drehzahl- und lastbedingt diese erhöhten Pegelschwankungen. Danach schließt sich eine Schadenstufe 4 der Ausdehnung über 8 Monate an, in der die Höchstwerte nicht mehr ansteigen. Sie fallen im weiteren Verlauf sogar typisch wieder ab bei konstanten Niedrigwerten. Das im CMS begleitete Schadenswachstum über 18 Monate am Außenring birgt bauteiltypisch nur geringere Ausfallrisiken. Es kann bei erfahrener Betriebsführung als relativ sicher bewertet werden. Erst bei zukünftigen weiteren Merkmalen des Übergangs in die Schadensstufe 5 wäre ein Lagerwechsel dringend anzuraten. Markant wäre dafür nach dem Modell im Abb. 10.3 der zweite noch ausstehende Steilanstieg. Eindrucksvoll ist hier die Abbildung dieses Modells der Schadensentwicklung sichtbar. Das erläuterte Beispiel unterstreicht die breiten Nutzeffekte von gute angepasst und geführten CMS an Wälzlagerungen mit schmalbandigen Kennwerten. Derartige CMS bieten einen ausfallsicheren und zuverlässigen Betrieb, die Ausnutzung der Restnutzungsdauer und die betriebsbegleitende Minimierung des Ausfallrisikos. Die schadensbedingt notwendige Instandhaltung am Hauptlager kann so lange technisch und logistisch vorgeplant werden. Sie kann kostenbewusst in tendenziell wind- und also ertragsschwache Saisonphasen des Windparks verlegt werden. Bei dem hohen Kostenniveau von Stillständen und Reparaturen von WEA mit mehreren Megawatt amortisiert sich so der Aufwand der CMS in kürzen Zeiträumen im Windpark.

Im nachfolgenden Kapitel werden einführend die Merkmale der fünf Kennsignale der Wälzlagerdiagnose nach [2] erläutert.

8.6   Signalanalyse zur Wälzlagerdiagnose

8.6.1   Wälzlagerdiagnose im „Körperschall-Zeitsignal"

Das Körperschallzeitsignal von „einfachen Wälzlagerungen" zeigt recht anschaulich stärkere Laufbahnschäden, so wie diese auch deutlich hörbar sind am Diagnoseobjekt (wie ff. ab Schadensstufe 3). Um die wälzlagereigenen Anteile im Signal stärker zu betonen, werden hierfür Hochpassfilter etwas unter oder ab 1 kHz eingesetzt und weiter verstärkend auch Resonanzbereiche einbezogen, wie Abb. 8.14c unten gezeigt. Auch können breitere

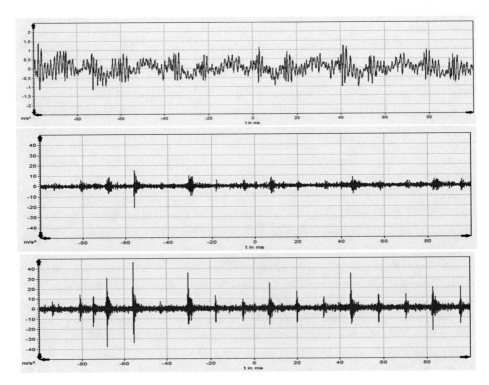

Abb. 8.14 Stoßfolgen vom Außenringschaden im Kugellager am Beginn der Stufe 3 im Zeitsignal a) oben a (t) 1 Hz bis 1 kHz, b) mittig a(t) 1–10 kHz, c) unten a(t) 1–40 kHz mit deutlich sichtbarer gut periodischer Periodizität Überrollung am Außenring

Bänder in Resonanzbereichen des Breitbandspektrums oder der Aufnehmerresonanz für spezifischere Köperschallanteile gefiltert werden.

Abb. 8.14 zeigt einen Laufbahnschaden am Außenring beginnend Stufe 3 vergleichend im Bild a) als tieffrequenten Beschleunigungssignal und b) im Körperschallsignal bis 10 kHz vergleichend. Das Signalbild unter c) bis 40 kHz weit in den Ultraschallbereich hinein zeigt nochmals eine deutliche Erhöhung der Spitzenwerte und so eine noch bessere Sicht- und Detektierbarkeit der Stoßfolge. Die durch den Laufbahnschaden verursachte Stoßfolge ist bei größeren Schäden (ab weiter entwickelter Stufe 3 nach [2]) relativ gleichmäßig sichtbar. Die Stoßfolge zeigt hier die gleichmäßigen Zeitintervalle der Periodizität des Überrollabstandes am Außenring. Einzelschäden an Kugellagern sind in diesem Stadium des Schadens derartig prägnant sichtbar. Beginnende oder stark ausgeprägte Schäden, solche an mehreren Bauteilen oder an komplexen Wälzlagern zeigen keine so eindeutig ablesbaren Muster im Zeitsignal. Aber schon ein axialer Lastwechsel an einem Kugellager unter dominierender Radiallast kann das Erscheinungsbild im Signal drastisch verändern. Da die Laufspur am Außenring mit Punktkontakt sich unter Axiallaständerung axial im Millimeterbereich verschiebt, kann so der Laufbahnschaden temporär nicht mehr oder nur noch teilweise überrollt werden.

Vergleichsweise einen niedrigeren Pegel und eine eher rauschartigen Signalverlauf zeigen ungeschädigte Wälzlager wie im Abb. 8.15 im Körperschallsignal b). Die Geräuschanregung im Abrollen wird stärker von beteiligten Gleitvorgängen und dem Berühren der Rauigkeitsspitzen der Kontaktflächen erzeugt.

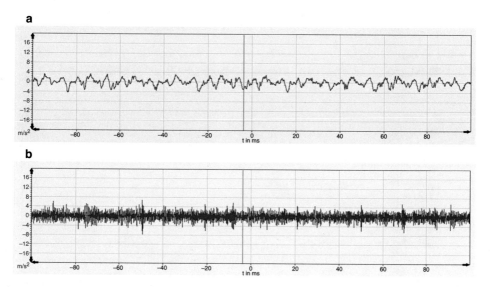

Abb. 8.15 Zeitsignal vom ungeschädigten Kugellager mit f_n 50 Hz erhöhter Schwingstärke durch Fehlausrichtung a) oben a(t) 1 Hz bis 1 kHz, b) unten a(t) 1–10 kHz

8.6.2   Wälzlagerdiagnose im „Breitbandspektrum"

Wird das genannte Zeitsignal einer FFT-Analyse über den gesamten erfassten Frequenzbereich unterzogen, entsteht ein sog. „Breitbandspektrum". Zweckmäßig wird im linearen
Bereich meist bis 10 oder 20 kHz analysiert. Abb. 8.16 zeigt das Breitbandspektrum eines
ungeschädigten Wälzlagers im Betrieb bei 50 Hz Drehfrequenz bis 40 kHz. Darunter ist
ein vergleichbares Breitbandspektrum eines Laufbahnschadens im Kugellager am Außenring mit Stufe 3 sichtbar mit einer um Faktor 6,25 höheren Amplitudenskala. Deutlich sind
die erhöhten Signalanteil ab 1–4 kHz sichtbar im letztgenannten Spektrum. Man kann sich
vorstellen, dass im Durchlaufen des Laufbahnschadens die beteiligten und angrenzenden
Bauteile durch die dabei entstehenden Stöße „wie eine Glocke angeschlagen werden".
Dieses laute Tongemisch ist hier sichtbar. Der extreme Anstieg der Amplitudenwerte über
Faktor 40 ist sehr eindrucksvoll bei Kugellagern.

In Erweiterung wurde das Breitbandspektrum hier bis in den Resonanzbereich des Aufnehmers ausgedehnt. Das hat den Vorteil, dass eine sich ausprägenden Ankoppelresonanz
beobachtet werden kann und diese Resonanz die genannten erhöhten Anregungen ebenso
aufnimmt und widerspiegelt wie im Abb. 8.16b über 30 kHz. In diesem Bereich ist ein
Anstieg um Faktor 12 sichtbar.

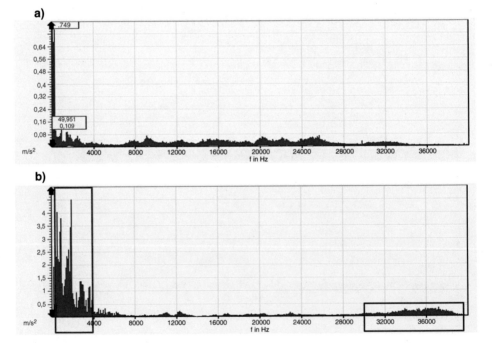

Abb. 8.16 **a)** oben Breitbandspektrum vom ungeschädigten Kugellager mit fn 50 Hz und erhöhter
Schwingstärke durch Fehlausrichtung und **b)** unten mit Außenringschaden am Anfang der Stufe 3
a(t) 1–10 kHz, mit rot markiertem Anregungsgebiet im KS & violett im US

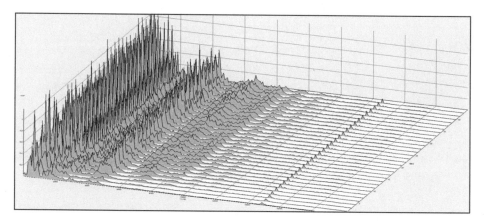

Abb. 8.17 Wasserfall- Breitbandspektrum bis 20 kHz von einem Innenringschaden an einem Kugellager mit f_n 25Hz

Im Breitbandspektrum können auch mögliche Fremdanregungen, wie die elektromagnetischen an Elektromotoren oder vom Frequenzumrichter mit der Trägerfrequenz eindeutig sichtbar und damit detektierbar werden. Die Variationen und höhere Dynamik der Amplitudenverläufe und „Anregungs-Frequenzbereiche" im Breitbandspektrum können durch fortlaufendes Anzeigen ungemittelter Einzelspektren beim Beobachter sichtbar gemacht werden. Auch die genannten gleitende Mittelung von Spektren zeigt dies anschaulich. Historisch gespeicherte Daten lassen gut in Kaskaden- bzw. Wasserfallspektren anzeigen, wie in der Abb. 8.17 gezeigt.

8.6.3   Wälzlagerdiagnose im „Grundspektrum"

Wird das genannte Zeitsignal einer FFT-Analyse nur im Frequenzbereich der Drehfrequenzen und deren Vielfachen unterzogen, wird ein sog. „Grundspektrum" gebildet. Zweckmäßig wird im linearen Bereich meist bis 0,5 oder 1 kHz analysiert. Abb. 8.18 zeigt das Grundspektrum eines ungeschädigten Wälzlagers im Betrieb im blauen Signalgraphen. Darunter im Abb. 8.19 ist ein vergleichbares Grundspektrum eines Laufbahnschadens mit Stufe 3 im Kugellager am Außenring. Deutlich sind die nur geringer erhöhten Signalanteil bei den Überrollfrequenzen im letztgenannten Spektrum. Man kann sich vorstellen, dass im Durchlaufen eines größeren Laufbahnschadens die beteiligten und angrenzenden Bauteile auch tieffrequent im beschleunigten Bewegungsverlauf „angeregt werden". Es sind, wenn auch sehr niedrigen (hier 0,04 m/s²) Überrollanteile, trotzdem gut detektierbar sichtbar. Sichtbar ist die Überrollfrequenz des Außenrings mit gleichbleibend hohen Amplitudenwerten bis zur 4. Harmonischen. Bei finalen Schadensstufen 4 und 5 treten diese Überrollkomponenten dann auch hier deutlicher erhöht hervor.

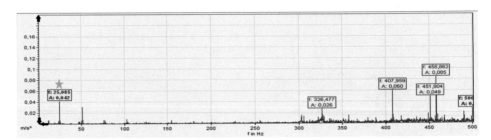

Abb. 8.18 Grundspektrum des Beschleunigungszeitsignals eines ungeschädigten Rillen-Kugellagers bei $f_n = 25$ Hz (grün markiert)

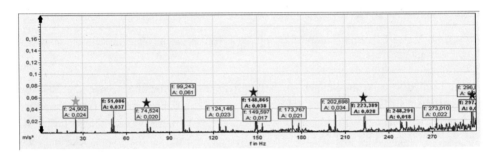

Abb. 8.19 Grundspektrum des Beschleunigungszeitsignals eines Rillen-Kugellagers mit Überroll-freq. des Außenrings Schadensstufe 3 (rot markiert) bei $f_n = 25$ Hz

Im Vergleich zum Hüllkurvenspektrum sind die Überrollanteile jedoch viel niedriger im Vergleich zu den Frequenzkomponenten im Restsignal. Sie sind auch häufig kaum auffindbar im Grundpegel oder auch häufiger überdeckt von anderen Signalanteilen. Sie sind damit zur Schadens-Früherkennung weniger gut geeignet. Der besondere Wert des Grundspektrums ist jedoch, dass diese hier bei „ausgeprägten" Schäden erst stärker hervortreten. Sind die Überrollkomponenten hier stärker sichtbar muss man im Allgemeinen schon an einen zeitnah „erforderlichen Lagerwechsel" denken. Besonders ab Schadenstufe 4 bis 5 ist dies der Fall. Ursache dafür ist, dass bei Erreichen des Überrollabstandes zwei benachbarte Wälzkörper im „Überrollabstand" zeitgleich in den Laufbahnschaden fallen können. Das bedeutet bereits oft ein erheblicher Anteil der tragenden Wälzkörper der Lastzone. Nun muss der gesamte Rotor dem „Hineinfallen" etwas stärker folgen, da nur noch wenige Wälzkörper, beiderseits der beiden im Schaden, nun deutlich weiter auseinanderliegend „abstützen". Bei einer starken Rotorbeteiligung mit seiner sehr viel höheren Masse tritt damit auch ein Sprung in den wirkenden Kräften auf. Profan formuliert eskaliert die Stoßbelastung im Schadensbereich von einem „kleinen Hämmerchen" des Wälzkörpers auf den großen „Vorschlaghammer" des Rotors. Ein Lagerwechsel ist erforderlich, da das Ausfallrisiko nun meist zu hoch wird.

Die Reduzierung der Lagerbeurteilung auf das Grundspektrum nur auf die oberen Schadensstufen kann durch einen Wechsel auf die Kenngröße der Schwinggeschwindigkeit noch weiter verstärkt werden. Nicht empfehlenswert ist ein derartiges Vorgehen allerdings bei Rollenlagern, bei denen Schadensstufen erst relativ spät in Stufe 3–4 und mit niedrigeren Amplitudenerhöhungen sichtbar werden. Wie im Fallbeispiel in Abschn. 8.5 gezeigt, kann eine erfahrungsgemäß gut adaptierte Überwachung in einem leistungsfähigen CMS auch bei langsam laufenden Rollen noch sicher angewendet werden.

8.6.4 Wälzlagerdiagnose im „Hüllkurvenzeitsignal und -spektrum"

Das Hüllkurvenzeitsignal und -spektrum von „einfachen Wälzlagerungen" macht Laufbahnschäden noch deutlicher, zuverlässiger und einfacher bewertbar sichtbar als die genannten Signaldiagramme. Die Bildung des Hüllkurvensignales wurde in Abschn. 7.2 und 8.3 erläutert. Die Abb. 8.18 und 8.19 zeigen die Spektren eines ungeschädigten Wälzlagers im Vergleich zum Laufbahnschaden am Außenring eines Kugellagers. Die durch den Laufbahnschaden verursachte Überrollfrequenz ist deutlich und diskret sichtbar mit abfallenden Harmonischen. Die abfallenden Harmonischen der Überrollfrequenz am Außenring sind typisch für Stufe 3. Einzelschäden an Kugellagern sind in diesem Stadium des Schadens derartig prägnant sichtbar. Beginnende oder stark ausgeprägte Schäden, solche an mehreren Bauteilen oder an komplexen Wälzlagern zeigen keine so eindeutig ablesbaren Muster im Hüllkurvenspektrum. Aber schon ein axialer Lastwechsel an einem Kugellager unter dominierender Radiallast kann das Erscheinungsbild im Signal drastisch verändern. Da die Laufspur am Außenring mit Punktkontakt sich unter Axiallaständerung axial verschiebt, kann so der Laufbahnschaden temporär nicht mehr oder nur noch teilweise überrollt werden. Innerhalb der Messsignalerfassung oder der Signalnach- verarbeitung kann gegen derartige Phänomene durch Mittelung der FFT-Spektren entgegengewirkt werden. Sie ist hilfreich für den tendenziell instationären Signalcharakter im Körperschall, der besonders bei einigen Wälzlagerzuständen erhöht auftreten kann. Die üblichen Mittelungsarten werden im Abschn. 8.4 erläutert. Eine optimale Mittelungsanzahl ergibt sich dabei aus einer erzielten repräsentativen oder einer maximalen Amplitudenhöhe der Überroll-Komponenten. Als Orientierungswert sollte optimal 5–10 Käfigumdrehungen in die Mittelung eingeflossen sein. Analog gelten diese Mittelungseigenschaften für alle Spektren des aufgeführten „Wälzlager-Signalplots". In der im Abschn. 8.2 erläuterten Ordnungsanalyse wird die darin integrierte Mittelung mit der Anzahl der Umdrehungen (vgl. Schluss im Abschn. 8.4) eingestellt im Bezug auf die gewählten Frequenz- und Ordnungsbereiche. Bei Hochläufen richtet sich dieses nach der maschinenbedingten Hoch- oder Nachlaufzeit.

Schlüssel einer funktionierenden Demodulation von Überrollungen des Wälzlagers ist die Einstellung der korrekten **Filtergrenzen des Bandpasses** auf die sog. Anregungsgebiete, wie in Abschn. 8.6.2 und vorher zum Breitbandspektrum und in Abschn. 7.2 erläutert. Eine sichere Vorgehensweise ist ein maximal breitbandige Filterung über den gesamten Frequenzbereich nach oben, so dass der Bereich mit dem Demodulationsinhalten darin sicher enthalten ist. Dadurch auftretende Amplitudenverluste durch eine so breit-

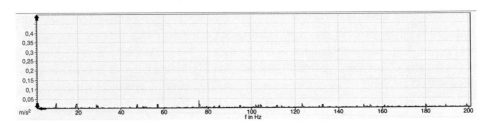

Abb. 8.20 Hüllkurvenspektrum eines ungeschädigten Wälzlagers f_n 25 Hz mit Restfehlern

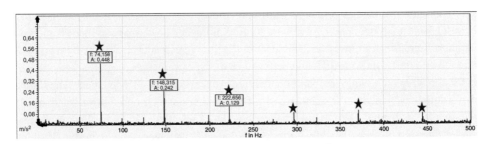

Abb. 8.21 Hüllkurvenspektrum eines Außenringschadens Stufe 3 bei f_n 25 Hz

bandige Filterung sind i. d. R. vertretbar (vgl. [2]). Für erfahrene Anwender empfiehlt sich nach einer Signalauswertung eine gezieltere schmalere breitbandige Filterung einzusetzen. Auch können mehrere ausgewählte Filterbereiche und daraus vergleichbare Hüllkurvenspektren die Auswertung verbessern und vertiefen und zusätzliche Diagnoseaspekte zugänglich machen.

Das Hüllkurvenspektrum eines ungeschädigten Wälzlagers, wie im Abb. 8.20, nur mit Wälzlager-Restfehlern zeigt keine dominierenden Spektralkomponenten des Lagers. Beim Außenringschaden im Abb. 8.21 sind dagegen die Außenring-Überrollungen mit der ersten harmonischen und deren Vielfachen prägnant ausgeprägt. Die 1. und Vielfache Harmonische der Überrollfrequenzen des Wälzlagers können damit als sog. „KPI" für die zuverlässige Detektion von Laufbahnschäden eingesetzt werden. D.h. sie eignen sich als automatisch wirkende „Key Performance Indikator" = Schlüsselmerkmale, bei deren Anstieg über einen Grenzwert in einer Überwachung eine weitere Tiefendiagnose ausgelöst werden kann.

Durch diese Eigenschaften hat sich dieses Spektrum als Hauptwerkzeug heute in der Breite bereits durchgesetzt. Es wäre jedoch risikoträchtig sich darauf zu reduzieren, und die weiteren Signaldarstellungen mit ihren Merkmalen wegzulassen.

Nur mit möglichst vielen Merkmalen und allen hier genannten Signaldiagrammen können Schadensstufen zuverlässig erkannt und daraus Restlaufzeiten abgeschätzt werden nach [2]. Weitere Beispiele und Hinweise zur „Hüllkurvendetektion" am Wälzlager sind zu finden in [6]. In folgendem Kapitel werden alle Kennsignale am Wälzlager zusammenfassend nochmals erläutert.

8.6.5 Wälzlagerdiagnose im „Signalplot"

Für das Detektieren von Laufbahnschäden selbst und das Bestimmen des Schadensausmaßes in einer Schadensstufe nach [2] reicht das Hüllkurvenspektrum nicht aus. Ebenso für
die wichtige Unterscheidung von Laufbahnschäden und Wälzlagerfehlern reicht dieses
nicht. Es werden die vorher erläuterten fünf Kennsignale benötigt für eindeutige Aussagen
der Diagnose mit ausreichend erhöhter Zuverlässigkeit der Aussagen. Abb. 8.22 zeigt ein
aus den Signalen zusammengefassten sog. „Signalplot der Wälzlagerdiagnose". Nur das
häufig teilweise redundante Hüllkurvenzeitsignal wurde hier weggelassen. Mit diesen
nach der VDI aufbereiteten und dargestellten Signalbildern ist eine schlüssige Diagnose
jederzeit möglich und dafür auch erforderlich. Diese VDI repräsentiert den Stand der
Technik und sollte damit jeder fundierten Wälzlagerdiagnose für Rotor-Lager-Systeme
über 120 Umdrehungen pro Minute angewendet werden. Werden Wälzlagerdiagnosen
zwischen Firmen vereinbart, empfiehlt es sich diese Richtlinie deshalb zu Grunde zu
legen. Diagnoseberichte sollten gleichfalls auch immer im Hinblick darauf bewertet wer-

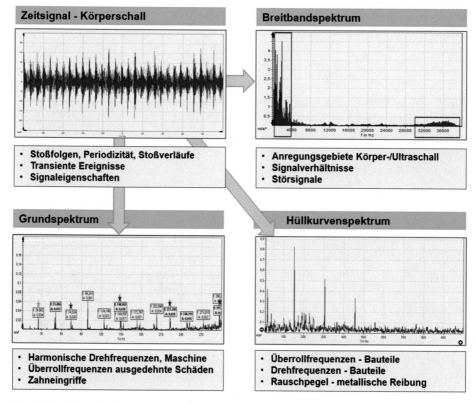

Abb. 8.22 Signalplot Wälzlagerdiagnose nach VDI 3832 nach [2]

Tab. 8.2 Merkmale der Kennsignale nach [2]

Kennsignal	Normalzustand	Entwickelter Schadensfall
Körperschallzeitsignal	Niedriger Pegelwerte, niedrige unregelmäßige Stöße	erhöhte Pegelwerte erhöhte periodische Stoßfolgen
Grundspektrum	kaum erhöhte Harmonische der Überrollfrequenzen	geringer erhöhte Harmonische der Überrollfrequenzen
Breitbandspektrum	Niedrige Pegelverläufe im Frequenzbereich über 1 kHz	Erhöhte Anregungsgebiete bis 3…10 kHz und im Resonanzbereich
Hüllkurvenzeitsignal	Niedriger Pegelwerte, niedrige unregelmäßige Stoßverläufe	erhöhte Pegelwerte, erhöhte periodische Stoßfolgeverläufe
Hüllkurvenspektrum	kaum Harmonische der Überrollfrequenzen und Drehfrequenzen	deutlich erhöhte Harmonische der Überrollfrequenzen oder Drehfrequenzen des Lagers

den. Anschaulich zeigen die markierten Signalmerkmale in diesem Bild den Laufbahnschaden an. In der Relation dieser Merkmale zueinander in einem Signalbild und in den Bildern zueinander kann nun detailliert das Schadensausmaß bestimmt werden. Das Zeitsignal zeigt die Stoßfolge eines potenziellen Laufbahnschadens. Das Hüllkurvenspektrum zeigt die Überrollkomponenten mit erhöhtem Pegel und Vielfachen. Das Breitbandspektrum zeigt die durch Laufbahnschäden typischerweise stärker erhöhten hochfrequenten Anregungen mit Modulationen durch Überrollungen. Das Grundspektrum zeigt gleichfalls bereits erhöhte analoge Anregungsmuster und Komponenten aus Überrollungen. Aus allen Merkmalen liegt in u. a. Signalbildern z. B. ein einzelner Laufbahnschaden am Außenring eines Kugellagers mit „Stufe 3" vor.

Tab. 8.2 fasst eine grobe Normalzustands- und Schadensunterscheidung im Signalplot mit wenigen Merkmalen abschließend zusammen.

Im folgenden Schlusskapitel zur Signaldiagnose werden die anspruchsvolleren Methodiken der Fehlerdetektion und -diagnose am Wälzlager einführend erläutert.

8.6.6   Diagnose von Wälzlagerfehlern im Signalplot (Fehlerzonen)

Wälzlagerfehler werden an ähnlichen Merkmalen erkannt wie Schäden mit den Überrollkomponenten und den Drehfrequenzen. Diese weichen aber als Fehler dann deutlich von den Mustern der Schäden in den verschiedenen Schadensstufen ab. Die Kennwerte und Signalmerkmale sind bei Fehlern in den Amplitudenwerten meist deutlich niedriger im Vergleich zu den Schäden. Ebenso fehlen dominantere schadenstypische Stoßfolgen im Zeitsignal i. d. R. bei Fehlern. Einen Eindruck davon vermittelt folgende Übersicht in Tab. 8.3. Sie listet einzelne Beispiele der Zuordnung von Überrollkomponenten und Drehfrequenzen im Hüllkurvenspektrum zu den Fehlerkategorien nach Kap. 3 auf.

Tab. 8.3 Überrollkomponenten im Hüllkurvenspektrum im Fehler- und Schadensfall

Anregung mit 1.Harmonischer und Vielfachen	Schadensfall	Fehlerfall
Wellendrehfrequenz	Lose am Rotor, Rotor krumm, Wellenanrisse	Anstreifen am Rotor Rotorunwucht stark Ausrichtfehler stark Lagerspiel zu groß
Käfigdrehfrequenz	Käfigstegbruch, -deformation	impulsartige Käfiganregungen Lagerspiel zu klein Radiallager
Wälzkörperüberrollung	Laufbahnschaden Wälzkörper	Lagerspiel zu klein Radiallager
Innenringüberrollung	Laufbahnschaden Innenring	Innenring Verformungen mit Winkelfehler der Lagerringe
Außenringüberrollung	Laufbahnschaden Außenring	Schrägstellung Außenring, Kippeln Außenring

Darin werden auch die Begrenzungen der Diagnose und Überwachung nur im Hüllkurvenspektrum an nur wenigen Komponenten schnell sichtbar. Fehler und Schäden können dort kaum unterschieden werden, es werden weitere Merkmale aus diesem und anderen Signalen benötigt. Weiterhin gibt es keine direkte Zuordnung vom Wälzlager-Bauteil zum Fehler an diesem Bauteil wie bei den Schäden. Die Mechanismen der Wälzlagerfehler sind vielgestaltiger und häufig zwischen mehrere Komponenten verknüpft. Beispiele dazu finden sich auch in Abschn. 4.6 und Tab. 4.3. Weiteres dazu auch in Kap. 3 zur Vielfalt der Fehler.

Tab. 8.4 zeigt in einem Vorschlag aus Erfahrungen des Autors das Fehlerausmaß in Zonen für deren Beurteilung zu klassifizieren, da in [2] dazu keine ausführlicheren Aussagen gemacht werden. Angelehnt ist dies an den Zonen zu Schwingstärkebeanspruchungen in [7] und den Maschinenfehlern in [8] und [8, 9].

Das so bewertete Fehlerausmaß im Wälzlagerbetrieb beschreibt das Risiko einer wahrscheinlichen Schadensentstehung und dessen grobe Zeitspanne der relevanten Einwirkung. Es geht dabei weniger um die Zonen als mehr um die Empfehlung einer Zeitspanne bis zu einer notwendigen Abhilfe.

Es wird in den Bezugsdokumenten in 3) nicht ausreichend zwischen Fehler und Schäden unterschieden. Hier wird das Maß der Abweichungen zum Normalzustand (Sollzustand) darunter verstanden. Durch die Notwendigkeit für die Fehlerbeseitigung eine Diagnose auszuführen und für die Wartung/Fehlerbeseitigung einen Stillstand zu planen sinkt der sog. Performance-Index nach 3). Vom Fehlerausmaß hängt danach direkt dessen Dringlichkeit zur Beseitigung mit einer fehler-spezifischen Abhilfe ab.

Da die Wälzlagerfehler nach dem Kap. 3 sehr vielfältig und sehr differenzierte Mechanismen beschreiben, lassen sich derartige Bewertungszonen im Einzelnen nicht einfach und direkt ableiten.

Tab. 8.4 Übersicht Fehlerzonen nach Empfehlung des Autors und Reaktion in O & M (Operation and Maintenance) mit ansteigendem Risiko der Schadensentstehung

Zone 1) 4)	Performance Index 3)	Grenzwert	Zonen Status	Erkennung in CMS & Diagnose	Wartung/Reparatur	Betrieb/Überwachung
A.	10	kein	Geringer Restfehler	Bei Abnahme	Inbetriebnah-me, Wartung	Unbegrenzt
B ≥ A/B.	9	Schwankung	Restfehler	Normalzustand Toleranz-Fehlerzustand	Fallweise Wartung	Langzeitbetrieb/Überwachter Betrieb
C ≥ B/C.	8	Vorwarnung	Grenze der Restfehler	Früherkennung, obere Toleranz-Fehlerzustand	Gezielte Wartung empfohlen	Langzeitbetrieb/Überwachter Betrieb
C ≤ C/D.	7	Warnung 2)	Relevante Fehler	Sollerkennung	Planung Wartung	Kurzzeitbetrieb = Mittelfristig Überwachter Betrieb
D ≥ C/D.	5	Alarm	Kritische Fehler	Späte Sollerkennung	zeitnahe Umsetzung Wartung	Schäden entstehen kurz- bis mittelfristig, Überwachter Betrieb
E ≥ D/E.	4	Abschaltung	Gefährliche Fehler	Späterkennung	Wartung akut geplant	Schäden entstehen kurzfristig, lückenlos, reaktionsbereit im PLS
F ≥ F	2	Notstop	Ausfallfehler	Zu späte Erkennung, Erkennung im PLS an Betriebsparametern	Wartung akut auf Ereignis	Schäden entstehen zeitnah, lückenlos not-stop-bereit im PLS

1) Fehlerzonen erfahrungsgemäß, Zonen nicht definiert in [2]

2) Proaktiv: Vorwarnung etwas unterhalb Grenze B zu C, Warnung auf nahe Grenze B/C

3) Der Performance-Index (hier fehlerbezogen gemeint) entspricht der Definition in ISO 13374-1 [11] bzw. VDI 4550-3 [12] Die hier angeführten Zahlenwerte sind Beispiele und sollen nur die Tendenz zeigen.

4) Nach beseitigen oder reduzieren des Fehlers ist ein hoher Performanceindex (hier fehlerbezogen verwendet) i. d. R. wieder hergestellt; der Health-index (Bauteilzustand/Schäden) bleibt ohne Materialveränderungen dabei unverändert

PLS … Prozessleitsystem

Ein Beispiel für die **eingeschränkte Loslagerfunktion** zeigt sich danach bewertet wie folgt:

(Schwingstärke und Körperschall steigen ff. langsamer radial und stärker axial)

a) *Loslagerfunktion – in Zone A: erzeugt nur **geringe** Restfehler Merkmale*

b) Loslagerfunktion – in Zone B: erzeugt temporär sehr kurzeitige (Minutenbereich) **etwas** *erhöhte Merkmale in Schwingstärke (>=A/B) u. im Körperschall u. **wenig** in Lagertemperatur*

c) Loslagerfunktion – in Zone C: erzeugt temporär längere (Minutenbereich) **stärker** *erhöhte Merkmale in Schwingstärke (>=B/C) u. im Körperschall u. **etwas** in Lagertemperatur*

d) Loslagerfunktion – in Zone D: erzeugt temporär längere (Stundenbereich) u. **stark** *erhöhte Merkmale in Schwingstärke (>=C/D) u. im Körperschall u. **stärker** in Lagertemperatur*

e) Loslagerfunktion – in Zone E: erzeugt temporär längere (Stundenbereich) **sehr stark** erhöhte Merkmale in Schwingstärke (>=D/E) u. im Körperschall u. **stark** in Lagertemperatur *(**nahe Grenztemperatur der Viskosität** im Lager)*

f) Loslagerfunktion – in Zone F: erzeugt temporär lange (andauern mit Unterbechung) **extrem erhöhte** Merkmale in Schwingstärke (≥F) u. im Körperschall u. **sehr stark** in *Lagertemperatur (**über Grenztemperatur**) nahe der Selbstverstärkung, neigt zur Eskalation*

Auch sind zu deren Überwachung auch spezielle Kennwerte abhängig vom Fehlertyp zu empfehlen, wie auch in Kap. 3 ausgeführt. Es empfiehlt sich dazu die Einsatzfälle der Wälzlagerung im Maschinentyp (Tab. 4.1/4.2) einzeln zu beurteilen. Aus dem vorgenannten Beispiel z. B. eignen sich auch kombinierte KPI's aus den genannten drei Merkmalen (vgl. [12]). Für die Bewertung der Dringlichkeiten und Abhilfen zur Abstellung der Fehler sind die Erfahrungen der Betreiber und Instandhalter in der Wälzlager- und Maschinen- bzw. Anlagentechnik entscheidend. Ergänzend sind die Fachbücher in [10] und die Anwendungs-Richtlinien der Wälzlager-Hersteller und die Hinweise der Maschinenhersteller dem Anwender nahe zu legen.

In der Überwachung der Kennwerte kommt weiterhin hinzu, dass nur mit zwei Grenzwerten die Fehler oft auch kombiniert mit Schäden kaum sicher überwacht werden können. Das erfordert meist einen zu großen Kompromiss. Es empfiehlt sich deshalb Fehler und Schäden in zwei Kennwerttypen zu trennen wie schon erwähnt. Ein mehr vorbeugendes und proaktives Vorgehen erfordert zusätzlich eine dritte sog. Vorwarngrenze, die unterhalb der genannten Fehlergrenze von relevanten Fehlern orientiert wird. Damit kann der Anwender bereits zum Zeitpunkt der Fehlerentstehung aktiv werden. Wälzlagerfehler sind wie erläutert die Ursachen der Wälzlagerschäden und sollten je nach erhöhtem Ausmaß zeitnah diagnostiziert und final abgestellt werden.

Grenzwerte der Stufen zu bestimmen ist immer abhängig vom Fehlertyp, der Drehzahlstufe und dem eingesetzten Messverfahren. Das macht deren Anwendung an Wälzlagern so anspruchsvoll und im Wesentlichen erfahrungsbasiert.

Eine weiteres Merkmal der Wälzlagerfehler ist deren Richtungsabhängigkeit bedingt durch die Wirkung der Lastzone und die verschiedenen Geometrien der beiden radialen Hauptrichtungen und der Axialen. Häufig anzutreffen sind deshalb *verschiedene Fehler und Fehlermuster in den drei Hauptrichtungen.* Bei mobilen vertieften Diagnosemessungen an größeren Maschinen mit stärkeren Symptomen empfehlen sich deshalb Messungen und Beurteilungen auch in allen drei Hauptrichtungen an einem Wälzlager. Dieses gilt ergänzend zu dem bisher Festgestellten von nur einer Messstelle an einem Lager in der Lastzone in der regulären Überwachung und Diagnose. Ein Messbeispiel findet sich dazu in [13].

Eine besondere Priorität haben die Diagnose und Abhilfe von Fehlern bei Abnahmemessungen an Wälzlagerung vor deren Neu-Inbetriebnahme oder nach Reparaturen. Schäden sind zu diesen Zeitpunkten kaum zu erwarten. Treten erhöhte Merkmal der Kennwerte in den zu beurteilenden Diagrammen bei Abnahmen auf, startet dies i. d. R. eine Fehlerdiagnose. Bezogen auf die Wälzlagerfehler ist hierbei spezifisch vorzugehen, wie in den Abschn. 3.1 bis 3.5 systematisiert erläutert wird. Weitere Ausführungen zu Abnahmen finden sich in Abschn. 10.4.

Bilder

Das Copyright der Abb. 8.12 und 8.13 liegt bei der Bachmann Monitoring GmbH, Rudolstadt, 2021

Literatur

1. Seminar, Wälzlagerdiagnose II, D. Franke, 2008
2. VDI 3832 Schwingungs- und Körperschallmessung zur Zustandsbeurteilung von Wälzlagern in Maschinen und Anlagen, 2013-04
3. Erhöhung der Verfügbarkeit durch Online Schwingungsüberwachung von Prozess-ventilatoren, Zeitschrift DE, Autor: Ralf Dötsch, Samsung Corning Deutschland GmbH, Tschernitz, Co-Autor: Mathias Luft, Prüftechnik VD GmbH, Ismaning, Ausgabe 11/2002
4. Bildquelle und Beschreibung Schadensfall, Fa. Bachmann Monitoring GmbH, Rudolstadt, 2021
5. Datenblatt µ-Bridge, Fa. Bachmann electronic GmbH, Rudolstadt, 11-2019
6. „Optimale Anwendung von Hüllkurvenanalyse und Kennwertmessung bei der Wälzlagerdiagnose", VDI Berichte Nr. 1466, Franke, D., Luft, M., PRÜFTECHNIK VD GmbH & Co KG, Ismaning, VDI-Verlag Düsseldorf, 1999, S. 493
7. DIN ISO Reihe 10816 Mechanische Schwingungen – Bewertung der Schwingungen von Maschinen durch Messungen an nicht-rotierenden Teilen, Teil 1–7 2005 bis 2014
8. VDI 3839 Blatt 2, Hinweise zur Messung und Interpretation der Schwingungen von Maschinen – Schwingungsbilder für Anregungen aus Unwuchten, Montagefehlern, Lagerungsstörungen und Schäden an rotierenden Bauteile, 2013-01

9. DIN ISO 21940 Teil 11, Mechanische Schwingungen – Auswuchten von Rotoren – Teil 11: Verfahren und Toleranzen für Rotoren mit starrem Verhalten (ISO 21940-11:2016)
10. Die Wälzlagerpraxis, 3. Auflage, 1998, Vereinigte Fachverlage GmbH, Mainz
11. ISO 13374-1 Condition monitoring and diagnostics of machines – Data processing, communication and presentation – Part 1: General guidelines
12. VDI 4550 Blatt 3: Schwingungsanalysen – Verfahren und Darstellung – Multivariate Verfahren, 2021-01
13. „Softwarestrukturen und Methodiken zur automatisierten vertieften Wälzlagerdiagnose", D. Franke, Ingenieurbüro Dieter Franke, Dr. J. Krause, Conimon GmbH, VDI Schwingungstagung 2017

Schadensausmaß und Wälzlagerfehler in Kennwerten und Signalmerkmalen

9

9.1 Laufbahn-Schadensstufen nach VDI erkennen und bewerten

Die Tabellengrafik 9.1 bildet in einer Übersichtstabelle die Schadensstufen 1 bis 5 für die Ausdehnung von Laufbahnschäden im Wälzlager nach VDI 3832 [1] ab. Die ansteigenden Schadensstufen werden hier geometrisch und verbal beschrieben. Sie sind historisch abfolgende und im Ausmaß anwachsende Stufen in der Schadensentwicklung in der Ausdehnung in Rollrichtung. Die Schadensstufen sind dafür gedacht die Laufbahnschäden an Wälzlagern zu quantifizieren und deren Entwicklungsphasen zu systematisieren. Sie können mit den sich ändernden Merkmalen der Kennwert-Trendverläufe und in den Signalmustern sicher detektiert werden. Für jede Stufe sind in der VDI Merkmalsänderungen der Kenn- und Trendwerte und der fünf Kennsignale beschrieben, um deren Zuordnung in der Trend- und in der Signalanalyse zu gewährleisten. Je nach detektierter Schadensstufe kann das akzeptierte bzw. zulässige Restrisiko eines plötzlichen Ausfalls im konkreten Anwendungsfall in dem Betrieb der Überwachung oder auch bei Einzeldiagnosen abgeschätzt werden. Für den Weiterbetrieb kann die Restlaufzeit überwachend mitverfolgt und aktuell relativ grob abgeschätzt werden.

Stufe 1 beschreibt den „Normalzustand" (vgl. Abschn. 1.3 zu Tab. 1.2) eines „ungeschädigten" Wälzlagers. Das bedeutet aber nicht, dass die Signale keine Diagnosemerkmale aufweisen oder dass die Kennwerte nicht etwas angestiegen sein können. Das ist auch bei Wälzlagerfehlern i. d. R. der Fall. Im Kap. 8 werden diese Zusammenhänge näher dargestellt. Auch Gebrauchsspuren können temporäre Kennwert- und Merkmalsanstiege verursachen. Auch die Betriebseinflüsse wie Drehzahl und Lagerlast ändern die Kennwerte in dieser Stufe. Sie müssen in ihren Einwirkungen auf die Kennwerte erkannt werden und von Zustandsverschlechterungen unterschieden werden.

Stufe 2 beschreibt die „Entstehung" von „sehr kleinen" Laufbahnschäden im Stadium eines „beginnenden" Laufbahnschadens im Wälzlager. Die Abmessung des Laufbahnschadens in Rollrichtung liegt in der Nähe der Ausdehnung der „hertzschen Fläche" des Punktkontaktes im Kugellager oder des Linienkontaktes in Rollenlager. Das bedeutet geringste Abmessungen im Zehntelbereich. Diese Schadenstufe kann bei Punktkontakt an Schadensmerkmalen bereits detektiert werden. Die Schäden können damit mit bloßem Auge oft nicht gesehen, aber mit dem Fingernagel im Überstreichen taktil gespürt werden. Etwas anders verhält es sich im Linienkontakt. Beginnende Schäden können nur sehr eingeschränkt in den Fällen erkannt werden, wenn die Schäden an einer axialen Seite der Laufbahn entstehen. Axial mittig beginnende Schäden sind nicht detektierbar. Diese seitliche Lage ist bei erhöhten Winkelfehlern der Lagerringe der Fall. Diese müssen zum Messzeitpunkt auch derartig unter Last überrollt werden. Die Merkmal in der Wälzlagerdiagnose sind hier an der Grenze der Detektierbarkeit.

Stufe 3 beschreibt das „Wachstum" von „mittleren" Laufbahnschäden im Stadium eines sich „ausbreitenden" Laufbahnschadens im Wälzlager. Die Abmessung des Laufbahnschadens in Rollrichtung liegt über der Ausdehnung der sog. „hertzschen Fläche" des Punktkontaktes im Kugellager oder des Linienkontaktes in Rollenlager in Rollrichtung. Das bedeutet wachsende Abmessungen im Millimeter- bis in den Zentimeterbereich liegen vor und sie sind gut sichtbar. Diese Schäden können an Schadensmerkmalen im Punktkontakt in der Überrollung sicher detektiert werden Etwas anders verhält es sich im Linienkontakt. „Ausbreitende" Schäden können in Fällen erkannt werden, bei denen die Schäden von einer Seite der Laufbahn ausgehen. Das ist bei erhöhten Winkelfehlern der Lagerringe der Fall. Die Schäden müssen zum Messzeitpunkt auch derartig unter Last überrollt werden. In Onlinesystemen ist diese Schadenstufe im Trend der Kennwerte gut nachverfolgbar.

Stufe 4 beschreibt den „Übergang" zum Endstadium hin von „großen" Laufbahnschäden. Sie beschreibt das Stadium eines „fortgeschrittenen" Laufbahnschadens im Wälzlager. Die Abmessung des Laufbahnschadens in Rollrichtung liegt im Bereich von mehreren Millimetern bis Zentimetern je nach Lagerdurchmesser und nimmt den Großteil

Stufe Nummer	Schadens-stufe	Ausmaß, Schadenslänge Beispiel	Schadensstufe Wälzlagerschaden	Schadens-phase	Schadenslänge	Schadensbreite	Schaden tiefe
1	keine	keine	Ungeschädigt	Normal-betrieb	keine	keine	keine
2	klein	z.B. 0,1...0,3 mm	Beginnend	Entstehung	≤ Hertzsche Fläche	Kugel <<100% Rolle < 60...70 %	<< 100 %
3	mittel	z.B. 0,1...5,0 mm	Ausbreitend	Wachstum	> Hertzsche Fläche	Kugel < 100% Rolle < 60...70%	≤ 100 %
4	groß	z.B. 5...20 mm	Fortgeschritten	Übergang	< Überrollabstand	Kugel < 100 % Rolle < 100 %	> 100 %
5	sehr groß	z.B. 10...60 mm	Ausgeprägt	Endstadium	≥ Überrollabstand	Kugel = 100 % Rolle = 100 %	> 100 %

Abb. 9.1 Schadensstufe 1 bis 5 nach VDI 3832 nach [1] aus [2]

des Überrollabstandes ein. Sie liegt aber noch unterhalb des Überrollabstandes an den Lagerringen. Diese Abmessungen können an Schadensmerkmalen sicher detektiert werden. Auch Schäden im Linienkontakt können in den allermeisten Fällen sicher erkannt werden, wenn die Schadensbreite mittig angeordnet die 70 % der Laufbahnbreite überschreitet, d. h. bei Schäden mit axial beidseitigen Resttragflächen. Stoßanregungen dominieren den Körperschall. Weiterhin gibt es häufiger schon Folgeschäden und Diagnosemerkmale an anderen Wälzlagerbauteilen. Als Besonderheit steigen die Merkmale der Kennwerte häufig länger nicht weiter an über die Betriebsdauer in Stufe 4.

Stufe 5 beschreibt das „Endstadium" von „sehr großen" Laufbahnschäden. Sie beschreibt das Stadium eines „ausgeprägten" Laufbahnschadens im Wälzlager. Die Abmessung des Laufbahnschadens in Rollrichtung liegt im Bereich von mehreren Zentimetern und nahe dem und oberhalb des Überrollabstandes der Lagerringe. Die Schäden im Zentimeterbereich können an Schadensmerkmalen sicher detektiert werden. Als Unterschied steigen die Merkmale häufig erneut stärker an in Stufe 5. Zu beachten ist dabei, dass häufig die Periodizität der Stoßfolgen abnimmt und so z. B. im Hüllkurvenspektrum ein „verwaschen" der Linien eintritt. Das heißt, die Anstiege verteilen sich auf mehrere Linien um die Überrollfrequenz. Praktisch steigt dabei der Rms-wert im Überwachungsband weiter und der Peak-wert sinkt. Weiterhin gibt es häufiger sich ausdehnende Folgeschäden und erhöhte Diagnosemerkmale an anderen Wälzlagerbauteilen. Da das Wälzlager nun jederzeit ausfallen kann, ist ein Weiterbetrieb in dieser Stufe meist mit zu hohem Risiko verbunden.

In einer Tiefendiagnose können die 5 Schadensstufen anhand von sog. Merkmalsmustern der Kennsignale dem Wälzlagerzustand sicher zugeordnet werden. Auch der Trendverlauf von Kennwerten erlaubt eine Zuordnung wie in Abschn. 8.5 gezeigt. Diese Merkmale sind aber wie genannt für Punkt- und Linienkontakt etwas unterschiedlich. Auch lokale Einzelschäden oder flächig verteilte Schäden führen darin zu Abweichungen. Umso höher und zeitlich diskreter eine Anregung durch einen Schaden ist, umso erhöhter sind die Diagnosemerkmale in ihren Pegeln. Deren Pegelhöhe oder Pegeländerung hängt also nicht nur von der Schadensstufe, d. h. Schadensausdehnung ab, sondern auch von dessen Verteilung zum Tragbild der Wälzlagerkontaktflächen besonders in der Lastzone. Im Punktkontakt bei schnellläufigen (>600 min^{-1}) Wälzlagern und bei lokalen Schäden sind relativ höhere Diagnosemerkmale zu erwarten. Im Linienkontakt und bei langsameren Wälzlagern (<120 min^{-1}) und bei verteilten Schäden entstehen dagegen relativ zur Stufe niedrigere Diagnosemerkmale. Eine Ausnahme von verteilten, aber trotzdem diskreten Schäden bilden sog. Stillstandsmarken oder Rastlinien oder Rastpunkte. Diese entstehen bei stärkeren äußeren Erschütterungen in längerem Stillstand in der Lastzone an den Kontaktflächen der Lagerbauteilen in der Lastzone. Das trennende Schmiermittel entweicht unter den Erschütterungen und die metallischen Kontaktflächen reiben sich in Folge unter Last aneinander zu Flachstellen an benachbarten Wälzkörpern. Sie sind am Überrollabstand der Marken zueinander gut als solche erkennbar und bilden so oft Initialschäden (vgl. Abschn. 13.13 und Abb. 13.93). Die konkreten Ursachen und Bilder von Laufbahnschäden sind in Abschn. 3.8 dargestellt.

Tab. 9.1 fasst die Schadensstufen zu einer Relation zur Betrachtung in der Betriebsführung der Maschine und deren Instandhaltung zusammen. Das Verständnis der Stufen

Tab. 9.1 Übersicht Schadensstufen sich ausdehnender Schäden und Reaktion in O & M (Operation and Maintenance) mit ansteigendem Risiko des Ausfalls, Weiterbetrieb handhabbar mit optimierter Überwachung

Stufe [1]	Health Index 2)	Grenzwert	Phase	Erkennung in CMS & Diagnose od. PLS	Wartung/Reparatur	Restlaufzeit
0. 1)	10	kein	Neuzustand	Abnahme	Inbetriebnahme	für Lebensdauer angelegt
1.	9	Schwankung	Gebrauchs-spuren	Normalzustand Fehlerzustand	Wartung	Dauerbetrieb/Überwachter Betrieb
2.	8	Vorwarnung	Entstehung (Gebrauchsspuren)	Früherkennung	Wartung, ggf. Verbesserung Betrieb	Dauerbetrieb/Überwachter Betrieb
3.	6	Warnung	Wachstum (Gebrauchsspuren)	Sollerkennung	Planung Reparatur	Überwachter Betrieb mittelfristig
4.	4	Alarm	Übergang	Späterkennung	zeitnah Umsetzung Reparatur	lückenlos überwachter Betrieb nur kurzfristig noch, 3)
5.	3	Abschaltung	Endstadium	Häufig auch in Betriebsführung an Parametern	Reparatur akut geplant	Restbetrieb, ggf. lückenlos reaktionsbe-reit überwachen, 3)
> 5. 1)	2 ... 1	Notstop	Restbetrieb	Meist auch in Betriebsführung an Parametern	Reparatur akut auf Ereignis hin	Notbetrieb, 3), ggf. noch lückenlos notstop-bereit überwachen

1) Schadenstufe nicht definiert in [1]
2) Der Health-Index entspricht der Definition in VDI 4550-3 [3] bzw. ISO 13374-1 [4]. Die hier angeführten Zahlenwerte sind Beispiele und sollen eine Tendenz zeigen.
3) Diagnostische Begleitung wird empfohlen

entspricht dem Prinzip der Risikominimierung und Vermeidung von Folgeschäden und ungeplanten Stillständen. Dies wird an der **Überschreitung des Überrollabstandes** zwischen den Wälzkörpern bemessen nach [1]. Ab Stufe 5 ist das Risiko für einen Weiterbetrieb in den allermeisten Fällen nicht mehr vertretbar.

Beispielhaft werden im Folgenden drei Schadensstufen signal- und trendanalytisch etwas näher erläutert mit dem Fokus auf Radiallager und auf Kugellager. Stärkere und abrupte Last- oder Drehzahländerungen in einer mehr dynamischen Betriebsregelung sind hierbei außer Acht gelassen. Diese erfordern erweiterte CMS-Eigenschaften.

9.2 „Ungeschädigte" Laufbahn nach VDI im Merkmalsmuster erkennen

Abb. 9.2 zeigt die Merkmale der Signale und der Trendentwicklung für den Normalzustand im Betrieb eines Wälzlagers mit „ungeschädigten" Laufbahnen an dessen Bauteilen. Wenn keine stärkeren abrupten Last- oder Drehzahländerungen auftreten, ist das Zeitsignal rauschähnlich und gleichmäßig. Der mess- und hörbare Körperschall hat einem Rauschen ähnliche Merkmale. Alle anderen daraus analysierten Signale folgen in ihren Graphen diesem Rauschcharakter. Bei korrekter Schmierung weisen die Kennwerttrends

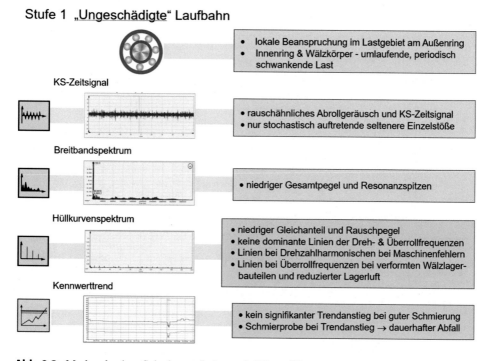

Abb. 9.2 Merkmale einer Schadensstufe 1 – nach [1] aus [2]

keine Änderungen auf. Abweichungen an trotzdem als ungeschädigten zu bewertenden Wälzlagern können hierzu auftreten aus erhöhten Fehlern. Wälzlagerfehler können als solche erkannt und von den Laufbahnschäden unterschieden werden.

9.3   „Beginnende" Laufbahnschäden im Merkmalsmuster nach VDI erkennen

Abb. 9.3 zeigt beispielhaft die Merkmale der Signale und der Trendentwicklung für die „Entstehungsphase" im Wälzlager mit „beginnenden" Laufbahnschäden an dessen Bauteilen. Auf einzelnen Stellen der Laufbahn entstehen sog. kleine Pittings. Wenn keine stärkeren abrupten Last- oder Drehzahländerungen auftreten, ist das Zeitsignal noch rauschähnlich und gleichmäßig mit nur geringer erhöhtem Pegel aber mit einzelnen abschnittsweise periodischen Spitzen. Bei korrekter Schmierung weisen die Kennwerttrends des Effektiv- oder Teppichwertes keine deutlichen Änderungen auf. Lediglich die Spitzen- oder Maximalwerte steigen etwas signifikant an. Im Hüllkurvenspektrum ist die erste Harmonische einer Überrollfrequenz des betroffenen Bauteils etwas erhöht detektierbar. Im Breitbandspektrum sind die Bauteil- und Aufnehmerresonanzen geringer erhöht. Bei stärkeren last- und Drehzahlvariation ist diese Stufe in einfachen und breitbandigen

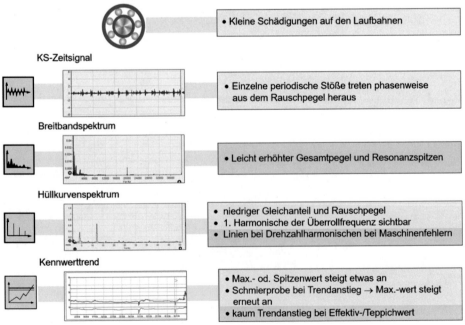

Abb. 9.3 Merkmale einer Schadensstufe 2 – nach [1] aus [2]

Kennwerten häufig schwer erkennbar. Online-CMS mit erweiterten oder optimierten Kennwerten und deren korrekter Betriebsführung können diese Stufe meist erkennen.

Auch **Gebrauchspuren** mit meist nur temporären und ereignisnah auftretenden Merkmalen fallen diagnoseseitig hierunter. Meist auch bis in die Stufe 3 hinein. Erst im weiteren Betrieb wird dies erkennbar, wenn ein weiteres Anwachsen der Merkmale ausbleibt und diese meist wieder abfallen.

9.4 „Übergangsstadium" von Laufbahnschäden im Merkmalsmuster nach VDI erkennen

Abb. 9.4 zeigt kommentierte Merkmale der Signale und in der Trendentwicklung für das „Übergangsstadium" von Laufbahnschäden im Wälzlager. Große, „Fortgeschrittene" Laufbahnschäden an einem Bauteil und temporäre Überrollungen an den anderen Bauteilen treten auf. An der Laufbahnstelle breiten sich „Schälungen" bis an den Überrollabstand aus. Das Zeitsignal zeigt sich mit ausdehnenden Stoßfolgen mit hohen Spitzen und deutlich erhöhtem Grundpegel. Die Kennwerttrends des Effektiv- oder Teppichwertes sind stark erhöht und steigen nur noch geringer an. Die Maximal- und Spitzenwerte

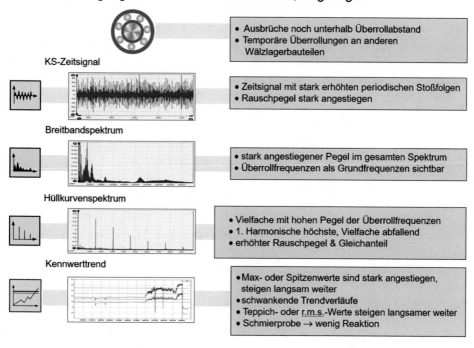

Abb. 9.4 Merkmale einer Schadensstufe 4 – nach [1] aus [2]

schwanken auf hohem Niveau, steigen aber nicht weiter an und senken sich phasenweise sogar wieder ab. Die Trendverläufe reagieren nur schwach auf die Schmierprobe.

Im Hüllkurvenspektrum sind viele Harmonische einer Überrollfrequenz des betroffenen Bauteils stärker erhöht sichtbar. Die erste Harmonische ist noch die höchste dieser Komponenten. Im Breitbandspektrum sind die Bauteil- und Aufnehmer-Resonanzen sehr stark erhöht mit schwankenden Frequenzlagen. Das Wälzlager in diesem Stadium kann nur noch kurzzeitig betrieben werden. Das Ausfallrisiko und die Gefahr von Folgeschäden durch Eskalation des Schadens ist dabei je nach Einsatzfall noch zu vertreten. Wie beschrieben ist das aber stark vom geschädigten Bauteil abhängig, wie im Abschn. 8.4 und Tab. 8.1 systematisch erläutert. Ein Weiterbetrieb wie nach Tab. 9.1 empfiehlt sich nur noch gut überwacht und bis zum Beginn der Schadensstufe 5.

Der Weiterbetrieb in den Stufen 2–4, vorzugsweise mit einem Online-CMS, entspricht in einer diagnostisch begleiteten Überwachung und damit der Umsetzung einer Risikominimierung.

Die Grenze dafür ist die Überschreitung des **Überrollabstandes in Stufe 5** nach [1]. Ab Stufe 5 ist das Risiko eines Weiterbetriebes in Verantwortung einer Überwachung bzw. Diagnose meist nicht mehr vertretbar. Ein Lagerwechsel sollte zeitnah erfolgen. Zu Ausfällen von Wälzlagern ab Stufe 5 und deren Vermeidung sowie zur Handhabung erhöhter Risiken werden in den Tab. 10.3 und 9.1 Erläuterungen gegeben.

Eine Bemessung am **zerstörten Lager** der Fehlerstufe 5, wie in ISO 13373-3 Anhand D [5] mit den dort genannten Fehlerstufen (inkl. Schäden) 1 bis 5, entspricht dem Verhalten mit einem hohen Risiko. Dies ist in der Anwendungspraxis jedoch erfahrungsgemäß unüblich, und wird nur von wenigen Anwendern akzeptiert.

Ein nachfolgendes extremes Fallbeispiel nach [6] zeigt, wie ein Radialventilator mit Zwischenlagerung und 0,8 MW in Ausfallnähe betrieben wurde. Dieser ist der dem Autors bekannte extremste Fall aus fast vier Jahrzehnten Diagnosetätigkeit. Eine Messung wurde in diesem Fall auf Anfrage des Betreibers durchgeführt, da sehr laute Geräusche an der nicht überwachten Maschine aufgefallen waren.

Das Geschwindigkeitsspektrum im Abb. 9.5 zeigt selbst für extreme Schäden sehr hohe und dazu noch ansteigende Vielfache der Innenring-Überrollfrequenz am NDE Lager des Ventilators. Es sind deren Harmonische bis über die Siebte bis 10 mm/s und Seitenbänder der Drehfrequenz bis über 30 mm/s als Spitzenwerte sichtbar. Der Effektivwert im Zeitsignal schwankte zwischen **100 und 130 mm/s**. Das Zeitsignal der Schwingbeschleunigung bis 10 kHz zeigt Spitzenwerten bis **2000 m/s²**.

Mangels Fachkenntnissen wurden vom Betreiber hier Merkmale des Wälzlagerzustandes und selbst die Grundregeln des Maschinenschutzes nicht beachtet. Die Schwingstärke lag Faktor 10 über dem Grenzwert der Fehlerzone D. Der Innenring des Pendelrollenlagers hielt bis dahin und noch wenige Tage bis zur dringend empfohlenen Abschaltung durch. Da der Innenring einen 160 mm zylindrischen Sitz und keine Spannhülse hatte, gab es hier einen maßgeblichen risikosenkenden Faktor im Lagersitz. Derart extreme Überschreitungen der Schadensstufe 5 können bei einem weniger „gutmütigem Ablauf" sehr schnell bis zur Maschinenzerstörung führen, wie es dann nicht so selten bei Schadensgutachten vorzufinden ist.

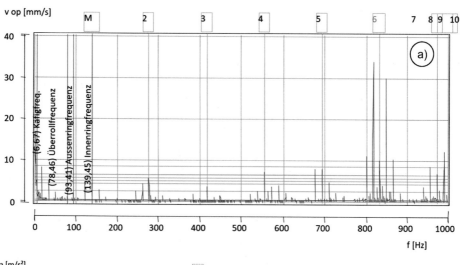

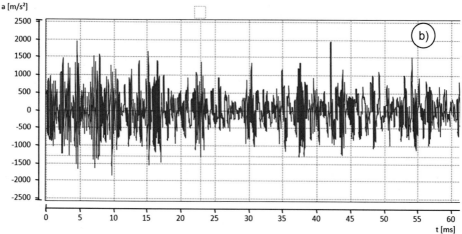

Abb. 9.5 Schadensstufe >5 nach [1] am Innenring am NDE Lager horizontal gemessen mit a) Schwinggeschwindigkeitsspektrum v0p mit Überrollfreq. des Innenringes ansteigend bis über die 7.Harmonische bis 10 mm/s mit hohen Seitenbändern bis über 30 mm/s; b) Zeitsignal Schwingbeschleunigung bis 10 kHz mit Spitzenwerten bis 2000 m/s²

9.5   Schadens – und Fehlerunterscheidung in Kennwerten und im Signalplot

Die Diagnose von Wälzlagerfehlern im Signalplot wurde in Abschn. 8.6.6 eingeführt. Hier wird diese nochmals ergänzend für Spotmessungen (einmalig) und für Trendanalysen mittels Kennwerten zusammenfassend erläutert.

Mittels Kennwertdiagnose ist es häufig innerhalb einer Falldiagnose nicht eindeutig einfach feststellbar, ob es sich tatsächlich um einen sich entwickelnden Laufbahnschaden oder um einen Fehler handelt. Am einfachsten ist es hier bei Fettschmierung möglich eine *Schmierprobe* durchzuführen (vgl. Abschn. 2.7 u. 3.4), die dann einen Laufbahnschaden oder ein damit beseitigtes Schmierungsproblem erkennen lässt. Anders geartete Fehler (vgl. Abschn. 3.2, 3.3, 3.5), würden dabei ähnlich einem Schaden im Trendverlauf auf den vorherigen Zustand wieder zurückkehren. *Schädigungen aus Gebrauchsspuren und weichem Verschleiß* (vgl. Abschn. 3.6 und 3.7), die nicht zur wesentlichen Reduzierung der Lebensdauer führen, sind an den in deren Beschreibung genannten Merkmalen erkennbar. Typisch für Wälzlagerfehler im Trendverlauf der Kennwerte sind stärker mitunter auch sprungartig *schwankende Trendverläufe ohne Anstiege* über längere Zeiträume (vgl. Abschn. 13.12). Bei einem für Schäden untypischen oder unklaren *abweichenden Trendverhalten* sollte dann ggf. eine Tiefendiagnose im Signalplot durchgeführt werden. Ein typisches Merkmal von Wälzlagerfehlern ist eine häufigere stärkere Abhängigkeit von sich ändernden *Betriebsparametern* im Trendverhalten. Auch schwanken die Wälzlagerkennwerte im erhöhten Fehlerausmaß deutlich stärker im Kurzzeit-Trendverlauf, da hier typischerweise spezifische Einflüsse zusammenhängend wirken. Der Kurzzeittrend sind dargestellte fortlaufend erfasste Kennwerte in einer Art des Recording als Betriebsmode z. B. in Datensammlern. Mittel- und langfristige stetige *Trendanstiege im Kennwert* bei Fehlern treten eher seltener auf. Eine Ausnahme bildet hierbei nur die Mangelschmierung und der weiche Verschleiß.

Gezieltere Fehlerdiagnosen sind *im Signalplot* zu empfehlen, die z. B. bei sich ändernden Betriebsparametern aufgenommen wurden. Um hier sicher diagnostizieren zu können, sollte der Anwender mit den Änderungen der Schadensmuster zwischen den einzelnen Stufen der *Laufbahnschäden* vertraut sein. Weichen die Merkmalsmuster davon deutlich ab, handelt es sich im **Ausschlussverfahren** potenziell um Wälzlagerfehler. Diese können je nach angezeigtem Bauteil aus den Überroll- und Drehfrequenzen und abhängig vom Lagertyp und dem Einsatzfall in der Maschine final einem Wälzlagerfehler zugeordnet werden. Das erfordert Kenntnisse der Maschinen- und Wälzlagertechnik und der hier erläuterten *Fehlermechanismen*. Viele Wälzlagerfehler treten regelmäßig in *typischen Betriebssituationen* auf. So werden oft während der steigenden Leistungsaufnahme einer Maschine eine eingeschränkte Loslagerfunktion angezeigt. Merkmale sind in der erhöhten Schiefstellung des Außenrings oder der stärker reduzierten Lagerluft zu finden. Beides tritt auf, wenn der Rotor durch erhöhte Wärmeentwicklung sich streckt und das Loslager entsprechend axial verschoben werden muss. Bis zur Überwindung der Außenringreibung tritt dann der genannt Fehler auf. Rutscht das Loslager axial, dann verschwindet dieser schlagartig wieder. Steht man neben der Maschine fängt das Lager plötzlich laut hörbar zu quietschen oder zwitschern an. Nach kurzer Zeit verschwindet das Geräusch schlagartig wieder um dann nach einiger Zeit wieder kurzzeitig ansteigend aufzutreten. Dieser Fehler zählt beim nur temporären auftreten zur normalen Loslagerfunktion. Wird jedoch ein andauernder Temperaturanstieg festgestellt bis zur Grenztemperatur der Lager kann dieser Fehler kritisch werden bis zum Heißläufer (vgl. Abschn. 8.6.6 und 13.12). An derartigen Lagern sind dann fallweise Anlassfarben (vgl. Abschn. 13.14 wie in Abb. 13.75) in der axialen Laufspur am Innenring sichtbar. Eine unkritische axiale Verschiebung ist im

Abb. 9.6 c) links unten zu sehen und an den Kugeln darüber an den Laufspuren. Auf diese Art und Weise können dann erfahrungsgemäß die Wälzlagerfehler spätestens in einer Begutachtung zu den Maschinentypen und Betriebssituation oft zugeordnet werden. So kann der „Passungsrost" im Abb. 9.6 b) und d) dem erhöhten Körperschall am Generator durch höherfrequente *elektro-magnetische Anregungen* im Zusammenhang mit dem *Außenring-spiel* und der *Loslagerfunktion* zugeordnet werden. Sichtbar ist dies an dem einseitigen Passungsrost aus dessen Winkelfehler im Sitz. Das macht einen weiteren Zusammenhang deutlich, dass häufig mehrere *Fehlerzustände sich überlagern* oder einen zusammen-hängenden Mechanismus bilden.

Die Diagnose von *Wälzlagerfehlern* sollte auch bei der Projektierung, Umsetzung und Durchführung der Wälzlagerüberwachung fest eingeplant werden. Wird beispielsweise mit der Stoßimpulsmethode an einfachen Wälzlagern überwacht, sollten deren ein-geschränkte Detektionsfunktionen für Wälzlagerfehler beachtet werden. Es empfiehlt sich, dann i. d. R. parallel einen *Breitbandkennwert der Schwingbeschleunigung* parallel mit zu überwachen. Damit werden Wälzlagerfehler meist im Anstieg besser angezeigt. Zu den *Fehlern in der Schmierung* wurde in den Abschn. 3.4 und 8.3 Erläuterungen gegeben. Zur Erkennung von *Designfehlern* ist es meist am zweckmäßigsten auf Diagnose-erfahrungen zurückzugreifen, die mit den damit einhergehenden Maschinenbau-gegeben-heiten und Wälzlager-Anforderungen vertraut sind. Lagerüber- und -unterlastung lässt sich beispielsweise auch einfach mit der Stoßimpulsmethode erkennen. *Überlastung* bei-spielsweise ist häufig anzutreffen an Riemenantrieben mit zu hoher *Riemenspannung*.

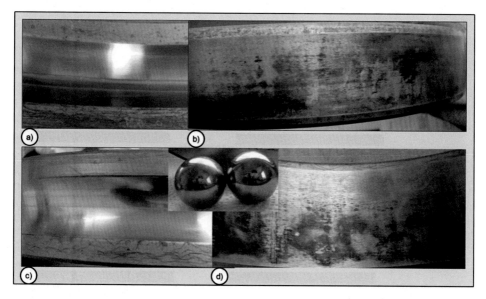

Abb. 9.6 Typische Gebrauchsspuren an Generatorlagern von WEA, a) axial verschobene Laufspur am Generatorlager einer WEA, b) Passungsrost in der Lastzone eines Außenring eines Generator-lagers einer WEA mit Winkelfehler, c) axial verschobene Laufspur am Generatorlager einer WEA, d) Passungsrost eines Innenrings eines Generatorlagers einer WEA mit Winkelfehler nach [2]

Bleiben beide Stoßimpulskennwerte hoch im Trendverlauf trotz Schmierprobe liegt entweder ein Laufbahnschaden vor oder eine Überlastung. Hier sollte dann als Abhilfe die Riemenspannung reduziert werden.

Als systematische Abhilfe gibt es Riemenspannungsmessgeräte als einfache kleine Handgeräte, die im Stillstand die Riemenschwingung nach „Anzupfen" optisch erfassen und die Riemenspannkraft direkt in Newton anzeigen. Eine korrekte Riemenspannung kann dann zur Wiederinbetriebnahme im Trendverlauf überprüft werden.

Die *Unterlastung* an Wälzlagern tritt typischerweise häufig bei Fehlausrichtungen in horizontalen Wellensträngen und systematisch in vertikalen Maschinensätzen auf. Dafür werden in Abschn. 13.1 und 13.10 Beispiele näher erläutert. Bei deutlicher Unterlastung können auch stärkere Pfeiftöne akustisch wahrnehmbar sein wie dort im Breitbandspektrum gezeigt. Diese dominanten Geräusche tritt dort temperaturbedingt im Anlauf auf bei noch „kalter Maschine" mit noch erhöhter Viskosität des Schmierfettes. Die Unterlastung kann bei korrekter angepasster Normierung (nach Gl. 15) auch an zu niedrigen Stoßimpulskennwerten oder an deren erhöhten Schwankungen erkannt werden. Auch kann an gekuppelten Maschinen bei Fehlausrichtung eine Verschiebung der üblicherweise nach unten erwarteten Lastzone in die Gegenrichtung nach oben dabei eintreten. Richtungsabhängig und abweichend vom Normalfall sind dann die Stoßimpulswerte von oben am Lagergehäuse höher als horizontal oder mehr von unten gemessen. (vgl. Abb. 4.11, 4.12, 4.13, 4.14 und 4.15)

In den folgenden beiden Kapiteln wird nun die Praxis der Überwachung und Diagnose von Wälzlagerungen in dafür geeigneten Konzepten, Methoden, und Messsystemen erläutert.

Bilder
Das Copyright für die Teilbilder der Abb. 9.5 liegt bei der WSB Service GmbH und beim Autor, Dresden, 2013

Literatur

1. VDI 3832 Schwingungs- und Körperschallmessung zur Zustandsbeurteilung von Wälzlagern in Maschinen und Anlagen, 2013-04
2. Seminar, Wälzlagerdiagnose, D. Franke, Dresden, 2008
3. VDI 4550 Blatt 3: Schwingungsanalysen – Verfahren und Darstellung – Multivariate Verfahren, 2021-01
4. ISO 13374-1 Condition monitoring and diagnostics of machines – Data processing, communication and presentation – Part 1: General guidelines
5. DIN ISO DIN ISO 13373-3 Zustandsüberwachung und -diagnostik von Maschinen – Schwingungs-Zustandsüberwachung – Teil 3: Anleitungen zur Schwingungsdiagnose, Anhang D, (ISO 13373-3:2015)
6. Zustandsbericht an Radialventilator, Andreas Weber, PDMC GmbH & Co. KG

Wälzlagerdiagnose und -überwachung: Konzepte und Messsysteme

10

10.1 Überblick der Methoden zur Erfassung des Wälzlagerzustandes

Es ist keine triviale Routineaufgabe Zustandsmerkmale eines eingebauten Wälzlagers in einer stillstehenden oder laufenden Maschine immer zuverlässig zu erfassen. Anwender müssen die Erfahrung machen, dass eine Zustandsbewertung nur mit einer Aussagewahrscheinlichkeit erfolgt und immer ein Restrisiko von fehlerhaften Annahmen verbleibt.

Demontiert kann man zwar die Laufbahnen teilweise begutachten, aber die repräsentativen Einspannungs-, Betriebsspiel- und Lastzustände treten nur eingebaut und letztlich im Betrieb selbst repräsentativ auf. Weiterhin müssen im fortlaufend variierenden Wälzlagerbetrieb Fehler und Schäden zum Messzeitpunkt auch in den Überrollungen auftreten, um in einer Körperschalldiagnose erfasst werden zu können. Ändert sich die Laufspur durch axiales Verschieben, ändern sich temporär die Überrollungen und deren Bedingungen. Neben der Körperschallmessung kann der Lagerzustand auch mit einigen anderen Methoden teilweise beschrieben werden. Während und nach der Montage wird z. B. der Rundlauf und das Lagerspiel und das Außenringspiel mit Messuhr und Fühllehren geprüft. Diese Angaben sollte stets Teil eines Montageprotokolls sein, was für spätere Instandhaltungsarbeiten oder für Wälzlagerdiagnosen sehr wichtig werden kann. Es gibt eine Vielzahl anderer Zustandsinformationen aus der Montage- und Instandhaltungshistorie, die wertvolle Hinweise zur Beurteilung liefern können, wenn diese verfügbar gemacht werden. Es ist in der Zustandsdiagnose fallspezifisch häufig ein Abwägen der Methoden oder ein Kombinieren von mehreren Befunden gegeneinander.

Bei festgestellten Merkmalen in der Überwachung sollten für eine Körperschalldiagnose so viel als mögliche zusätzliche Informationen beschafft werden, um die Zu-

D. Franke, *Wälzlagerdiagnose an Maschinensätzen*,
https://doi.org/10.1007/978-3-662-62620-7_10

standsaussagen zuverlässiger zu machen. Ein wichtige Teil der Diagnoseüberprüfung ist die Widerspruchsfreiheit, die so ggf. betätigt wird. Keine Methode allein bringt ausreichend zuverlässige Zustandsinformationen für alle Einsatzfälle über den langjährigen Betrieb. Situationsbedingt sollte eine verfügbare Methode gewählt werden, die den Befund der Körperschalldiagnose ergänzen bzw. stützen kann. Tab. 10.1 zeigt eine Übersicht der üblichen Wälzlagerprüfungen und Untersuchungsmethoden. Diese Untersuchungen können meist kosten-, maschinentyp- od. situationsbedingt nur zum Teil durchgeführt werden. Erfahrene Instandhalter kombinieren angepasst an die Maschinen- und Wälzlagersituation oft schrittweise mehrere Prüfmethoden.

Tab. 10.1 Übersicht Prüfmethoden für Eigenschaften/Merkmale des Lagerzustandes

Wälzlagerüberprüfungen/ *Referenz*	Wann?	Aussage
Spiel- & Rundlaufmessung/ Designunterlagen	Immer bei Montage, Reparatur	Abweichungen von Sollmaßen
Audio-akustische Prüfung/ Normalgeräusch	bei einfachen Lagerungen bei Gelegenheit	Subjektive Wahrnehmung der Abweichungen vom „surren"
Schwingstärkeüberprüfung [1] DIN ISO 20816	bei Ereignis, im Turnus, oder innerhalb Maschinenüberwachung	Kennwerte erhöht zum absoluten Grenzwert? Maschinenfehler? Grobe Lagerfehler?
Körperschallprüfung/-diagnose [2] VDI 3832	bei Ereignis od. im Turnus	Kennwerte erhöht zum Normalbetrieb/Grenzwert?
Sichtprüfung/[3] DIN ISO 15243	Ggf. bei Montage, Reparatur	Laufbahnen u. Käfig i.O.? Schmierungssystem i.O.
Endoskopie/[3] DIN ISO 15243	bei Ereignis od. im Turnus	Laufbahnschäden & Gebrauchsspuren
Öl auf Partikel prüfen/Partikel Sichtprüfung	bei Ereignis od. im Turnus	Sichtprüfung Filter/Magnet im Öl: Metall- u. Fremdpartikel?
Ölumlauf-Partikelzählung/ Anleitung Gerät	in Lagerüberwachung	Metallpartikelzahl erhöht? Grenzwert überschritten?
Lagertemperatur/ Betriebsanleitung Lager	in Prozessüberwachung	Erhöht zum Normalbetrieb?
Motorstromüberwachung/ Betriebsanleitg. Maschine	in Prozessüberwachung	Erhöht zum Normalbetrieb, über Grenzwert
Fett-, Ölanalyse/Div. Analysebewertungen	bei Ereignis od. im längeren Turnus	Schmiereigenschaften i.O.? Metall- u. Fremdpartikel?
Schadensgutachten Wälzlager/ [4]	Nach Schäden oder nach Lagerwechsel	Schadensursache nach [4]

10.2 Methodik und Ausbildung zur Wälzlager-Körperschalldiagnose

Mit der VDI 3832 [1] steht dem Anwender eine umfassende und praxisnahe Beschreibung der Körperschalldiagnose und -überwachung zur Verfügung. Ausreichende Kenntnisse der Wälzlagertechnik, wie in [5] präsentiert, sind dafür ebenso unverzichtbare Voraussetzung.

Für die anwendungsorientierte Wälzlagerdiagnose und -überwachung gibt es keine öffentliche oder anerkannte Ausbildung oder Abschlüsse, die stringent auf deren praxisnahe und anwendungsorientierte zuverlässige Durchführung gerichtet sind. Es gibt lediglich sog. ISO-Categories nach ISO 18436-2 in [6], deren Schwerpunkt jedoch auf den Normen und Richtlinien bzw. den schwingungs-technischen Grundlagen und nicht auf den anwendungsnahen Eigenschaften von Maschinensätzen oder Wälzlagern liegen. Sichtbar ist dies in ff. Tab. 10.2, die den erforderlichen Erfahrungshorizont etwas sichtbar macht. Erfahrungsgemäß starten Anwender in die Ausbildung der Schwingungsmessung und -analyse an Maschinen mit einem Hintergrund der Elektrotechnik/Elektronik, der Physik oder des Maschinenbaus. Eine anwendungssichere Diagnose gelingt aber i. d. R. erst nach einiger Zeit mit den genannten entsprechenden Erfahrungen aus der Praxis der Überwachung und Diagnose von Wälzlagerungen.

Tab. 10.2 Schema Applikationslevel (Anwendungstiefe) der Diagnose/CMS für Wälzlager

Level	Merkmale aus	Überwachungs- und Diagnoseaussagen	Monat Erfahrung	ISO – [6] Category
1a	Trends Breitband	Größere Schäden und Beanspruchungen	12 (18) Techniker	ISO 18436-2 Category I/II
1b	Trends Schmalband-Kwt Überrollung (FFT fokussiert)	Schäden, kritische Fehler im Lager, näherungsweise	12 (18) Techniker	ISO 18436-2 Category I/II
1c	Trends Muster (KPI) Schmalband aus Überrollung (FFT fokussiert)	Schäden, relevante Fehler im Lager, zuverlässiger	18 (18) Techniker	ISO 18436-2 Category I/II
2	Merkmale einzelner Signale Überrollung (FFT fokussiert)	Bis kritische Fehler, Schä-den an Bauteilen zuverlässig	24 (36) Techn./ Ing.	ISO 18436-2 Category **II**
3	Merkmalsmuster Signalplot (5 Kennsignale nach [1])	Fehlertyp u. -ausmaß, Schadensstufe VDI 3832 – Bauteil	≤36 Ingenieur	ISO 18436-2 Category **II/ III**
4	Muster aus speziellen Signaleigenschaften	Fehlertyp zur Stufe, Schadensausmaß in mm	>36 Ingenieur	-

Kwt … Kennwert

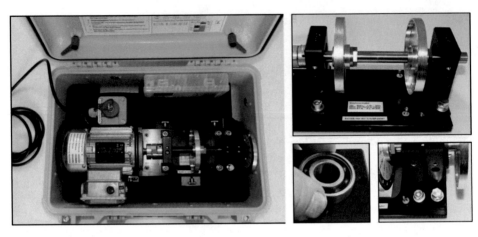

Abb. 10.1 Maschinenmodell 610 nach [7] mit Auswuchtscheiben, mit Motorausrichtung, mit Lagerlasteinstellung und auswechselbaren Lagerschäden der Vibration Plus UG (h.)

Anwendungsnähere Trainingsangebote zur Wälzlagerdiagnose, die im Fokus die Methoden zum erfolgreichen Überwachen und Diagnostizieren als Inhalt haben, gibt es von einigen Messsystem-Herstellern und Serviceunternehmen. Für die Unterstützung einer handlungssicheren Ausbildung empfiehlt sich ein praxisnahes Training, was mit Maschinenmodellen quasi auch selbstgeführt sehr gut möglich ist. Abb. 10.1 nach [7] stellt dafür das Maschinenmodell 610 mit nachfolgenden Eigenschaften vor. Diese haben optimalerweise mehrere austauschbare Wälzlager mit verschiedenen Laufbahnschäden an verschiedenen Bauteilen des Wälzlagers und ermöglichen diverse einstellbare Wälzlagerfehler. Dabei empfiehlt es sich auf definierte oder einstellbare Belastungskräfte in den Hauptrichtungen des Prüflagers (radial und axial) zu achten. Diese Modelle sind meist kombiniert mit Einrichtungen für einstellbare Maschinenfehler. Da die Fehlausrichtung auch direkten Einfluss auf die Lastzone im Wälzlager hat, ermöglicht eine Kombinationsmöglichkeit mit diesem Maschinenfehler an diesem Modell derartige Testergebnisse. An einem größeren Maschinenmodell 590, wie in [8] gezeigt, gibt es weitere Möglichkeiten der Wälzlagerfehler wie Einstellung des Betriebsspiels, Einsatzbedingungen in Zahnradgetrieben und in Riemenantrieben. Auch der Betrieb bei Rotorresonanz ist bei diesem sehr breit variierbaren „Wälzlager-Baukasten" möglich.

10.3   Konzepte zum Betrieb über die Lebensdauer und das Ausfallverhalten

Die ingenieur- bzw. diagnose-technischen Grundlagen der Überwachung und Diagnose wurden in Abschn. 3.2 in einer Übersicht dargestellt.

Für deren Umsetzung werden sie hier in Tab. 10.3 anwendungsnah nochmals zusammengefasst. Abb. 10.2 zeigt beispielhaft einen extremen Ausfallschaden zur rechten Spalte in Tab. 10.2 nach Innenringbruch durch axiale Überlast. Als Folgeschäden sind sichtbar die „zerriebene" Kegelspannhülse nach Lose und mehrfache Käfigbrüche auf der überlasteten Lagerreihe.

Die Anmerkungen unter 1) zum **Lagerausfall** hinterlassen eine unbefriedigenden Gesamteinschätzung. Derzeit ist dagegen die einzig zuverlässige Vorbeugung eine kombinierte und funktionierende Schwingstärke- und Körperschallüberwachung. Gerätetechnisch sind dafür Einzelkanalüberwachungen als **Maschinen-Schutz** und für den begleitenden Wälzlagerzustand mit Kennwerten nach Abschn. 11.4 geeignet. Zusätzlich gibt es in den meisten Prozessüberwachungen für die Maschine als Sicherheit eine Motorstromüberwachung, die jedoch meist erst im letzten Moment eingreift. Für passende Einsatzfälle gibt es weiterhin Temperaturüberwachung der Wälzlager oder eine Förderstromüberwachung an Fördermaschinen, allerdings mit denselben Einschränkungen. Die Überwachung der Schwingstärke als „Maschinenschutz" ist derzeit der einzige **zuverlässige Schutz gegen Folgeschäden** bei unerwartet auftretenden Lagerausfällen. Eine Kennwertüberwachung des Wälzlagerzustandes als CMS dient zur Absicherung des Betriebes und der Instandhaltung und zur Früherkennung von Fehlern und Schäden in Kombination mit einer Diagnose, ist aber kein „Wälzlagerschutz".

Eigentlich erreichen Wälzlager bei sollgemäßen Belastungen und optimalen Schmierungsbedingungen mindestens die normgemäß berechnete Lebensdauer. Da es aber zu häufig Abweichungen zu den sollgemäßen Geometrie-, Belastungs- und Betriebs-

Tab. 10.3 Die Vier Hauptaspekte der Überwachung und Diagnose (vgl. Tab. 10.4)

Nr.	Teilaufgaben	Zu überwachen	Kenngrößen Kennwerte	Weitere Fehler	Eskalation Ausfall 1)
I	**Verschleiß**	Erhöhung Betriebsspiel Außenringspiel	Schwingstärke, spezielle KS Merkmale	Fehlerhafte Spielerhöhung	Kaum
II	**Schmierung**	Erhöhte metallische Reibung	Spezielle Körperschallmerkmale	Temperaturüberhöhung Fremdpartikel	Heißläufer
III	**Laufbahn-schäden**	Abweichung des Laufbahnzustandes	schmalbandige Körperschallmerkmale	Fremdpartikel	Bauteilbruch, Blockaden, Heißlauf
IV	**Montage, Betrieb und Instandhaltung**	Belastungs- u. Geometrieabweichungen	Erweiterte Körperschallmerkmale	Kritische Maschinenfehler	Bauteilbruch, Blockaden, Heißlauf

Zu 1): Der jetzige Stand der Wälzlagerüberwachung ist mit seiner Kennwertdichte und Reaktionsgeschwindigkeit meist nicht in der Lage Bauteilbrüche und Heißläufer ausreichend zuverlässig und unmittelbar zu detektieren und deren Eskalation so sicher aufzuhalten

Abb. 10.2 Gesamtansicht eines Ausfallschaden an der Gegenseite zur Spannmutter mit zerstörter Spannhülse und mehrfach gerissenen Innenring und querliegenden Wälzkörpern nach mehrfachem Käfigbruch

bedingungen in der Praxis gibt, muss in der Folge mitunter mit vorzeitigen *Laufbahnschäden gerechnet werden.*

Daraus folgt, dass die Erkennung und Beseitigung von *Wälzlagerfehlern*, als Ursachen von diesen Wälzlagerschäden, eine weitere wichtige Aufgabe in der Wälzlagerdiagnose und die **wichtigste echte Vorbeugung** ist. Leider wird in der Überwachungs- und Diagnosepraxis diese vorbeugende Aufgabe häufiger nicht ausreichend priorisiert. Die Vermeidung von Folgeschäden durch die Schadensdetektion ist keine echte und direkte Vorbeugung und sollte auch nicht so bezeichnet werden. Sie ist in ihrer Wirkung nur eine Schadensbegrenzung, da sie keine Lagerschäden verhindert.

Da die *Schmierung* im Wälzlager darin eine Schlüsselrolle einnimmt, hat deren Zustandsüberwachung neben der Detektion des Zustand der Laufbahnen „die Priorität" in der Lagerüberwachung und -diagnose. Weil Wälzlagerschäden nach verschiedenen Statistiken am häufigsten zu unvorhergesehenen Maschinenausfälle führen, hat die Überwachung des Körperschalls im Betrieb eine zentrale Aufgabe zur Verhinderung von ungeplanten Stillständen. Das Szenario von potenziell eintretenden großen Folgeschäden beim Versagen des Wälzlagers verleiht dem deutlichen Nachdruck. Die genannten Ausfallmechanismen des Wälzlagers, als permanente potenzielle „Angstgegner" im Betrieb und dessen Überwachung, sind wie auch in [5] in Tab. 10.4 zusammenfassend systematisiert aufgelistet.

Die Übersichten der Ausfallmechanismen in den Tab. 10.3 und 10.4 heben ein Grundproblem der Wälzlagerüberwachung hervor. Die kritischen Anstiege der Merkmale für die

Tab. 10.4 Eigenschaften der Ausfallmechanismen in Diagnose/Überwachung (vgl. Tab. 10.3)

Nr.	Befund	Mechanismus	Überwachung	Diagnose mittels
I	Betriebsspiel zu groß – **Langzeit unkritisch**	nach weichem me-chanischem **Ver-schleiß** – Abschn. 3.6	Schwingstärke und Körperschall	Drehfrequenter Schwingungsanteil, Stop in Schwingstärke
II	Heißläufer – **ZEITKRITISCH!**	Aufbrauchen Lager-spiel, Schmierungs-versagen- Abschn. 3.4	Schmierungszustand im Körperschall (KS), Lagertemperatur	KS: im Schmierungs-zustand, Lagerspiel, Lagertemperaturanstieg
III	**Laufbahnschäden Langzeitverhalten**	Meist Ermüdung, nach Abschn. 3.8	Körperschallkennwerte u. Überrollungen, Schwingstärke – final	KS: Überrollungen
IV	**Bruch** vom Bauteil – **ZEITKRITISCH!**	In Bruchentstehung u. als Folgeschaden von II, III vgl. Abschn. 3.8	Schwingstärke und Körperschall – final	KS: lokale Ausbrüche – Überrollungen

Überwachung gegen Heißläufer und Bauteilbruch liegen im Minuten- bzw. final im Sekundenbereich. Aber glücklicherweise treten diese in der Praxis selten auf. Wälzlager-überwachungen sind für das Langzeitverhalten von Laufbahnschäden und für den weniger kritischen Verschleiß ausgelegt. Das betrifft vor allem deren meist relativ langsame De-tektionsrate (Echtzeit) mit der die Kennwerte dafür bestimmt und bewertet werden. Weiterhin ist es bestimmt vom Reaktionsverhalten der Überwachung, in der es allermeist nur Alarminformationen und keine aktiven Abschaltungen gibt.

Werden im CMS langfristig zunehmende Zustandsverschlechterung detektiert und ist daraus folgend als Ursache ein Laufbahnschaden diagnostiziert, steht folgerichtig in der Betriebsführung die Frage nach der Restlaufzeit. Erfahrungsgemäß sind aus der lang-jährigen Wälzlagerdiagnose im Kennwertverlauf selbst die Restlaufzeiten grob abschätz-bar. Nachfolgend wird erläutert wie die genannten Schadenstufen sich aus einem Modell ableitbar im Kennwert-Trendverlauf abbildenden.

Abb. 10.3 a) zeigt einen modellhaften Verlauf eines Kennwerttrends bei einem Lauf-bahnschaden in einem Kugellager in einem Onlinesystem. Ein typischer Trendverlauf ist dabei, dass ein beginnender ermüdungsbedingter Laufbahnschaden kontinuierlich weiter wächst bis zum Lagerausfall (Abb. 10.3 b)).

Andere Laufbahnschäden dagegen, als im Abb. 3.15 gezeigt, wie aus Fremdeindrü-ckungen, aus Stromdurchgang oder aus lokalen Materialfehlern (vgl. Abb. 4.5) wachsen nicht automatisch weiter, wenn die Verursachungsmechanismen nicht fortwirken. Nach-folgend wird ein typischer Schadensverlauf für ein Kugellager geschildert entsprechend den Schadensstufen in Kap. 9. Im „Normalzustand" des „grünen" Trendverlaufs verläuft

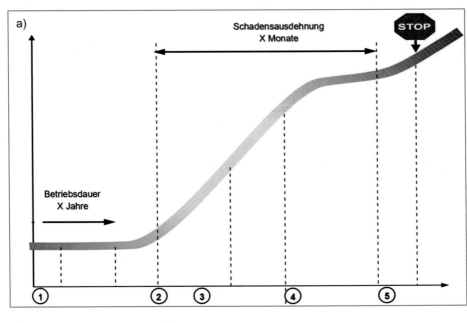

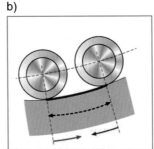

Abb. 10.3   a) Modellkurve Schadensentwicklung der Stufen 2 bis 5 und oberen schwarzer Pfeil der Restlaufzeit mit vertretbarem Risiko, und Abschaltung im zweiten Steilanstieg **b)** Überrollabstand am Außenring (schwarzer Pfeil) und Beginn Schadensstufe 5, Rollenlager Schadensausdehnung (roter Pfeil) in Rollrichtung und Resttragfläche (grüner Pfeil)

der Trend flach im Rahmen einflussbedingter Schwankungen. Beginnt ein im Verlauf noch unklarer Anstieg des Zustandskennwertes in der *„Entstehungsphase"* verkürzt sich die Restlaufzeit auf wenige Wochen bis Monate. Zum Zeitpunkt der markierten Punkte 2 bis 5 empfiehlt es sich ggf. fallabhängig eine tiefere Diagnose zum Schadensumfang durchzu-führen. Es folgt ein sog. typischer erster Steilanstieg als „gelber" Verlauf der *„Wachstums-phase"* in der Schadensstufe 3. Weiter folgt ein sog. Plateau in der *„Übergangsphase"* Schadenstufe 4 mit nur geringeren Kennwertanstiegen und oft auch mit einem temporären auf und ab im Trendverlauf. Im *„Endstadium"* der Stufe 5 erfolgt dann der zweite „rote"

Steilanstieg bis zum Ausfall. Ab dieser Phase muss dann mit dem erhöhten Risiko einer potenziellen plötzlichen Eskalation und dem Ausfall des Lagers gerechnet werden. Bis zu diesem zweiten deutlichen Anstieg kann abhängig vom Bauteil auch eine sog. Rest-nutzungsdauer ausgeschöpft werden mit vertretbarem Ausfallrisiko. Ein derartig über-wachter Restbetrieb beginnt ab dem signifikanten Schadensbeginn und ist in der Dauer sehr bauteilabhängig und bestimmt vom verursachendem Schadensmechanismus, wie Abb. 10.4 beispielhaft zeigt. Erst ab Beginn Stufe 5 mit einem zu hohem Restrisiko erfolgt dann der Lagerwechsel.

Abb. 10.4 nach [10] zeigt einen für die Schadensentwicklung und Restnutzungsdauer weiteren wichtigen Zusammenhang. Im Bild b) ist eine langsame Schadensentwicklung an einem Außenring eines Pendelrollenlagers nach Ermüdung mit einem Anstieg über 4 Wochen bis in den Anfang der Schadensstufe 3 aufgezeichnet aus einem Online-CMS. Die-ser Schaden könnte mit einem Offlinesystem im Verlauf auch sicher vor dem Ausfall im weiteren noch folgenden Verlauf detektiert werden. Auch der weitere abgesicherte Betrieb über die Restnutzungsdauer ist mit etwas Erfahrung am CMS risikoreduziert möglich. Im Bild a) ist eine schnelle Schadensentwicklung eines Kugelschadens ebenso aus der On-lineüberwachung mit hoher Datendichte fast bis zur Stufe 4 dargestellt. Nach nur 10 Stun-

Schnelle Schadensentwicklung: häufig durch äußere Einwirkungen

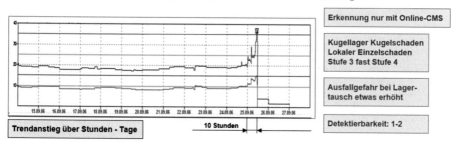

Langsame Schadensentwicklung: meistens Ermüdungsschäden

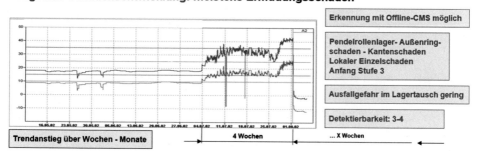

Abb. 10.4 Schadensverläufe und Trendverläufe nach [10] a) oben schnelle Schadensentwicklung, b) unten langsame Schadensentwicklung

den ist der Kennwert auf sehr hohem Niveau, was durch starke äußere Einwirkungen verursacht wurde. Mit einem Offlinesystem wäre die Detektion dieses Schadens nicht möglich gewesen. Bei der Wahl des Überwachungssystems sollten also die Detektions- und damit mögliche Reaktionszeiten abhängig von den zu erwartenden Schäden mit betrachtet werden. In der Praxis ist jedoch i. d. R. die Frage, ob z. B. ein preiswerteres Offline-CMS eingesetzt wird keine rein technisch fundierte Entscheidung. Sondern es kommen ROI- und Kostenerwägungen hinzu. Der Erfolg eines CMS hängt aber von beiden Betrachtungsebenen ab. Wenn man gezielt die Kosten eines CMS gegen den verhinderten Produktionsausfall und die Reparaturkosten abwägt, sind ROI-Zeiträume unter 3 Jahren die Regel und sprechen so meistens für ein CMS bzw. ein Online-CMS. Zur Abwägung eines optimalen CMS ist jedoch nicht nur die Sicht auf einen Einsatzfall ausschlaggebend. Häufig ist der Beurteilungshorizont des O&M-Konzeptes des gesamten Maschinenparks oder eines begrenzten Anwendungsbereiches hierfür maßgebend. Weitere Erläuterungen dazu folgen im Abschn. 10.5.

10.4 Überwachung und Diagnose – Aufgaben und Anwendung über Lebensdauer

Häufiger wird von den Anwendern angenommen, dass mit der Durchführung einer Wälzlagerüberwachung auch die Wälzlagerdiagnose „abgedeckt" ist. Das ist jedoch i. d. R. nicht der Fall, da diese zuerst ausgelöst und manuell von Spezialisten ausgeführt werden muss. Das setzt aber eine organisierte Konzeption dafür voraus, da dies meist unerwartet und ereignisgesteuert nach Alarm in der Überwachung erfolgen soll. Zur Risikominimierung sollte diese auch zeitnah durchgeführt werden. Da jede manuelle Falldiagnose entsprechend der Komplexität auch Zeitaufwände erfordert, müssen deren Kostenabdeckungen auch geplant werden. Nachfolgende Erläuterungen und Tab. 10.5 machen das etwas deutlicher.

Zustandsüberwachung im Betrieb hat die Aufgabe relevante Verschlechterungen des Wälzlagerzustandes während der gesamten Betriebsdauer und meist für weitere Überwachungsobjekte (Maschinen, Verzahnungen …) permanent automatisch zu detektieren.

Eine *Zustandsdiagnose* hat dagegen die weitaus umfassendere Aufgabe kritischere Zustände und deren Ursachen im Betrieb zu einem sich ergebenden Diagnosezeitpunkt (z. B. nach Alarmereignis) an einem Diagnoseobjekt zu erkennen. Wesentliche Diagnoseaufgaben ist die Aussage, ob die Lebensdauer herabgesetzt wird, welche Ursachen zu Grunde liegen, eine Prognose der Restnutzungsdauer abzugeben und final konkrete Abhilfen zu empfehlen.

Es ist weiterhin entscheidend, welches Überwachungssystem und welche Diagnoseausführung gewählt bzw. vereinbart wurde. Wälzlagerfehler sind nicht einfach automatisch in der Überwachung enthalten und nicht alle Wälzlagerschäden können im CMS mit den Kennwerten ausreichend früh erkannt werden. Die Leistungsfähigkeit eines CMS wird mit

Tab. 10.5 Vergleich von Diagnose und Überwachung am Wälzlager

Eigenschaft	Wälzlager-Überwachung	Wälzlager-Diagnose
Aufgabe	Weit automatisierte Erkennung von relevanten Zustandsverschlechterungen im laufenden Betrieb	Beurteilung von Zuständen im Erkennen u. Bewerten von relevanten Fehlern und Schäden und deren Ursachen, meist manuell
Zeitpunkt	Während gesamter Betriebsdauer	Zum sich ergebenden Diagnosezeitpunkt aus Überwachung und zur Inbetriebnahme; vor u. nach Instandhaltung; vor Garantieende
Auslösung der Durchführung	permanent, und im Bezug zum Überwachungsintervall bzw. Berichtszeitpunkt	bei Grenzwertüberschreitung der Überwachungskennwerte od. bei anderen Trendmerkmalen
Fokus	Laufbahnschäden in der Entwicklung, möglichst früh vor dem Ausfall, und kritische Fehler mit Schadensfolgen	Laufbahnschäden Früherkennung, Schadensbewertung & Restlaufzeit, Bewertung Schmierzustand, Erkennung kritischer Fehler
Nebenaufgaben	Unspezifische kritische Fehlerzustände	Maschinen- bzw. Getriebezustand
Ergebnis	Anzeige von Instandhaltungs- und Diagnosezeitpunkten über die Betriebsdauer	Ursachenzuordnung u. Abhilfempfehlungen aus erkannten Mechanismen u. Prognose der Restlaufzeit
Erfolgsmesser	Erkennungsrate von detektierten zu aufgetretenen Schäden	Auswirkung der Abhilfe oder in Bauteilbegutachtung
Weniger Inhalt	Zustandsbewertung von allen Fehlern im Betrieb	Schadens- bzw. Fehlerentwicklung und Betriebs-Zustandsschwankung

der Systemauswahl, dessen Betriebsführung und mit der gut angepassten Konfiguration in dessen Inbetriebnahme wesentlich bestimmt. Für eine optimale Zustandserfassung sollte, wie Tab. 10.5 zeigt, Überwachung und Diagnose immer angepasst an den Anwendungsfall kombiniert eingesetzt werden. Weiteres dazu findet sich in Kap. 14.

Am Beginn der Überwachung sollte eine zeitnahe *Abnahmemessung* der Wälzlagerung vorliegen. Wenn diese nicht vorliegt, ist eine „Start-Zustandsdiagnose" zu empfehlen. Beim Einkauf von Maschinen empfiehlt es sich auch eine damit gut kombinierte Schwingungsüberwachung im Projekt der Errichtung bzw. Grund-Instandsetzung einer Maschinen zu integrieren. Als Ergebnis dieser Startdiagnose sollte ein bewerteter Referenzzustand mit Vergleichsdaten vorliegen. Auch die Beschreibung detektierter Wälzlagerfehler in einem sog. Fingerabdruck sind wichtige Eingangsgrößen des CMS. Auch zur Bewertung von späteren potenziellen Zustandsverschlechterungen ist ein Rückgriff darauf sehr hilfreich. Darauf aufbauend erfolgt dann die Überwachung der fokussierten erwartbaren Fehler bzw. Schäden. Welche Schadens- und Fehlertypen überwacht bzw. diagnostiziert werden, sollte in einer Spezifikation des CMS festgelegt werden. Details der Fehler finden sich dafür in Kap. 3, der Schäden in Abschn. 3.8 und der Mindestumfang in Abb. 3.2. Wurde nichts vereinbart, gilt dann der Stand der Technik mit der VDI 3832 nach

[2], der hierzu aber sehr unscharf ist und dort sehr weit aufgelistet ist. In einer Übersicht wird darauf nochmals in Abschn. 14.4 eingegangen. Abhängig von den in einer Diagnose festgestellten Abweichungen und Fehlern sollte die Überwachung dann dauernd und weitestgehend stabil und automatisiert erfolgen. Bei Zustandsverschlechterungen sollte diese temporär ggf. fallweise etwas modifiziert werden. Auch beim Nachrüsten von Überwachungen auf bereits länger im Betrieb befindliche Maschinen sollte ein sog. „Fingerabdruck" mit einer quasi Startdiagnose erstellt werden. Diese wird im Abb. 10.6 an einem Signalplot eines Schraubenverdichters beispielhaft gezeigt. Permanente Online-Überwachungen liefern im Sekunden- (Einzelkanal) bzw. Minuten- bis Stundenintervall Kennwerte zum Grenzwertvergleich. Je nach dem zu beurteilenden Charakter des Kennwertverlaufes sollte eine *Grenzwertüberschreitung dann eine Zustandsdiagnose* in einem angemessenen Zeitraum auslösen. Diese erfolgt zunächst in Form einer Trendanalyse der Kennwerte und Betriebsparameter. Ist die Abklärung darin nicht ausreichend erfolgt, ist weitere Diagnoseunterstützung mit einer Tiefendiagnose im Signalplot erforderlich. Ähnlich verhält es sich bei sog. Offline-Überwachungen mit Datensammlern, wo das Intervall der Erfassung der Kennwerte über Wochen oder Monate gestreckt ist. Bei Zustandsverschlechterungen sollte dann das Intervall zustandsabhängig auf Tage oder Stunden verkürzt werden.

Ein einfache optimale Kombination von Überwachung und Diagnose wird am einfachsten aus dem Verlauf der Kennwerte im Trend abgeleitet. Diese Trendbeurteilung wird auch exakter als hier langfristige Zeitreihenanalyse der Kennwerte bezeichnet. Je nach Anstiegsgradient des Kennwertes sollte ein *beurteilter Alarm dann eine Zustandsdiagnose* auch zeitnah starten. Es gilt umso steiler ein Anstieg ist, umso kritischer ist dieser zu beurteilen. Abb. 10.5 zeigt den Trendverlauf eines Beschleunigungs-Kennwertes an einem Schraubenverdichter über zwei Jahre. Der Trendverlauf zeigt einen von neun erfassten Kennwerttypen an. Über eine Datenreduktion wurden darin nur diese hier gezeigten Datenpunkte gespeichert, die eine ausreichende Änderung zum vorhergehenden Kennwert aufweisen. Hierbei sind ebenso die optisch sichtbaren Grenzwertüberschreitungen der markiert Warn- und Alarmgrenze nicht mit den tatsächlichen übereinstimmen, die hier nur zweimal aufgetreten sind. Typisch für diesen speziellen Maschinentyp sind stärker schwankende Kennwerte, so dass alle echten Alarm-Überschreitungen über eine verlängerte Verzögerungszeit anliegen müssen, bevor diese aktiv geschaltet wer-

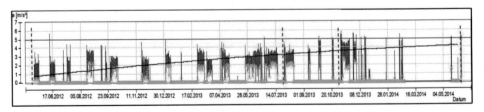

Abb. 10.5 Trendverlauf eines Beschleunigungskennwertes an einem Schraubenverdichter mit Betriebsunterbrechungen und markierten Zeitpunkten vertiefter Diagnosen (rot gestrichelt)

den. Zu Beginn der Überwachung eines Kennwertes oder nach Grenzwertüberschreitungen werden aus einem Signalplot, wie im Abb. 10.6 gezeigt, alle Diagnosemerkmale extrahiert. Es können daraus aktuell auftretende typische Fehler- und schwankende Betriebszustände abgeleitet und zum Diagnosezeitpunkt bewertet werden. Näheres zum Wälzlagerbetrieb in Schraubenmaschinen, wie der hohe Schallpegel der Druckpulsationen (Ausstoßfrequenz), findet sich in [10, 11] und [12].

Eine spezielle Ausprägung einer Wälzlagerdiagnose nehmen die sog. *Abnahmemessungen* ein. Der Betreiber oder Instandhalter erwartet hier meist am Beginn eines Betriebsintervalls eine Zustandsaussage, ob das Wälzlager im Testbetrieb „sollgemäß funktioniert".

In der Maschinenzustandsdiagnose sind Abnahmemessungen üblich, wie die nach der Normenreihe ISO 20816 [2]. Der Maschinenzustand wird anhand eines globalen Kennwertes (v_{rms}) und in Merkmalen von Signaldiagrammen (v(f) FFT-Spektrum) beurteilt. Unterhalb der empfohlenen oder vereinbarten Grenzwerte gilt der Maschinenzustand als vereinbarungsgemäß abgenommen. Für die Abnahme eines sollgemäßen, d. h. fehler- und schadensfreien Wälzlagerzustandes gibt es leider keinen einzelnen und eindeutigen Kenn-

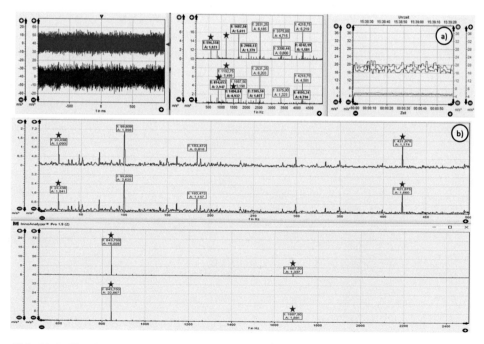

Abb. 10.6 Signalplot an der Verdichter-Messstelle an einem Schraubenverdichter, **a**) Körperschallsignale, Breitbandspektren und Kennwertverläufe mit druckabhängig schwankenden Druckpulsationen, **b**) Hüllkurvenspektren mit überlagernden typisch erhöhter Doppelter Drehfrequenz (99,6 Hz) deutlich erhöhten Anregung der Käfigdrehferquenz (23,4 Hz) und sehr stark erhöhten Anregungen mit Halber und 1. Harmonischen (843,8 Hz) der Überrollungen am Außenring (Nadellager)

werte. Erfahrungsgemäß kann dafür aber in einer eingeübten Routineprozedur der Überprüfung mittels eines breitbandigen Kennwertes und den Frequenzkomponenten eines
Hüllkurvenspektrum eine ausreichende Aussagesicherheit zum Wälzlagerzustand erreicht
werden. Gute Erfahrungen liegen hier vor mit den Kennwerten der Stoßimpulskennwerte
oder der breitbandigen Beschleunigungskennwerte, wenn passende Normierungen erfolgen und für letztere Vergleichswerte vorliegen. Deren zustandserfassende Messung und
Bewertung wird im Abschn. 7.3 und 7.4 beschrieben. Bei methodisch richtiger Anwendung
können hiermit Wälzlagerschäden und kritische Fehler zum Abnahmezeitpunkt ausgeschlossen werden. Zu diesen Kennwerten wird das Hüllkurvenspektrum in Kombination gemessen und bewertet, wie in Abschn. 8.6.4 beschrieben. Neben Schmierungsmangel können damit auch Schmiermittelverschmutzungen und Geometriefehler im
Wälzlagerbetrieb erkannt werden. Es können damit selbst sehr kleine beginnende Laufbahnschädigungen in Kugellagern bereits im Zehntelbereich erkannt werden. Aus den
Zustandsbewertungen sollte sich dann ein konsistentes Bild einer sollgemäßen Fertigung
und Montage der Rotorlagerung ergeben. Sie kann daraus abgeleitet dann abgenommen werden.

Dabei erkannte aber unkritische oder fallspezifische im Betrieb übliche Fehler des
Lagerzustandes, sollten ebenso als Teil der Abnahmemessung dokumentiert werden. Die
wichtigste Bedingung vor der Messung ist der „Ein- bzw. Warmlauf" der Maschine bzw.
der Wälzlagerung in die Nähe der sollgemäßen Lager-Betriebstemperatur und ggf. zur
Verteilung des Schmierfettes. Zweitwichtigste Eingangsbedingung ist der Betrieb der Ma-
schine im vereinbarten Nennbetriebsbereich, was bei größeren Maschinen meist nur am
Aufstellungsort möglich ist. Hauptaufgabe ist es dabei, dass mögliche Wälzlagerfehler am
Beginn der Laufzeit erkannt und abgestellt werden, um die Erreichung der projektierten
Lagerlebensdauer zu ermöglichen.

Häufigere Wälzlagerfehler bzw. Schädigungen bei Abnahmen je nach Maschinentyp sind:

– Erhöhte hochfrequente Körperschallbelastung
– Lagerunter- od. -überlastung bei Fehlausrichtung im gekuppelten Wellenstrang oder
  bei fehlerhafter Riemenspannung
– abweichende Schmiermittelviskosität
– schief stehender Außenring im Außenringspiel
– Außenringspiel zu klein im Loslager
– zu geringes od. zu großes Betriebsspiel in einem der Wälzlager
– eingeschränkte Loslagerfunktion
– seltener Stillstandsmarken auf den Laufbahnen (Initialschäden)

Ausgehend von der Betriebsdauer eines Wälzlagers wurde vom Autor ein sog.
IOM-Konzept (Integrated and Optimized Monitoring) entwickelt, um die Notwendig-

Tab. 10.6 Produktzyklus der Wälzlager in der Lagerung einer Maschine nach dem IOM-Konzept des Autors

Schritt Produktzyklus	Projektschritt	Betreffend Körperschallmessung relevant
Design Maschine	Lastannahmen Wälzlager Festlegung Toleranzen	Betrachtung aller potenziellen statischen dynamischen Belastungen; Festlegung der Toleranzwerte
Design Lagerung	Auswahl Wälzlager & Gehäuse, Design Rotor, Auslegung Schmierung	Eigenschaften Lagertyp inkl. Wälzkörpertyp, Lagerluftgruppe, betriebsbezogene Schmierqualität
Fertigung Lager Hersteller	Fertigungsabnahme in Serie	Messmethodik und Qualitätsstandard
Fertigung Rotor und Lagergehäusesitze	Einhaltung Maßtoleranzen im Protokoll	Einhaltung Sollgeometrie, Wuchtzustand
Fertigung Lagergehäuse	Einhaltung Maßtoleranzen im Protokoll	Geometriefehler Fluchtung
Montage Lagergehäuse und Wälzlager/Rotor	Passungen und Sitze im Protokoll	Außenringspiel, Geometriefehler Lagerluft/Betriebsspiel
Inbetriebnahme Maschine mit Wälzlagern	Start Maschinen- Wälzlagerbetrieb	Abnahmemessung: Prüfung Schmierung und Wälzlagerfehler/-vorschäden
Dauerbetrieb Wälzlager in Maschine	Normalzustand im sollgemäßen Betrieb	Überwachung Wälzlagerzustand
Instandhaltung Maschine	Überprüfung, Schmierungsintervalle, ggf. Reparatur Wälzlagerung od. Lagertausch	Beurteilung in Trendverläufen Ggf. weitere Diagnosemessung
Ausfall Lagerung unvorhergesehen	Wälzlagerschaden; Reparatur Wälzlagerung ggf. Lagertausch	Ggf. vertiefte Diagnosemessung od. geänderte Überwachung des Zustandes
Ausmusterung/ Ersatz- Maschine od. Wälzlager	Ende Produktzyklus	Ableitung von Schlussfolgerung für Ersatzmaschine

keiten und die Erfolgsaussichten von Diagnose und Überwachung abschätzen zu können. Tab. 10.6 zeigt den IOM-Zyklus für eine Wälzlagerung, die designgemäß mit der Maschine eng verknüpft ist. Bei der Projektplanung des Einsatzes von Maschinen oder dem Start einer Überwachung oder Diagnose lohnt es sich langfristig den Zyklus mit Fachkundigen zu beurteilen. Daraus können Empfehlungen für die Projektierung, Inbetriebnahme oder den Betreiber abgeleitet werden.

10.5   Überwachungssysteme für Maschinenparks – Maschinenklassen und Überwachungskonzeption

Für die Überwachung und Diagnose an wälzgelagerten Maschinen, z. B. der Neben-anlagen in einem Kraftwerk, kommen meist eine große Anzahl bis in die Hunderte einzel-ner Maschinensätzen in Betracht. Am häufigsten sind Pumpen, Ventilatoren und Verdichter in den Maschinenparks vertreten. Hinzu kommen einzelne Kohlemühlenantriebe, spe-zielle Förderer oder Antriebe von anderen Transporteinrichtungen. Hier wird schnell klar, dass durch die große Anzahl und das breite Spektrum an Maschinentypen und Bauformen keine einzelne Art der Überwachung und eine Variante der Diagnose angewendet werden kann. Es ergibt sich naturgemäß daraus die Notwendigkeit ein systematisch angelegtes Konzept für eine umfassende Zustandsüberwachung und -diagnose aller „wichtigen" Wälzlagerungen im gesamten Maschinenpark zu entwickeln. Bedingt durch die dafür an-gebotene Gerätetechnik und die in CMS angebotenen Softwarelösungen ergibt sich auch das Erfordernis die körperschallbasierte Wälzlagerüberwachung und die schwingstärke-basierte Maschinenüberwachung in einem einheitlichen Konzept umzusetzen. Auch eine meist noch speziellere Getriebeüberwachung ist darin ggf. zu integrieren bzw. die Anpassung an eine besondere Überwachung von gleitgelagerten Großmaschinen. Global betrachtet ist für die Entwicklung eines Konzeptes für den gesamten Maschinenpark zu-nächst von den Anforderungen auszugehen. Hier können die bisher aufgetretenen Schäden und Ausfallkosten am besten herangezogen werden oder aus vergleichbaren Maschinen-parks betrachtet werden. Die Verantwortlichkeit und die personellen Kapazitäten für die Schwingungsdiagnose liegt meist in der elektrischen oder mechanischen Instandhaltung, in der Qualitätssicherung oder in der Anlagen- und Betriebsführung. Das bedingt meist in Folge auch eine etwas anders modifizierte Zielausrichtung der Schwingungsüberwachung. Die Schwingungsdiagnose wälzgelagerter Maschinen in Kraftwerken ist z. B. deutlich verschieden zu der stark integrierten, anspruchsvoller arbeitenden und langjährig eta-blierten kostenintensiven Turbinenüberwachung aufzustellen. Es geht hier um eine flächendeckende Überwachung von bis über Hundert Maschinen im Park eines Kraft-werkes also umfangsbedingt eine völlig anders auszurichtende Überwachung. Vorhandene Schwingungsüberwachungen an Nebenaggregaten sind meist nur auf kritische Einzelfälle reduziert oder als Insellösungen vorzufinden. Die dort vorhandenen Ressourcen und das Know-How reichen meist nicht aus, um einen ganzen Maschinenpark systematisch zu be-wältigen. Als empfehlenswert für die Entwicklung eines Konzept hat sich als erster Schritt die Erfassung aller einzelnen Maschinen in tabellarischer Form erwiesen. Den einzelnen Exemplaren mit einer KKS-Bezeichnung, einem Prozessnamen und einem Maschinentyp werden nun verschieden Kategorien zugeordnet mit dem Ziel diese jeweils zu Gruppen in sog. Maschinenklassen zusammenzufassen. Tab. 10.7 zeigt beispielhaft einen derartigen Ansatz der Systematisierung.

Es empfiehlt sich die fett markierten Kategorien in einfache groben Zuordnungsstufen 1 bis 5 zu unterteilen, wie Tab. 10.7 zeigt und Tab. 10.8.

Tab. 10.7 Zuordnung von Maschinen in Klassen im Maschinenpark

KKS	Prozess-name	Maschinen-typ	Lagerung/Antriebs-typ	Redun-danz	durch-schnittl. Ausfall-kosten pro Tag	durch-schnittl. Reparatur-kosten/Stop	Prozess/Turbine ist abhängig?	Leis-tung/kW	Dreh-zahl/1/min	Rege-lung 1=Dreh-zahl	Lager-typen	Schmie-rungstyp	Maschi-nen-klasse
XXXXXX	Frisch-luft-ventila-tor	Radial-ventilator	fliegend Kupp-lung	*2	+4	+3	*2	400	1500	1	...	...	II

Gelber Bereich: Summanden +1 (min.) bis +5 (max.), Faktoren Redundanz vorhanden: 1 = ja/2 = nein, Prozess direkt abhängig: 2 = ja/1 = nein

Tab. 10.8 Beispiel Kategorien von Maschinenklassen im Maschinenpark, Beispiel Kraftwerk

Bewertung-Priorität zur/Kategorie	Re-dun-danz (Wert)	Ausfallhäufig-keit (Wert)	durchschn. Ausfallkosten/Fall (Wert)	durchschn. Reparaturkosten/Fall (Wert)	Prozess Abhän-gig? (Wert)	Wert der Maschinenklasse (Wert)	Überwachung zur Maschinenklasse
I- Hauptaggregate	Nein (2)	≤1/a (2)	>100 T€ (250)	>10 ... 100 T€ (50)	Ja (2)	1200 (I)	Online Echtzeit-System
II- primäre Nebenaggregate	Nein (2)	≤3/a (2)	>10 T€ (20)	>1 ... 10 T€ (5)	Ja (2)	600, <1000 (II)	Online Multiplex/Einzelkanal
III-sekundäre Nebenaggregat	Bed. (1,5)	≤3a (1,5)	>1 T€ (1)	>1 T€ (2)	Bedingt (1,5)	27, <100 (III)	Offline System
IV- Hilfs-/Stand-by Aggregate	Ja (1)	≤4/a (1)	-	<1 T€ (1)	Nein (1)	2, <10 (IV)	Offline Bedarf
V- mobile Aggregate	Ja (1)	0	-	<1 T€ (0,5)	Nein (1)	... 1,5 (V)	Ohne

Werden nun die Werte der Summanden aufaddiert ergibt sich ein Summenwert, der mit den beiden Faktoren außen multipliziert wird. Aus der Höhe des Ergebniswertes ergibt sich aus definierten Wertebereichseinteilungen final die Maschinenklasse und Priorität I (Höchstwert) bis V (Kleinstwert). Sind keine statistischen Kosten verfügbar, reichen auch grobe Schätzungen in Stufen 1–5 mit den Fachabteilungen. Zu jeder so bestimmten Maschinenklasse wird nun eine Online- oder Offline-Überwachung zugeordnet, die in nachfolgender Tabelle und den Folgekapiteln erläutert werden.

Ausgehend von den vorhandenen und geplanten Ausstattungen eines CMS können nun die Kosten der Investitionen zur schrittweisen Einführung der Überwachungen abgeschätzt werden. Dazu werden die Maschinen typen- und klassenabhängig mit einer Messkanalzahl versehen und diese mit einem durchschnittlichen Kanalpreis abhängig von der Art und dem Typ des CMS (ff. Kapitel) multipliziert.

Daraus ergibt sich dann die nötige einzuplanende Investitionssumme für eine Überwachung je Maschinensatz. Bereichs- oder anlagenabdeckende Systeme sind damit meist mehrjährige Projekte, die sich nur in Etappen umsetzen lassen. Ein top-down Vorgehen darin nach der Priorität oder dem ROI wird häufig abgeändert mit aktuellen Schwerpunktsbereichen z. B. in der Produktion oder durch damit zu lösende bekannte „Problemfälle".

10.6 Offline- und Onlineüberwachung – Überblick der Anwendungen und System-Gestaltung

Für die Form der Überwachung gibt es eine größere Anzahl von unterschiedlichen Systemen, bei denen nach den angewandten Überwachungseigenschaften und der Diagnosetiefe ausgewählt wird. (vgl. Tab. 10.9 und 10.10) Reaktionszeit und Kanalzahl bzw. -preis muss jeweils abgewogen werden. Die meisten der zu überwachenden Wälzlagerungen in Standardmaschinen, wie in Pumpen und Ventilatoren, zeigen i. d. R. nur über lange Zeiträume von Wochen und Monaten Veränderungen des Lagerzustandes. Entsprechend reicht für diese in der Regel eine Offline-Überwachung mit mobilen Handgeräten, die als Datensammel-Systeme bekannt sind. Abweichend davon treten in der Schwingstärke an einigen dieser Maschinen relativ häufig Änderungen des Unwuchtzustandes auf, beispielsweise durch Staub-Anbackungen an Laufrädern. Dann ist eine schnellere punktuelle Online-Überwachung mit verkabelten Einzelkanal-Auswerteinheiten mit direkter Steuerungsanbindung möglich. Von der Seite des Wälzlagerzustandes sind nur an sehr wenigen Sonderlagern und Sondermaschinen (vgl. Beispiele 13.9 bis 13.11), wie an einigen großen Verdichtern z. B., kurze Reaktionszeiten im Minutenbereich erforderlich. Tab. 10.9 zeigt eine Übersicht der wichtigsten Überwachungssysteme für wälzgelagerte Maschinen. Die gezeigten Systeme können auch an Maschinensätzen beliebig kombiniert werden zur Optimierung der Einmal- und Betriebskosten des CMS und der Reaktionszeiten. Die Kanal(Messstellen)-Preise reichen für die Gesamtinvestition von unter 35

Tab. 10.9 Übersicht von Überwachungssystemen im Maschinenpark

System	Auswerteeinheit, Kanalzahl, Signal-verarbeitung	Messintervall Reaktionszeit	Auswertung
Online CMS Parallel	6 … 32 Kanäle Parallel	Sekunden Über SPS PLS	CMS-Software, Daten über Netzwerk bzw. DFÜ, bzw. in Datenbank; und SPS-, PLS-Software Anzeigen
Online CMS Multiplex	8 … >64 Kanäle Multiplex	Einige Minuten Über SPS/PLS	CMS-Software, Daten über Netzwerk bzw. DFÜ, bzw. in Datenbank; und SPS-, PLS-Software-Anzeigen
Online Einzel-Kanal	1–4 (8) Kanal/ verkabelt	Sekunden	Zeitnah Alarme in SPS-, PLS-Software-Interface, Browser-Visualisierungen
Online Einzel-Kanal Smart Sensor	1–3 Kanal/über Funk	Minuten bis Stunden und pro Tag über DFÜ	Alarme in Browser-Software, ggf. Signaldiagramme zur Diagnose
Offline FFT Datensammler System (DCS)	1–3 Kanal FFT- Datensammler	Monate bis Tage	CMS-Software an lokaler Datenbank und CMS-App
Einfache Offline Kennwert-Datensammler System (PDA)	1–2 Kanal Kennwert, Daten- sammelsystem	Monate bis Tage	PC Software an lokaler Datenverwaltung

Tab. 10.10 Diagnose an Überwachungssystemen

Priorität	z. B. Maschinentyp	Betrieb-System	Diagnose bei Alarm
Onlinesysteme Parallel	Haupt- und primäre Nebenaggregate, Frischluftventilatoren, Saugzüge Speisewasserpumpen	SPS/PLS – Lokale App	Browser App, remote Level 2–3
Onlinesysteme Multiplex	Sekundäre Nebenaggregate, div. Pumpen und Ventilatoren ohne Redundanz beeinflussen Hauptprozess	SPS/PLS – Lokale App	Browser App remote Level 2–3
Onlinemodul Einzelkanal verkabelt	Für Maschinenschutz od. Einzelmaschine, Maschinen mit Potenzial zu unvorhergesehenen und plötzlichen Ausfall	SPS/PLS – Lokale App	Lokale App Level 2
Onlinemodul Einzelkanal funkvernetzt	Wie genannt, aber örtlich abseits stehende Maschinen	Cloud-CMS remote App	Browser App Level 2
Offline Datensammelsysteme	Große Bandbreite aller Maschinen die Hauptprozess nur mittelbar beeinflussen	Lokale CMS App	Lokale App Level 2–3
Offline Datensammler	Keine Prozessbeeinflussung; od. Ersatzmaschinen redundant vor Revisionen	Lokale CMS App	Lokale App Level 2

EUR bei Datensammlern je Messstelle bis zu 1000 bis 3000 EUR bei Onlinesystemen je nach Diagnoseanforderung und Installationsaufwand. Damit wird klar, dass bei Online-Systemen die geforderte Kanalzahl von mindestens **einem Kanal pro Wälzlagerebene** stärkere Kompromisse erfordert. An dem Maschinensatz muss ggf. auf die höher belasteten bzw. ausfallgefährdeten Lager reduziert werden. Bei kleineren steiferen Maschinen unter 100 kW ist es meist unproblematisch benachbarte Lager der Maschine mitzumessen. Bei größeren über 100 kW Maschinen sind dem, durch den größeren Abstand beider Lagerseiten, schnell Grenzen gesetzt. Besonders ist die Früherkennung in der Wälzlagerdiagnose wichtig, die ein optimales Signal-Rauschverhältnis benötigt, was meist nur mit Aufnehmerpositionen in der Nähe der Lastzone erreichbar ist. Bei Datensammlern ist die Messpunktanzahl nicht der Hauptanteil der Investitionssumme, die von der vorhanden oder anzuschaffenden Gerätetechnik bestimmt ist. Hier müssen eher die jährlich anfallenden Betriebskosten des Gesamtsystems betrachtet werden, dessen Hauptanteil die erforderliche Manpower beim Datensammeln und Auswerten darstellt. Für die Installation dieser Systeme spielt die Messstellen-Ankopplung und deren **automatische Erkennung** eine wichtige Rolle. Hier gibt es verschiedene kombinierte Systeme in den ff. Kapiteln, die nach Ankopplung des Aufnehmers eine relativ automatisch ablaufende Messung und Speicherung erlauben. Die Körperschallmessung an Wälzlagern erfordert eine langzeitstabile hochfrequente steife Ankopplung für eine ausreichende Qualität der Messdaten und Kennwerte. Hier etwas stärkeren Aufwand zu treiben, ermöglicht es dann das Datensammeln in die Hände von Produktionstechnikern bzw. des O&M-Personals zu legen. Sie sind zudem besser vertraut mit den Maschinen und Anlagen vor Ort sowie deren Betriebsführung.

Aber auch für Online-Systeme müssen, neben der höheren Investition, die Kosten für den Betrieb und für jährliche Wartungen eingeplant werden. Nur so können die Systeme für den Störfall immer funktionsfähig und im Alltag permanent betriebsnah gehalten werden. Die Kostenbetrachtungen von CMS-Einführungen relativiert sich abhängig vom Einsatzfall relativ schnell, bei dem die einmaligen Ausfall- oder Reparaturkosten schnell den Anschaffungswert der Systeme übersteigen. ROI-spannen von unter 3 Jahren gelten i. d. R. für die allermeisten optimierten Überwachungssysteme. Weiterhin haben die Ergebnisse der Überwachung und Diagnose eine wachsende Bedeutung beispielsweise für die immer stärker zeit- und kostenoptimierte jährliche Revisionen in Kraftwerken. Das gilt ebenso für das „Turnaround"-Management in Chemieanlagen und in weiteren modernen O&M-Konzepten.

Die Projektierung von kostenoptimierten Überwachungs- und Diagnose- Onlinesystemen empfiehlt sich in die Hände von erfahrenen Anwendern zu legen. So lassen sich sicher die technischen Anforderungen der Maschinensätze und Wälzlagerungen darin erfüllen. Es sind breitere und tiefere Kenntnissen des Maschinen- und Wälzlager-Verhaltens, über die EMV-gerechte Kabelverlegung, Datenspeicherung und sichere Netzwerktechnik bis zur Einbindung in die Steuerungen und den Stand der Technik der Überwachungs-systeme verschiedener Hersteller empfehlenswert. Der angestrebte langjährige sichere Betrieb der Systeme erfordert einheitliche Lösungen im ganzen Maschinenpark. Nur so kann der Betriebs-, Wartungs- und Ausbauaufwand inkl. Training der Anwender über-schaubar gehalten werden.

Folgende Punkte sind in der Systemauswahl und Projektplanung ggf. zu betrachten:

1. *Projektplanung*, CMS-Systemarchitektur, Investitionssummen
2. *Betriebskosten* für funktionierende Teilsysteme
3. *Fehler-, Schadens-* und Ausfallverhalten von Maschinensatz und Wälzlagerung
4. Systemauswahl entsprechend der *Reaktionszeiten und Kostenstruktur*
5. Optimierte *Messstellenauswahl und Ankopplung* der Aufnehmer
6. *EMV-gerechte* Messstellenverkabelung
7. *Steuerungsanbindung* und Reaktionsszenarien bei Ausfallgefährdung
8. *Datenspeicherung* -reduktion und Datensicherheit
9. *Netzwerkanbindung* und Datenübertragung, DFÜ-Systeme
10. Software- und *Datenbankstruktur* und Nutzer-/Zugriffsverwaltung
11. Ggf. ausfallsicherer Betrieb des CMS an *sicherer Schiene*
12. Funktionen der Eigenüberwachung des CMS (*System ok*)
13. Datenaustausch mit Instandhaltung ggf. MMS (Maintenance-Management-Software) (technische Daten MMS -> CMS, Instandhaltungsaktionen CMS <-> MMS)
14. Installations- *Montage u. Inbetriebnahme*-Abwicklung
15. Manpower und *Ausbildung für Bediener* der Systeme

Eine relativ neue Art von CM-Systemen stellen darin die *Smart-Sensoren* dar, die meist in lokalen Netzen als Funksensoren an Gateways betrieben werden. Der Sensor enthält meist ein MEMS-element an den ein A/D-Wandler gekoppelt ist, so dass der Sensor ein netzwerkfähigen digitales Ausgangssignal liefern kann. Das ermöglicht im Sensorelement gleichzeitig eine direkte Kennwertgenerierung und -bewertung. Diese Smart-Sensoren übernehmen teilweise integriert einzelne Funktionen der konservativen Überwachungs-systeme und erlangen heute eine zunehmende Anwendungsbreite. Näheres dazu ist in Abschn. 11.4 ausgeführt.

Für die Implementierung von *Überwachungssystemen* in Maschinenparks, für die Ein-führung von Gesamtkonzepten oder für einzelne Maschinen wird in Kap. 11 eine Über-sicht der Systeme gegeben. Alle damit im Zusammenhang notwendigen Projektschritte und beteiligten Partner werden dargestellt. Zusammenfassend werden hier in einer Über-sicht in Tab. 10.10 die Einsatzgebiete der verschiedenen Überwachungssysteme und die Verknüpfung mit Diagnosekapazitäten dargestellt.

10.7   Erweiterte Diagnoseaufgaben

Im Betrieb an einigen Maschinen können betriebsabhängig stärker erhöhte Körperschallanregungen auftreten, die nichts ursächlich mit dem Wälzlagerzustand zu tun haben.
Tab. 10.11 zeigt eine Übersicht der erweiterten Diagnoseaufgaben ergänzend zur Körperschallmessung an wälzgelagerte Maschinen, mit denen deren Ursachen und Erscheinungen
analysiert und abgeklärt werden können. In einer *vertieften Körperschallanalyse* können
Ursachen erhöhten Körperschalls bei systematischen Änderungen der Betriebsdaten untersucht werden. So kann das Köperschallverhalten im Bezug zum Drehmoment in einzelnen
Getriebestufen analysiert werden. Oder ähnlich der Nachlaufanalyse der Maschinendiagnose kann die Drehzahlabhängigkeit des Körperschalls bei geregelten Maschinen
untersucht werden (vgl. Abb. 7.1). Das kann je nach Aufgabenstellung für breitbandige
sog. Summenwerte oder auch für einzelne Frequenzkomponenten erfolgen.

Tab. 10.11 Ergänzende Messungen und Prüfungen des Körperschalls

Erweiterte Diagnosemessung	Problemstellung unter Beteiligung Wälzlagerzustand	Weitere Sonderaufgaben
Vertiefte Körperschallanalyse	Betriebsabhängig erhöhter Körperschall am Gehäuse od. in Getrieben	– an Verdichtern und Getrieben – weiter Drehzahlregelbereich
Übertragungsfunktion	Übertragung der Kraft vom Anregungsort Wälzlager zur Messstelle	Großgetriebe Aufnehmeranzahl reduzieren
Betriebs-Schwingform- (Eigenschwingungs-) analyse (BSA), (ODS)	drehzahlabhängig dominante Eigenschwingungen an Gehäusen und Rahmen	Dominierende maschinennahe Bauteilschwingungen
Modalanalyse	Unbekannte erhöhte Körperschallanregungen	Dominierende und komplexere hochfrequente Bauteilschwingungen
Akustikanalyse	Erhöhte Schallabstrahlung aus erhöhtem Körperschall am Gehäuse	Dominierende Bauteilschwingungen diagnostizieren
Mehr-Parameter- Analyse	Applikationen von Sonderlagern im Anwendungsfall, Vertiefung der Überwachung	Kompensation dominierender Einflüsse und Störungen
Motor-Strom-Analyse (MSA)	Erhöhte Leistungsaufnahme oder erhöhte Körperschallanregung aus elektro-magnetischer Anregung	Generatoren u. Motoren auch mit FU
Strömungs-/Kavitations- untersuchung	Lokale gesonderte Messstellen im Strömungsverlauf Saugseite an Pumpe	Pumpen mit Saughöhe/Partikel im Medium Strömungsmaschine mit starken Strömungsanregungen

Mittels *Übertragungsfunktion (transfer function)* kann das Körperschall- Übertragungsverhalten an großen Maschinengehäusen, wie an Großgetrieben, erfasst werden. Kostenmäßig ist die Anzahl der Messstellen und Aufnehmer immer beschränkt. So kann mit einem Impulshammer das Verhältnis von anregender Kraft am Wälzlagerort zu gemessener Beschleunigung an der Aufnehmer-Messstelle in der sog. mitschwingenden dynamischen Masse erfasst werden. Einschränkend ist hier anzumerken, dass Wälzlager- und Getriebefehler dieses Übertragungsverhalten stark beeinflussen können.

Mittels *Betriebs-Schwingform-Analyse (BSA, ODS) (Eigenschwingung)* können bei Drehzahlregelung mitunter laut hörbare Körperschallanregungen in schmalen Drehzahlbereichen abgeklärt werden. Dazu wird eine kritische Drehzahl eingestellt und die davon betroffenen Maschinenteile werden mittels einfacher zweikanaliger Schwingungsanalyse auf eine relevante Eigenschwingung hin untersucht. Verformt sich ein Bauteil darin bei dieser Anregungsfrequenz, liegt eine so determinierte Eigenschwingung vor. Mit einer einfachen Methode lässt sich an n-Abtast-Messstellen Amplitude und Schwingungsrichtung erfassen. Grafisch aufgetragen über den Körper zeigt sie die Schwingform. Verformt es sich nicht handelt es sich um eine Ganzkörperschwingung in der Befestigung (Verschraubung ggf.) oder ein anderes Bauteil ist als Betroffenes zu identifizieren.

In der *experimentellen Modalanalyse (EMA)* werden von der Körperschallanregung im Betriebsregelungsbereich partiell dominant auftretende Anregungen an Bauteilen mit der Impulshammermethode untersucht. Definiert in Richtung mit der Hammermasse und dem Koppelungsmedium angeregte Bauteile werden so auf alle Eigenschwingungen hin untersucht. Die Antwort- bzw. Übertragungsfunktion zeigt richtungsabhängig die dominanten Eigenschwingungsfrequenzen des Bauteils.

In einer *Akustikanalyse* wird i. d. R. zwei- bis mehrkanalig das akustisch dominierende Geräusch mit einem geeigneten Mikrofon und parallel in der Körperschallanregung mittels Beschleunigungsaufnehmer erfasst und so zu Bauteilen und Mechanismen durch Vergleichsmessungen zugeordnet.

Die *Mehr-Parameter-Analyse* erfasst zum Körperschall vergleichend synchron zusätzliche Signalmerkmale und Kennwerte wie vom Fördermedium aus den Betriebsdaten, von Drehmoment und Drehschwingung oder z. B. vom Motorstrom. Mit Ihr lassen sich dominierende Einflüsse und Fremdanregungen des Körperschalls analysieren, um in kombinierten Kennwerten erst eine Zustandsbewertung zu ermöglichen. Weitere Informationen dazu finden sich in [13].

Die *Motor-Strom-Analyse* wird i. d. R. auch von FFT-Datensammlern und Schwingungsanalysatoren abgedeckt. Dafür wird mittels Stromwandler, Stromzange oder flexiblen Leiter eine Motor- oder Generatorphase abgegriffen und die Frequenzanteile des Motorstromes untersucht. Neben der 50 Hz-Komponente finden sich hier z. B. 50 Hz- Oberwellen, Modulationen und sehr hochfrequente Trägerfrequenzen von Frequenz-Umrichtern. Diese können dann ggf. einzelnen Körperschallanteilen zugeordnet werden.

Immer wenn starke Schwankungen im Körperschall und seinen Kennwerten auftreten, sollte für langjährige Überwachungen diese „Störungen" der wälzlagerspezifischen Anregungen vorher abgeklärt werden. Selbst Wälzlagerdiagnose ist an Elektromaschine über die Kopplung im elektro-magnetischen Spalt damit möglich.

Eine *Strömungs-/Kavitations-Untersuchung* ist meist mit jedem zweikanaligen Analysesystem möglich und wird meist direkt mit dem Körperschall erfasst am Pumpengehäuse und an Rohrleitungen. An Ventilatoren wird dafür die Schwingstärke an den Gehäusen und an Rohrleitungen erfasst. Alternativ besser können auf Prüfständen am Strömungsmedium dynamische Drucksensoren eingesetzt werden. Die dominierend untersuchte Frequenzkomponente oder ein Bereich wird darin vergleichend an beiden Kanälen erfasst. Die Betriebsbedingungen werden parallel variiert für vergleichende Auswertungen. Ziel sollte es sein im Kennwert und in der Signalerfassung einer Überwachung diese Einflüsse im Bezug zu den Betriebsparametern zu beschreiben.

Mitunter müssen für die genannten Untersuchungen etwas aufwendiger Dienstleister mit entsprechender Messtechnikausstattung und Messerfahrungen in Anspruch genommen werden. So können systematisch ggf. teure Fehldiagnosen und mangelnde Überwachungen an größeren Maschinen und Anlagen vermieden werden.

Zusammenfassend zeigt Abb. 10.7 die vielfältigen und umfassende Untersuchungsmethoden eines Schadensfalls aus Abschn. 13.1 und wie in [14] ausführlicher

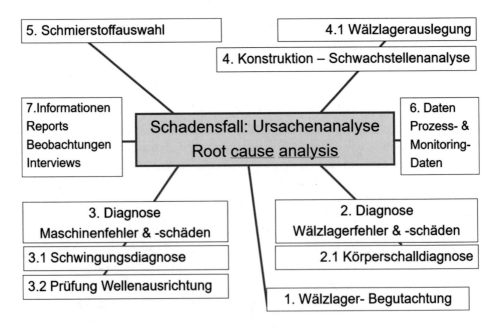

Abb. 10.7 Schema Ursachenanalyse nach [14] und Fallbeispiel 13.1

beschrieben. Darin wird deutlich welche Überlagerungen von Wälzlagerfehlern als einzelne Ursachen komplex zusammenwirken können. Mehrere einzelne Ursachen haben im jeweiligen Gesamtmechanismus darunter eine sog. Wurzelursache bis zu der man in der Abhilfe vordringen sollte, um weitere Schäden sicher zu vermeiden.

10.8 Wälzlagerprüfstände zur Qualitätsbewertung

Wälzlager sind Industrieprodukte mit sehr hohen Serienstückzahlen und einem sehr hohen Qualitätsstandard. Es gibt verschiedenartige Prüfständen für Wälzlager für die Überprüfung von unterschiedlichsten Anforderungen an Wälzlager. Tab. 10.12 zeigt einige Prüfanwendungen, die Merkmale über das Schwingungs- und Körperschallverhalten begleitend oder zielgerichtet mit untersuchen.

Speziell und vorausgehend ist eine Schwingungsmessung in der Fertigung der Wälzlager nach ISO 15242 [15]. Erfasst wird hier nicht der Körperschall, sondern die Schwingstärke des Prüflagers in sehr weicher Einspannung. Diese Abnahme erfolgt als Massenstück als Teil der Großserienfertigung der Wälzlager. Zumindest die Wälzlager der großen Markenhersteller erfüllen heute durchgehend sehr hohe Qualitätsstandards und erreichen die zugesicherten Produkteigenschaften des Herstellers. Die Einhaltung von Grenzwerten einer Schwingungsprüfung in einer Prüfmaschine am Exemplar oder repräsentativ an Einzelstücken in der Serie kann so abgesichert werden.

Zur weiteren Verbesserung der Wälzlagereigenschaften oder hier gezeigt der Körperschallüberwachung gibt es Prüfstände, auf denen die Erfassung des Ermüdungsverhaltens im Mittelpunkt steht. Abb. 10.8 zeigt einen Ausschnitt der Prüfbank Nr. 2 der Mechmine GmbH zum Langzeittest der Laufbahnermüdung an acht baugleichen Wälzlagern nach [16]. Der Aufbau ist in einem Kraftwerksgebäude untergebracht, damit wei-

Tab. 10.12 Übersicht einiger Prüfstände für Wälzlager

Nr.	Wälzlagerprüfungen	Anwendung	Referenz
I	fertigungsnahe **Qualitätsprüfung**	Einzelprüfungen in Fertigung, Geometrieorientierter Lauf in weicher Einspannung	[14] ISO 15242-1 Wälzlager – Verfahren für die Vibrationsmessung
II	Ölprüfung und **Fettprüfmaschine**	Fettlebensdauerprüfstand	Fettprüfverfahren
III	Wälzlager **Lebensdauerprüfung**	Lebensdauer unter erhöhter Belastung	Von Wälzlagerherstellern zur Absicherung der Eigenschaften zur Erfüllung der Lebensdauerberechnung
IV	Wälzlager **Ermüdungsverhalten**	Ermüdungsverhalten im Zusammenhang mit Körperschallmerkmalen	Von Spezialfirmen zum Körperschallverhalten wie im Abb. 10.8

tere realistische Effekte noch berücksichtigt werden. Die Schadens-Progression wird unter kontrollierten Bedingungen mitprotokolliert, indem im Zyklus von wenigen Minuten Temperatur und stündlich Schwingungsdaten aufgezeichnet werden. Mittels des Gestänges und steifen Lagerungsplatten kann die Belastung der Wälzlager symmetrisch erhöht werden, um modellähnliche Schäden in einer verkürzten Testdauer von z. B. 6 bis 9 Monaten zu erhalten.

Abb. 10.9 zeigt einen interessanten Kennwertverlauf der Kurtosis zur Entstehung eines Ermüdungsschadens auf der Laufbahn eines Wälzlagers des Prüfstandes. Gezeigt ist der Verlauf des Kurtosis-Kennwertes vom Lager Nr. 9 (vertikale Messrichtung) der Prüfbank 2 bis zu dem Zeitpunkt, an dem das Wälzlager blockierte. Der Verlauf der Körperschalldaten des horizontal angebrachten Sensors weist Kurtosis-Kennwerte im Bereich zwischen 0,5 bis 2 im Mittel bei 1 über sechs Monate auf. Sie zeigen keinen deutlicheren langzeitlich Trendanstieg. Der nahezu lineare Anstieg erfolgt sehr plötzlich ohne frühere Anzeichen einer Schädigung über 2,5 Wochen von Werten um 2 auf Werte von 7,5. Eine Erklärung ist das relativ frühe Blockieren im Wälzlager durch Bruchstücke der Laufbahn ohne längere Ausdehnung des Schadens in Rollrichtung. Hier greift aber eines der beiden Krisenszenarien des Lagerausfalls, der durch die Abschaltung der Antriebes-Überwachung nicht eskaliert.

Es gibt weiterhin eine große Vielfalt an Prüfmaschinen für Wälzlager und für Schmierstoffe, in denen die Möglichkeiten der Körperschallanalyse erfahrungsgemäß leider noch zu wenig genutzt werden.

Abb. 10.8 Wälzlagerprüfstand 2 der „mechmine LLC – Mechmine GmbH" für den Langzeittest im Parallellauf an acht baugleichen Wälzlagern nach [16]

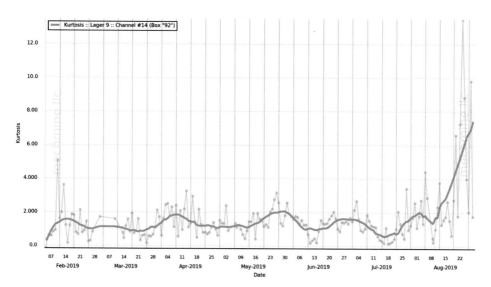

Abb. 10.9 Kennwertverlauf der Kurtosis aus Dauerlauf auf Wälzlager-Ermüdungsprüfstand Nr. 2 am Wälzlager Nr. 9 nach [16]

Bilder

Das Copyright für das Abb. 10.2, liegt bei der HERGENHAN GmbH, Markt Schwaben, 1997

Das Copyright für die Abb. 10.8 und 10.9 liegt bei der mechmine LLC Mechmine GmbH, Azmoos, Schweiz, 12/2020

Literatur

1. DIN ISO Reihe 20816 Mechanische Schwingungen – Messung und Bewertung der Schwingungen von Maschinen, Teil 1–9, 2016–2019
2. VDI 3832 Schwingungs- und Körperschallmessung zur Zustandsbeurteilung von Wälzlagern in Maschinen und Anlagen, 2013-04
3. ISO 15243 Wälzlager-Schäden und Ausfälle-Begriffe, Merkmale und Ursachen, 2014-03
4. „Schadensanalysen, Das INA-Schadensarchiv", Technische Produktinformation TPI 109, März 2001.Herausgeber:INA Wälzlager Schaeffler oHG, 91074 Herzogenaurach
5. Die Wälzlagerpraxis, 3. Auflage, 1998, Vereinigte Fachverlage GmbH, Mainz
6. DIN ISO 18436-2 Zustandsüberwachung und -diagnostik von Maschinen – Anforderungen an die Qualifizierung und Bewertung von Personal – Teil 2: Schwingungszustandsüberwachung und -diagnostik, 2014-05
7. Datenblatt Modellmaschine_610c_201602 dt.pdf, Vibration Plus UG (h.), Dresden, 2010
8. „Schadensbilder zum Anfassen – Ein Simulationsprüfstand macht Maschinendynamik handhabbar", Dipl.-Ing. Dieter Franke, IDF vibrodiagnose GmbH, „Instandhaltung-Fachjournal", 2010
9. DIN ISO 281 Wälzlager – Dynamische Tragzahlen und nominelle Lebensdauer 2010-10
10. Seminar Wälzlagerdiagnose, D. Franke, 2008

11. „Wälzlagerdiagnose an und Schwingungsverhalten von öleingespritzten Schraubenverdichtern mit Keilriemenantrieb", Dipl.-Ing. Klaus Geyer, CompAir Drucklufttechnik GmbH, Simmern , Dipl.-Ing. Dieter Franke, PRÜFTECHNIK VD GmbH & Co KG, Ismaning, VDI Tagung Schraubenkompressoren, 2002

12. „Diagnose und Überwachung an Schraubenverdichtern", Dipl.-Ing. Mathias Luft, PRÜF-TECHNIK VD GmbH & Co KG, Ismaning, Dipl.-Ing. Dieter Franke, Ingenieurbüro Dieter Franke, Fachtagung Schraubenmaschinen, VDI Verlag, Düsseldorf, 2006

13. VDI 4550 Blatt 3: Schwingungsanalysen – Verfahren und Darstellung – Multivariate Verfahren, 2021-01

14. „Wälzlagerdiagnose, Auslegungsprüfung und Abhilfe im Schadensfall", Dipl.-Ing. Dieter Franke VDI, Ingenieurbüro Dieter Franke, Dresden, VDI-Tagung Gleit- und Wälzlagerungen, 2006

15. 15242-1 Wälzlager – Geräuschprüfung (Körperschallmessung) – Teil 1: Grundlagen (ISO 15242-1:2015)

16. Dokumentation Wälzlagerprüfstand, Mechmine GmbH, Azmoos, Schweiz, 12/2020

Trendüberwachung über Lebensdauer 11

11.1 Datensammel-Systeme mit Messstellen-Ankopplung und -erkennung und Drehzahl- und Leistungserfassung auf der Maschinenseite

Die nachfolgend gezeigten Messsysteme und Aufnehmer sind lediglich einzelne mögliche Beispiele aus einer Vielzahl von Angeboten und Herstellern in der jeweiligen Geräteklasse. Sie sind hier zwar in Hinblick auf die Überwachung aufgereiht, enthalten aber meistens auch „Schnittstellen" zur Körperschallanalyse in der Wälzlagerdiagnose.

Die *Aufnehmerankopplung* wird in Abschn. 6.3 und in [1] ausführlich erläutert. Diese Hauptfehlerquelle in der Körperschallmessung muss langzeitstabil sicher beseitigt werden in Überwachungssystemen mit Datensammlern. Für das Datensammeln haben sich Messbolzen mit Federarretierung des Aufnehmers wie das VIBCODE-System in Abb. 11.1 als bediensicher und langzeitstabil bewährt bei großen Maschinenanzahlen in Maschinenparks. Für die hochfrequent steife lineare Ankopplung bis und über 20 kHz reicht i. d. R. keine plane Fläche mit Bohrung für den Messbolzen. Hier haben sich Bohrungen mit Senkungen und geklebte Varianten als stabiler erwiesen. Aber auch Bohrungsansenkungen für Handsonden mit Tastspitzen und geklebte Metallplättchen für Magnetankopplungen bis 10 kHz finden breitere Anwendung. Letzteres kann auch mit runden Planfräsungen für starre Magneten erreicht werden. An unzugänglichen Messstellen sind Lösungen von sog. *Festaufnehmern* und eine Verkabelung bis zu einer gut erreichbaren Klemmbox erforderlich.

Leider hat sich im Maschinenbau die Ausweisung oder die Vorbereitung von Messstellen an den Wälzlagergehäusen und Lagerschilden zu wenig durchgesetzt, obwohl diese regulär meist erforderlich sind. In vielen Fällen muss die Anbringung der Messstellen im Bezug zu den Garantiebedingungen erst genehmigt werden. Deshalb sollte in den Einkaufsbedingungen darauf stärker geachtet werden. (vgl. Abschn. 14.5)

Abb. 11.1 VIBCODE Messstellensystem mit Messbolzen, Kodierring und Aufnehmer mit Federarretierung am Vibscanner II Datensammler der Prüftechnik Gruppe

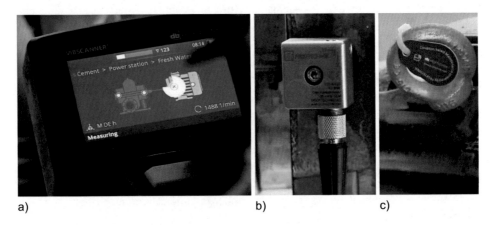

a)   b)   c)

Abb. 11.2 **a**) VIBSCANNER II Datensammler mit Routenabarbeitung an Maschinenbildern **b**) mit Triaxial-Aufnehmer und **c**) RFID Chip der Fluke Deutschland GmbH

Die *Messstellenerkennung* wird heute mit verschiedenen Lösungsvarianten angeboten. Die Gerätehersteller bieten auch im oder neben dem Aufnehmer angebrachte RFID-Chips an wie im Abb. 11.2 gezeigt. Dieses System bietet die Kombination mit einem Triaxsensor, mit dem für die Schwingstärke nötigen drei Hauptrichtungen unmittelbar und schnell erfasst werden können. Weitere dafür nötige Messstellen am Lagergehäuse sind aufwendiger und verlängern die regelmäßige Routenabarbeitung. Ein dort abgebildeter RFID-Chip benötigt dann zur Erkennung ein im Gerätesystem integriertes Lesegerät. Das VIBCODE-Messstellensystem auf Abb. 11.1 weist einen für die Ankopplung optimalen und abgedeckt geschützten Messbolzen auf. Die Messstellencodierung trägt darin ein geklemmter mechanischer und visuell auch ablesbarer Codering, der über Mikroschalter im Aufnehmer vor dem eigentlichen Messen automatisch ausgelesen wird.

Die *Drehzahlerfassung* ist bei der steigenden Anzahl von Frequenzumrichtern (FU) an drehzahlgeregelten Maschinen heute wichtiger in der turnusmäßige Schwingungsanalyse. Da die drehsynchronen Komponenten die Anregungen dominieren, muss die Drehzahl synchron parallel zum Schwingungssignal abgetastet werden, um dieses auch automatisch auswerten zu können. Wegen der eingeschränkten Zugänglichkeit der Rotoren stößt man hier in der Praxis ggf. auf große Schwierigkeiten eine Sensoranbringung im Kupplungsbereich oder die Marke an der Welle zu realisieren. Für Festaufnehmer der Drehzahl ist der Realisierungs-Aufwand sehr hoch, für optische Aufnehmer ist die Stabilität und die Haltbarkeit der geklebten Marken im Betrieb begrenzt. Am Gerätesystem intergierte handgehaltene Drehzahlsensoren sind eine übliche Umsetzung. Es gibt heute dazu auch alternative Lasersensoren, die auch grobe flächenhafte Marken wie Schrauben und Passfedernuten gut erfassen können.

Als Mindestumsetzung können in der Steuerung erfasste Drehzahlwerte in Routen auch manuell eingegeben werden. Gleiches gilt auch für die mit der Drehzahl sich meist proportional ändernde momentane Leistung z. B. an Strömungsmaschinen. Das betrifft dort vor allem die Axiallast auf das Fest- bzw. Axiallager. Diese wird in der Regel auch von Hand als sog. „manueller Messtask" eingegeben. Eine festinstallierte zusätzliche messtechnische Erfassung der Leistung ist aufwandsbedingt nur in Onlinesystemen realisierbar.

Als *fachliche Grundlagen* einer Überwachung werden die Hinweise in den dafür gelten Normen und Richtlinien an Maschinen empfohlen. Dazu zählen die genannten in der Literatur wie VDI 3841 [2] und in [3, 4, 5].

Mess-Datensammler sind heute Multifunktionsgeräte mit großer Leistungsfähigkeit, Speicherkapazität und werden in genannte komplette Systeme integriert. Die zentrale Überwachung ist PC-Software-gestützt und die Teilfunktionalitäten für Tagesaufgaben der Routengänge werden ins Gerät übertragen. Dieses Gesamtsystem wird im Folgenden näher vorgestellt.

11.2 Offlineüberwachung mit Datensammlern

Das *Datensammeln* mit Handgeräten zur Zustandserfassung hat mit dem Einzug der Computermesstechnik in die Geräte in den neunziger Jahren in den USA eine schnell wachsende Verbreitung erfahren für die wälzgelagerten Maschinen. Bis heute haben sich diese Geräte weltweit durchgesetzt als Hauptwerkzeug an wälzgelagerten Maschinen zur Schwingungsanalyse vor Ort und zum Datensammeln in Routen. Die wichtigste spezielle Eigenschaft dieser Geräte ist die Robustheit und Langlebigkeit für den meist etwas raueren Betrieb in der Instandhaltung und in industrieller Umgebung. Datensammeln in *Routen* bezeichnet dabei einzelne Messrunden meist in Betriebsteilen, die in regelmäßigen

Abständen im Jahr gegangen werden. Übliche Routenintervalle sind 1 bis 3 Monate. Bei kritischen Zuständen einzelner Maschinensätze werden die Intervalle auf 1–2 Wochen oder wenige Tage verkürzt und zusätzliche Teil- oder Alarmrouten gegangen. An jeder Messstelle werden in der Route für die meist mehreren Messaufgaben (Messtasks) eine größere Anzahl von Funktionen benötigt: Die folgenden Teilinformationen und -funktionen gestatten dann auch eine sofortige Auswertung und Ergebnisanzeige im Gerät:

- Messstelle, -richtung und Lagerseite an Maschine (z. B. Antriebsseite DE, horizontal)
- Messstellen ID und -kennung
- Messaufgabe des Maschinenzustandes in der Schwingstärkemessung
- Messaufgabe des Wälzlagerzustands in der Körperschallmessung
- Drehzahl und Lagertyp für Geschwindigkeits-Normierung und Überrollfrequenzen
- Aufnehmertyp und -eigenschaften zur Signalverarbeitung
- Messeinstellungen für Messaufgaben mit ggf. mehreren Kennwerten
  - Wahl der Integrationsstufe des Schwingbeschleunigungs-Rohsignales
  - Wahl der Filterung für Kennwerte
  - Wahl der Mittelung der Kennwerte
  - Grenzwerte zur Kennwertbewertung
  - Ggf. Umrechnungen der Kennwerte

Für die Routen wird für einen Werks- od. Anlagenteile jeder Maschinensatz in einem s.g. *Maschinen-Baum (Asset-tree)* in einer dafür speziellen PC-Software angelegt. Am Maschinensatz werden dann alle Messstellen an der Antriebs- und der Arbeitsmaschine definiert ggf. in Kombination mit einer genannten Messstellenerkennung. Jeder Maschinensatz wird darin mit Messstellen der Körperschallmessung in der Lastzone der Wälzlagerebenen versehen wie in Abschn. 4.3 gezeigt. In horizontaler Richtung wird dies meist mit der Schwingstärkemessung kombiniert an der Messstelle. Zur Funktionserweiterung und bei heute meist ausreichendem Speicher im Gerät ergeben sich abhängig vom gewählten System folgende Möglichkeiten:

- Speicherung mehrerer Routen im Gerät, neben der aktuell aktiven Route
- Speicherung von Teilen der Maschinendatenbank in einem „Pool" weiterer potenzieller Messaufgaben
- Automat. Erweiterung der Messaufgaben an einer Messstelle bei Zustandsverschlechterung und dabei ggf. aktivieren weiterer Messstellen
- Übliche gespeicherte Maschinensatztypen als operativ verfügbare „Asset-Templates"
- Speicherung von historischen Kennwerttrends zur Sofortauswertung beim Messen
- Fortlaufendes Datarecording von Kennwerten und Signalblöcken in einer Messung für spätere Auswertungen

Abb. 11.2 zeigt einen *Dreikanal-Datensammler* mit einfacher und schneller Bedienbarkeit. Hauptaufgabe eines Datensammelsystems ist es die Maschinen mit Zustandsverschlechterungen aus dem Maschinenpark herauszufinden, an denen dann eine vertiefte Diagnose durchgeführt wird. An dieser kann dann in einer Falldiagnose die Ursache der erhöhten Schwingstärke- oder Körperschallanregung am Wälzlagergehäuse herausgefunden werden. Ausgabe der Diagnose an die Instandhaltung und die Betriebsführung sind Hinweise zum Weiterbetrieb und zur Abhilfe. Datensammler für Schwingungsdiagnose habe heute eine Vielzahl von Funktionalitäten und können Trendverläufe und Alarmüberschreitungen vor der Maschine direkt anzeigen. Zur komfortableren Auswertung und vor allem Visualisierung wird dann die PC-Software benötigt. Vorteilhaft können mit dem nötigen Fachwissen auch unmittelbar vor Ort weitergehende Untersuchungen an der Maschine und damit auch weitestgehend direkt ausgeführt werden.

Aus der Vielfalt der Aufgaben und Anforderungen beim Datensammeln an wälzgelagerten Maschinen ist eine größere Funktionsvielfalt in dieser Geräteklasse entstanden. Dazu zählen bei Datensammlern:

- Schwingstärkemessung mit Schwingweg- und Schwinggeschwindigkeits-Kennwerten und Kennsignalen
- Wälzlagerzustand mit speziellen Kennwerten
- Wälzlagerzustand mit Körperschallmessung in Roh- und Kennsignalen
- Drehzahlmessung meist mit optischen Aufnehmern wie Lasersensor
- Drehzahlverhältnisse im Maschinensatz (Riemenantriebe, Getriebe)
- Wälzlagerkinematik (Überrollfrequenzen)
- Temperaturmessung mit Kontaktsonde oder Infrarotsonde
- Eingabe von Prozessparametern als Zahlenwerte
- Messung von Aufnehmerströmen und -spannungen an Sensoren für Prozessgrößen

In den Geräten gibt es zusätzliche Auswertefunktionen zur Sofortanzeige und zur Analyse oder für erweiterte Routenmessungen durch den Anwender:

- Messstellenzuordnung auf Maschinenbildern
- Alarm- und Warnstatus, ggf. mit LED
- Prüfung der analogen Messsignalqualität
- Trendwerteverlauf aus historischen Routenmessungen
- Differenzwerte als Änderung zum letzten Kennwert am Routenpunkt
- Kursorfunktionen in Trend- und Signalanzeige
- Ereignislisten für zustandsbeschreibende Maschinenereignisse vor Ort (nach MIMOSA-Standard)
- Prüfung der Energiespeicher- und Gerätefunktionen

Abb. 11.3 zeigt einen *Zweikanal-FFT-Datensammler* mit einer Vielzahl von Funktionen zur direkten spezifischen Schwingungsanalyse an Maschinensätzen, wie z. B. mit einer Auswuchtfunktion. Die Klasse der FFT-Datensammler haben dazu zusätzliche mehrkanalige Analysefunktionen:

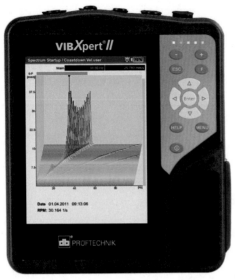
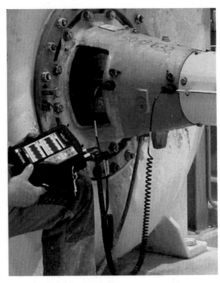

a)   b)

Abb. 11.3   a) VIBEXPERT II – b) Zweikanal-FFT-Datensammler der Prüftechnik CM GmbH

- Signalmessung als Block-Zeitsignal und FFT-Spektrum
- Signalmessung als Ordnungsanalyse mit Resampling
- Alarmbänder im Spektrum
- Hüllkurvenzeitsignal und -spektrum
- Nachlaufanalyse bzw. Hochlaufkurve

Die höhere Klasse der FFT-Analysatoren haben weitere Funktionen, die aber heute schon teilweise in den FFT-Datensammlern integriert ist:

- Anschlagversuch mit Impulshammer
- Zweikanalfunktionen wie Orbitkurve
- zweikanalige Spektrenoperationen wie Differenzspektrum
- Berechnung der Übertragungsfunktion
- Betriebs-Auswuchtfunktion
- Motorstromanalyse
- Akustikmessungen mit Messmikrofon
- Ausrichtfunktion mit Lasersensoren

11.3 Offline-Zustandsüberwachung (CMS) mit Datensammelsystemen und Auswertesoftware

Für die Überwachung einer größeren Anzahl von Maschinen mit Wälzlagerungen mit mittlerer und niedrigerer Priorität eignen sich Datensammelsysteme. Die Investitionskosten sind relativ niedrig pro Maschinensatz und die Betriebsbereitschaft des CM-Systems kann vergleichsweise mit geringem Aufwand und schnell hergestellt werden.

Moderne *FFT-Datensammler* wie in Abb. 11.3 sind meist zweikanalig und haben meist alle Analysefunktionen zur Maschinendiagnose, Eigenschwingungsanalyse und Körperschallanalyse an Wälzlagern und an Getrieben integriert. Für das Datensammeln werden diese jedoch nur teilweise benötigt. In einem moderneren Datensammelkonzept werden heute meist vor Ort im Gerät nur ausreichend lange Rohsignale erfasst und alle Kennwerte und Signaldiagramme daraus berechnet. Aus den Rohsignalen können dann im Gerät und in der PC-Auswertesoftware mehrere voreingestellte Trendverläufe und Signalbilder passend zur Messaufgabe automatisch berechnet und angezeigt werden. Neben den Schwingungsdaten können auch andere Sensortypen wie Temperatursensoren oder Stromzangen angeschlossen werden, um Prozessparameter zeitnah zu den Schwingungsdaten zu erfassen. Diese Prozessdaten können alternativ vor Ort manuell auch eingegeben werden. Hauptaufgabe bei der Inbetriebnahme derartiger Systeme sind die *messstellen-spezifischen Messeinstellungen* und die Einstellung *angepasster Alarmgrenzen* für das jeweilige Wälzlager. Auch einige andere in Kap. 10 genannten Funktionen der Körperschallanalyse und Wälzlagerdiagnose werden ggf. benötigt, um die Routengänge vorzubereiten und die Kennwerte automatisch auswerten zu können. Für absolute Grenzwerte der Stoßimpulskennwerte liegen die Warn- und Alarmabstände fest und nur die Messstellen-Normierung (Wellendurchmesser und Drehzahl) muss eingestellt werden. Sehr viel spezifischer und oft exemplarweise auszuführen sind diese Grenzwerteinstellungen bei der breitbandigen Schwingbeschleunigung und bei einigen anderen Kennwerten. Hier gibt es das Vorgehen der zweistufigen Einstellung. Aus dem ersten gemessen Kennwert und den erfahrungsgemäßen Schwankungen und Fehler- und Schadensänderungen werden Alarmgrenzen voreingestellt und die Warngrenzen mit einem festen Prozent-Abstand (−25 %) dazu. Nach einem Vierteljahr mit 2–3 Kennwerten wird dann eine Nachjustierung der Grenzwerte vorgenommen. Das legt nahe, dass für die Inbetriebnahme ausreichende Erfahrung vorhanden sein sollte, um eine sichere Überwachung und ein volle Diagnosefähigkeit mit dem Überwachungssystem möglichst zeitnah erzielen zu können.

Für die *Auswahl der Kennwerte* haben sich erfahrungsgemäß zwei bis drei sich ergänzende Kennwerte als relativ sicher erwiesen. Neben zwei speziellen Kennwerten wie die der Stoßimpulskennwerte für die Laufbahnschäden und die Schmierung werden Beschleunigungskennwerte auch stärker für Lagerfehler und alternativ oder dazu parallel ein breitbandiger Kennwert des Bereiches der Überrollfrequenzen im Hüllkurvenspektrum überwacht. Nach der Route erfolgt nach dem Datenupload unmittelbar in der PC-Software eine Alarmauswertung. Angezeigte Grenzwertüberschreitungen markieren dann Wälzlager mit einer möglichen Zustandsverschlechterung. An diesen wird nach der Trendbeurteilung dann ggf. fallweise eine zweistufige tiefere Diagnose erforderlich. Dafür werden ggf. vertieft nach VDI 3832 [6] die fünf Kennsignale des Wälzlagers aus dem Rohzeitsignal aus der Route automatisch berechnet oder aus Speicherdaten abgerufen und ggf. mit markierten Frequenzmarkern zur Interpretation angezeigt. Die Frequenzmarker markieren die Dreh- und Überrollfrequenzen zu einem betrachteten Wälzlager, wie in Abschn. 8.6.4 gezeigt, bezogen auf die aktuelle Drehfrequenz.

Die *PC-Auswertesoftware* weist dafür heute eine große Funktionsvielfalt auf, um die Signalverarbeitung und Kennwertberechnung in der Überwachung und Diagnose effektiv zu gestalten und Ergebnisse rationell darstellen zu können. Die nachfolgende Aufstellung enthält einige Merkmale von CMS-Software, die in Abb. 11.4 und 11.5 gezeigt werden.

Eigenschaften von Überwachungs- und Diagnosesoftware inkl. Datenverwaltung:

- Kinematik: Wälzlagerüberrollfrequenzen zum Lagerhersteller (diese sollten als Information bei allen Maschinen- und Bauteileinkäufen verfügbar werden, alternativ dazu werden im CMS integrierte Wälzlagerdatenbanken angeboten)
- Berechnung von Zahneingriffsfrequenzen und Riemenübersetzungen (diese sollten als Information bei allen Maschinen- und Bauteileinkäufen ebenso verfügbar werden)
- Ereignismarker für Trendverläufe nach Standards (MIMOSA) für die O&M-Integration
- Cursorfunktionen für das Auswerten von Trendverläufen, Zeitsignalen und Spektren
- Signalnachverarbeitung und Diagrammdarstellungen aus Rohzeitsignalen
- Verwaltung Maschinen- und Maschinensatzeigenschaften
- Verwaltung Messstellen-Eigenschaften inkl. Messstellenerkennung
- Verwaltung von Aufnehmerdaten

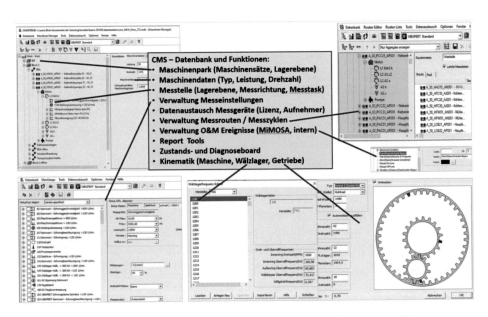

Abb. 11.4 OMNITREND CMS-Auswertesoftware der Prüftechnik Gruppe nach [7]

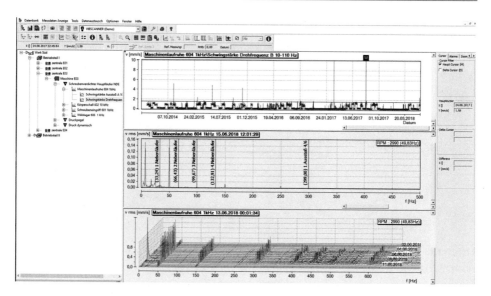

Abb. 11.5 OMNITREND CMS-Auswertesoftware zur Trendauswertung und manuellen Signalanalyse der Prüftechnik Gruppe nach [7]

- Verwaltung von Gerätedaten und mehreren Geräten
- Verwaltung von Messaufgaben und Messeinstellungen
- Verwaltung von Routen Datensammelsystem (DCS) und Messzyklen Online (CMS)

11.4   Einzelkanal Online-Überwachung an Steuerungen

Zur einfach einsetzbaren und reaktionsschnellen permanenten Überwachung einzelner Wälzlagerungen eignen sich besonders Einzelkanal-Module. Sie ermöglichen eine hohe Kennwertdichte und die Übergabe von Kennwerten an die Anlagen-Steuerung, um diese in der Anlagen-Betriebsführung betriebsbegleitend zeitnah permanent anzeigen zu können.

Für alle verkabelten Online-Überwachungen, die direkt in die Steuerung eingebunden sind, gelten die Grundsätze für einen *abgesicherten Betrieb*. Die externe Spannungsversorgung sollte abgesichert erfolgen und das „System ok"-Signal aus der Überwachung sollte in der Steuerung verarbeitet werden. Mindestfunktionen darin sind Kurzschlusserkennung und offener Eingang zum Aufnehmer. Dazu gehört auch die hinterlegte Verwaltung der Mess- und Grenzwerteinstellungen.

Alle Überwachungssysteme und Prüfstände für Maschinen sollten i. d. R. innerhalb einer Frist von höchstens zwei Jahren einer *Systemprüfung* unterzogen werden. Hierzu wird auf die Norm [8] verwiesen. Am sichersten ist eine Prüfung des linearen Frequenzganges durch mechanische Anregung mittels Shaker oder automatischem Kalibriergerät am Aufnehmer bis zur Anzeige und Grenzwertauslösung, die aber hier teilweise auf mechanische und physikalische Grenzen stößt. Alternativ können die Aufnehmer einer Frequenzgangprüfung beim Hersteller oder bei spezialisierten Prüfstellen unterzogen werden,

Abb. 11.6 **a**) Beschleunigungsaufnehmer mit 4–20 mA- Ausgang proportional zum Spitzenwert der Beschleunigung, **b**) dieser im Filterbereich 1 kHz bis 5 kHz nach [9]

wenn das restliche System simulativ getestet werden kann und so auch die Grenzwertauslösungen geprüft werden können.

Eine sehr preiswerte und sehr einfache Wälzlagerüberwachung direkt durch die Steuerung ermöglichen Beschleunigungsaufnehmer mit einem *4–20 mA Ausgang*, der proportionale Pegelausgänge zum Spitzenwert oder Effektivwert der Beschleunigung oder andere Wälzlagerkennwerte bereitstellt. Hierzu müssen dann alle Funktionen der Überwachung direkt in der Steuerung realisiert werden. Den Frequenzbereich der breitbandigen Beschleunigung gibt dann der Aufnehmer fest vor wie im Abb. 11.6 von 1 kHz bis 5 kHz. Damit eignet sich eine solche Lösung nur für Maschinen mit einfacher Wälzlagerung und festen Drehzahlen und für eine grobe Überwachung des gesamten Körperschalls. Um genauere Informationen zu einer detektierten Zustandsverschlechterung zu bekommen, sind dann die in Kap. 4 vorgestellten Analysefunktionen in einem Handmessgerät erforderlich. Durch die beschränkte Überwachungsfunktionalität eines Kennwertes sind derartige Lösungen nur für einfachere Prüfungen und Überwachungen einsetzbar.

Für eine reaktionsschnelle Zustandsüberwachung von einzelnen Kennwerten für einzelne Wälzlagerungen in Maschinen gibt es eine große Auswahl an *Einzelkanal-Modulen* für mehrere auch jeweils im Gerät auswählbare einzelne Kennwerte. Einzelkanal meint hier das diese ein-, zwei, und mehrkanalig als Schaltschrankmodul autonom direkt am Aufnehmer in der Steuerung betrieben werden. Diese werden meist direkt an die SPS/PLS angeschlossen per Alarmausgängen und über 4–20 mA-Ausgang oder z. B. über Modbus-Schnittstelle. Diese werden in der Betriebsführung im Trendverlauf oder mindestens mit dem Alarmstatus angezeigt bzw. mit überwacht. Diese Überwachung wird dann meist zur Alarmierung und Trendanzeige für eine manuelle Abschaltung genutzt, um Fehlalarme zu vermeiden und den Produktionsfluss nicht zu gefährden. Die Anwender sind dann direkt die Betriebsführer der Anlagensteuerung. Dieser hat laufenden Zugriff auf die Daten gegenüber den Instandhaltern der Maschine, die meist nur ereignisbedingt Zustandsinfor-

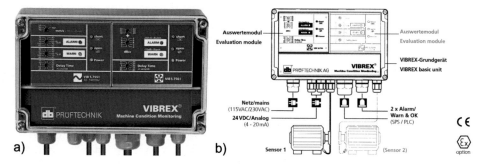

Abb. 11.7 VIBREX-Überwachungsmodule **a**) links: mit zwei Einzelkanalmodulen als Kennwert-Überwachung – links der Schwingstärke – rechts Stoßimpulsmessung, **b**) rechts: als Installationsschema der Prüftechnik Gruppe

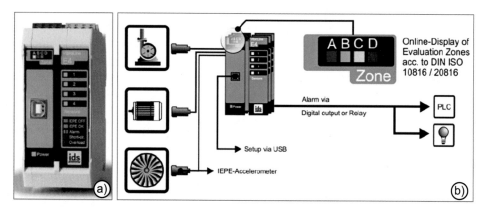

Abb. 11.8 **a**) Digitale VLX Einzelkanalmodule (1–4 Kanäle) mit mehreren auswählbaren breitbandigen Kennwert der IDS innomic GmbH nach [10] für Wälzlager, **b**) Anschlussschema und Alarmierung der Schwingstärke nach DIN ISO 20816

mationen hieraus benötigen. Besonders zu empfehlen ist eine solche Überwachung beispielsweise nach bereits aufgetretenen, meist sehr plötzlichen Lagerschäden ohne ausreichende Vorwarnzeit.

An einfachen Wälzlagerungen werden meist breitbandige Kennwerte als spezielle Kennwerte wie die Stoßimpulskennwerte in *rein analogen Einzelkanalmodulen* überwacht. Abb. 11.7 zeigt zwei solche Module jeweils für die parallele Überwachung des Wälzlagerzustands rechts mittels Stoßimpulsmessung und am gleichen Aufnehmer in der Schwingstärke links. Die Schwingstärkemessung kann wie erwähnt für den Maschinenschutz eingesetzt werden.

Das *digitale Einzelkanal-Modul* nach [11] (für 1–8 Messkanäle) Im Abb. 11.8 erzeugt verschiedene breitbandige Kennwerte mit wahlweisen Filterfrequenzen. Dazu zählen BCC (ähnlich BCU Kap. 7), 1/K(t)-Kennwert, relativer a_{rms} oder a_{0p} (bezogen: Istwert/Startwert) und Scheitelfaktor. Weiterhin können drehzahlgesteuert ganzzahlige Ordnungskenn-werte und mit Bruchteilen in allen drei Messgrößen im Grundspektrum überwacht werden. Damit können anspruchsvollere Anforderungen an die Wälzlager- und Maschinen-überwachung realisiert werden.

Ein automatischer *Wälzlagerschutz* wie aus der Schwingstärkeüberwachung als Ma-schinenschutz bekannt, ist für Wälzlager derzeit nicht realisierbar. Die genannten Kenn-werte reagieren eben nicht nur auf Schäden wie in Kap. 3 gezeigt, sondern auch auf Fehler bzw. Einflüsse. Sie könnten so im Extremfall Fehlabschaltungen erzeugen, was in einem Produktionsprozess selten einfach kompensiert werden kann. Gibt es jedoch redundante Ersatzmaschinen könnte man damit eine Umschaltung auslösen und danach die Abschal-tursache näher untersuchen. In Abschn. 14.2 wird hierauf nochmals eingegangen. In der Praxis wird der Wälzlagerschutz durch die gezeigten *Kombinationen* in Abb. 11.7 und 11.8 der Wälzlagerkennwerte im Sinne einer Überwachung mit dem Maschinenschutz in der Schwingstärke für den kompletten Maschinensatz realisiert.

Auch bei komplexeren nachfolgend vorgestellten mehrkanaligen CMS können ergän-zend *Einzelkanalmodule für kritischere Wälzlager* analog/oder digital angeschlossen in das Überwachungssystem integriert werden. Diese einzelnen Wälzlager werden dann re-aktionsschnell mit dem Einzelkanalmodul direkt in der Anlagen-Betriebsführung mit überwacht. Das größere Onlinesystem misst dort ggf. zusätzlich Signale für eine spätere tiefere Diagnose-Auswertungen für den Support der Anlagensteuerung.

Die lokale Überwachung von einzelnen Antriebssträngen oder von *drehzahlgeregelten Antrieben* kann mit *kompakten Mehrkanal-CMS*, wie in Abb. 11.9 gezeigt für sechs Ka-näle, realisiert werden. Diese gestatten es breitbandige Wälzlagerkennwerte und schmal-bandige Kennwerte der drehzahlbezogenen Überrollfrequenzen im Hüllkurvenspektrum kombiniert zu überwachen. Dafür wird eine Drehzahlmessung parallel mit erfasst. Syn-chron lassen sich zur Komplettierung der Überwachung die Schwingstärkekennwerte und

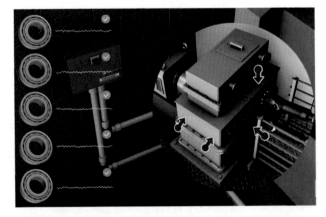

Abb. 11.9 Lokale Mehrkanalüberwachung für sechs Kanäle für eine schmalbandige Überwachung der Überrollfrequenzen und breitbandigen Kennwerten an Antriebssträngen und an drehzahlgeregel-ten Maschinensätzen vom Typ „Vibguard compact" der Prüftechnik Gruppe

die schmalbandigen Drehzahlharmonischen an den beiden Maschinen im Maschinensatz überwachen.

Insbesondere bei der Einstellung der *Warn- und Alarmschwelle* muss bei allen genannten Systemen stets sorgfältig vorgegangen werden, um potenzielle Fehlalarme oder viel kritischer eine Nichterkennung des Alarmzustandes sicher zu vermeiden. Das stellt grob ausgedrückt die **Hauptaufgabe der Inbetriebnahme** einer Überwachung dar. Die Warnschwelle sollte ausreichend oberhalb der Schwankung der Kennwerte aus allen Einflüssen auf das Wälzlager im Betrieb sein. Die Warnschwelle sollte ansprechen, wenn sich der Zustand signifikant verschlechtert hat. Beim Auftreten dieser *Warnereignissen* sind neben einer ggf. erforderlichen Wälzlagerdiagnose zu einer finalen Abhilfe in der Wartung die Fachkenntnisse der Instandhalter gefragt. Die Alarmschwelle sollte erst bei kritischen Wälzlagerzuständen ansprechen, wenn Eingriffe des Produktionspersonals notwendig werden, um Lagerschäden in ihrer Entwicklung zu erkennen und so Folgeschäden möglichst zu verhindern.

Bei der Inbetriebnahme sollte entweder die Grenzen adaptiv schrittweise eingestellt werden, wenn ausreichend lange Abschnitte der Trendverläufe in der Steuerung oder im CMS aufgelaufen sind. Oder dies erfolgt erst nach einem längeren begrenzten Zeitraum nach aufzeichnen der üblichen Trendschwankungen, bevor die Grenzwerte aktiv geschalten werden. Dazu wird die Warnschwelle sicherer oberhalb der Schwankung im Bereich beginnender Schadensstufe 2–3 (Tab. 9.1/Abb. 7.1) und von relevanten Fehlern nach Tab. 8.4. justiert. Hierzu sind jedoch auseichend Erfahrungen zu jedem Kennwertverfahren einzeln erforderlich. Ein weiterer Grenzwert für eine direkte Abschaltung ist i. d. R. hierbei aus genannten Gründen eher unüblich und nur bei kritischeren Einsatzfällen angebracht. Diese Aufgabe der Abschaltung wird deshalb meist in die Schwingstärkeüberwachung verlagert, um zumindest Folgeschäden zu begrenzen. Die Alarmschwelle wird dann erfahrungsgemäß für den Pegelanstieg spezifisch für den gewählten Kennwert für kritische Fehler oder sich ausdehnende Schäden (Stufe >= 3) eingestellt. Bei den absoluten Grenzen der Stoßimpulskennwerte besteht der Vorteil, dass die Kennwertanstiege bei Schäden vorher bekannt sind und so erfahrungsgemäß relativ sicher eingestellt werden können. Beispiele dazu liefern die Abschn. 13.2, 13.3, 13.4, 13.5 und 13.6.

Allen Beteiligten sollte in einer Spezifikation für ein CMS klar sein welche Wälzlagerfehler und -schäden und jeweilige Ausmaße damit überwacht werden, und welche Störungen oder Einflüsse hier zusätzlich auslösen könnten. Nur so kann aus den Ereignissen der fallweisen Grenzwertüberschreitungen richtiges bzw. vorbeugendes Handeln abgeleitet werden.

11.5 Lokale Wälzlager-CMS mit Smart-Sensoren

Seit einigen Jahren gibt es einkanalige Smart-Sensoren oder mit Triax-Sensorelementen als verkabelte Mini-CMS oder als Funk-Fernüberwachungen. Diese benötigen nur eine geringe Infrastruktur neben einem Handynetz. Aktuell sind diese Systeme dabei, sich

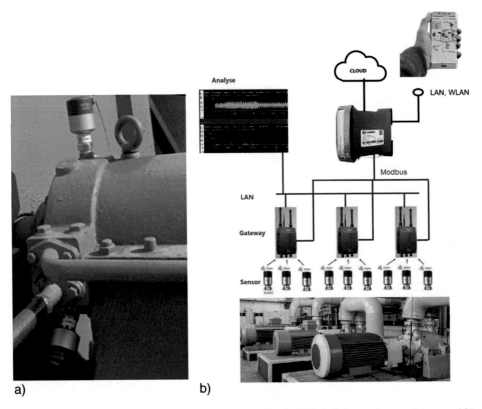

a)   b)

Abb. 11.10 Single-Axis Smart-Sensor 505 der AVIBIA GmbH **a**) links am Lagergehäuse und **b**) rechts mit Systemschaubild im AV 560 CM-System nach [11]

wegen niedrigeren Kosten und geringen Aufwand bis zur Betriebsbereitschaft stärker zu verbreiten. Abb. 11.10 zeigt ein solches System mit Funkübertragung, mit dem die Überwachung breit- und schmalbandiger Kennwerte im Amplituden- und Hüllkurvenspektrum mittels der Überrollfrequenzen möglich ist. Es werden Ausführungen mit einem einachsigen Piezoelement oder mit einem ebensolchen Element in der Triaxausführung angeboten, die darin in den beiden anderen Messrichtungen mit MEMS-elementen ergänzt ist. Über die in dem Aufnehmer integrierten AD-Wandler werden die Schwingungssignale der Sensorelemente direkt digitalisiert und weiterverarbeitet zu Kennwerten. Über die Funkverbindung zu einem Gateway werden von dort aus diese weiter ins 3G/4G-Netz und die Datencloud zum Datenserver übertragen. Mehrere Aufnehmer bilden an einem Gateway so kleine lokale Überwachungen. Optional kann verkabelt ein HMI-Interface angeschlossen werden. Es ist damit über Fernzugriff und eine Browsersoftware direkt in einer Überwachungssoftware mit Trendanzeigen aufrufbar. Und dies auch ganz zeit- und ortsunabhängig vom Smartphone aus. Diagnosefunktionalitäten im Browser ermöglichen die Anzeigen von Signaldiagrammen nachdem ereignisgesteuert über Fernübertragung neben den Kennwerten ganze Rohsignal übertragen wurden. Der relativ kleine Sensor wird

direkt an der Messstelle angeklebt oder geschraubt und ist für Industrieumgebungen gestaltet. Der Anwender kann die Kennwerttrends der Wälzlagerzustände damit regelmäßig
über ein Webbrowserinterface auswerten und ggf. manuelle Wälzlagerdiagnosen ausführen. Alle Maschinen-Daten und Messkonfigurationen werden im Auswerteserver auf gleichem Wege eingegeben und angezeigt. Das Modul erledigt im eingestellten Messintervall
z. B. einmal am Tage über Wack up- und Sleep-Funktion eine Messung und versendet
anschließend sofort die Daten. Damit sind keine direkten Überwachungsmeldungen an die
Steuerung möglich. Erst nach der ebenso zeitnahen Auswertung auf dem Auswerteserver
können von dort Mail- oder SMS-Alarmierungen an den Betreiber ggf. abgesendet werden. Insgesamt lassen sich mit diesen einfach handhabbaren CMS relativ schnell sehr ef-
fiziente und für viele Wälzlageranwendungen ausreichend funktionale Zustandsüberwa-
chungen umsetzen. Sie können vollständig remote betrieben werden und ermöglichen
ereignis-getriggerte Wälzlagerdiagnosen. Damit eignen sie sich quasi für den Inselbetrieb
für lokale separate Wälzlagerüberwachungen ohne größere Infrastrukturen.

11.6   Mehrkanalige Multiplex-Online-CMS an Nebenaggregaten

Für die Überwachung einer größeren Anzahl von wälzgelagerten Maschinen mit höherer
Überwachungspriorität in größeren Maschinenparks eignen sich *vielkanalige Online-CMS
wie* Abb. 11.11 *zeigt*. Seit Jahrzehnten gibt es dafür *gemultiplexte CMS*, bei denen in der
Auswerteinheit nur ein Kanal synchron ausgewertet wird, der auf viele verteilte Aufnehmer nach dem Messen weitergeschaltet wird. Dazwischen geschaltet sind Messstellenum-

a)   b)

Abb. 11.11   a) VIBRONET Signalmaster – Vielkanal-Kanal Multiplex-CMS der Prüftechnik
Gruppe mit **b**) Messstellenverteiler an den Maschinensätzen

schalter (Multiplexer) zum Weiterschalten, die in der Auswerteinheit zusammengeführt werden. Auch Klemmboxen mit Funkstrecken gibt es hier bereits, bei denen die Verkabelungskosten zur Auswerteeinheit entfallen. Auch Aufnehmer mit Funkverbindung zur Auswerteinheit gibt es seit einiger Zeit, um die bei großen Entfernungen nicht unerheblichen Verkabelungskosten senken zu können. Vorteilhaft an diesen Systemen sind die relativ niedrigeren Kanalpreise. Nachteilig sind bei diesen Systemen mit Umschaltern die vergleichsweise längeren Messintervalle zwischen den einzelnen Kennwerten im Minuten oder Stundenbereich je nach Größe des Überwachungsnetzes. Sie eignen sich damit vor allem für Standardmaschinen mit eher stationärem Betrieb bzw. solche mit eher langsameren Regelverhalten. D. h. für Maschinen mit hoher Leistungs- und Drehzahldynamik und weiten Regelbereichen wird die nachfolgende höhere Geräteklasse benötigt. Einsetzbar sind diese auch an sog. „Fließstrecken" wie Papiermaschinen, an denen jedes einzelne Walzenlager mit ihrem Antriebsstrang überwacht wird. Um an einzelnen speziellen Wälzlagern in verteilten Maschinennetzen schnelle Reaktionszeiten zu erzielen, kann wie beschrieben an einem Aufnehmer wahlweise eine Einzelkanal-Überwachungen zusätzlich integriert werden. Die Einführung von Online-CMS sind meist längerfristige und umfangreichere Projekte. Diese erfordern meist die Zusammenarbeit mit mehreren Fachabteilungen für die Spezifikation und Umsetzung der Überwachungen. Abb. 11.12 zeigt eine Übersicht einer modernen System-Integration der Überwachung in eine betriebliche Struktur und die temporäre Anbindung zu externen Firmen. Es sind dabei die Diagnosekapazitäten im Hause und ggf. extern bei Dienstleistern zu schaffen. Wird externer Remotesupport auch für die Überwachungssoftware benötigt, sind sicherheitsrelevante temporäre Zugriffe vom Internet auf die Datenbank, die Überwachungssoftware und die Auswerteeinheiten zu ermöglichen. Letzteres wird durch Router ggf. erleichtert. Die Arbeitsgebiete der Fachbereiche zur CMS-Integration zeigen folgende Übersichten:

IT-Zusammenarbeit:

- Installation der Datenbankfunktionen zu einem Datenserver
- Installation von Überwachungssoftware auf lokalen Laufwerken
- Einrichtung von internen Lese und Lese-/Schreibzugriffen
- und externen temporären Zugriffen
- Ermöglichung von PC-Software- und Firmwareupdates

Für die Steuerungsanbindung ist beispielsweise eine Modbus-Anbindung auf einen OPC-Server einzurichten, der dann alle Steuerungsfunktionen übernimmt. Mit den MSR-Abteilungen ist steuerungsseitig dazu ein Aufgabenband abzustimmen:

- Modbus-/Profibusanbindung an Steuerung oder
- analoge Einzelkanalübergabe
- Meldungen mit System ok und Warn- und Alarmmeldungen pro Überwachungsobjekt
- Trendverläufe von Kennwerten für PLS-Anzeigen
- Bereitstellung von Pegelwerten für Leistung und Drehzahl und Startmeldungen

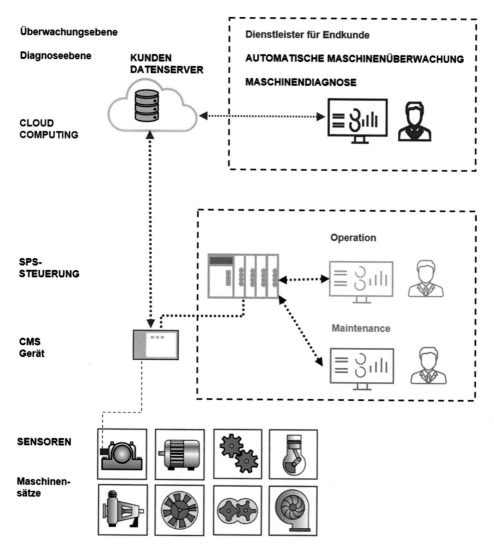

Abb. 11.12 System-Schema Online-CMS mit verteilter Datenhaltung und Remotezugriff

Mit den Instandhaltungsabteilungen bzw. Betriebsführung sollte abgestimmt werden:

- Installation der Aufnehmer an Messstellen; sollte bei allen Maschinensätzen als notwendig und nicht garantie-einschränkend vereinbart werden
- Maschinenlisten für Maschineklassen inkl. Prioritäten
- Kinematiken und Wälzlagerlisten für überwachte Maschinen
- Maschineninformationen für überwachte Maschinen
- Prozessreaktionen und -prioritäten bei Warn- und Alarmzuständen
- Maschinenverfügbarkeiten und Reparaturzustände
- Austausch von O&M-Ereignissen als Meldungen

11.7   Mehrkanalige parallele Online-CMS an Hauptaggregaten

Seit längerem gibt es *parallel messende vielkanalige Online-CMS* auf den Markt wie auf
Abb. 11.13. Durch die Synchronisierung der Schwingungskanäle auch mit den Prozessdaten wie der Drehzahl können diese Systeme deutlich schnellere Prozesse erfassen und so
ein tieferes analysieren ermöglichen. Durch genannte neue Datenverwaltungs-Strukturen
und Softwaretechnologien sind moderne Überwachungsstrukturen leichter, tiefer und
breiter anwendbar geworden. Hauptvorteil ist die parallele und hochfrequente Erfassung
von 16 bis 32 Kanälen. Begrenzend sind die Anzahl der Drehzahleingänge und damit die
Anzahl der drehzahlgeregelten Maschinen. Damit eignen sich diese Systeme für lokal
konzentrierte Maschinensätze mit höherer Priorität und Relevanz für den Hauptprozess.
Sie erfassen alle nötigen Messstellen je Maschinensatz wie z. B. an Speisewasserpumpen,
Frischluftventilatoren und Saugzügen in Kraftwerken. Die Überwachungssoftware gibt es
auch hierfür als *Netzwerk- und lokale Überwachungssoftware* d. h. lokal laufende Applikation deren Datenbank meist im Netzwerk auf Datenservern abgelegt wird. Es werden
hierfür auch *webbasierte Softwarelösungen* zum Remotebetrieb angeboten. Die Daten
werden auf einem internen oder externen Datenserver häufig als Rohdaten und Kennwerte
gespeichert (vgl. Abb. 11.12 und 11.13 b). Über Webbrowser werden die Wälzlagerzustände in grafischen Maschinen- und Anlagenstrukturen dann angezeigt über die Trendverläufe der Kennwerte. Wahlweise können zu Trendverläufen historisch zugeordnet dann
Signaldiagramme vertiefend analysiert werden. Derartige Lösungen eignen sich z. B. für
verteilte Pumpwerke oder weiter verteilte Windenergieanlagen (vgl. Abschn. 8.5).
Damit kann die Überwachung und die Diagnose ggf. auch als getrennte Aufgaben relativ
einfach an externe spezialisierte Maschinendiagnose-Fachfirmen vergeben werden. Dem

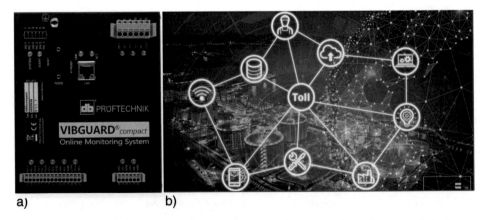

a)   b)

Abb. 11.13   **a**) VIBGUARD 20-Kanal-Überwachung und **b**) Netz-Schema der Prüftechnik Gruppe

kommt entgegen, dass z. B. für Windenergieanlagen die Bedienung der Überwachungssoftware von dafür zertifizierten Überwachungsstellen ausgeführt wird. Diese Systeme haben weitere Fähigkeiten für die Verarbeitung von Kennwerten an Maschinen mit größeren Drehzahl- und Leistungsbereichen oder auch mit höherer Regelungsdynamik. Die Leistung und Drehzahl kann synchron zu den Schwingungsdaten mit ausreichender Zeitauflösung in Signalblöcken erfasst werden.

Die aus den erfassten Signalblöcken berechneten einzelnen Kennwerte werden dann z. B. in mehrere eingeteilte *Leistungs- oder Drehzahlklassen* des Regelbereichs zugeordnet. Damit können die oft starken Drehzahl- und Lastschwankungen der Kennwerte meist ausreichend verringert werden. Hierbei wird das genannte *Resamplingverfahren* mit *Ordnungsanalyse* eingesetzt (vgl. Abb. 8.4).

Mit den hier bisher vorgestellten Messgeräten, Auswerte- und Analysefunktionen lassen sich automatische *Wälzlagerüberwachung* für nahezu jeden Einsatzfall im Maschinensatz und Wälzlagersatz passgenau zusammenstellen. Ebenso die notwendigen Vor-Ort- und Fern-Diagnosen lassen sich in der jeweils erforderlichen Analysetiefe realisieren.

Für eine bessere Verständlichkeit werden in Tab. 11.1 noch mal alle *Projektschritte* bis zur und nach der *Inbetriebnahme* für Überwachungs- und Diagnosesysteme zusammengestellt.

Tab. 11.1 Projektschritte bis zum Betrieb des CMS

Projektschritt	Beteiligte	Ergebnisse
Projektplanung	CMS-Lieferant, CMS-Dienstleister, MSR-Abteilung, IT-Abteilung	Maschinenklassen Systemauswahl Systemkonfiguration
Hard-/Software-Einkauf	CMS-Lieferant	Lieferkomponenten verfügbar
ggf. Schaltschrankbau	CMS-Lieferant oder Dienstleister	Systemeinbau im Schaltschrank
Werkstattinbetriebnahme -test	CMS-Lieferant ggf. und Dienstleister	Vorkonfiguration und Test Systemfunktionen
Messstelleninstallation	CMS-Lieferant, Dienstleister	Messstellenfunktionen
Installation Verkabelung	MSR-Abteilung, Dienstleister	Sensorkabel, Stromversorgung Steuerungsleitungen
Installation Hardware	CMS-Lieferant, CMS-Dienstleister IT-Abteilung	Hardware betriebsbereit, Netzanbindung, DFÜ-Internetanbindung
Installation PC-Software	CMS-Lieferant, IT-Abteilung	PC-Software lokal Datenbank im Netz, Nutzerzugriffe

(Fortsetzung)

Tab. 11.1   (Fortsetzung)

Projektschritt	Beteiligte	Ergebnisse
Installation & Inbetriebnahme an Steuerung	CMS-Lieferant, MSR-Abteilung	Steuerungsanbindung,-bereitschaft, Testalarme
System-Inbetriebnahme	CMS-Lieferant, CMS-Dienstleister, Training Betreiber CMS	Nachbesserungen, Betriebsbereitschaft CMS, Messeinstellungen, Messzyklen, Grobe Grenzwerte, Normierungen
System-Erstbetrieb	CMS-Dienstleister od. Betreiber CMS	Erfahrungen Grenzwerte
Nachinbetriebnahme	CMS-Lieferant, CMS-Dienstleister od. Betreiber CMS	Angepasste Alarme, Normierungen, Klassen
Projektfortsetzung ...	Wie o.g.	Erfahrungen, Abläufe

Bilder

Das Copyright für die Abb. 11.1, 11.2 a), b), c), 11.3a, b), 11.4, 11.5, 11.7 a), b), 11.9, 11.11 a), b), 11.13 a, b) liegen bei der Fluke Deutschland GmbH, Ismaning, 2021

Das Copyright für die Abb. 11.6 a, b) liegt bei Hansford Sensors GmbH, Herzogenrath

Das Copyright für die Abb. 11.8 a, b) liegt bei der IDS Innomic Schwingungsmesstechnik GmbH, Salzwedel, 2020

Das Copyright für die Abb. 11.10 a, b) liegt bei der AVIBIA GmbH, Büchlershausen, 2020

Literatur

1. DIN ISO 5348, Mechanische Schwingungen und Stöße – Mechanische Ankopplung von Beschleunigungsaufnehmern, 1999-07
2. VDI 3841, Schwingungsüberwachung von Maschinen-Erforderliche Messungen,2002-01
3. DIN ISO 13373-Reihe, Zustandsüberwachung und -diagnostik von Maschinen – Schwingungs-Zustandsüberwachung – Teil 1–9, 2006-01
4. ISO 13379, Mechanical vibration- Condition Monitoring and diagnostics of machines –General guidelines on data interpretation and diagnostic techniques
5. ISO 13374-Reihe, Condition monitoring and diagnostics of machines – Data processing,communication and presentation, Part 1–4, 2003-03
6. VDI 3832 Schwingungs- und Körperschallmessung zur Zustandsbeurteilung von Wälzlagern in Maschinen und Anlagen, 2013–2015
7. OMNITREND Online Hilfe, Prüftechnik AG, 2014
8. DIN 45662 Schwingungsmeßeinrichtungen – Allgemeine Anforderungen und Prüfung, 1996-12

9. Datenblatt HS-422 Beschleunigungssensor, 4–20mA Beschleunigungssensor via M12-Konnektor, Hansford Sensors GmbH, Herzogenrath, 2020

10. VibroLine (VLE-Serie 1- 8) – Kontinuierliche Schwingungsüberwachung, Datenblatt der IDS Innomic GmbH, Salzwedel, 2017

11. Technisches Datenblatt, AV560 – Drahtlose Schwingungsüberwachung und Wälzlager-diagnose, Avibia Sensoren und Messtechnik, AVIBIA GmbH, Büchlershausen, 2020

Systementwicklung in der Wälzlagerdiagnose und -überwachung

12

12.1 Abnahmen, Überwachungen, Diagnosen – Potenziale nutzen am Wälzlager

Bisherige Maschinenabnahmen und Prüfstände für Maschinen konzentrieren sich häufig nur auf eine begleitende Schwingstärkemessung im Hinblick auf die zu beurteilende Qualität und den Maschinenzustand. Die für die MTBF entscheidende *Zustandsbewertung des Wälzlagers* sollte mit den verfügbaren zuverlässigen Körperschall- und Ultraschallmethoden zunehmend ein fester Bestandteil bis zur Inbetriebnahme jeden Maschinensatzes mit erhöhter Priorität im Anlagenprozess werden.

Eine für den Anwendungsfall und die Maschinenklasse (Priorität) *optimale Überwachung der Wälzlagerungen* wird derzeit in den Potenzialen der massenhaften geeigneten Anwendungsfälle noch nicht ausreichend genutzt. Gemessen am ROI deren Einführung und am Ausfallrisiko des Maschinenausfalles ist deren Häufigkeit des Einsatzes in der Breite noch deutlich zu niedrig.

Eine Schlüsselrolle liegt dabei in der Verbreitung des entsprechenden Know-How's bei den Anwendern. Mit der VDI 3832 [1] und der vielfältigen Fachliteratur und den angebotenen Seminaren sind dafür grundlegende Voraussetzungen gegeben, die dafür noch stärker genutzt werden sollten. Auch in der deutschen, europäischen und weltweiten *Hochschul- und Ausbildungslandschaft* wird, bis auf einige beispielgebende Ausnahmen, diesem Thema der Zustandsüberwachung und -diagnose am Wälzlager leider noch zu wenig Aufmerksamkeit gewidmet.

Für die Einordnung und Entwicklung von *Diagnosefähigkeiten* in Firmen wurden in Abschn. 10.2 und Tab. 10.2 die verschiedenen Diagnose- und Know-How-Levels dargestellt. Damit kann geprüft werden welche Kapazitäten entwickelt werden bzw. von externen Dienstleistern zugekauft werden müssen. In einer dafür angepassten Projektentwick-

D. Franke, *Wälzlagerdiagnose an Maschinensätzen*, https://doi.org/10.1007/978-3-662-62620-7_12

lung oder in der Optimierung bestehender CMS sind durch die Einbeziehungen von Diagnose- Spezialisten und durch die Qualifikation der Anwender häufig noch erhebliche Potenziale erschließbar.

12.2 Zukünftige optimale CMS-Systeme – wälzlagergerecht und vernetzt

Ein permanent wachsendes Potenzial für den Ausbau der Wälzlagerüberwachung und -diagnose stellt die seit Jahren zunehmende Vernetzung der Systeme dar. Das betrifft vor allem die anwachsende verteilte Datenspeicherung, die cloudbasierten Überwachungen bei Dienstleistern und die netz-gestützen Diagnosekapazitäten über Fernzugriff für Falldiagnosen. Hierzu zählt auch das seit Jahren in der Anbieterbreite und der Funktionalität wachsende Segment der lokal eingesetzten und vernetzten „Miniatur-CMS" der Smart-Sensoren. Diese wurde in Abschn. 11.5 beispielhaft vorgestellt. Deren Vorteile bestehen in der einfachen und schnellen Einsetzbarkeit ohne aufwendige Investitionen, Anpassungen und Projekte, wie dies bei den meisten CMS erforderlich ist. Sie sind derzeit meist noch auf einfachere Anwendungen beschränkt, was sich aber voraussichtlich zunehmend erweitern wird. Die Hardware dieser CMS ist in der Regel nur begrenzt vernetzbar – beispielsweise mit der Steuerung, was aber für die darüber liegenden Softwareschichten nicht gilt. Hier begrenzen erfahrungsgemäß häufig fehlende Daten-Schnittstellen und Sicherheitsbedenken eine stärkere Potenzialerschließung.

12.3 Entwicklung der Methoden und der Überwachungs- und Diagnoseverfahren

12.3.1 Erweiterung der Methodik der Wälzlagerdiagnose

Von der Fa. BestSens AG wurde mit ihrem Produkt ein Messverfahren mit **aktivem Ultraschall** eingeführt zur detaillierten Analyse des lokalen Abrollverhaltens im Wälzlager zwischen Ultraschallsender und -empfänger. Das Messprinzip nach [2] zeigen die Abb. 12.1 und 12.2. Danach sind akustische Oberflächenwellen Ultra-Schallwellen, die sich an Oberflächen von Festkörpern ausbreiten. Die vom Sender angeregte akustische Oberflächenwelle breitet sich am stehenden Lagerring in Form einer Plattenschwingung aus und wird vom Empfänger wieder aufgenommen. Ein Messbeispiel zeigt Abb. 12.2 mit dem sequenziellen Durchlauf der einzelne Wälzkörper. Akustische Oberflächenwellen zeichnen sich durch ihre Sensitivität auf Oberflächenveränderungen aus. Die Schallwelle reagiert auf Flüssigkeiten (Schmiermittel), welche die Ausbreitung der Welle verändern. Die Ausbreitung der akustischen Oberflächenwelle wird ebenfalls von Spannungsänderungen im Material beeinflusst, die durch unterschiedliche Belastungen des Lagerrings entstehen.

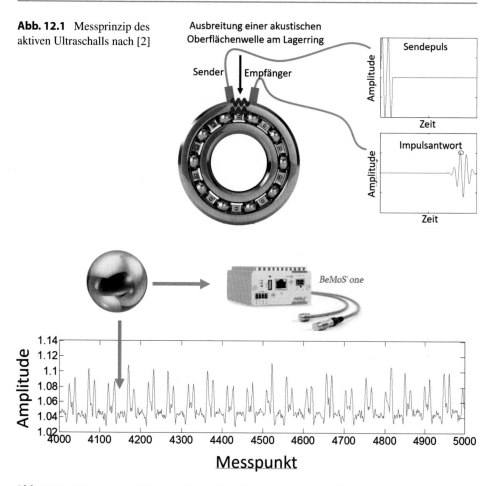

Abb. 12.1 Messprinzip des aktiven Ultraschalls nach [2]

Ausbreitung einer akustischen Oberflächenwelle am Lagerring

Sender   Empfänger

Amplitude — Sendepuls — Zeit

Amplitude — Impulsantwort — Zeit

BeMoS⁺ one

Abb. 12.2   Zeitverlauf mit Signatur jeder Kugel im Passieren nach [2]

Mittels Algorithmen auf der Signalverarbeitungseinheit, dem BeMoS Controller, wird das Laufverhalten des Lagers analysiert und Anzeichen für erhöhten Verschleiß werden erkannt. Ermitteln lassen sich, Schmierungszustand, Käfiggeschwindigkeit, Berührungswinkel, Schlupf und Axialkräfte bei vorheriger Kalibrierung des Gesamtsystems. Die Ultraschallmessung ist robust gegen Störungen und funktioniert auch bei sehr langsamen Wellendrehzahlen. Zum Einsatz kommt die Technologie neben Wälzlagern auch bei Gleitlagern und Gleitringdichtungen (z. B. in Pumpen und Rührwerken).

In [3, 4] werden weitere Messverfahren genannt, die noch deutliche Potenziale zur Verbesserung der Messung zustandsbezogener Körperschall- und Ultraschallsignale bergen. Hierzu zählt auch die Messung am Rotor statt wie bisher nur am Stator. Hier sind die Hardware-Voraussetzungen für eine Breitenanwendung aber bisher noch nicht ausreichend gegeben.

12.3.2 Entwicklung der Signalanalyse, Diagnose und Überwachung

Erfahrungsgemäß steckt in der *Anwendung der Hüllkurvenanalyse* noch deutliches Potenzial die Diagnose- und Überwachungszuverlässigkeit zu erhöhen, indem die Filterbereiche besser optimiert werden auf die für Fehler und Schäden spezifischen Anregungsgebiete im Breitbandspektrum. Weiterhin beeinflusst die Überrollgeschwindigkeit aus der Drehfrequenz und der Baugröße deutlich das Anregungsgebiet. Tendenziell verlagern sich die dominanten Anregungsgebiete bei großen langsamen Maschinen in den unteren Kilohertzbereich. Auch mit der wachsenden Schadensausdehnung und damit der Signalform der Stöße verlagern sich die Anregungen geometrisch bedingt im Ausdehnungsverlauf aus dem oberen in den unteren Kilohertzbereich und so final bis in die Schwingstärke im Grundspektrum.

In [3] wird dargestellt, dass die verbreitete Signalanalyse von Merkmalen und Kennwerten auf zeitsynchrone oder stochastische punktuelle Signalanalyse orientiert ist. Am Wälzlager wäre es jedoch ursächlich viel sinnvoller ortssynchron zu den Bauteilen und deren Rotation die Signalanalyse durchzuführen, da es hier hauptsächlich um Überrollungen geht. Es gibt hier bereits seit Längerem Verfahrenslösungen zur genaueren *Schadensausmaß-Detektion*, die sich aber ggf. auch nachfragebedingt in der Anwendung bisher nicht verbreitet haben.

Einen zuverlässigen *Wälzlagerschutz* als reaktionsschnelle Überwachungsfunktion könnte es diagnose-technisch schon länger geben, dieser wurde aber bisher nicht konkret als CMS angeboten. Es besteht hier seit längerem der Bedarf dafür an exponierten Maschinensätzen in den Maschinenparks. Durch die Kombination verschiedener Kennwerte könnten hierfür mit vertretbarem Entwicklungsaufwand in autarken Geräten ausreichend zuverlässige Lösungen angeboten werden.

Auch einfache grundlegende Aufgaben der Optimierung von Kennwerten zur Wälzlagerüberwachung werden in vielen Anwendungen nicht ausreichend gelöst. Der *Einfluss der Überrollgeschwindigkeit und der Lagerbelastung* wird noch häufig mit exemplarspezifischen Grenzwerten gelöst, was aber mit hohem manuellen Aufwand und Unsicherheiten in der Überwachungszuverlässigkeit verbunden ist.

12.3.3 Automatische Wälzlagerdiagnose an Maschinensätzen

Im Fachartikel [3] zur „... zur automatisierten Wälzlagerdiagnose" wurden einige grundlegende diagnose-technische Zusammenhänge an Wälzlagern näher erläutert. Etwas unscharf wird angenommen, dass mit modernen Verfahren des „Data Mining" von Schwingungs-Kennwerten, Betriebsparametern und Instandhaltungs- und Betriebsereignissen sich Wälzlagerdiagnosen zuverlässig automatisch ausführen lassen. Die hier vorgestellten wälzlager-technischen und körperschall-diagnostischen Zusammenhänge haben aber deutlich gemacht, dass basierend auf Merkmalsmustern des Körperschalls nach dem

Stand der Technik ausreichend zuverlässige Diagnosen gestellt werden können. Es kann die multivariate Kennwertanalyse [5] wie auch das Data Mining erfahrungsgemäß hauptsächlich die Überwachungsmethodik verbreitern, vertiefen und schärfen und die applikationsspezifische Diagnose unterstützen. In einer derart verbreiterten Kennwert-Methodik ist auch das „Machine Learning" nur begrenzt in der Lage, zuverlässige diagnostische Aussagen zu treffen. Ohne die „Trennschärfe" aus den vorgestellten sich ergänzenden Merkmalsmustern in Signalplots lassen sich nach Meinung des Autors Schadensstufen nicht sicher bewerten und Unterscheidungen von Fehlern in der großen Anwendungsbreite nicht ausreichend zuverlässig ausführen. Eine weitere Anforderung an manuelle und automatische Diagnose macht Abb. 12.3 anschaulich. Mit der zunehmender Anzahl der Anwendungsfälle und der Komplexität der Einsatzfälle wird es immer schwieriger in der sehr kapazitätsbegrenzten manuellen Diagnose eine zuverlässige Diagnosetiefe zu gewährleisten. Mit einem leistungsfähigen automatischen Diagnose-Software-System ist es möglich diesen Widerspruch aufzulösen. Daraus ergibt sich weiterhin die Chance die „Übergabegrenze" von Überwachung und Diagnose zu verschieben. Bisherige punktuelle Diagnosen könnten sich so zu zukünftig massenhaft und ständig ausgeführten Wälzlagerdiagnosen entwickeln.

Die Tab. 12.1 nach [6] veranschaulicht den stufenweisen Übergang der Funktionalitäten von der manuellen Diagnose zu einer automatischen Diagnose über die notwendige Zwischenstufe der Assistenz. Diesen Weg gehen fast alle Software-Applikationen, die langjährig entwickelt werden und dabei aus der Überwachung kommend die Diagnose schrittweise immer tiefer integrieren.

Bereits in den letzten Jahrzehnten haben erste Ansätze von Expertensystemen und lernenden Systemen immer wieder gezeigt, dass deren erfolgskritischen Begrenzungen in

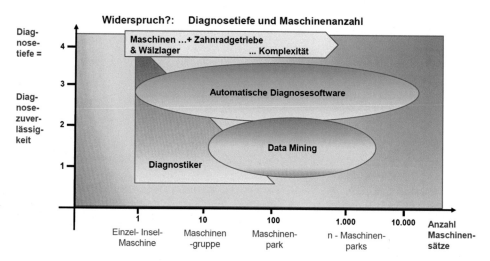

Abb. 12.3 Lösung des Widerspruchs von Diagnosetiefe und Lagerungsanzahl nach [3] mittels automatischer Diagnosesoftware

Tab. 12.1 Nutzungsebenen von Diagnosesoftware bis zur automatischen Diagnose

Diagnosetiefe-Anwendung	Prägend	Kinemati-kanpassung	Detektion Merkmalsmuster schmalbandig	Diagnose-aussagen	Prognose u. Abhilfe
Diagnose-Visualisierung	angepasster Signalplot	manuell	manuell	manuell	manuell
Diagnose-Assistenz	Merkmalsmuster	automatisch	automatisch	manuell	manuell
Automatische Diagnose	Hypothesen-struktur	automatisch	automatisch	automatisch	automatisch

den verfügbaren Lernmengen und deren Vielfalt liegen. Und sie machten deutlich, dass deren Anwendbarkeit vom investierten Aufwand des einfließenden Anwendungswissens abhängt („überwachtes Lernen"). Teilweise bieten KI-Systeme hier heute neue Ansätze, sehen sich aber ebenso einer hohen Variabilität der Merkmale und einer großen Einflussvielfalt gegenüber und fordern hohen „Überwachungsbedarf" im Lernen. Hier ist zukünftig noch viel Entwicklungs- und Applikationsarbeit in der enormen Anwendungsbreite und -vielfalt der Wälzlager zu leisten.

Es bleibt zu hoffen, dass zu der heutigen automatisierten und zunehmend vernetzten Überwachungswelt der Wälzlager – sich in Zukunft darin bald automatisierbare Diagnose-Applikationen etablieren können, als dringend benötigte Kernkomponente.

Zusammenfassend bleibt in der Anwendungsbreite und -tiefe in der Wälzlagerdiagnose viel ungenutztes Potenzial festzustellen. In der Methodik, der Messung, der Signal-Auswertung bis zur Zustandserfassung in Überwachung und Diagnose am Wälzlager bestehen noch erhebliche ungenutzte Erfolgspotenziale für einen zuverlässigen Wälzlagerbetrieb.

Bilder

Das Copyright für die Abb. 12.1 und 12.2 liegt bei der Fa. BestSens AG, Niederfüllbach, 2020

Literatur

1. VDI 3832 Schwingungs- und Körperschallmessung zur Zustandsbeurteilung von Wälzlagern in Maschinen und Anlagen, 2013–2015
2. „Ultraschall-Sonde überwacht Axialschub an Kreiselpumpen", Delta p, Fachzeitschrift, Ausgabe 1, Februar/März 2016, 22. Jahrgang, Fa. BestSens AG, Dipl.-Ing. Lars Meisenbach
3. „Softwarestrukturen und Methodiken zur automatisierten vertieften Wälzlagerdiagnose", D. Franke, Ingenieurbüro Dieter Franke, Dr. J. Krause, Conimon GmbH, VDI Schwingungstagung 2017
4. „Verschwendete Ressourcen der Wälzlageranwendungen mangels ausreichender Wälzlagerdiagnose & Überwachung", D. Franke, Ingenieurbüro Dieter Franke, VDI Tagung „Schäden an Wälzlagern", 2016

5. VDI 4550 Blatt 3: Schwingungsanalysen – Verfahren und Darstellung – Multivariate Verfahren, 2021-01

6. Vortrag „KI und Wege zur automatischen Wälzlagerdiagnose" am Thementag „KI und maschinelles Lernen vs. Konventionelle Prozessdatenanalyse", Mittelstand 4.0, Kompetenzzentrum Chemnitz, D. Franke, Conimon GmbH, Dresden 04-2021

Fallbeispiele zu Wälzlagerfehlern und -schäden im Betrieb

13

13.1 Lagerschäden durch Fehlausrichtung an Umluftgebläse nach [1]

Das nachfolgend vorgestellte Beispiel wurde hinsichtlich der Maschinendiagnose bereits im Band „Ausricht- und Kupplungsfehler an Maschinensätzen" in [2] ausrichtbezogen erläutert und wird hier unter den Aspekten der Wälzlagerdiagnose detaillierter betrachtet.

An zwei Glühofen-Kammern für die Vergütung von Stahlwerkstücken werden Umluftventilatoren nach Tab. 13.1 beidseitig eingesetzt, um die darin erhitzte Luft durch Umwälzen gleichmäßiger zu verteilen. Die fliegend gelagerten Ventilatorenwellen sind extra gelagert, wie Abb. 13.1 zeigt, und über Zwischenwellen und Rohrstücke an die Glühöfen angeflanscht.

Nach wiederholtem Auftreten von mehreren Lagerschäden nach kurzer Laufzeit wurde eine einfache analoge zweikanalige VIBREX-Wälzlagerdauerüberwachung eingesetzt (vgl. Abschn. 11.4). Nach Lagertausch traten z. T. bereits nach 14 Tagen erneute Schäden auf, von denen Abb. 13.2 ein typisches Beispiel zeigt. Zur Ursachenfindung wurde eine Diagnose beauftragt. Nach einer eingehenden Begutachtung der Schadensbilder an einem Wälzlager wurde nach [3] als Ursache starker abrasiver Verschleiß durch Lagerunterlastung zugeordnet. In der Breite der Laufspur der Kugeln wurde je eine Nut ca. 1,5 mm breit und bis 1 mm tief gleichmäßig im Außenring umlaufend festgestellt. In dem zweireihigen Kugellager war diese Nut auf der Ventilatorseite tiefer eingearbeitet. An den Kugeln war eine Vielzahl von kleinen Kratern sichtbar.

Abb. 13.3 zeigt eine Bewertung der gemessenen Schwingstärken v_{rms} in mm/s nach DIN ISO 10816-3 [4] die zwischen dem Bereich für Langzeitbetrieb und nur für Kurzzeitbetrieb zulässig liegen an den vier Maschinensätzen. Damit können diese Schwingstärken kaum eine Ursache für diese in extrem kurzer Zeit auftretenden Lagerschäden sein. An den einzelnen Maschinensätzen traten schwankende Pegel während eines und zwischen

Tab. 13.1 Maschinendaten, Fallbeispiel 1 – wiederholte Wälzlagerschäden Umluftventilator

Diagnoseobjekt	2 Anlagen je 2 Umluftventilatoren mit Zwischenwelle	Aufstellung Gebläse	starr an Flansch
Anlass	Lagerschäden nach teilweise nur 14 Tagen	Kupplung	Klauenkupplung
Leistung	75 KW	Drehzahl	3600 min⁻¹(60 Hz)

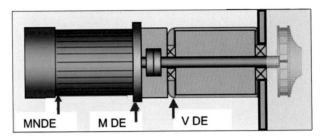

Abb. 13.1 Umluftventilator und Messstellen

Abb. 13.2 Lagerschaden an Umluftventilator

Abb. 13.3 Schwingstärke-bewertung nach [4]

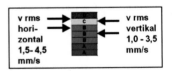

verschiedenen Chargenläufen auf. Die Abb. 13.4 und 13.5 zeigen erfasste typische Schwingungsanregungen im Schwinggeschwindigkeitsspektrum wechselnd mit 1. und 2. Harmonischer der Drehfrequenz an der Antriebsseite des Motors, die im 60 Hz-Netz an einem zweipoligen Motor bei ca. 60 bzw. 120 Hz liegen.

Diese Anregungen sind ein Hinweis auf Fehlausrichtung, weshalb eine Ausricht-messung installiert und durchgeführt wurde. Da Laserausrichtgeräte keine Flansch-betriebsart haben, wurde eine dafür angefertigte Stahlplatte zur Abdeckung einer Kupplungshälfte eingebaut und darauf eine Messuhr mit Magnetstativ fixiert.

Abb. 13.4 Messbildschirm Schwingstärkeanregung an Motor A-Seite vertikal mit 1. und 2. und ff. Harmonischen der Drehfrequenz

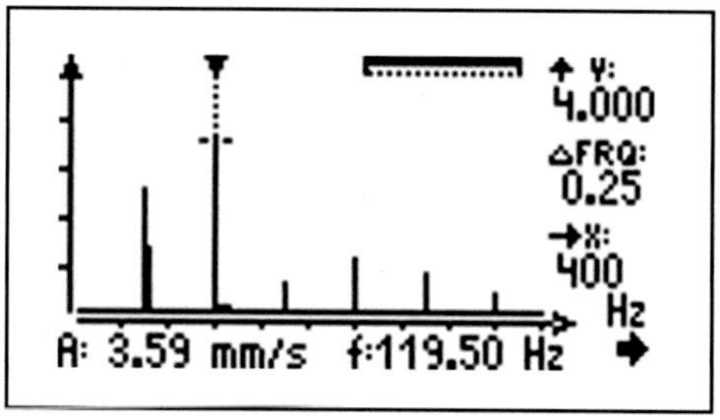

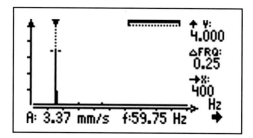

Abb. 13.5 Messbildschirm Schwingstärkeanregung an Motor A-Seite vertikal mit 1. Harmonischer der Drehfrequenz

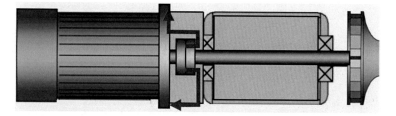

Abb. 13.6 Messung von Winkelversatz und Parallelversatz am Kupplungsflansch

Die Messung des Winkelversatzes nach Abb. 13.6 ergaben Werte von 0,8 bis 1,7 mm. Die zulässigen akzeptablen Abweichungen bei 200 mm Kupplungsdurchmesser und 3600 1/min liegen bei 0,04 mm, die damit deutlich überschritten wurden. Über die Hebelverhältnisse liegen die Werte am laufradseitigen Lager um 4,2 höher und in der Kupplungsmitte bei 50 % davon (Die sichtbaren Folgen davon zeigen die Bilder 13.7a und 13.7b).

Die Berechnung der durch die Fehlausrichtung auftretenden radialen statischen Kräfte zeigt in einer Übersicht Tab. 13.2. Dafür wurden die Geometrieabweichungen mit den dafür im Versuch ermittelten radialen Steifigkeitswerten des Elastomerringes umgerechnet. Die Parallelversätze wirken im Wesentlichen horizontal und waren damit unkritisch. Um die festgestellte Lagerunterlastung durch eine geänderte Winkelausrichtung zu beseitigen, wurde ein zusätzlicher vertikaler Versatz durch neu gefertigte „schiefe" Flanschringe eingebracht.

Die Berechnung der durch die Fehlausrichtung auftretenden axialen statischen Kräfte zeigt in einer Übersicht Tab. 13.3. Dafür wurden die Geometrieabweichungen mit der dafür im Versuch ermittelten axialen Steifigkeitswerte des Elastomerringes umgerechnet. Die

Abb. 13.7a Einbausituation
der Klauenkupplung mit
axialen Verschleißspuren

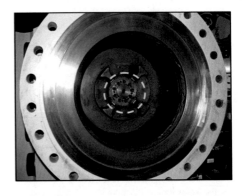

Abb. 13.7b Einbausituation
der Klauenkupplung mit
radialen Verschleißspuren

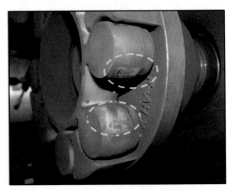

Tab. 13.2 Auswirkung der Fehlausrichtungen in radialer Richtung

Position	Daten
gemessene radiale Verschiebung bei Testbelastung	0,15 mm bei 13 kg
ergibt eine radiale Steifigkeit von	850 N/mm
Wälzlagerlast durch seitlicher Winkel-Versatz	von max. 0,8 bis 1,7 mm
vor der Neuausrichtung in Kupplungsmitte bei	0,38 bis 0,81 mm
ergibt Radialkraft von – wirkt seitlich zur statischen Last keine kritischen Auswirkungen auf das Wälzlager	323 bis 693 N
Wälzlagerlast – radialen Versatz in Schwerkraftrichtung: realisierter radialer Versatz am Motorflanschring als Abhilfe	max. 0,11 bis 0,42 mm
in Schwerkraftrichtung beträgt in Kupplungsmitte	0,05 mm bis 0,20 mm
und ergibt eine zusätzliche Radialkraft von	43 N bis 170 N
damit ein Überschreiten der radialen Mindestbelastung von	320 N

Unterschreitungen der axialen Abstände der Kupplungshälften wirken gegen die Kraft durch das Laufrad und so resultierend zur Entlastung einer Lagerreihe des zweireihigen Festlagers (Auswirkungen davon in Abb. 7a). Nach einstellen des korrekten Axialabstands wurde dies beseitigt. Nach den erfolgten Ausricht-Korrekturmaßnahmen reduzierte sich als deren Merkmal auch die Schwingstärke. Die gezielte Fehlausrichtung wurde eingesetzt, um die Lagerbelastung zu erhöhen und damit die radiale Lagerunterlastung zu beseitigen.

Tab. 13.3 Auswirkung der Fehlausrichtungen in axialer Richtung

Position	Daten
Axialspiel der Kupplungshälften 4,3 bis 5,5 mm gemessene radiale Verschiebung bei Testbelastung	4,3 bis 5,5 mm
Unterschreitungen des Sollwertes des Herstellers von	6,5 mm
gemessene axiale Verschiebung von	1,30 mm bei 80 kg
Testbelastung ergibt eine axiale Steifigkeit von	604 N/mm
axialen Unterschreitung von	max. 3,5 mm
ergibt dies eine zusätzliche Axialkraft von	<2114 N
Diese wirkt entgegen der aeromechanischen statischen Axialkraft aus dem Laufrad	max. 1800 N
Führt zur Entlastung einer Lagereihe des doppelreihigen Pendelkugellagers (die auf der Kupplungsseite)	Ergebnis

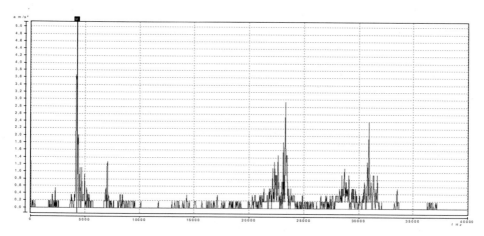

Abb. 13.8 DE horizontal 27.11.2001 Start 16.24.29 Uhr hier 16.24.57 Uhr Komponente durch Gleiten a = 8,4 m/s² bei 4,25 kHz im Breitbandspektrum bis 40 kHz

Beim Kaltanlauf der Maschinen traten wenige Minuten laut hörbare Pfeifgeräusche auf. Die Breitbandspektren zeigen wie im Abb. 13.8 eine dominierende Frequenz-komponente bei 4,7 kHz. Diese wird vom Gleiten der Kugeln verursacht und tritt ggf. verstärkt in der radial stärker entlasteten Lagerreihe auf.

Dafür wurden vom Start der Anlage an im Datenrekorder-Modus fortlaufend Breitband-spektren bis 40 kHz gemessen. Wie das hörbare lästige Pfeifgeräusch verschwindet diese Komponente nach drei Minuten schlagartig wie die Spektren zeigen. Als Ursache diesen Verschwindens wird die dann erfolgte ausreichende Erwärmung des Lagers und Schmier-fettes angesehen. Es wird ein sollgemäßes Abrollen der Kugeln bei der so erreichten nied-rigeren Viskosität ermöglicht. Es wurde an den Wälzlagern außer der Käfigdrehfrequenz keine typischen Überrollfrequenzen der Lagerbauteile festgestellt, wie im Hüllkurven-spektrum im Abb. 13.9 gezeigt. Die Käfigdrehfrequenz wird durch wechselndes Rollen und Gleiten verursacht mit Beschleunigen und Abbremsen der Kugelsätze im Käfig.

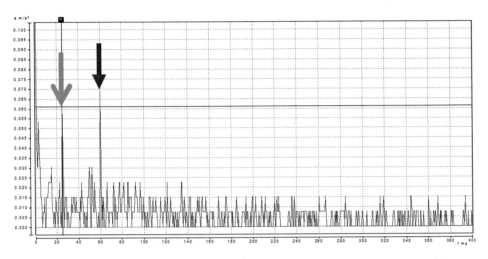

Abb. 13.9 Hüllkurvenspektren Komponente bei Drehfrequenz 59 Hz & Käfigfrequenz 25 Hz

Die gleichmäßig umlaufende starke Verschleißspur am Außenring, die am ausgebauten Lager sichtbar ist, erzeugt keine bauteilspezifischen, sondern nur drehfrequente bzw. stochastische Anregungen wie das Zeitsignal im Abb. 13.10 zeigt. Es findet einfach ausgedrückt „kein Schlaglocheffekt" in einem lokalen Schaden, sondern das „Brummen" wie auf einer „rauen Straße" statt.

Die sichtbaren Stöße im hochfrequenten Beschleunigungssignal werden drehfrequent also von der Fehlausrichtung und dem Lagerzwängen angeregt, wie in Abb. 13.10 sichtbar. Dies lässt die Drehfrequenzkomponente in fast allen Hüllkurvenspektren erscheinen, wie in Abb. 13.10 gezeigt. Die Käfigfrequenz im Hüllkurvenspektrum entsteht durch die unter-

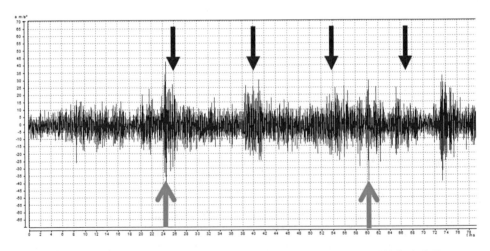

Abb. 13.10 Zeitsignal mit Stößen im Abstand der Wellen- (Pfeile oben) und Käfigdreh-Frequenz (Pfeile unten)

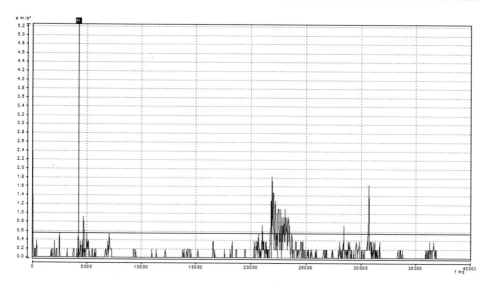

Abb. 13.11 AS horizontal, Start 20.33.20 Uhr hier 20.33.51 Uhr, a = 0,21 m/s² bei 4,72 kHz

schiedlichen Käfigführungskräfte durch das Gleitverhalten der Kugeln auf einer Lagerreihe und das Abrollen der Kugeln auf der anderen Lagerreihe. Nach dem Umbau sind diese Anregungen verschwunden, wie das Abb. 13.11 zeigt.

Das bisherige Schmierfett hat nahe der Umgebungstemperatur eine relativ hohe Viskosität. Durch die Betriebsführung vor Ort mit wenigen Zyklen pro 24 Stunden (vergleichsweise geringe Auslastung) trat jeweils ein starkes Abkühlen des Lagers auf nahezu Umgebungstemperatur auf. Zusätzlich lag hier die Hallentemperatur durch die Klimaanlagen konstant einiges unter 20 °C. Es wurde das Gleiten der Kugeln im Kaltanlauf vom bisherigen Schmierfett stark begünstigt.

Eingesetzt war hier ein Sonder-Schmierstoff für Vakuum von Klüber Lubrication vom Typ STAUBURAGS mit 20 mm²/s dynamische Viskosität bei 80 °C geschätzter Betriebstemperatur. Um den Kaltanlauf und die Lebensdauer zu verbessern wurde in Abstimmung mit der Fa. Klüber ein Schmierfett mit ca. 10 mm²/s bei 80 °C ausgewählt und in alle Lager der Kühlgebläse eingebracht. Parallel dazu wurde beim Lagerhersteller in einem Onlinetool die Lagerauslegung überprüft. Die wesentlich niedrigere Viskosität bei 20 °C sichert so einen besseren Übergang zum Abrollen der Kugeln im Kaltanlauf.

Übersicht der Schmierstoffauswahl:

bisheriger Schmierstoff STAUBURAGS NBU 8 EP, NLGI Klasse = 2
ν 20 °C = 292 mm²/s ν 40 °C = 95 mm²/s
ν 80 °C = 20,5 mm²/s ν 100 °C = 12 mm²/s

alternativer Schmierstoff ISOFLEX – TOPAS – NCA 52, NLGI Klasse = 2
ν 20 °C = 74,2 mm²/ν 40 °C = 30 mm²/s
ν 80 °C = 8,7 mm²/s ν 100 °C = 5,6 mm²/s

Abb. 13.12 Übersicht
Abhilfemaßnahmen an
Umluftgebläse

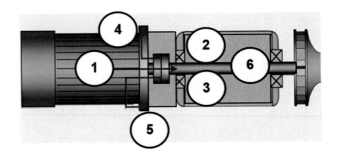

Abb. 13.12 zeigt eine Übersicht der Abhilfemaßnahmen, die nachfolgend in einer Liste dazu erläutert sind. Übersicht der Abhilfemaßnahmen:

1. **Axiales Zwängen** in der Kupplung beseitigt – durch axiales verschieben einer
2. Kupplungsseite auf dem Wellensitz -> erhöht axiale Lagerbelastung gegen Unterlast
3. **Antriebsseitige Wälzlager** mit beginnendem oder fortgeschrittenem Schadensbild wurden **ausgetauscht** -> Lager- u. Maschinenausfälle werden so verhindert
4. An allen Ventilatorlagern wurde das **Schmierfett** mit einem um Faktor vier **niedrigeren Viskosität** bei Umgebungstemperatur ausgetauscht -> besseres Rollen in der Anlaufphase
5. **Zusätzliche radiale Belastung** der Problemlager mittels gezieltem radialem Wellenversatz -> sichert so Mindestbelastung des Lagers
6. **Winkelversatz der Ventilatorwelle** durch eine gezielt einseitig geänderte Dicke der Distanzringe am Motorflansch ausgeglichen -> ausreichende Lagerbelastung
7. Mögliche **Folgeanlagen sollten mit dünneren Wellen und damit kleineren Wälzlagern** ausgeführt werden -> die besser ausgelastet werden.
8. Zusätzlich wurden die **Alarmgrenzen** der hier eingesetzten Schwingungs- und Wälzlager**überwachung angepasst** -> Sichere Überwachung.

Eingestellt wurden nach [4, 5] und Herstellerempfehlungen diese Grenzwerte:

	Schwinggeschwindigkeit	Stoßimpuls dBm	
Messgröße	v_{rms} in mm/s	Shock pulse in dBsv	
Warnung	4,5	50	
Alarm	**7,1**	**65**	

Testmessungen nach dem Umbau ergaben nur noch zu vernachlässigende Gleiteffekte beim Anlauf. Das Schwingungsniveau der Maschine wurde insgesamt abgesenkt durch Reduzierung des Winkelversatzes. Das verbleibende Schwingungsniveau verursacht durch den gezielten Parallelversatz muss als Kompromiss der Möglichkeiten vor Ort hingenommen werden. Mit den zum Diagnosetermin vor Ort möglichen und realisierten Änderungen an den Maschinen wurde eine mehrfach längere Betriebsdauer dieser Lager als zugesichert angesehen. Als weitere Verbesserungen für die Lebensdauer der Problemlager wurde der Einbau baugleicher einreihiger Rillenkugellager empfohlen. Dafür müsste aber die Winkelgenauigkeit der Lagersitze zur Welle weiter verbessert werden und die noch verbliebene Winkel-Fehlausrichtungen durch geänderte neue Distanzringe bis unter die Toleranzgrenze weiter minimiert werden. Seit Dezember 2001 laufen die Anlagen allerdings problemlos, so dass diese Maßnahmen nicht mehr notwendig wurden.

13.2 Wälzkörperschaden im Motor eines Ventilators nach [6]

Vom Lager der Nichtantriebsseite des Motors an einem Abluft-Radialventilator (nach Tab. 13.4) wurden von drei Kennwerten in einem CMS-Onlinesystem fortlaufend Alarmmeldungen angezeigt. Von dem Onlinesystem wurde ein plötzlicher starker und sehr schneller Anstieg im *Trendverlauf* über die Warn- und Alarmgrenzen der Stoßimpulskennwerte am Lager der Nichtantriebsseite des Motors angezeigt.

Der Anstieg verlief über 5 dB im Teppichwert und 15 dB im Max-wert über einen halben Tag, wie Abb. 13.15 ablesbar. Im Trendverlauf der Stoßimpulsmessung gibt es Schwankungen die auf stückweise weitere Schadensausdehnung hinweisen. Da zeitgleich die Temperatur von 60 auf 86 °C anstieg und die Schwingstärke kurzzeitig auf v_{rms} 13 mm/s anstieg (vgl. Abb. 13.13, 13.14 und 13.15), wurde die Maschine außer Betrieb gesetzt. Die Schwingstärke hatte vorher einen niedriger Trendverlauf und kann als Ursache ausgeschlossen werden. Im *Hüllkurvenspektrum* im Abb. 13.16 wurden stark erhöhte Werte bei der 1. Harmonischen und nur etwas abfallenden höheren Harmonischen der Überrollfrequenz der Kugeln festgestellt mit über 4 m/s², die typisch mit der Käfigdrehfrequenz moduliert sind. Das Zeitsignal zeigt lastbedingt typische stark wechselnde einseitige Stoßanregungen. Der Filter des Hüllkurvenspektrums waren für höhere Empfindlichkeit bei Laubbahnschäden auf

Tab. 13.4 Maschinendaten, Fallbeispiel 2 – Wälzkörperschaden in Rillenkugellager

Diagnoseobjekt	1 Abluftventilator mit fliegender Lagerung	Aufstellung Gebläse	weich auf Schwingrahmen
Anlass	vermuteter Lagerschaden an A-Seite Antriebsmotor	Kupplung	Klauenkupplung
Leistung	75 KW	Drehzahl	1490 min⁻¹

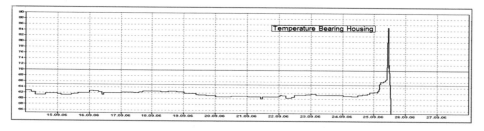

Abb. 13.13 Trendverlauf des Kennwerts der Temperatur am Lager

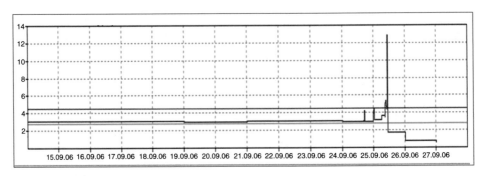

Abb. 13.14 Trendverläufe des Kennwertes der Schwingstärke von 10 Hz bis 1 kHz in mm/s

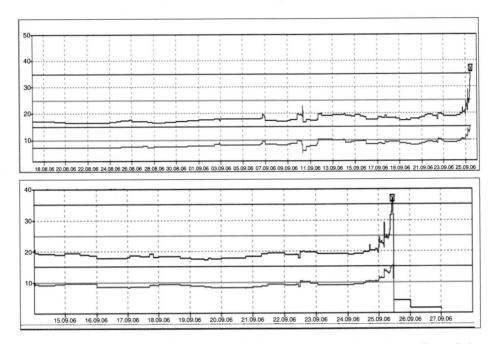

Abb. 13.15 Trendverläufe der Kennwerte der Stoßimpulsmessung mit blauer Kurve dBm und violetter Kurve dBc als normierte Kennwerte, a) Trendverlauf Stoßimpuls über 48 Tage und b) über 0,5 Tage ansteigend

über 20 kHz inkl. dem Resonanzbereich des Aufnehmers eingestellt. Nach Demontage des Motors und des Lagers zeigte sich ein *Laufbahnschaden* an einer Kugel.

Das Schadensbild im Abb. 13.17 zeigt eine kurvenartige fortgesetzte Schadenspur auf der Kugel, die damit auf die Wirkung des Kugelspins hinweist. Sie zeigt eine fortlaufende Schadenspur, die auf temporäre äußere Einwirkungen hinweist. Die Kugel zeigt stärkere Verfärbungen, was auf Schmierungsmangel hindeutet und was mit dem starken Anstieg im Temperaturverlauf übereinstimmt. Der Lagerwechsel erfolgte nach dem Trendverlauf im Stoßimpuls zu früh, nach dem Temperaturverlauf jedoch gerade noch rechtzeitig, um einen Heißläufer zu verhindern.

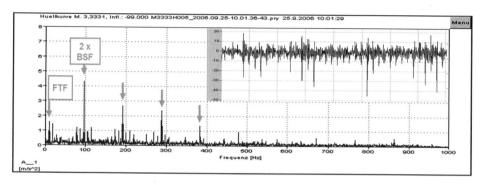

Abb. 13.16 Hüllkurvenspektrum mit Vielfachen Wälzkörperüberrollfrequenz und Käfigseitenbändern

Abb. 13.17 Als fortlaufende Spur ausgebildeter Kugelschaden, wahrscheinlich mit Fremdeinwirkungen

13.3 Außenringschaden im Ventilator im Pendelrollenlager nach [6]

Am Lager der Nichtantriebs- d. h. der Laufradseite des Ventilators nach Tab. 13.5 wurden fortlaufend Alarmmeldungen in einem CMS-Onlinesystem angezeigt.

Ein langsamer stärkerer Anstieg im *Trendverlauf* über die Warn- und Alarmgrenzen der Stoßimpulskennwerte verlief über 5 dB im Teppichwert und 15 dB im Max-wert über zehn Tag wie Abb. 13.18 zeigt. Nach einem kurzen Abfall nach 25 Tagen trat ein erneuter Anstieg beider Kennwerte um jeweils 10 dB über 4 Tage ein. Im *Hüllkurvenspektrum* auf Abb. 13.19 wurden stark erhöhte Werte bei der 1. Harmonischen und stärker abfallenden

Tab. 13.5 Maschinendaten, Fallbeispiel 3 – Außenringschadenschaden Pendelrollenlager

Diagnoseobjekt	1 Abluftventilator mit Zwischenlagerung	Aufstellung Gebläse	weich auf Rahmen
Anlass	vermuteter Lagerschaden an A-Seite Ventilator	Kupplung	Klauenkupplung
Leistung	150 KW	Drehzahl	2990 min^{-1}

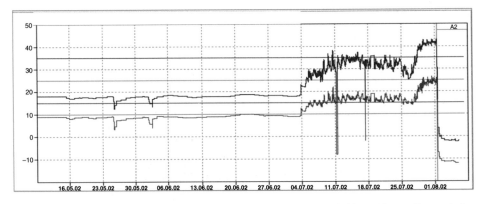

Abb. 13.18 Trendverläufe der Kennwerte der Stoßimpulsmessung mit blauer Kurve dBm und violetter Kurve dBc als normierte Kennwerte über 4 Wochen ansteigend

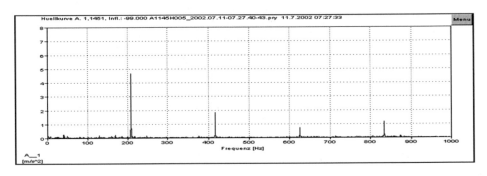

Abb. 13.19 Hüllkurvenspektrum mit Vielfachen Überrollfrequenz des Außenrings

höheren Harmonischen der Überrollfrequenz des Außenrings festgestellt mit über 4 m/s^2, die typischerweise nicht moduliert sind. Der Filter des Hüllkurvenspektrums wurde für höhere Empfindlichkeit bei Laubbahnschäden auf über 20 kHz inkl. dem Resonanzbereich des Aufnehmers eingestellt.

Nach dem zweiten schnelleren Anstieg wurde die Maschine außer Betrieb gesetzt und auf die Ersatzmaschine umgeschaltet. Nach Demontage des Ventilators und des Lagers zeigte sich ein *Laufbahnschaden* wie im Abb. 13.20 sichtbar, jeweils am Rande beider

Abb. 13.20 Laufbahnschaden an Außenring

Laufbahnen der Pendelrollensätze in der Mitte beider Laufbahnen. Die beiden stärkeren „Polituren" der Laufspuren der Rollenreihen sprechen für erhöhte Kantenbelastung beider Rollenreihen in der Mitte der Laufbahnen.

Die Laufspuren und der Schaden an den Kanten der Laufbahnen sind sehr ungewöhnlich für derartige Lager. Die mittige Lage meist außerhalb der Laufspuren in der Tiefe weist eher auf einen Materialfehler als Ursache hin. Der Trendverlauf und starke Anstieg ist für Rollenlager untypisch, er erklärt sich aber aus dem Kantenlauf. Das Hüllkurvenspektrum mit den stärker abfallenden höheren Harmonischen weist auf einen erst ausbreitenden Schaden mit Stufe 3 hin nach [7], wie das Foto bestätigt. Der Lagerwechsel erfolgte auch danach relativ früh, und wurde aus dem zweiten Trendanstieg methodisch aber formal richtig abgeleitet.

13.4   Ventilator mit Innenringschaden im Kugellager nach [6]

Mit einem CMS-Onlinesystem wurde ein steiler stärkerer Anstieg im *Trendverlauf* der Stoßimpulskennwerte über die Warn- und Alarmgrenzen am Lager der Nichtantriebsseite des Motors eines Ventilators nach Tab. 13.6 angezeigt.

Der Anstieg verlief über 5 dB im Teppichwert und 10 bis 15 dB im Max-wert über zwei Tage wie Abb. 13.21 gezeigt. Nach einem kurzen Abfall nach 3 Tagen trat ein erneuter

Tab. 13.6 Maschinendaten, Fallbeispiel 4 – Innenringschaden Kugellager

Diagnoseobjekt	1 Radial-Abluftventilator mit fliegender Lagerung	Aufstellung Gebläse	weich auf Rahmen
Anlass	vermuteter Lagerschaden an B-Seite Motor	Kupplung	Klauenkupplung
Leistung	100 KW	Drehzahl	1490 min^{-1}

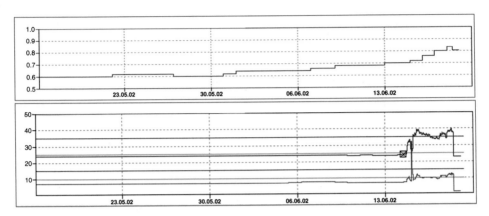

Abb. 13.21 Trendverläufe der Kennwerte der Stoßimpulsmessung unten mit blauer Kurve dBm und violetter Kurve dBc als normierte Kennwerte und v_{rms} oben in mm/s über 4,5 Tage ansteigend

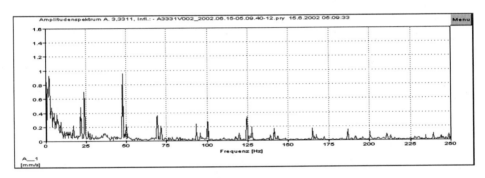

Abb. 13.22 Grundspektrum: v_{rms} – Amplitudenspektrum: Drehfrequenz und Vielfache

Anstieg beider Kennwerte um jeweils 3–5 dB über 1,5 Tage ein. Es trat typisch nur ein leichter Anstieg des Effektivwertes Schwinggeschwindigkeit auf sehr niedrigen Niveau um ca. 0,3 mm/s ein, die von Vielfachen der Drehfrequenz angeregt werden wie im Abb. 13.22 dargestellt. Im *Hüllkurvenspektrum* auf Abb. 13.23 wurden etwas stärker erhöhte Werte bei der 1. Harmonischen und fast gleichbleibenden höheren Harmonischen der Überrollfrequenz des Innenrings festgestellt mit etwas über 2 m/s², die typisch drehfrequent moduliert sind. Der Filter des Hüllkurvenspektrums wurde für höhere Empfindlichkeit bei Laubbahnschäden auf über 20 kHz inkl. dem Resonanzbereich des Aufnehmers eingestellt.

Nach dem zweiten schnelleren Anstieg wurde die Maschine außer Betrieb gesetzt und auf die Ersatzmaschine umgeschaltet. Nach Demontage des Motors und des Lagers zeigte sich ein *Laufbahnschaden* in der Mitte der Laufbahn der Kugelreihe auf Abb. 13.24. Die Aus-

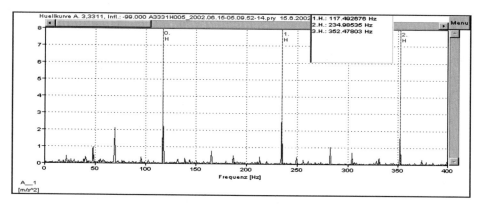

Abb. 13.23 Hüllkurvenspektrum mit 1. Harmonischer und Vielfache Überrollfrequenz des Innenrings und unsymmetrische Seitenbänder der Rotordrehfrequenz

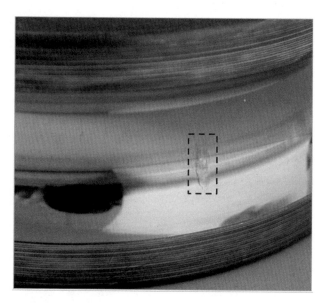

Abb. 13.24 lokaler Innenringschaden Anfang Stufe 3

breitung des Schadens quer zur Laufspur in der Mitte der sonst makellosen Laufbahn und ein nicht-angewachsen in Rollrichtung nach nur 816 Betriebsstunden könnte als Ursache ggf. mutmaßlich auf eine initiale Fremdpartikelüberrollung hinweisen. Der Lagerwechsel erfolgte relativ früh und zur Minimierung des Ausfallrisikos, wurde aber aus dem zweiten leichten Trendanstieg formal richtig abgeleitet. Dieser liegt hier wahrscheinlich in der Schwankung der Schadensaudehnung und wechselnden Überrollung durch die Kugeln begründet.

13.5 Ventilator mit Käfigschaden im Pendelrollenlager nach [6]

Von einem CMS-Onlinesystem wurde ein schneller steiler Anstieg im *Trendverlauf* der Stoßimpulskennwerte über die Warn- und Alarmgrenzen am Lager der Nichtantriebs- d. h. der Laufradseite eines Ventilators nach Abb. 13.25 und Tab. 13.7 angezeigt.

Der Anstieg verlief über 5 dB im Teppichwert und 15 dB im Max-wert über 2,5 Tage wie Abb. 13.26a und 13.26b zeigt. Im *Hüllkurvenspektrum* auf Abb. 13.27 wurden etwas erhöhte Werte bei der 1. Harmonischen und stärker abfallenden höheren Harmonischen der Drehfrequenz des Käfigs festgestellt mit über 0,4 m/s^2. Der Filter des Hüllkurvenspektrums wurde für höhere Empfindlichkeit bei Laufbahnschäden auf über 20 kHz in dem Resonanzbereich des Aufnehmers eingestellt. Das Zeitsignal zeigt Stöße mit Abstand der Käfigdrehfrequenz und deren Halben Harmonischen.

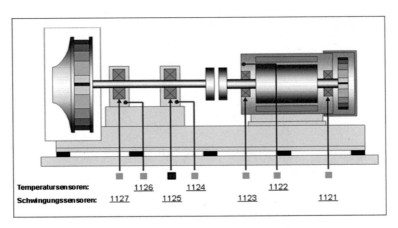

Abb. 13.25 Maschinenbild im Onlinesystem mit Beschleunigungsaufnehmern und Temperatursensoren

Tab. 13.7 Maschinendaten, Fallbeispiel 5 – Käfigschaden Pendelrollenlager

Diagnoseobjekt	1 Zuluftventilator	Aufstellung	weich auf
	mit fliegender Lagerung	**Gebläse**	Rahmen
Anlass	vermuteter Lagerschaden an B-Seite	**Kupplung**	Klauenkupplung
	Ventilator		
Leistung	150 KW	**Drehzahl**	2990 min^{-1}

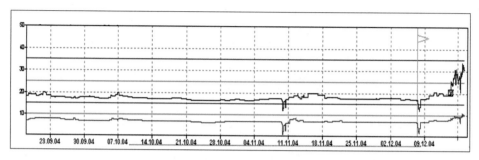

Abb. 13.26a Trendverläufe der Kennwerte der Stoßimpulsmessung mit blauer Kurve dBm und violetter Kurve dBc als normierte Kennwerte, über 3 Monate

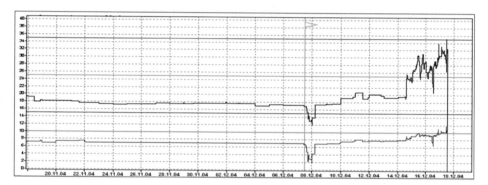

Abb. 13.26b Trendverläufe der Kennwerte der Stoßimpulsmessung mit blauer Kurve dBm und violetter Kurve dBc als normierte Kennwerte, über 7,5 Tage ansteigend

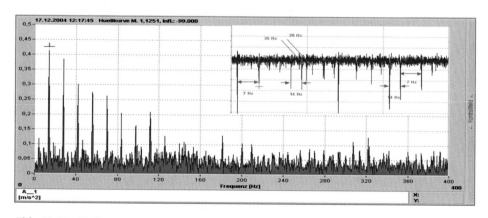

Abb. 13.27 Hüllkurvenspektrum Käfigdrehfrequenz mit Vielfachen

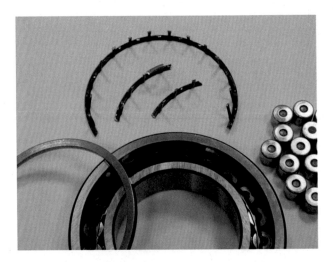

Abb. 13.28 Käfigbruch in einer Wälzkörperreihe

Abb. 13.29 Wälzlager nach Demontage

Nach dem schnelleren Anstieg wurde die Maschine umgehend außer Betrieb gesetzt und auf die Ersatzmaschine umgeschaltet. Berücksichtigt wurden in der Abschaltung die Merkmale von Käfigschäden mit der Neigung zu schnelleren Eskalationen in der Schadensentwicklung. Nach Demontage des Ventilators und des Lagers zeigte sich ein *Käfigbruchschaden* auf einer Wälzkörperreihe der Pendelrollensätze (Abb. 13.28 und 13.29).

Es sind starke Schleifspuren des Sicherungsnutringes des Wälzlagers auf dieser Käfigseite sichtbar. Diese können Ursache als auch Folge des Käfigbruches sein.

Der Sicherungs-Nutring des Wälzlagers hat am Käfig starke Schleifspuren erzeugt.

13.6 Radialventilator mit Kugelschaden nach [6]

Mit einem CMS-Onlinesystem wurde ein schneller steiler Anstieg im *Trendverlauf* der Stoßimpulskennwerte am Lager der Nichtantriebs- d. h. der Laufradseite des Ventilators nach Tab. 13.8 angezeigt.

Der Anstieg über 5 dB im Teppichwert und 20 dB im Max-wert verlief über 4 Tage wie auf Abb. 13.30 erkennbar wird. Der Trendverlauf ist typisch für einen einzelnen Kugel-schaden stark schwankend, da der Schaden bei den Kennwertmessungen nur kurz tempo-rär überrollt wird. Das führt zu zwei Pegelwerten der Kurven mit und ohne Schaden zwi-schen denen der Kennwert pendelt. Kugeln haben axiallastbedingt im Wälzlager neben der Abrollbewegung einen seitlichen Spin und verdrehen sich so fortlaufend in ihrer Laufspur auf der Kugel, was zu periodischen Überrollungen führt mit sich periodisch schwanken-den Pegelwerten

Tab. 13.8 Maschinendaten, Fallbeispiel 6 – Kugelschaden Rillenkugellager

Diagnoseobjekt	1 Zuluftventilatoren mit fliegender Lagerung	Aufstellung Gebläse	elastisch auf Rahmen
Anlass	vermuteter Lagerschaden an B-Seite Ventilator	Kupplung	Klauenkupplung
Leistung	75 KW	Drehzahl	1490 min^{-1}

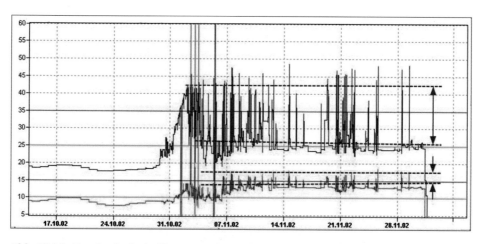

Abb. 13.30 Trendverläufe der Kennwerte der Stoßimpulsmessung mit blauer Kurve dBm und vio-letter Kurve dBc als nicht normierte Kennwerte; erhöht über 35 Tage

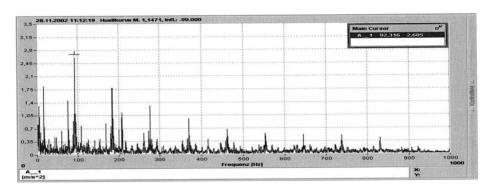

Abb. 13.31 Hüllkurvenspektrum Überrollfrequenz der Wälzkörper moduliert mit Käfig-drehfrequenz

Im *Hüllkurvenspektrum* auf Abb. 13.31 wurden stark erhöhte Werte bei der 1. Harmonischen und stärker abfallenden höheren Harmonischen der Überrollfrequenz der Wälzkörper festgestellt mit über 2,5 m/s^2, der typisch mit Käfigdrehfrequenz moduliert ist.

Nach dem längeren erhöhten und „pendelndem" Trendverlauf nach über 30 Tagen wurde die Maschine zur Risikovermeidung außer Betrieb gesetzt und auf die Ersatzmaschine umgeschaltet. Nach Demontage des Ventilators und des Lagers zeigte sich ein *einzelner Kugelschaden* auf einer Wälzkörperreihe wie auf Abb. 13.32 dokumentiert. Nach dem Hüllkurvenspektrum und dem Schadensbild erfolgte der Lagerwechsel relativ früh in Stufe 2–3 nach [7] und die Restbetriebsdauer wurde nicht ausgenutzt. Dies war aber zum Vorteil eines zukünftig störungsfreien Betriebes in der damit betriebenen Taktfertigung beabsichtigt.

Abb. 13.32   noch lokal begrenzter Laufbahnschaden an einzelner Kugel

13.7 Antriebsmotor Walzenantrieb – Innenringschaden, instationärer Betrieb und wechselnde Fehler- und Schadenszustände nach [8]

Der *Antriebsmotor eines Walzenantriebs* auf Abb. 13.33 *lief jahrelang* ohne Lagerprobleme. Nach einem turnusmäßigen Lagerwechsel wurde die ursprünglich lange Lebensdauer der Lager nicht mehr erreicht. Es mussten innerhalb kurzer Zeit 2 Lagerwechsel durchgeführt werden (Tab. 13.9).

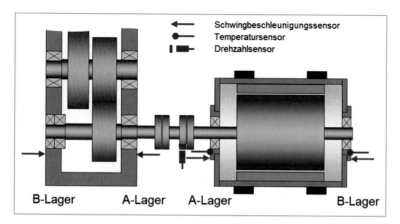

Abb. 13.33 Prinzipbild Antrieb Walzblock mit Messstellen

Tab. 13.9 Maschinendaten, Fallbeispiel 7 – Innenringschaden Pendelrollenlager

Diagnoseobjekt	Antrieb Walzblock mit Zahnradgetriebe	Aufstellung Motor	starr auf Rahmen
Anlass	vermuteter Lagerschaden an B-Seite Motor	Kupplung	Bogenzahnkupplung
Leistung Motor	2600/4160 KW	Drehzahl	750/1500 min⁻¹
Lagertypen Motor	AS 23040 C3, Loslager BS 23040 C3, Festlager	Lager Getriebe Eingangswelle	AS NU2248E, Loslager BS NU2248E, Festlager QJ 248N2MA C3

Das Schadensbild zeigte Hinweise auf axial wirkende Kräfte, wie auf den Abb. 13.39 und 13.40 mit den gebrochenen Borden des Innenrings erkennbar wird. Die Schleifspuren im Käfig auf Abb. 13.41 sind ebenso ein Merkmal stark erhöhter Axiallasten im Pendelrollenlager, durch die die Tonnen in Ihrem „schwänzelnden Lauf" potenziell stärker „verkanten".

Die durchgeführten *betriebsbegleitenden Online Schwingungsmessungen,* wie die Abb. 13.34 und 13.37 zeigen, liefen über komplette 2 Tage des Walzbetriebes inkl. Anwärmphase aus dem Kaltzustand heraus. An den beiden Motorlagerungen und an den Lagerungen der Getriebeeingangswelle konzentrierten sich die Schwingungsmessungen auf die axial wirkenden Anregungen, Laufgeräusche und Kräfte. Durch die gleichzeitige Erfassung der Temperatur am A- und B-Lager des Motors und durch die Erfassung der Drehzahl ist eine Zuordnung zu thermischen Einflüssen und dem Betriebsregime möglich.

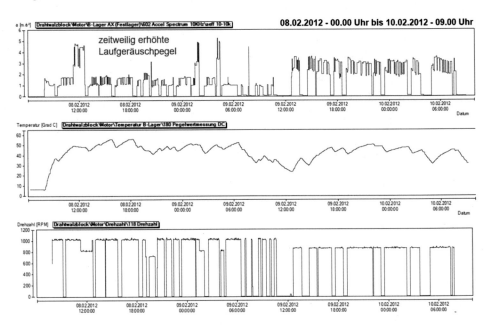

Abb. 13.34 Motor, BS-Lager axial, Trendverläufe zum Messzeitpunkt rot markiert mit Kennwerten und Betriebsparameter

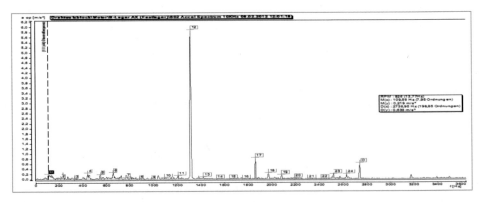

Abb. 13.35 Motor, BS-Lager axial, Amplitudenspektrum mit Harmonischen der Vielfachen der Wälzkörperüberrollfrequenz

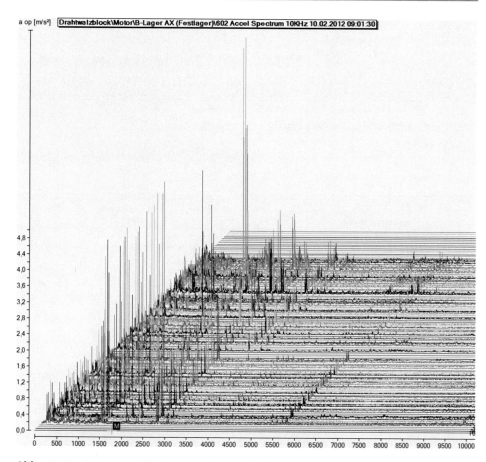

Abb. 13.36 Spektrum, BS-Lager axial, Amplitudenspektrum, temporär bei erhöhten Laufgeräuschen Wälzkörperüberrollfrequenz angeregt mit Harmonischen

Am Motor sind dabei zeitweilig *erhöhte Laufgeräusche* zu erkennen. Auffällig ist, dass die Erhöhung sprunghaft erscheint und nach einer gewissen Zeit wieder verschwindet. Die Pegelerhöhungen werden durch das Erscheinen der Wälzkörperüberrollfrequenz und ihren Harmonischen verursacht, ein Zeichen für „harten Lauf" bzw. erhöhte Kräfte im Lager wie die Abb. 13.35, 13.36 und 13.38 zeigen. Die zeitweisen Pegelerhöhungen treten am A- und B-Lager des Motors gleichzeitig auf. Das erste deutliche Auftreten einer zeitweiligen Pegelerhöhung ist am Ende der Anwärmphase zu erkennen. Offensichtlich nach Drehzahlreduzierung ist die Pegelerhöhung jeweils wieder verschwunden. An den Lagerungen der Getriebeeingangswelle ist ein ähnliches Verhalten nicht feststellbar.

Die festgestellten Effekte lassen Probleme am *Loslagersitz des Motors* vermuten. Ein zu straffer Loslagersitz, der das Schieben bei Erwärmung des Motorläufers behindert oder sogar temporär blockiert (Ausgleich der unterschiedlichen axialen Ausdehnung Läufer/Stator durch thermisches Wachstum), wäre eine plausible Erklärung für das festgestellte

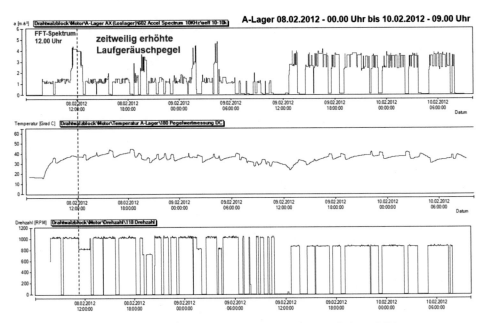

Abb. 13.37 Trendverläufe Motor AS-Lager axial, – Messzeitpunkt ff. Signalbilder

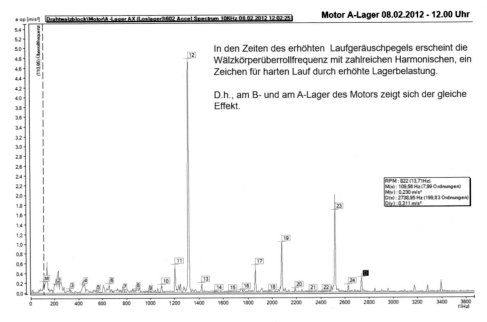

In den Zeiten des erhöhten Laufgeräuschpegels erscheint die Wälzkörperüberrollfrequenz mit zahlreichen Harmonischen, ein Zeichen für harten Lauf durch erhöhte Lagerbelastung.

D.h., am B- und am A-Lager des Motors zeigt sich der gleiche Effekt.

Abb. 13.38 Breitbandspektrum Motor AS-Lager axial, mit Harmonischen Wälzkörperüberrollfrequenz

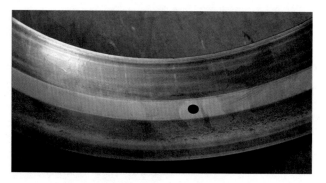

Abb. 13.39 Außenring mit Verschleißspuren und Fremdeindrückungen in der vorderen Lagerreihe

Abb. 13.40 Innenringschäden mit gebrochenen Borden

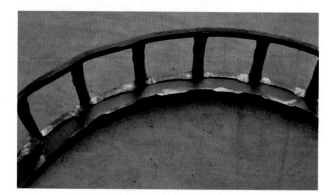

Abb. 13.41 Käfig mit starken Schleifspuren in den Ecken der Käfigtaschen

Schwingungsverhalten und das Lager-Verschleiß- und Schadensbild. Einflüsse durch das Getriebe sind nicht zu vermuten. Als *Empfehlung* war der Lagersitz im Motor-Lagerschild am Loslager zu prüfen.

13.8 Wärmetauscher-Gebläse – Außenringschaden Pendelrollenlager nach [8]

Die *Maschinenschwingungen* des großen 2 MNW-Wärmetauschergebläses nach Abb. 13.42 und Tab. 13.10 liegen teilweise deutlich über den zulässigen Grenzwerten nach DIN ISO 10816-3 nach [4]. In axialer Richtung im Bereich des A-Lagers der Gebläsewelle (kupplungsseitiges Lager) sind diese axial am höchsten wie Abb. 13.43 zeigt.

Der Maschinenrahmen zeigte in der Schwingform zwischen Motor und Gebläse ein Durchbiegen sowie ein einseitiges Abknicken im Bereich des B-Lagers der Gebläsewelle.

Die dabei festgestellten zyklischen Schwingstärkeschwankungen am WTG 1 werden vermutlich durch Druckpulsationen (nach [9]) im ausgangsseitigen Rohrleitungssystem verursacht, möglicherweise durch die seitliche Einbindung des WTG 1 in die gemeinsame Druckleitung.

Die Schwingstärkewerte sind an der Gebläsewelle am A-Lager in axialer Richtung extrem hoch (bis 20,5 mm/s) und liegen damit deutlich über den Grenzwerten. An weiteren

Abb. 13.42 Prinzipbild Wärmetauschergebläse

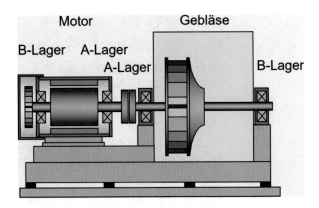

Tab. 13.10 Maschinendaten, Fallbeispiel 8 – Außenringschaden Pendelrollenlager

Diagnoseobjekt	Wärmetauscher-Gebläse WTG 01	Aufstellung Gebläse	elastisch auf Rahmen
Anlass	vermuteter Lagerschaden an A-Seite Gebläse	Kupplung	Klauenkupplung
Leistung Motor	1400 KW	Drehzahl	938/968 min^{-1}
Lagertypen Motor	AS 6330 C3, Loslager BS 6324 C3, Festlager	Lager Gebläse	AS 22332 C3, Loslager BS 22228 C3, Festlager

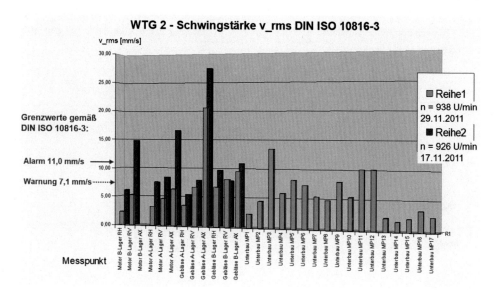

Abb. 13.43 Schwingstärkewerte 10 Hz bis 1 kHz an allen Messstellen am Maschinensatz

Messpunkten ist die Schwingstärke teilweise ebenso deutlich erhöht. Im Vergleich zur Messung am 17.11.2011 sind die Pegel im Durchschnitt 30 % geringer, was vermutlich mit der Beseitigung von Anbackungen beim Stillstand am 17.11.2011 zu erklären ist.

Hauptquelle der Schwingstärke sind *Stoßanregungen* vor allem in axialer Richtung. Ursache ist vermutlich ein fortgeschrittener *Laufbahnschaden* im A-Lager des Gebläses. Typisch für hier vorliegende Laufbahnschäden der letzten Schadenstufe 5 sind diese Anstiege auch der Schwingstärke (Abb. 13.44, 13.45).

Seit dem 17.11.2011 sind die Laufgeräuschpegel innerhalb von 12 Tagen um ca. 75 % gestiegen, ausgehend von einem bereits sehr hohem Niveau wie Abb. 13.46 sichtbar macht. Eindrücklich ist hier auch der Unterschied zum ungeschädigten Lager auf der B-Seite im Abb. 13.45. Hier finden sich alle Merkmale von Außenringschäden der Stufe 5 nach [7]. Für Rollenlager wäre das typisch für das Anwachsen des Schadens in der Breite und „wegbrechen" der seitlichen Resttragflächen, wie das Abb. 13.47 oben und unten an den seitlichen Kanten der Laufflächen zeigt. Typisch sind auch die Laufbahnschäden auf nur einer Lagerreihe, die durch die strömungsbedingte Axialkraft des Laufrades höher belastet wird.

Der Tausch des A-Lagers der Gebläsewelle war als kurzfristige Maßnahme dringend zu empfehlen. Außerdem sollte eine Verschleißkontrolle des Motor A-Lagers vorgenommen werden. Der Außenring-Laufbahnschaden am A-Lager am Außenring deutet auf Materialermüdung durch erhöhte dynamische Belastung hin, wofür die zeitweise erhöhte Schwingstärke durch Anbackungen am Laufrad und die mangelnde Steifigkeit des Maschinensatzrahmens verursachend wirken. Am Innenring auf Abb. 13.48 zeigt sich sehr wahrscheinlich nur ein Folgeschaden.

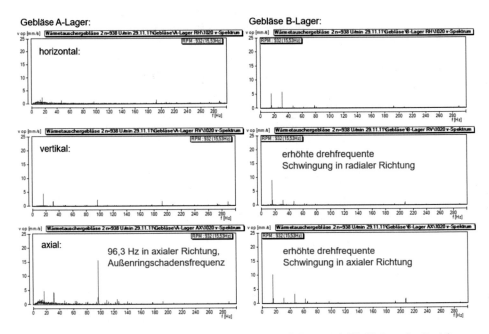

Abb. 13.44 Schwinggeschwindigkeitsspektren, Links AS-Lager mit Vielfachen der Drehfreq. u. der Außenringüberrollfrequenz, rechts BS-Lager mit Vielfachen der Drehfrequenz

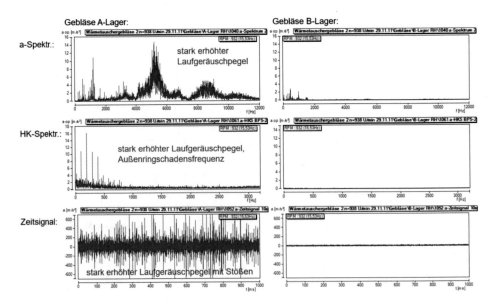

Abb. 13.45 Spektren und Zeitsignal, Links AS-Lager mit Außenringüberrollfrequenz, rechts BS-Lager

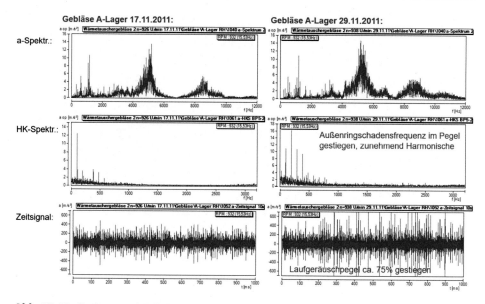

Abb. 13.46 Spektren und Zeitsignal, AS-Lager mit Außenringüberrollfrequenz links 17.11.2011, rechts 29.11.2011

Abb. 13.47 Außenringschaden mit großflächigen Ausbrüchen einer Lagerreihe

Abb. 13.48 Lokaler Innenringschaden mit Materialausbrüchen und umlaufend mit stark rauer Lauffläche als Folgeschäden der Ausbrüche am Außenring

13.9 Schraubenverdichter – Käfigschaden am Zylinderrollenlager des separaten Antriebsmotors nach [8]

Bei einer routinemäßigen *Offline-Diagnose* an einem Verdichterantriebsmotor, wie in Tab. 13.11 und auf den Abb. 13.49 und 13.50 beschrieben, wurden am 29.06.2011 Anregungen mit Käfigdrehfrequenz und Merkmale einer erhöhte metallische Reibung festgestellt. Bei einer deshalb angesetzten Wiederholungsmessung am 18.08.2011 wurde noch stärkere Laufgeräusche festgestellt.

Die *Trendanstiege* am AS-Lager im Abb. 13.55 in der Schwingbeschleunigung von 10 Hz bis 40 kHz, deren sehr hohes Niveau und das stark erhöhte Niveau der Stoßimpulskennwerte besonders im Teppichwert weist auf stärkere Fehler oder Schäden im Lager hin. Das *Hüllkurvenspektrum* im Abb. 13.52 zeigt am AS-Lager etwas erhöht die Käfigdrehfrequenz mit Vielfachen und auf 13.54 einen sehr stark erhöhten Rauschpegel durch erhöhten metallischen Kontakt. Beides deutet auf Anregung im Lauf des Zylinderrollensatzes mit starker metallischer Reibung der Rollen. Die Anregungen am BS-Lager sind ähnlich, aber etwas niedriger im Pegel im Abb. 13.53. Die deutlich niederigen nicht angestiegen Trendwerte am BS-Lager weisen ggf. auf eine Übertragung vom AS-Lager im Hüllkurvenspektrum hin. Bei der 2. Messung und vor der Reparatur ist der Rauschpegel nun extrem hoch am AS-Lager im Breitbandspektrum im Abb. 13.56. Ursache kann ein starkes verkanten der Rollen im Lauf sein, was auf Ausfallgefahr des Lagers bedeutet. Nach Ausbau der Lager zeigte sich ein starker *Käfigschaden* mit Bruch mehrerer Stege im Abb. 13.57, weshalb Anregungen von den Wälzkörper nur noch schwächer periodisch erzeugt wurden mangels Führung in den zerstörten Käfigtaschen.

Tab. 13.11 Maschinendaten, Fallbeispiel 9, Außenringschaden Zylinderrollenlager

Diagnoseobjekt	Antriebsmotor Schraubenverdichter	Aufstellung Verdichter	elastisch auf Rahmen
Anlass	vermuteter Lagerschaden an A-Seite Motor	Antrieb	Flachriemenantrieb
Leistung Motor	160 KW	Drehzahl Antr./Abtr.	1485 min^{-1}/1780 min^{-1}

Abb. 13.49 Prinzipbild
Verdichter

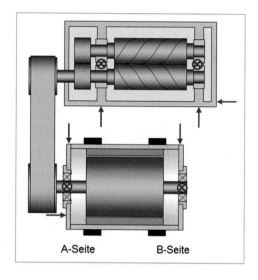

A-Seite   B-Seite

Abb. 13.50 Motor links und
Verdichter rechts

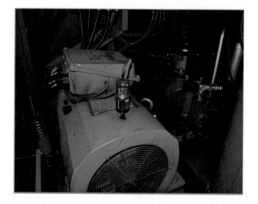

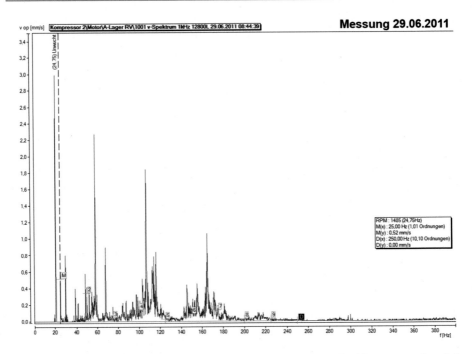

Abb. 13.51 Motor AS-Lager, Schwinggeschwindigkeits-Spektrum, Drehfrequenz gering, keine Komponenten bei Überrollfrequenzen

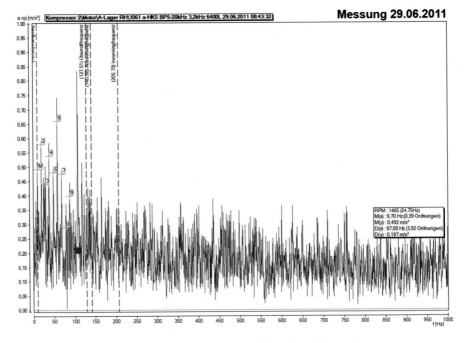

Abb. 13.52 Motor, AS-Lager, Hüllkurvenspektrum, Vielfache Käfigdrehfrequenz und etwas erhöhter Rauschpegel

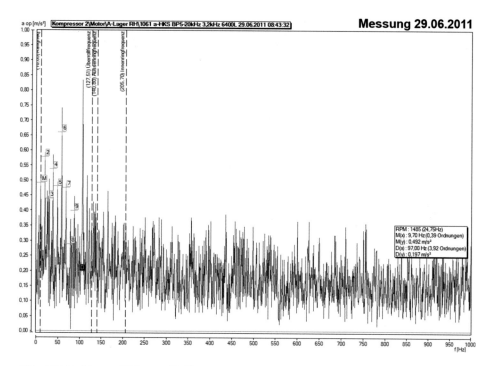

Abb. 13.53 Motor, BS-Lager, Hüllkurvenspektrum, Vielfache Käfigdrehfrequenz und etwas er-höhter Rauschpegel

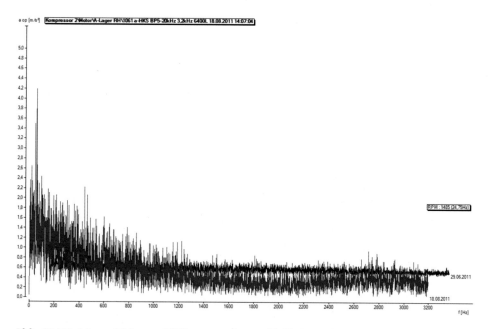

Abb. 13.54 Motor AS-Lager, Hüllkurvenspektrum, Vielfache Käfigdrehfrequenz und sehr stark erhöhter Rauschpegel

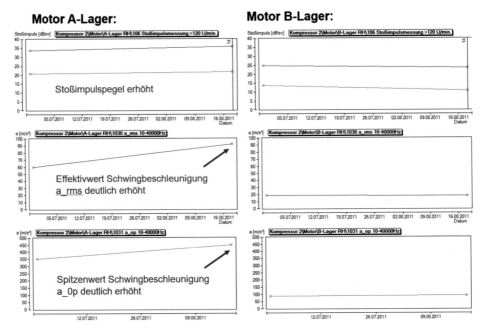

Abb. 13.55 Trendverläufe Stoßimpulsmessung und Beschleunigung, Motor, links AS-Lager, rechts BS-Lager; von oben nach unten Stoßimpulstrend dBm blau und dBc violette Kurve und Schwingbeschleunigung a_{rms} 10 Hz–40 kHz blauer Kurve und a_{0p} violetter Kurve über 50 Tage ansteigend

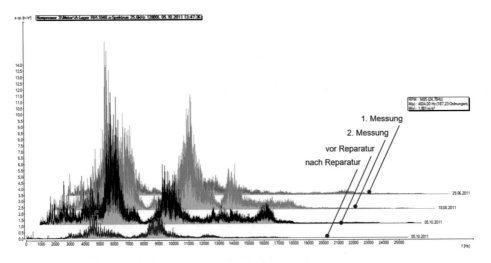

Abb. 13.56 Breitbandspektrum AS-Lagerseite

Abb. 13.57 Käfigschaden mit gebrochenen Stäben im Messingkäfig; die braun getönte Oberfläche ist ein herstellungsseitig aufgebrachter Verschleißschutz

13.10 Antriebsmotor mit vertikaler Welle, vertikale Ausrichtung, Käfigschäden –Totalschäden nach [10]

Die Lager eines vertikalen Motors an mehreren großen Kondensat-Zwischen-Pumpensätzen nach Tab. 13.12 und Abb. 13.58, 13.59 und 13.60 an zwei Maschinen fallen auch schon bereits nach 0,3 bis 1,8 Jahren mit Überstromabschaltung am Motor aus. Mitunter fallen die Lager jedoch schon nach wenigen Stunden bereits aus.

Es liegt eine Befundung mit einem *defekten zerlegten Lager* (vmtl. wg. Käfigschaden) aus einem Lagersatz vor, in der eine mäßige Schiefstellung, zeitweise hohe Axialbelastung und als Ursache Schmierstoffausfall genannt wird. Die auffälligen sofortigen Ausfälle nach Wiederinbetriebnahme eines Motors stehen aber oft erfahrungsgemäß mit einer mangelnden Loslagerfunktion in Zusammenhang. Nach Erwärmung unter Leistungsanstieg und dem folgenden Strecken des Rotors entsteht dabei temporär hohe Axiallast. Dabei könnte hier die Kombination einer Schiefstellung im Axiallager durch Fehlausrichtung im Rotorsatz unter Last und Ausbiegen des Rotors unter axialer Blockade am Loslager auftreten. Die überschlägig nachgerechnete Lebensdauer des untenliegenden antriebsseitigen Festlagers liegt für diese Anwendung zu kurz bei $L_{h10} = 4{,}6$ Jahren. Anstatt des eingesetzten Radial-Rillenkugellagers für den rein axialen Lastfall könnte wie hierfür üblich ein Axiallager eingesetzt werden, um eine höhere Lebensdauer zu erreichen. Diese könnte auch besser potenzielle Überlast ertragen, was sich im Versuch aber nicht bestätigte. Das nicht-antriebsseitige oben liegende Loslager ist durch Unterschreitung der radialen Mindestbelastung potenziell ausfallgefährdet. Es müsste eine erforderliche ra-

Tab. 13.12 Maschinendaten, Fallbeispiel 10 – Totalschaden Kugellager

Diagnoseobjekt	Antrieb Kondensatzwischenpumpe	Aufstellung Pumpe	vertikal Starr auf Betonboden
Anlass	mehrfach Lagerschäden an A-Seite Motor	Kupplung	Klauenkupplung
Leistung Motor	200 KW	Drehzahl	1490 min⁻¹
Motor Festlager AS	6324 MC3	Motor Loslager BS	AS 6324 MC3

Abb. 13.58 Messstellen axial an Pumpe, darüber Verstellschrauben für horizontale und vertikale Ausrichtung

diale Last eingebracht werden auf dieses Lager. Leider zeigte der Test 9 mit einem Axiallager einen zu hohen Temperaturanstieg (94 °C). Hier kann eine Fehlausrichtung im Winkel als Ursache vermutet werden. Zu der Ausrichtsituation an diesen Maschinen wurden im Band 1 dieser Reihe in [2] bereits diese Details erläutert. Der Wellenstrang wurde zwar im Stillstand auf „Null" ausgerichtet, kann aber im Betrieb durch o. g. Loslagerfunktion und durch Wellendurchbiegung dabei eine rotorseitige Winkel-Fehlausrichtung im Lager erzeugen. Die Lagerhersteller lassen aber an Axiallagern keine Winkel-Fehlausrichtung zu wegen der schiefen Lastverteilung im Vollkreis und damit Überlastung auf wenige Kugeln der Lagerreihe. Das erzeugt dann die genannt erhöhten Temperaturen. Die Ausrichtung auf „Null" reduziert die Kräfte, erzeugt aber instabile Lastzonen, die zum Schmierungsausfall in der Ehd-Reibung führen können. Nach dem genannt Test wurde für den Weiterbetrieb eine noch „akzeptable" radiale Fehlausrichtung zielgerichtet eingebracht, um zusätzliche Radiallast auf alle Lager im Wellenstrang zu bekommen und stabile Lastzonen zu schaffen. Diese schafft aber auch automatisch wieder eine unerwünschte Winkel-Fehlausrichtung im Lager durch Kippen im Lagersitzspiel des Außenrings. *Das eingesetzte*

Abb. 13.59 Messstellen radial
an Motor

Abb. 13.60 Messstellen radial
an Pumpe

Fett unterschreitet bei möglichen Übertemperaturen über 100 °C (94 °C bei Axiallager-
test) die erforderliche Viskosität. Hier wäre ein alternatives Schmierfett mit höherer
Viskosität bei hohen Temperaturen auch mit besseren Notlaufeigenschaften bei Mangelschmierung und Überlast zu empfehlen. Die berechnete mindeste Nachschmierfrist von
ca. ½ Jahr sollte eingehalten werden. Die aufgezeichneten Trendverläufe der Abb. 13.61,

13.63, 13.64, 13.65, 13.66, zeigen, wie bei hier angenommenen spontanen und nur temporären Käfiganregungen zu erwarten, keine klaren damit im Zusammenhang stehenden Merkmale.

Es treten bei einigen Fällen Anstiege der niederfrequenten Beschleunigung 10 bis 800 Hz und der Stoßimpulswerte ein. Die in der Regel permanent hier auftretenden etwas erhöhten Anregungen mit ganzer und halber Käfigdrehfrequenz im Hüllkurvenspektrum sind signifikant für impulsartige Anregungen im Lauf des Wälzkörpersatzes (vgl. Abb. 13.61 bis 13.64 sowie Abb. 13.66 und 13.68 und 13.69; sowie extrem sich auswirkend sogar in Abb. 13.67).

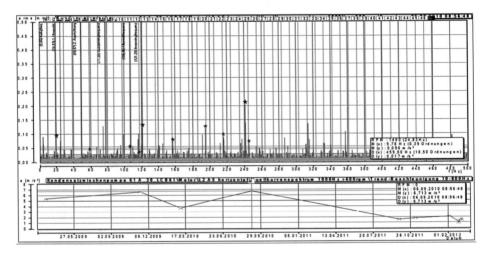

Abb. 13.61 Maschine 1, Motor, AS axial, oben im Hüllkurvenspektrum AS hor., wechselnd stärkere Anregungen impulsförmig mit Käfigdrehfrequenz und rotordrehfrequent und vom Innenring

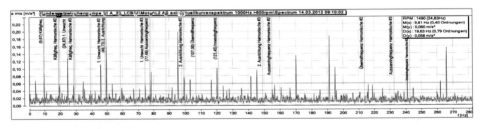

Abb. 13.62 Maschine 1, Motor, AS axial, Hüllkurvenspektrum Anregungen impulsförmig mit Käfigdrehfrequenz und vom Außenring

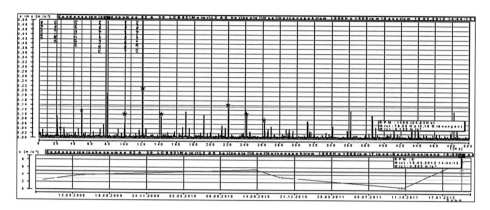

Abb. 13.63 Maschine 4, Motor, AS hor., Hüllkurvenspektrum Anregungen impulsförmig mit 2. Käfigdrehfrequenz und vom Außenring und Innenring

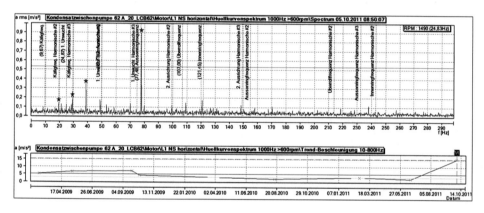

Abb. 13.64 Maschine 2, Motor, BS hor., Hüllkurvenspektrum Anregungen impulsförmig mit Käfigdrehfrequenz und erhöht vom Außenring

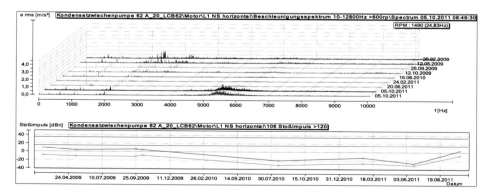

Abb. 13.65 Maschine 2, Motor, BS hor., oben Beschleunigungsspektrum Anregungen impulsförmig und unten Trend Stoßimpulsmessung – blaue Kurve dBm und violette Kurve dBc in dB_n

Weiter treten als Modulationen etwas erhöhte Anregungen mit Außenringüberrollfrequenz (vgl. Abb. 13.62, 13.63 und 13.64) als Merkmal für Schiefstellung des Außenring im Spiel des Außenringsitzes auf. Einmal sind sogar Anregungen vom Innenring (vgl. Abb. 13.61, 13.63) sichtbar als Merkmal für dessen erhöhter dynamische Anregung unter Loslagerverspannung. Ebenso treten als Modulationen etwas erhöhte Anregungen mit Wälzkörperüberrollfrequenz als Merkmal für verringerte Lagerluft auf. Alle Merkmale sind in ihrem synchronen Auftreten Merkmale verschlechterter Loslagerfunktion und verschlechterten Lauf des Wälzkörpersatzes. Bei Ausfall nach längerer Laufzeit tritt dabei ein Zusammenhang mit Mangelschmierung unter radialer Entlastung auf.

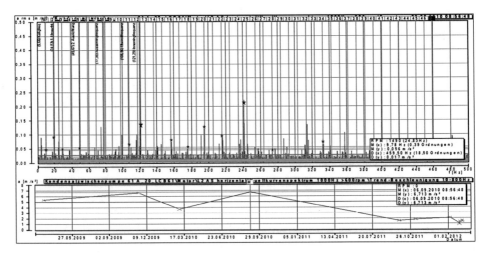

Abb. 13.66 Maschine 2, Motor, AS hor., Hüllkurvenspektrum, Anregungen impulsförmig erhöht mit Käfigdrehfrequenz und Trendverlauf Breitbandwert im Hüllkurvenspektrum

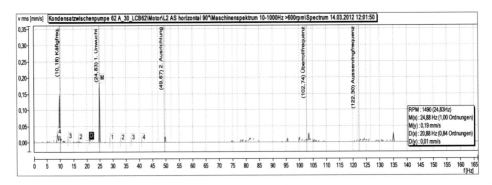

Abb. 13.67 Maschine 3, Motor, AS hor., Test 9, Fall neues Lager 7324, Schwinggeschwindigkeitsspektrum geringe Anregung mit f_n 24,88 Hz moduliert mit 4,0 Hz und mit 9,88 Hz und mit Käfigdrehfrequenz

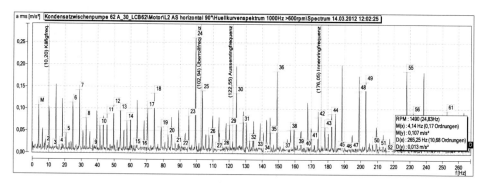

Abb. 13.68 Maschine 2, Motor, AS hor., Test 9, Hüllkurvenspektrum, Test mit Ersatzlager 7324, Anregung wie bisher f_K impulsförmig mit 10,38 Hz

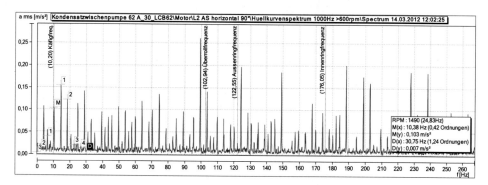

Abb. 13.69 dito, Hüllkurvenspektrum, f_K impulsförmig mit 10,38 Hz moduliert mit 4,13 Hz, ggf. aus hor. Pendelschwingung der Maschine

Zur Sicherung eines *langfristig stabilen Betriebes* könnte die Maschine mit dem Axiallager ohne gezielte Fehlausrichtung und nur mit geringer Schiefstellung des gesamten Pumpensatzes betrieben werden. Die radial wirkende Schwerkraftkomponente daraus sorgt in der daraus sich ergebenden Position für einen stabilen Lagerbetrieb der Lastzonen der Lager. Für die Abhilfe an den Problemfällen wurde eine gezielte reduzierte horizontale Fehlausrichtung realisiert und die Wälzlager beibehalten. Der Fall macht deutlich das anspruchsvolle Einsatzfälle oft eine Optimierung erfordern und keine klare Lösung erlauben.

13.11 Geteilte Lager an Radialventilatoren, instationäre Betriebszustände und Lagerfehler, -schäden sowie Gebrauchsspuren nach [10]

Eine spezielle Bauform stellen *geteilte Wälzlager* dar (wie in Abb. 13.70), die notwendigerweise nur in besonderen nur begrenzt und nur radial zugänglichen Montagesituationen an Maschinensätzen eingesetzt werden (Tab. 13.13).

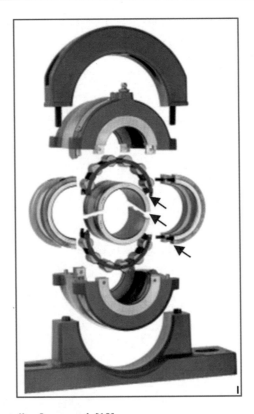

Abb. 13.70 Aufbau geteilter Lager nach [10]

Tab. 13.13 Maschinendaten, Fallbeispiel 11 – Totalschaden Wälzlager

Diagnoseobjekt	Sekundärluftgebläse MHKW, Radialventilator, einflutig, Drallregler fliegende Kagerung	Aufstellung Ventilator	elastisch auf Rahmen
Anlass	mehrfach Lagerschäden an A-Seite Ventilator	Kupplung	Klauenkupplung
Leistung Motor	250 KW	Drehzahl	1490 min^{-1}
Festlager Ventilator AS	02-BCP-90GR	Loslager Ventilator BS	01E-BCP-90EX

Die damit leichtere radiale De- bzw. Montage der geteilten Lagerringe und der Käfig-hälften wird erkauft mit designgemäßen potenziellen Geometriefehlern der Teilungsüber-gänge. Sie entstehen mit deren von der Rotationssymmetrie abweichende Gestaltsteifig-keit unter Last im Betrieb.

Es traten über längere Zeiträume in einem Kraftwerk mehrfach *diverse Lagerschäden* an den dort eingesetzten geteilten Wälzlagern auf, wie auf Abb. 13.71 an mehreren Ventilatoren.

In diesem Anwendungsfall kommt hinzu, dass hier ein zweireihiges Zylinderrollen-lager eingesetzt wurde. Diese sind in den beiden Lagerreihen designgemäß relativ empfindlich auf Winkelfehler, die bei derartig größeren Maschinen durch Wellendurch-biegungen und Fehlausrichtungen häufiger auftreten. Ein verfügbares begutachtetes Lager auf der Antriebseite des Gebläses zeigen die Abb. 13.72, 13.73, 13.74, 13.75, 13.76 und 13.77 mit diversen Gebrauchspuren. Die Bilder belegen den Kantenlauf der Rollen und die hohen dynamischen Kräfteanregungen und Bewegungen unter Last im Passungs-rost sowie kritische Zustände an den Lagern in der Teilung bis zum „Fast-Heißläufer" in den Anlassfarben und Fremdkörperdurchgängen.

Abb. 13.71 Radialventilator, Sekundärluftgebläse mit geteilten Lagern an A- und B-Seite

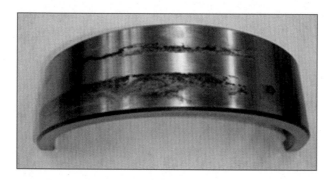

Abb. 13.72 Passungsrostspuren am Außenringsitz

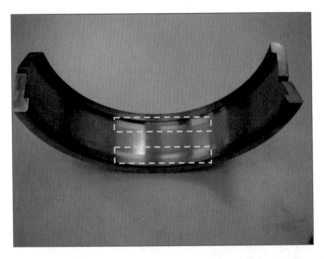

Abb. 13.73 ungleichmäßige Abnutzung in Polituren an Außenring-Laufbahn aus Kantenlauf der Zylinderrollen

Abb. 13.74 Anlauffarben an Spannringen des Innenrings

Abb. 13.75 oben Riefe Fremdkörperdurchgang, unten Heißlaufspur auf Laufbahnen des Innenrings

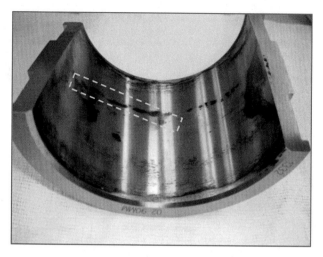

Abb. 13.76 Passungsrost am Innenringsitz aus dynamischer Belastung im Kantenlauf

Abb. 13.77 Spuren auf Zylinderrollen aus Fremdkörperdurchgängen

Für die Maschinensätze bestand eine Überwachung mit einem Datensammel-System. Die Merkmale für mangelnde Passung der Außenringe und dynamische Belastungen der Innenringe lassen sich meist nur mittels *Signalanalyse* im Betrieb erkennen. Das gilt ebenso für temporär entstehende Ovalität im Lauf und einen verstärkten Kantenlauf der Zylinderrollen als Anregungen bei Wälzlagerfehlern Die Schwing-Beschleunigungs-Zeitsignale Abb. 13.78 und 13.79 des antriebsseitigen Lagers am Ventilator zeigen stark erhöhte periodische Impulse aus der Überrollung der Wälzkörper in wechselnden Pegelwerten. Diese können aus reduziertem Betriebsspiel resultieren, wie er beim Kantenlauf auftritt. Typisch für derartige Wälzlagerfehler sind die stark wechselnde Pegel der Anregungen im Wälzlager. Die folgenden Breitbandspektren zeigen typische Modulationen dieser Überrollungen um 1,5 und 5 kHz herum im Abb. 13.80. Die am besten aussagefähigen Hüllkurvenspektren der Abb. 13.82 bis 13.83 aus 13.81 zeigen Anregungen der geteilten zwei Lagerreihenhälften mit der Zweiten der Käfigdrehfrequenz. Bei weiterem Anstieg der Ovalität durch Verschleiß im Sitz oder mangelnde Pressung der Klemmschrauben besteht die Gefahr des Klemmens der Wälzkörper und der eskalierenden

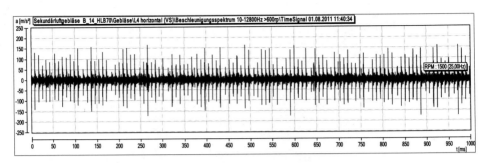

Abb. 13.78 V-BS-Lager: im Beschleunigungszeitsignal – periodische Impulsanregung mit Wälzkörper-Überrollungen

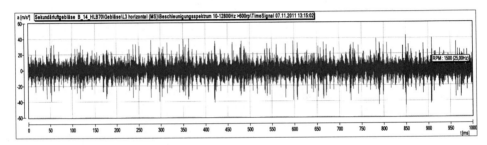

Abb. 13.79 V-AS-Lager: Beschleunigungssignal mit sichtbaren Modulationen mit Überrollfrequenz Wälzkörper

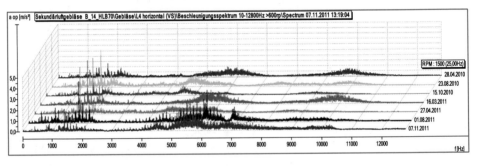

Abb. 13.80 V-BS-Lager Breitbandspektrum Modulationen mit Überrollfrequenz Wälzkörper

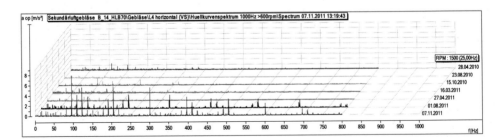

Abb. 13.81 V-BS-Lager: Hüllkurvenspektrum mit Vielfachen der Zweiten der Käfigdrehfrequenz

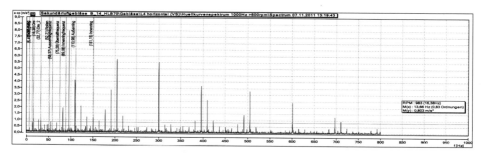

Abb. 13.82 V-BS-Lager: Hüllkurvenspektrum wie in Abb. 11.74 mit Vielfachen der zweiten Käfigdrehfrequenz

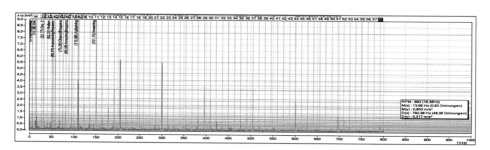

Abb. 13.83 V-BS-Lager: Hüllkurvenspektrum wie in Abb. 11.73 mit grün markierten Vielfachen der zweiten Käfigdrehfrequenz bis zu 792,38 Hz: 58 = 13,66 Hz = 2 * f_K

Lagerbelastung. Es wurde eine häufigere Messung mit dem Datensammler zur Überwachung oder ggf. eine temporäre Onlineüberwachung des Wälzlagers empfohlen. Es wird eine detaillierte Kontrolle der Lagerpassungen und Anzugsmomente beim nächsten Stillstand nahegelegt. Das Lager der Nichtantriebsseite und die Lager an den anderen Maschinen zeigen ähnliche und im Pegel wechselnde Merkmale, aber keine langfristig signifikante Trendanstiege. Diese weisen so auf einen systematischen Fehlermechanismus hin, wie die genannten Schäden und Merkmale in der Vergangenheit auch belegen. Deshalb sollten diese Lager nur eingesetzt werden, wo diese montagebedingt unbedingt erforderlich sind. Da hier ausreichend Montagefreiheit besteht, wäre strategisch der Austausch der Lager an diesen Maschinen durch äquivalente Pendelrollenlager zu empfehlen. Diese haben langfristig eine deutlich erhöhte Betriebssicherheit und Zuverlässigkeit und sind weniger empfindlich auf Passungsfehler und betriebsbedingte Einflüsse.

13.12   Wälzlagerfehler an Generator an WEA nach [11]

Wälzlager in Generatoren auf Windenergieanlagen, wie auf dem Funktionsschema im Abb. 13.84, unterliegen verschiedenen erhöhten Belastungen. Es treten erfahrungsgemäß stark erhöhte lastabhängige Körperschallanregungen auf teilweise über 10 g mit Spitzenwerten bis 70 g durch den Körperschall im Generator selbst, was meist durch elektromagnetische Anregungen verursacht wird (Tab. 13.14).

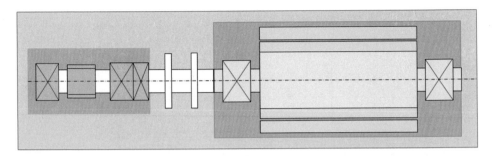

Abb. 13.84 Prinzipbild links Getriebe-Abtriebswelle und Ritzel; Kupplung mit Zwischenwelle; rechts Generator mit Lagern und elektromagnetischen Aufbau

Tab. 13.14 Maschinendaten, Fallbeispiel 12 – Generator mit Wälzlagerfehler Kugellager

Diagnoseobjekt	Generator, doppelt gespeist Asynchron am FU	Aufstellung Generator	elastisch auf Maschinenträger
Anlass	mehrfach Lagerfehler an AS und BS-Seite Geno.	Kupplung	zwei elastische Lammellenkupplungen mit Zwischenwelle
Leistung Geno.:	1500 KW	Drehzahl	950 … 1800 min⁻¹
Lager Generator	6338 M C 3	Lager Geno.:	6338 M C 3

   Sehr tieffrequent treten bedingt durch Windböen erhöhte Strukturschwingungen auf der Gondel und der weichen Generatoraufstellung auf mit 0,1 bis ca. 30 Hz. An moderneren Anlagen sind die Schwingstärken und Körperschallwerte i. d. R. begrenzt nach [12]. Zusätzlich treten stärkere Fehlausrichtungen zum Getriebe unter Last auf, die aber durch eine sehr elastische Kupplung mit Zwischenwelle weitgehend kompensiert werden. Weiterhin treten stark schwankende Leistungen auf über den „windabhängigen" stundenweisen Betrieb. Dabei schwanken die Betriebstemperaturen u. a. für das Schmiermittel vom Kaltanlauf im Winter bei quasi Außentemperaturen bis zu höheren Lufttemperaturen in der Gondel im Sommer. Diese Verhalten ist bedingt durch die erhöhte Maschinenabwärme und die Sonneneinstrahlung auf die Gondelumhausung von Minusgraden bis über 60 °C mit teilweise starken Anstiegsgradienten. An älteren Anlagen unterhalb und in der 1,5 MW Klasse werden die Wälzlager z. T. noch per Hand periodisch mit Fett geschmiert. In den moderneren Leistungsklassen 1,5 MW und darüber sind Schmierautomaten angebracht, die aber ebenso durch die erhöhten Schwingstärke-Belastungen ggf. teilweise ausfallen können. Zusätzlich wird ab 1,5 MW die Drehzahl mit Frequenzumrichter je nach Windangebot und Leistungsumsetzung von ca. 900 bis ca. 1800 min⁻¹ geführt.

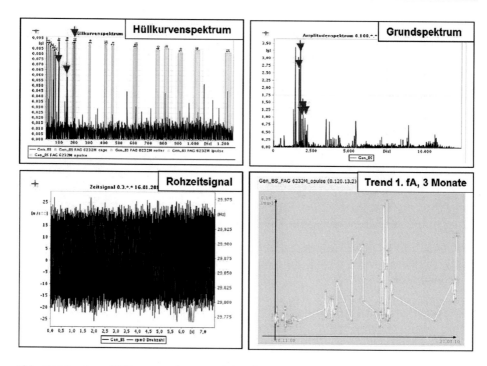

Abb. 13.85 oben, Hüllkurvenspektrum und Amplitudenspektrum Beschleunigung in m/s², unten schwarz Rohzeitsignal u. rosa Drehzahlsignalverlauf, rechts Trend 1.fA über 3 Monate

Abb. 13.85 zeigt im *Hüllkurvenspektrum* links oben die Überrollfrequenzen der Wälzkörper und des Außenrings des Kugellagers jedoch nur mit erster Harmonischer und geringen Pegel auf der B-Seite eines Generators. Im Trendverlauf der Überrollfrequenz des Außenrings rechts unten zeigt sich ein stark schwankender Pegel über drei Monate. Rechts oben im Breitbandspektrum sind die ursprünglichen genannt Modulationen der Überrollfrequenzen an einer sog. elektromagnetisch angeregten „Slotfrequenz" des Generators sichtbar. Das Zeitsignal links unten zeigt keine für Lagerschäden typischen Stoßfolgen oder einzelne Stoßanregungen. Dieses Merkmalsmuster weist auf einen schief stehenden Außenring als Wälzlagerfehler und stark reduzierte „Lagerluft" des Lagers hin, die beide regelmäßig im Rahmen der Loslagerfunktion ausgelöst werden.

Nur temporär auftretend, wie der Trend rechts unten zeigt, stellen diese Wälzlagerfehler keine kritischen Merkmale für den Langzeitbetrieb dar. Erst bei dadurch bedingten stärkeren und länger anhaltenden Merkmalen können dadurch Schäden verursacht werden. Abb. 13.86 zeigt von einem anderen Generator zum Vergleich die *Temperaturkurven der Lagertemperaturen* in dunkelblau am getriebeseitigen Lager und in gelb am Lager der Nichtantriebsseite (Loslager). Bedingt durch die Flanschmontage des Generators eines

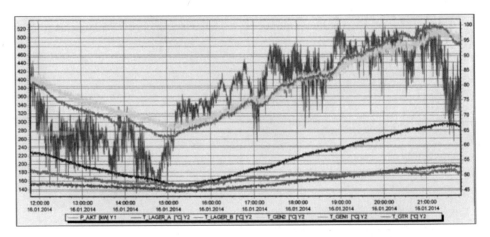

Abb. 13.86 Trendverläufe von Temperaturen über 14 h an einem angeflanschten Generator mit 600 kW und fester Drehzahl bei 1500 min^{-1}obere Kurven gelb u. blau vom Generator bis 100 °C und rot Leistungsverlauf

älteren WEA-typs ist die Antriebsseite immer deutlich höher in der Temperatur. Kritisch ist hier der fortlaufende stärkere Temperaturanstieg bis zu fast kritischeren 95 °C. Diese Temperatur fällt erst ab, nachdem die Loslagerfunktion anspricht und beide Lager axial plötzlich wieder entspannen. Zeitgleich fällt hier auch die Leistung wieder ab, worauf die Temperaturreaktion deutlich länger nachläuft.

Die Abb. 13.87 zeigen axial einseitig stärkere sog. „Passungsrostspuren" an den braun-schwarzen Oxidschichten unten am Außenring aus der unten liegenden Lastzone und oben deutlich geringer auch einseitig am Außenringspiel. Beides Seiten zeigen darin

Abb. 13.87 Axial einseitige Passungsrostspuren am Außenring BS-Loslager (geteilt zur Demontage) aus dauerhaften Winkelfehlern im Außenringsitz a) oben oberer Teil mit einseitigen geringeren Spuren b) unten unterer Teil aus Lastzone

eine permanente Schiefstellung an. Am Außenring entstehen diese in der Reibbewegung und der genannt Loslagerfunktion unter permanent wirkender stärkerer Körperschall- und Kräfteeinwirkung auf den Lagering im Außenringsitz der Lastzone.

13.13 Wälzlagerschaden an Hauptlager einer WEA nach [11]

Abb. 13.88 zeigt die schematische *Skizze einer WEA* mit über 2 MW mit den Daten nach Tab. 13.15. Das kombinierte axial/radial Hauptlager wird in einem Flanschring gehalten und das Getriebe ebenso, wobei beide auf dem Maschinenträger steif verschweißt sind.

Hautprotor und Getriebeeingangswelle sind durch eine Kupplung getrennt. Am Hauptlager einer WEA wurden vier Jahre nach Inbetriebnahme Merkmale für einen *fortgeschritten Laufbahnschaden* mit Stufe 4 von 5 am Außenring des Axiallagerrings festgestellt. Die Abb. 13.89, 13.90, 13.91 und 13.92 des Signalplots zeigen verteilt Merkmale des Laufbahnschadens mit den Überrollfrequenzen. Einen Monat später bestätigten dies deshalb kontrollierte größere Späne-Ansammlungen im Ölfilter des Hauptlagers, wie die Abb. 13.94 und 13.95 zeigen. Nach Demontage des Lagers, sieben Monate später, zeigte sich ein deutlich weiter angewachsener *Laufbahnschaden* am lastseitigen Axialring des Lagers wie Abb. 13.93 zeigt. Das Schadensbild zeigt Materialermüdung aus dynami-

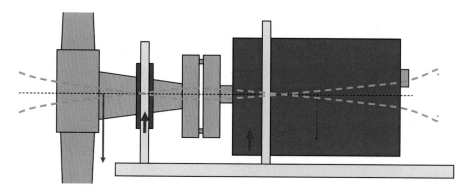

Abb. 13.88 Schematische Skizze der Antriebsseite des Triebstranges der WEA mit Getriebe rechts und Hauptlager links in blau, Maschinenträger in gelb und Hauptrotor, Getriebewellen in grau

Tab. 13.15 Maschinendaten, Fallbeispiel 13 – Wälzlagerfehler Rollen-Großlager

Diagnoseobjekt	Hauptlager an WEA	Aufstellung Lagerung	Geflanscht starr auf Maschinenträger
Anlass	Späne im Öl	Kupplung	Elastische Bolzenkupplung
Leistung Geno.:	2500 KW	Drehzahl	$6 \dots 12 \ \text{min}^{-1}$
Lager radial	Käfig Rollen-Großlager	Lager axial	Käfig Rollen-Großlager

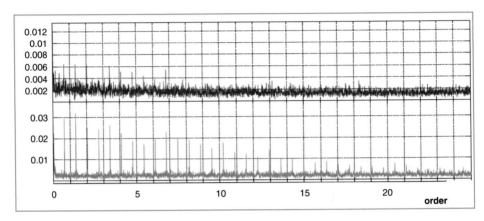

Abb. 13.89 Beschleunigungshüllkurve aHK(f) linear [m/s²] (0 ... 25.Harmonische) mit Ordnungsanalyse zeigt unten axial gemessen am Hauptlager sehr viele Harmonische der Überrollfrequenz des
„Außenrings" am Hauptlager und darüber radial gemessen mit Drehzahl im **zehnminütig ge-
mittelten** Signalabschnitt des Ordnungsspektrums bei 1092 und 1142 min⁻¹

scher Überlastung und Schäden im Rollenabstand. Diese entstehen aus Initialschäden mit
Stillstandsmarken auf den Lagerringen. Dabei wirken über die Blätter auf den Rotor
Windanregungen bei „eingebolztem" (blockiertem) Rotor im Reparaturzustand über einen
Zeitraum als stärkere Schwingungsanregung. Dadurch reiben die so fixierten Wälzkörper
lokal auf den Ringen und das sonst trennende Schmiermittel wird herausgedrückt. So ent-
stehen schmale „Flachstellen", die im Lauf später dort permanent lokal Stöße anregen.

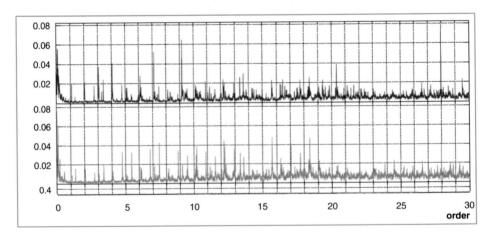

Abb. 13.90 Beschleunigungsspektrum a(f) peak hold [m/s²] (0 ... 25.Harmonischche) zeigt unten
axial gemessen am Hauptlager sehr viele Harmonische der Überrollfrequenz des Außenrings am
Hauptlager und darüber radial gemessen, Drehzahl **einminütig gemittelter** Signalabschnitt des
Ordnungsspektrums bei 1092 und 1143 min⁻¹

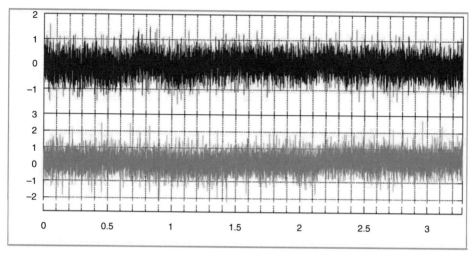

Abb. 13.91 Beschleunigungszeitsignal a(t) [m/s²] (0 … 3s) radial oben u. axial unten mit ein zel-
nen Stößen, Drehzahl im zehnminütigen Signalabschnitt lag bei 729 bis 1178 min⁻¹, Kennwerte ra-
dial oben $a_{rms} = 0{,}40$ m/s²; $a_{+0p} = 1{,}58$ m/s²; $a_{-0p} = -1{,}57$ m/s², Kennwerte axial unten $a_{rms} = 0{,}54$ m/s²;
$a_{+0p} = 2{,}71$ m/s²; $a_{-0p} = -2{,}33$ m/s²

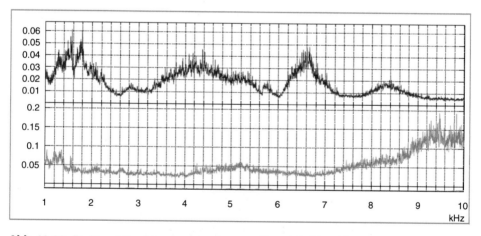

Abb. 13.92 Breitband-Beschleunigungsspektrum a (f) peak hold [m/s²] (0 … 10 kHz) linear abgetastet zeigt unten axial gemessen am Hauptlager Resonanzanregungen bei 9 bis 10 kHz am Hauptlager und oben radial gemessen verteilte geringere breitbandige Anregungen

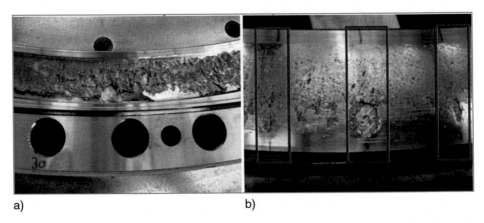

a)   b)

Abb. 13.93 a) Links ausgedehnter Laufbahnschaden am lastseitigen Axialring des Hauptlagers in horizontaler Richtung, b) rechts Schadensbilder vertikal unten am Ring (rote Stillstandsmarken)

Und es entstehen im Schadensverlauf synchrone stark erhöhte Stöße im Rollenabstand von benachbarten Rollen angeregt im Überrollen eines Wälzkörpers vom ersten lokalen initialen Schaden. Abb. 13.88 zeigt in den grünen Biegelinien des Gesamtrotors eine potenzielle Schadensursache. Jede der Einheiten mit erheblich großen Massen hat radial nur ein Lagerstelle – ist also statisch unterbestimmt. Über die gekuppelten Rotoren wird dies verbunden zu einem Rotor-Lager-System mit den zwei Lagerstellen. Durch die elastische Biegestelle der Kupplung können höhere Biegungen und daraus erhöhte lokale Lagerbelastungen in der Lastzone an den Lagerringen durch daraus folgende Winkelfehler auftreten.

Typisch für Überrollmerkmale an Langsamläufern ($f_n > 0,1$ Hz) sind die Pegel der Überrollfrequenzen im Grundspektrum in Abb. 13.93 deutlicher erhöht als im Hüllkurven-

Abb. 13.94 Partikeleintrag am Ölfilter am Hauptlager

Abb. 13.95 Partikel in der Filterkartusche

spektrum. Ebenso typisch sind die *niedrigen Pegel mit 0,006 bis 0,06 m/s²* sowie die hohe Anzahl der Vielfachen aus impulsförmigen Anregungen. Diese resultieren hier potenziell aus dem ausgedehntem Schaden und den hohen lokalen Lagerbelastungen der Großlager bei geometrisch bedingter mangelnder Lastverteilung. Weitere Details zur Wälzlager-diagnose auf Windkraftanlagen findet sich in [13] und Abschn. 8.5.

13.14 Stromdurchgang am Antriebsmotor und Getriebe eines Walzgerüsts vgl. [11]

In der Vergangenheit waren mehrfach schon Wälzlagerschäden an den beiden antriebssei-tigen Wälzlagern am Motor und Getriebe eines Wälzgerüstantriebes, wie auf Abb. 13.96 abgebildet, aufgetreten. Ein solcher umlaufender oberflächennaher Laufbahnschaden wird in Abb. 13.103 an der Laufbahn des Innenrings des Getriebelagers gezeigt (Tab. 13.16).

Ein vergleichbares Schadensbild zeigt sich am Außenring des Motorlagers. Ein derartig spezielles Schadensbild eines gleichmäßig umlaufenden Riffelmusters ist typisch für *Stromdurchgang am Lager.* Dies war als Ursache bereits bekannt. Es entsteht beim regel-mäßigen Reibschweißen der Rollen an beiden Lagerringen im Moment des Stromdurch-gangs als Potenzialentladung an der gleichen vorgeschädigten tangentialen Überrollstelle. Das entsteht interaktiv in der Kondensatorwirkung der hertzschen Flächen mit dem Schmierfilm im Stromdurchschlag.

Diagnoseaufgabe zum Termin war es den Stromdurchgang an dem Antriebsstrang messtechnisch zu quantifizieren, dessen Ursache zu untersuchen und das Ausmaß der Laufbahnschäden an beiden antriebsseitigen Lagern zu bestimmen.

Abb. 13.97 zeigt das Messen in Lagernähe am Motor mit einem HF-Funkenzähler nach [13, 14], was auch zeitnah am Getriebe in Messreihen über verschiedene Betriebszustände erfolgte. Die Funkenzahlen lagen bei 2 bis max. 180 pro 10 Sekunden und im Mittel bei 20 bis 50. Nachweisbar war damit ein erwartbarer leistungsabhängiger Anstieg der Funkenentladungszahlen.

Abb. 13.96 Antriebsstrang Walzgerüst mit Antriebsmotor links und über Zwischenwelle drehstarr gekuppelten Getriebe rechts

Tab. 13.16 Maschinendaten, Fallbeispiel 14 – elektrische Fehler am Antrieb und Wälzlagerschäden

Diagnoseobjekt	2 Asynchron-Motore synchron an zwei dreistufigem Tandem-Zahnrad-Getriebe	**Aufstellung Motore und Tandemgetriebe**	Starr auf gegossenem Betonfundament
Anlass	mehrfach Laufbahnschäden an den Motoren	**Kupplung**	zwei elastische Bogenzahnkupplungen mit Zwischenwelle
Leistung Motor:	2 * 700 KW	**Drehzahl**	<1600 min^{-1}
Lager Generator	FAG 6324	**Lager Getriebe**	FAG 23234

Abb. 13.98 zeigt einem Schleifringsatz zum Kurzschluss und Ladungsausgleich zwischen Rotor- und Statormasse mittels zweier federnd angedrückter „Kohlebürsten" und das grün-gelbe Verbindungskabel zum Getriebe. Wie die Messreihen zeigten, bewirken diese Ladungsausgleichsverbindungen betriebsabhängig unerwartet einen Anstieg der Funkenanzahlen. Die Ursache dafür zeigte sich nachfolgend geschildert in den unterschiedlichen Spannungspotenzialen beider Motore des Tandemantriebs.

Abb. 13.102 gibt in einer Beobachtung einen entscheidenden Hinweis. Beide Motore wurden testweise in ihren Gehäusemassen mit einem PKW-Ladekabel verbunden. Im

Abb. 13.97 Antriebsstrang Walzgerüst mit Antriebsmotor und dem Messen mit einem Funkenzähler nach [13, 14]

Abb. 13.98 Antriebsmotor mit Schleifringsatz zum Kurzschluss u. Ladungsausgleich zwischen Rotor- und Statormasse

Moment des Anklemmens trat eine starke hier sichtbare Funkenentladung auf, die einen größeren Potenzialunterschied beider Motorgehäuse sichtbar macht.

Eine davon ausgelöste Untersuchung des Erdungskonzeptes an den Motoren ergab dann die Wurzelursache der Stromdurchgänge. An beiden Motoren fehlte eine Primärerde an den Motorgehäusen. Beide Motore waren separat lediglich sekundär mit der PE-Verbindung im Spannungszwischenkreis des gemeinsamen Frequenzumrichters im Schaltschrank über 50 m lange PE-Kabel geerdet und gemeinsam mit der Spannungszuführung verlegt. Vorschriftsgemäß nach VDE müssen alle Maschinenteile in das gleiche PE-Spannungspotenzial eingebunden werden. Bei jeweils 50 m Zuleitungen der Motore ist das hier offenbar nicht mehr ausreichend gegeben. Wären diese aber primär im Stahlgittergeflecht des Betonfundamentes geerdet ist dies abgesichert, was vor dem Vergießen eines solchen Betonfundamentes auch elektrisch im Erdungswiderstand nachzumessen ist. Diese Abhilfe wurde vom Betreiber im Nachgang mit dem Verlegen von zwei Primärerden in den Keller an ein dortiges Erdungspotenzial durchgeführt. Bei einer vereinbarten Nachmessung konnte nachgewiesen werden, dass keine Funkenentladungen mehr stattfanden. Dabei ließ sich erst nun auch eine Wirksamkeit der Schleifringe nachweisen. Auch ist bei großen Elektromaschinen an Frequenzumrichtern wie auf WEA allgemein bekannt, dass diese zu Stromdurchgängen im Lager neigen durch mangelnden Potenzialausgleich von Rotor und Stator (vgl. hierzu auch Abschn. 3.7 Abb. 3.13, und 4.5).

Die Überprüfung des Lagerzustandes auf Laufbahnschäden beider antriebsseitiger Lager erfolgte in den Überollfrequenzen am Innenring und am Außenring wie in Abschn. 8.3 geschildert. Abb. 13.99 am Motor zeigt Vielfache beider Überollfrequenzfamilien mit stärker erhöhten Pegelhöhen. Diese sind überhöht bei diesem gleichmäßigem Schadensmuster, da stets alle Rollen der Wälzkörperreihe und auch besonders in der Lastzone solche Schadstellen periodisch überrollen. Laufbahnschäden an beiden Lagerringen waren damit hier sehr wahrscheinlich, was sich später nach dem Lagerausbau bestätigte.

Abb. 13.100 am Getriebe zeigt dagegen keine Vielfache der Überollfrequenzfamilien beider Lagerringe. Laufbahnschäden waren damit hier unwahrscheinlich, was sich später bestätigte. Nur zwei Monate später wurden in einer Nachkontrolle hier aber Lagerschäden festgestellt werden, wie Abb. 13.101 sichtbar macht. Diese waren also noch vor einleiten der Abhilfe doch noch eingetreten und erforderten eine empfohlene Endoskopie im Getriebe und davon abhängig einen kostenintensiveren Lagertausch.

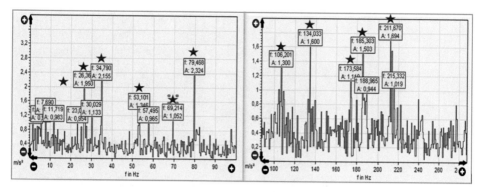

Abb. 13.99 breitbandig max. gefiltertes Hüllkurvenspektrum am AS Lager des Antriebsmotors vertikal von unten gemessen mit Überrollmustern des Außenringes (rote Marker) und Innenringes (violette Marker, inkl. Seitenbänder)

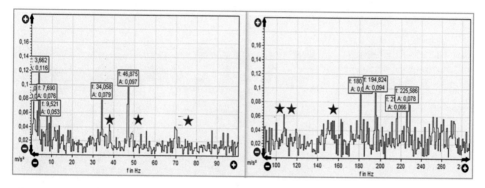

Abb. 13.100 breitbandig max. gefiltertes Hüllkurvenspektrum am AS Lager des Getriebes vertikal von unten gemessen ohne Überrollmuster des Außenringes (rote Marker) oder Innenringes (violette Marker)

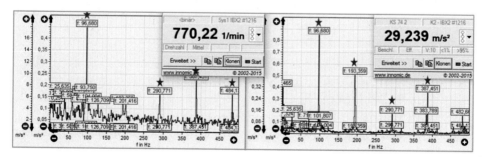

Abb. 13.101 breitbandig max. gefiltertes Hüllkurvenspektrum am AS Lager des Getriebes mit Überrollmuster des Innenringes (violette Kurve mit roten Markern)

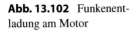

Abb. 13.102 Funkenentladung am Motor

Abb. 13.103 Riffelmuster am Innenring sichtbar aus Stromdurchgang

13.15 Laufbahnschaden durch designbedingte Überlastung am Rollenlager [15]

In einer größeren Anlage werden sechs große USV Diesel-Generator-Aggregate betrieben (Unterbrechungsfreie-Strom-Versorgung) wie in den Abb. 13.104 und 13.105 abgebildet. Regelmäßig wurden diese mit einem Datensammler überwacht, nachdem in der Vergangenheit mehrfach „Störungen" an den Wälzlagern aufgetreten waren (Tab. 13.17).

Am hier erläuterten Dieselgeneratorsatz trat erst nach längerer Laufzeit einer Schadensentwicklung ein deutlicher Trendanstieg am markierten Trendzeitpunkt in Abb. 13.106 ein. Erst am Abschaltzeitpunkt, dem 09.12.2010, stiegen die Stoßimpulskennwerte signi-

Abb. 13.104 USV-Dieselaggregat mit Aufstellpunkten der Generatoreinheit u. angedeuteten Auslenkungen am Dieselmotor

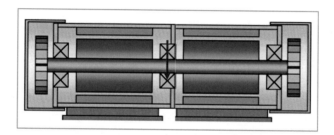

Abb. 13.105 Prinzipaufbau (Kupplung links) Energiespeicher links und Generator rechts

Tab. 13.17 Maschinendaten, Fallbeispiel 15 – Laufbahnschaden durch designbedingte Überlastung am Rollenlager eines USV-Diesels

Diagnoseobjekt	USV-Dieselaggregat 6 mal baugleich	Aufstellung Motore und Generatoren	Elastisch auf Schwingrahmen und Grundrahmen auf gegossenem Betonfundament
Anlass	Unregelmäßig Merkmale in Lager in Überwachung mit Datensammler	Aufbau Maschinensatz	Dieselmotor über Kupplung an Schwungmassen-Generatoreinheit auf einer Welle mit drei Lagern – nur ein DE-Lager
RPM Geno-Massenspeicher/Motor	2950/ ca. 1500 min⁻¹	Energieeinheit Dreilagersystem	zwei Maschinengehäusehälften Geno und Schwungmassenspeicher aber Gesamtrotor
Leistung Motor:	800 KW	Lager DE Geno	NU226 ECJ/C3

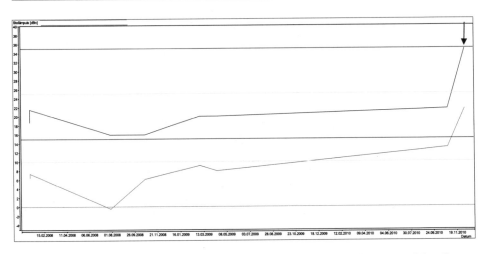

Abb. 13.106 Geno DE horizontal: Trendkurve SPM-Kennwerte, blau – Max.-wert, violett Carpet-wert über fast 3 Jahre

fikant an. Auch erst zum letzten Messzeitpunkt trat sehr spät eine deutliche Anzeige im Hüllkurvenspektrum ein, wie Abb. 13.107 zeigt mit der Überrollfrequenz vom Außenring (ff. rot markiert). Dort ist diese erste Harmonische mit nur etwas erhöhtem Pegel sichtbar. Weiterhin ist aber bereits bis über die 4. Harmonische Anstiege sichtbar. Dieses Verhalten ist typisch für Rollenlager, bei denen erst ab axialen Schadensbreiten von über 70 % der Laufbahn deutlich erhöhte Anregungen auftreten. Etwas früher trat diese Anregung aber völlig untypisch im Schwinggeschwindigkeits-Spektrum bereits am 28.10.2010 auf, wie auch am 09.12.2010 in Abb. 13.108.

Innerhalb des folgenden Schadensmechanismus wird dies aber ursächlich deutlich. Ursache sind hier wie üblich zunächst Wälzlagerfehler (Winkelfehler) wie die folgenden Fotos der Lagerbegutachtung zeigen. Diese Wälzlagerfehler wiederum sind hier aber (sog. „wurzel-ursächlich") durch designbedingte Maschinenfehler verursacht, wie nachfolgend erläutert.

Das Schwinggeschwindigkeits-Spektrum in Abb. 13.108 zeigt Anregungen aus der 1. Harmonischen der Drehfrequenz (grüne Linie) und stark abfallenden bis zur 4. Harmonischen. Dafür kommt in erster Linie Fehlausrichtungen als Ursache in Frage. Kombiniert ist diese mit etwas erhöhten elektromagnetischen Anregungen aus Stator-Unsymmetrie bei 100 Hz (blaue Linie). Diese können beide kombiniert aus den potenziell entstehenden Stator-Gehäuseverformungen durch Fehlausrichtung des überlangen Rotors resultieren. Die designbedingte Ursache für derartige Verformungen zeigt der ungewöhnliche Aufbau des Maschinensatzes in Abb. 13.105. Es geht um einen langen Maschinensatz mit zwei Gehäuseteilen, einem sehr langen Gesamtrotor aber mit nur einem gemeinsamen antriebs-seitigen Lager in der Mitte (sog. überbestimmtes Dreilagersystem). Durch die enorme Baulänge sind durch den massebedingten vertikalen Rotordurchhang und die Rotordurch-biegungen die vertikalen und horizontalen Zwangskräfte zwischen den beiden Rotorhälf-

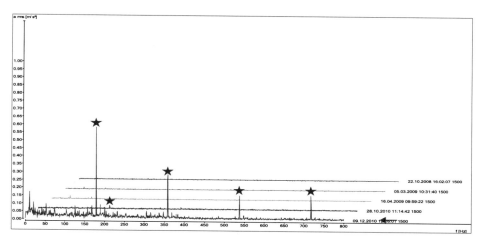

Abb. 13.107 Geno DE horizontal: Wasserfalldiagramm Hüllkurvenspektrum mit Dominanten der **Außenringüberrollung der 1. bis 4. Harmonischen**

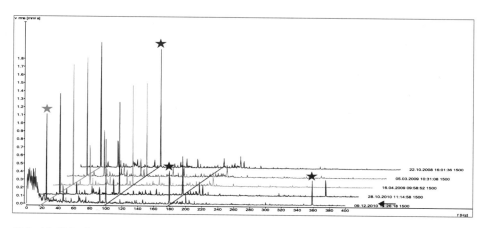

Abb. 13.108 Geno DE horizontal Wasserfalldiagramm Schwinggeschwindigkeits-Spektrum mit Dominanten der **Drehfrequenz und Vielfachen, Elektromagnetische Anregung Stator u. Außenringüberrollung**

ten und Fluchtungsfehler beider Maschinenhälften zueinander vorprogrammiert. Die elastische Aufstellung beider Gehäusehälften auf dem Grundrahmen erhöht zusätzlich die Schwingstärken und Verformungen (markiert in Abb. 13.104). Über den Dieselmotor aus dessen erfahrungsgemäß erhöhten Schwingwegen und über die Kupplung werden zusätzliche äußere Auslenkungen in den Energiespeicher eingekoppelt. Am mittleren antriebsseitigen Lager verstärken und überlagern sich diese so designbedingten vertikalen und horizontalen statischen Belastungsänderungen daraus mit den dynamischen Mehrbelastungen. In der unten liegenden Lastzone des DE-Lagers am Außenring ist nun wahrscheinlich dadurch eine lokale Überlastung eingetreten. Die vertikalen Verspannungen würden auch die frühen Anzeigen im Geschwindigkeits-Spektrum erklären, durch die der Rotor unten in der Mitte der Lastzone in den Schaden stärker „hineingedrückt" wird.

Der Außenringsitz aus der Lastzone (Schaden bei markierte rote Linie) im Abb. 13.110 zeigt deutliche Anzeichen von Winkelfehlern im Betrieb des Wälzlagers. Durch die geschilderten Maschinenfehler traten wechselnde Winkelfehler am Außenring auf, die auf den axialen Außenseiten zu blanken Flächen führen und in der Mitte im mangelnden Sitzkontakt deutliche Passungsrostspuren erzeugen. Diese Spuren der Winkelfehler setzen sich am Innenring mit zwei unterschiedlichen axialen Hälften der Gebrauchsspurenmuster und schmalen Verschleißspuren (grüne Pfeile) an den Außenkanten der Laufspuren der Rollen fort im Abb. 13.109 a). Auch schwach sichtbar ist dies an den Wälzkörpern. Auch das Schadensmuster im Abb. 13.109 b) zeigt möglicherweise zwei dazu passende Schadensflächen, die verursacht durch die Winkelfehlern außen begonnen haben könnten

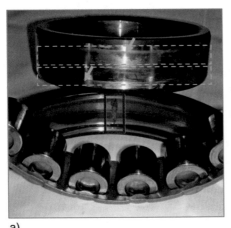

a)   b)

Abb. 13.109 a) **Gebrauchspuren** am Innenring (grün markiert) und b) **lokaler Außenring-schaden** (rot markiert)

Abb. 13.110 Außenringsitz mit Passungsrostspuren in Lastzone am lokalen Außenringschaden

und dann schrittweise nach innen sich ausgedehnt haben bis zum vollständigen „Zusammenwachsen" und dem so späten Eskalieren der Trendwerte im Abb. 13.106.

Bedingt durch die hohen Reparaturkosten und erhöhten Anforderungen an die Verfügbarkeit der USV-Aggregate entschloss sich der Betreiber zum Nachrüsten eines Onlinesystems. Ziel ist es dabei, die Absicherung einer besseren Früherkennung derartiger Laufbahnschäden und eine bessere Detektion der initialen Maschinenfehler in dem gegebenen fehleranfälligen Design zu ermöglichen.

Bilder im Copyright der Ausführenden der Diagnose
Fallbeispiel 13.1 Abb. 13.1, 13.2, 13.3, 13.4, 13.5, 13.6, 13.7a, 13.7b, 13.8, 13.9, 13.10, 13.11 und 13.12 aus [1]
Fallbeispiel 13.2 Abb. 13.13, 13.14, 13.15, 13.16 und 13.17 von Ralf Dötsch
Fallbeispiel 13.3 Abb. 13.18, 13.19 und 13.20 von Ralf Dötsch
Fallbeispiel 13.4 Abb. 13.21, 13.22, 13.23 und 13.24 von Ralf Dötsch
Fallbeispiel 13.5 Abb. 13.25, 13.26a, 13.26b, 13.27, 13.28 und 13.29 von Ralf Dötsch
Fallbeispiel 13.6 Abb. 13.30, 13.31 und 13.32 von Ralf Dötsch
Fallbeispiel 13.7 Abb. 13.33, 13.34, 13.35, 13.36, 13.37, 13.38, 13.39, 13.40 und 13.41 von Mathias Luft
Fallbeispiel 13.8 Abb. 13.42, 13.43, 13.44, 13.45, 13.46, 13.47 und 13.48 von Mathias Luft
Fallbeispiel 13.9 Abb. 13.49, 13.50, 13.51, 13.52, 13.53, 13.54, 13.55, 13.56 und 13.57 von Mathias Luft
Fallbeispiel 13.10 Abb. 13.58, 13.59, 13.60, 13.61, 13.62, 13.63, 13.64, 13.65, 13.66, 13.67, 13.68 und 13.69 von Patrick Stang
Fallbeispiel 13.11 Abb. 13.70, 13.71, 13.72, 13.73, 13.74, 13.75, 13.76, 13.77, 13.78, 13.79, 13.80, 13.81, 13.82 und 13.83 von Patrick Stang
Fallbeispiel 13.12 Abb. 13.84, 13.85, 13.86 und 13.87 vom Autor, Abb. 13.86, von Ing. Jens Wagner, 2013
Fallbeispiel 13.13 Abb. 13.88, 13.89, 13.90, 13.91, 13.92 und 13.93 vom Autor
Das Copyright für die Abb. 13.93, 13.94, und 13.95 liegt bei der WSB Service GmbH, Dresden, 2013
Fallbeispiel 13.14 Abb. 13.97, 13.98, 13.99, 13.100, 13.101 und 13.102 vom Autor
Das Copyright für die Abb. 13.103 liegt bei der DANIELI FRÖHLING Josef Fröhling GmbH & Co. KG, Meinerzhagen, 2016
Fallbeispiel 13.15 Abb. 13.104, 13.105, 13.106, 13.107, 13.108, 13.109 und 13.110 vom Autor Christian Schlumpf

Literatur

1. „Wälzlagerdiagnose, Auslegungsprüfung und Abhilfe im Schadensfall", Dipl.-Ing. Dieter Franke VDI, Ingenieurbüro Dieter Franke, Dresden, VDI-Tagung Gleit- und Wälzlagerungen, 2006
2. „Ausricht- und Kupplungsfehler an Maschinensätzen", Dieter Franke, Springer Verlag GmbH, Berlin, 2020

3. „Schadensanalysen, Das INA-Schadensarchiv", Technische Produktinformation TPI 109, März 2001.Herausgeber:INA Wälzlager Schaeffler oHG, 91074 Herzogenaurach

4. DIN ISO 10816-3: Mechanische Schwingungen – Bewertung der Schwingungen von Maschinen durch Messungen an nicht-rotierenden Teilen. Teil 3: Industrielle Maschinen mit Nennleistungen über 15 kW und Nenndrehzahlen zwischen 120 min^{-1} und 14.000 min^{-1} bei Messungen am Aufstellungsort.

5. Bedienungsanleitung VIBREX, Prüftechnik AG, Ismaning, 2018

6. „5. Management Circle Anwenderforum Condition Monitoring", Ralf Dötsch, Samsung Corning, Frankfurt am Main, Fallbeispiele 13.2 bis 13.6, November 2006

7. VDI 3832 Schwingungs- und Körperschallmessung zur Zustandsbeurteilung von Wälzlagern in Maschinen und Anlagen, 2013-04

8. Fallbeispiele und Bilder in Kap. 13.7 bis 13.9 von Herrn Dipl.-Ing. Mathias Luft, Freiberg, 2010, Prüftechnik Gruppe der Fluke GmbH

9. VDI 3839, Bl. 4, Hinweise zur Messung und Interpretation der Schwingungen von Maschinen – Typische Schwingungsbilder bei Ventilatoren

10. Fallbeispiele und Bilder in Kap. 13.10 und 13.11 von Patrick Stang, Frankfurt, 2010

11. Fallbeispiele und Bilder in Kap. 13.12 bis 13.14 vom Autor

12. VDI 3834 Blatt 1: Messung und Beurteilung der mechanischen Schwingungen von Windenergieanlagen und deren Komponenten – Windenergieanlagen mit Getriebe, 2015-08

13. „Schadensausmaßanalyse an Wälzlagern in Windkraftanlagen", Vertiefte Diagnosemethoden und Anwendung der Wälzlagerdiagnose, Dipl.-Ing. Dieter Franke, Dipl.-Ing. Björn Naschwitz, Dipl.-Ing. Dan Rothe, IDF vibrodiagnose GmbH, Dresden, VDI Fachtagung Schwingungen an Windenergieanlagen 2011

14. Bedienungsanleitung, TKED 1, SKF® Group, 2021

15. Fallbeispiel und Bilder in Kap. 13.15 von Ih-Ing. Christian Schlumpf, Wetzikon, Schweiz, 2021

Zusammenfassung und praktische Anwendungsgrundsätze der Wälzlagerdiagnose und -überwachung im Wälzlagerbetrieb

14

14.1 Grundmerkmale im Wälzlagerbetrieb und deren Unterstützung nach [1]

→ „90 % Überlebenswahrscheinlichkeit" ist Basis in Wälzlagerauslegung und -betrieb

1. Wälzlager werden für eine **statistisch ausgelegte Lebensdauer** für eine höhere Zahl von Betriebsstunden als Lh10 (Überlebenswahrscheinlichkeit 90 %) und für die anwendungsgemäßen Bedingungen der Drehzahl, statischen Lagerlast und Schmierung ausgelegt.

2. Wälzlager mit *auslegungsgemäßer Belastung, geometrischem Sollzustand* und *funktionierender Ehd-Schmierung* können im definierten Drehzahlbereich als „dauerfest" im Rahmen der ausgelegten Lebensdauer betrachtet werden.

3. In den *Wälzbewegungen* im Überrollen der Wälzkörperreihe entstehen in den Innenring- und Außenringkontakten und in zusätzlichen Gleitanteilen des Käfigs akustische, rauschartige Geräuschpegel. Sie enthalten im **Normalzustand** einzelne Anregungsimpulse. Erhöhte Geräuschpegel und Impulse aus dem Wälzlager können von Einflussfaktoren, Wälzlagerfehlern, Gebrauchsspuren und Laufbahnschäden verursacht werden.

4. Die Schlüsselfunktion des stabilen Wälzlagerbetriebes ist die tribologisch beschriebene Trennung der Reibpartner in den hertzschen Kontaktflächen der Innenring- und Außenringkontakte durch den **Ehd-Schmierfilm** und deren **Grenzflächen**.

5. Über ein Kritisches Maß erhöhte Wälzlagerfehler verursachen im Betrieb fallabhänig **Wälzlagerschäden,** die die erwartete *Lager-Lebensdauer* deutlich herabsetzen.

6. **Laufbahnschäden** durch Materialermüdung oder erhöhten Oberflächen-Verschleiß führen nach variierenden bauteil- und fallspezifischen Restlaufzeiten zum *Lageraus-fall.* Sie stehen im Fokus der Wälzlagerüberwachung.

7. Wälzlagerschäden sollten durch **Wälzlagerüberwachung und -diagnose** möglichst zeitnah zum initialen Entstehungsstadium früh erkannt werden, wodurch potenzielle ausfallbedingte Folgeschäden zuverlässig verhindert werden können.

8. Mit Hilfe von **Wälzlagerüberwachung und -diagnose** kann eine angestrebte Betriebs-dauer durch Detektion und Abhilfe auftretender erhöhter Wälzlagerfehler zuverlässig abgesichert werden.

9. Die Erkennung von *Wälzlagerschäden,* beseitigen von kritischen *Wälzlagerfehlern* und eine optimierte *Schmierung* im Maschinenpark sind die **Hauptaufgaben** von Über-wachung und Diagnose an Wälzlagern in einem optimalen Gesamtkonzept.

14.2 Messregeln und Regeln der Signalverarbeitung am Wälzlager

→ **„KÖRPERSCHALLMESSUNG" erfolgt nach akustischen Messregeln**
Die acht Mess- und Signalvor-Verarbeitungsregeln an Wälzlagern (Abb. 14.1):

1. *Messstelle* und Messrichtung nahe und zur *Lastzone* des Radial-/Axiallagers. *Eine Messstelle* je Messebene/Wälzlager wählen – empfohlen ab >90 kW und BG 250 an Motoren z. B.. An der Maschine ist dafür zwischen Los- und Festlager zu unter-scheiden.
   (meist horizontale Messstelle und -richtung unterhalb der Lagerteilung bei horizon-talen Rotoren – ggf. zusätzlich axial am Festlager > 100 kW); Ausnahme Deckellast DE-Lager bei fliegender Lagerung) (vgl. Abschn. 4.2, ab Abb. 4.8)

2. Die *Ankoppelungsmethode* und damit Ankoppelresonanz je nach Frequenzbereich und Messmethode sollte ausreichend steif, stabil und reproduzierbar sein.
   (Geschraubt mit Konus, steif geklebt od. spez. Handsonden, nie auf Farbe) (vgl. Abschn. 6.2, Abb. 6.2)

3. Zur groben Zustandsbewertung am Wälzlager kann der *Kurz- und Langzeit-Trendverlauf* herangezogen und mit relativen Grenzwerten bewertet werden. Weiterhin sind histori-sche Entwicklung, Fallvergleiche, Änderungsgeschwindigkeit, Schwestermaschine dabei zu beachten.
   (eine optimierte Überwachungen ist meist zuverlässig, Einmalmessungen liefern nur ein momentanes Abbild, vgl. Abschn. 7.3, Abb. 7.8 und 7.9)

4. Für die Diagnose und Überwachung des Wälzlagerzustandes wird der **Körperschall** und/oder der **Ultraschall** eingesetzt, der mit Beschleunigungsaufnehmern erfasst und in deren *Kennwerten* bewertet und in deren *Kennsignalen* analysiert wird.

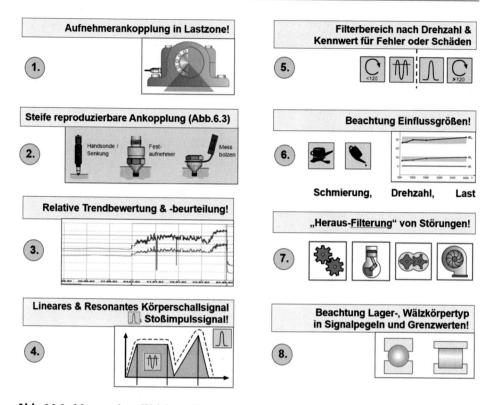

Abb. 14.1 Messregel zur Wälzlager-Körperschallmessung nach [2]

Messgrößen des linearen und/oder resonanten *Körperschallbereichs oder Ultra-schallbereichs* können je nach eingesetzter Hardware und Überwachungsmethodik zur Wälzlagerüberwachung angewendet und kombiniert werden. (vgl. Abschn. 1.2, 2.1, 7.1 und Abb. 1.2)

5. *Filterung* der Kennwerte für Körperschallanregungen und gegen unteren Drehfrequenz-bereiche *(<1 kHz)* und darüberliegende Zahneingriffsvielfache *(z. B. 0,25 … 2,0 kHz)*. *Filterbereiche und Auswertebereiche* sind auf Anregungsgebiete des Wälzlagers be-zogen auf die Drehzahlbereiche des Maschinensatzes abzustimmen. (vgl. Abschn. 2.1, Abb. 2.1, Abschn. 8.6.2, Abb. 8.12, Abschn. 8.6.4 und 12.3.2)

6. Einflussgrößen in dem Schwankungsbereich der *Betriebsbedingungen* im Wälzlager-betrieb sind im Kennwertverlauf und bei deren Grenzwertsetzungen zu beachten. (vgl. Abschn. 7.4, Abb. 7.6 u. Abb. 7.1) Messung bei „warmer Maschine" *(>30 min ab Start nach Abschn.* 10.4) und repräsentativen Betriebsbedingungen wie Drehzahl, Strömungs-zustand und Leistung. Messung nicht zeitnah zur Nachschmierung bei Fettschmierungen (vgl. Abschn. 2.7 und Abb. 2.13). Bei erhöhten Schwankungen ist eine *Mittelung* der Signalabschnitte für repräsentative breit- und schmalbandige Kennwerte mit „linearen" und mit „peak hold" Mittelwerten und Bändern erforderlich.

("peak hold" Mittelung zur Früherkennung, lineare (arithmetische) Mittelung zur Schadens-, Fehlerbewertung)

(Langsames Überrollen generiert niedrigere Signalpegel. Erfordert höhere Amplitudenauflösungen und niedrige Rauschpegel der Messkette. Standard Aufnehmer mit 100 mV/g, mehr empfindliche bei 250 od. 500 mV/g)

7. Herausfilterung von *Störungen* des Arbeits- und Strömungsprozesses und ggf. der elektro-magnetischen Anregungen in den breit- und schmalbandigen Kennwerten ist empfehlenswert. Ggf. eine weitere Vergleichsmessung an Strömungsgehäuse zu wählen.

   (Slotfrequenzen an Elektromaschinen > 2 kHz, Strömungsmaschinen: Wirbellärm, Kavitation, vgl. Abschn. 4.4)

8. *Wälzlagerbauform, Wälzkörpertyp, Lagerichtung der Welle* sind in der Mess- und Überwachungsmethode in dem Signalpegel und in den Bewertungen zu berücksichtigen. Bei Langsamläufern (<120 min⁻¹) sollten z. B. ggf. empfindlichere Aufnehmer eingesetzt werden. Ein unterscheiden zwischen Kugel- und Rollenlagern und ein- und mehrreihigen Lagern ist erforderlich.

   (Linienkontakt statt Punktkontakt generiert niedrigere Signalpegel (Rolle statt Kugel bei dBm/dBc, Pegel minus 10 … 15 dB, Vgl. Abschn. 7.4, 5.2 und Abb. 5.2).

14.3   Orientierung zu den Anwendungsgebieten von Wälzlagerungen

→ **WÄLZLAGERDIAGNOSE und WÄLZLAGERÜBERWACHUNG müssen in der Methodik auf den Typ der Maschine, der Wälzlagerung und deren Drehzahlbereich angepasst werden**

Grundsatz: Die Diagnose und Überwachung an Wälzlagern sollte ausreichend zuverlässig nach dem Stand der Technik angewendet werden in Übereinstimmung mit der **VDI 3832** [1]. Diese Methodiken sind in der Lage zuverlässig Produktionsausfälle, Sachschäden oder gar Personenschäden bei potenziellen **Maschinen- bzw. Wälzlagerschäden** zu verhindern. Die **Risikominimierung** und die Erreichung der sollgemäßen Lebensdauer im Betrieb ist die übergeordnete Zielstellung der Überwachung und Diagnose an Wälzlagern.

1. Der normal schnelle *Drehzahlbereich der Standardanwendungen an rotierenden Wälzlagern liegt ca. von 120 bis 4000 min⁻¹* (2 bis 67 Hz) in den üblichen Baugrößen. In diesen Einsatzfällen lassen sich die hier in erster Linie geschilderten Methodiken ausreichend zuverlässig anwenden. Die wirkenden Ehd-Schmierungsfunktionen und Kräfteverhältnisse ähneln sich darin; und ein drehzahlproportionaler Anstieg im Körperschall tritt auf. Die dafür breit angebotenen Messsysteme sind mit ihren Amplituden- und Frequenzbereichen darin zuverlässig einsetzbar.

2. Im Bereich von *sehr langsam laufenden Wälzlagern grob unter 120 min⁻¹* sind die hier geschilderten Methodiken nur abgewandelt und mit speziellen Fachkenntnissen und

Erfahrungen ausreichend zuverlässig einsetzbar. Die Mess- und Auswertekette muss dazu in allen Funktionen für niedrigere Amplituden- und Frequenzbereiche ausgelegt sein. Höher empfindliche Aufnehmer, niedrigere Amplitudenbereiche in modifizierte Filterbereichen ermöglichen hier eine zuverlässige Überwachung und Diagnose am Wälzlager. Auch dafür angepasste Ultraschallmethoden bieten hier weitere Chancen die Nutzsignaleigenschaften zur Detektion ausreichend zu verbessern. Dazu zählen beispielsweise Großgetriebe an deren langsamen Seite mit der gekoppelten Maschine wie an WEA und anderen langsam laufenden Energie-Strömungsmaschinen.

3. Im Bereich von *überschnell laufenden Wälzlagern grob über 4000 min⁻¹* sind die hier geschilderten Methodiken nur abgewandelt und mit speziellen Fachkenntnissen und Erfahrungen ausreichend zuverlässig einsetzbar. Es ändern sich die wirkenden Schmierungsmerkmale deutlich und der drehzahlproportionale Anstieg im Körperschall beeinflusst kaum noch. Die Messkette muss dazu in allen Funktionen für höhere und breitere Amplituden- und Frequenzbereiche ausgelegt sein. Weniger empfindliche Aufnehmer und weite Amplitudenbereiche und breite Frequenzbereiche ermöglichen hier eine zuverlässige Überwachung und Diagnose am Wälzlager. Dazu zählen beispielsweise teilweise Werkzeugspindeln, Zentrifugen und Sondergetriebe.

4. Mit zunehmender axialer Ausdehnung der *Wälzkörpertypen in der hertzschen Kontaktfläche* sinkt der aus dem Wälzkontakt angeregte Schallpegel und das Nutzsignal gegenüber Fremdquellen. Damit wird die anzuwendende Überwachung und Diagnose anspruchsvoller. Kugellager sind dadurch am einfachsten mess-, überwach- und diagnostizierbar. An Kegelrollenlagern, Zylinderrollenlagern, Pendelrollenlagern, Toroidalrollenlager bis zu Nadellager dehnen sich die Linienauflagen aus und die Merkmale von Fehlern und Schäden an diesen Wälzlagern liegen im niedrigeren Pegelbereich und nähern sich dem „Restpegel" im Signal. Die Früherkennung verschiebt sich bei diesen teilweise zu höheren Schadensstufen und höheren Fehlerzonen. Hierzu gehören beispielsweise Fließstrecken wie Papiermaschinen mit langsam laufenden größeren ein- und zweireihigen Pendelrollenlagern. (vgl. Abschn. 5.3)

5. Ähnliches tritt durch zwei- und mehr- statt bei einreihigen Wälzkörperreihen auf mit noch zusätzlichen Variationen. Mit zunehmender *Anzahl der Wälzkörperreihen* im Wälzlager ändern sich im Betrieb zwischen diesen Reihen die Lastverteilungen und damit in diesen einzelnen die Wälzbewegungen und Überrollbedingungen, so dass damit die Überwachung und Diagnose der Gesamtlagerung anspruchsvoller wird.

6. *Sonderbauformen von Wälzlagern* und -lagerungen wie geteilte Wälzlager, Großlager und kombinierte Radial-Axiallager, Drehverbindungen wie Freiläufe und Dünnring- und Drahtwälzlager sowie Lauf-, Stütz-, Druck- und Kurvenrollen oder Linearführungen weisen deutlich verschiedene Geometrie und Wälzbewegungen oder Kraftverläufe auf und jeweils spezifische angestrebte „normale Betriebszustände". Daraus ergeben sich auch bauartspezifische zu fokussierende Fehler- u. Schadensmechanismen. (vgl. Abschn. 5.3)

7. Standardmaschinen (vgl. Tab. 6.1), in denen die Wälzlager die stärkste Schallquelle sind, haben *einfache Wälzlagerungen*. Sie können mit breitbandigen Kennwerten im Körperschall überwacht und mit schmalbandigen Kennwerten diagnostiziert werden.

Standardmaschinen wie Ventilatoren, Pumpen, E-Motore und eher stationär laufende Fördermaschinen wie Bandtrommeln oder Fließstrecken zählen dazu (näherungsweise stationäre Betriebszustände).

8. Maschinen (vgl. Tab. 6.1), in denen die Wälzlager nicht die stärkste Schallquelle sind, haben *komplexe Wälzlagerungen*. Es dominieren im Körperschall weitere und stärkere Fremdanregungen oder hinzukommende Störquellen. Diese können mit schmalbandigen Kennwerten aus dem Körperschall überwacht und diagnostiziert werden. Spezialmaschinen wie Turboverdichter, wie Kolben- und Schraubenmaschinen oder Zahnradgetriebe zählen dazu.

9. Bei Sondermaschinen wie *instationäre Fertigungsmaschinen und Fördereinrichtungen* (vgl. Tab. 6.1) müssen Last-, Drehzahl- bzw. Takt-getriggert erst Signalabschnitte mit annähernd stationären Betriebszuständen des Wälzlagers vor der Signalverarbeitung gewonnen werden. Deren Erfassung und Auswertung in Kennwerten und weiteren Signalmerkmalen muss mit objektspezifischen Erfahrungen auf die Wälzlagerbedingungen angepasst werden.

14.4   Merkmale in Wälzlagerüberwachung und -diagnose

→ „WÄLZLAGERDIAGNOSE ist ANALYSE" von Modulationen aus Stoß- und Impuls- folgen aus Überrollungen im Wälzlagergeräusch

→ „WÄLZLAGERÜBERWACHUNG" ist Grenzwertüberwachung der Kennwerte im Körper- oder Ultraschall und deren Analyse erfolgt in einer Bewertung des „TRENDVERLAUFS"

1. Der anzustrebende *Normalzustand* eines Wälzlagers bildet den Bezug jeder Zustandsbewertung. Dessen Merkmale sind Eigenschaften wie Restfehler, Schadensstufe 1 und nicht anwachsende Gebrauchsspuren, die insgesamt die Betriebsdauer nicht entscheidend reduzieren. (vgl. Abschn. 1.3)

2. Der etablierte *Maschinenschutz* mit der Einzel-Kanalüberwachung der Schwingstärke am Wälzlagergehäuse begrenzt die Folgeschäden durch den möglichen Ausfall des Wälzlagers nach Wälzlagerschäden ausreichend im Betrieb. Ohne diesen Schutz begrenzen eine Motorstrom- und andere Prozessüberwachungsgrößen wie ggf. eine Temperaturüberwachung im Wälzlager meistens die Folgeschäden (indirekte Vorbeugung). Umfassende, ereignisnahe und ausreichend zuverlässige *Wälzlagerschutzeinrichtungen* sind derzeit noch nicht verfügbar. (vgl. Abschn. 11.4)

3. Die Entwicklung von *Wälzlagerschäden mit hohem Ausfallrisiko* (indirekte Vorbeugung = Schadensbegrenzung) und von kritischen Wälzlagerfehlern wie Mangelschmierung (direkte Vorbeugung) lassen sich mittels CMS und Einzelkanalüberwachungen in einer angepassten Wälzlagerüberwachung und mit einer darin realisierten Früherkennung detektieren (vgl. Abschn. 10.3 und [3]).

4. Mit einer ausreichend qualifizierten Wälzlager-Überwachung kann die *Restnutzungsdauer* eines Wälzlagers mit Laufbahnschäden bei einem vertretbaren Ausfallrisiko

mittels der Detektion der Trendentwicklung und der Bewertung in den Schadensstufen 2–4 ausgeschöpft werden. (vgl. Abschn. 3.8, Kap. 9, Abschn. 10.3 und [3]).

5. Diagnose und Überwachung leisten unterschiedliche Teilaufgaben zur Bestimmung
   des Wälzlagerzustandes über dessen gesamter Betriebsdauer. Sie sollten in einem
   System *sich optimal ergänzend kombiniert* werden. Am einfachsten löst die Überwachung bei detektierten relevanten Zustandsverschlechterungen eine Diagnose zur
   Abklärung aus. (vgl. Abschn. 10.4, 14.4)

6. *Echte und direkte Vorbeugung* von Wälzlagerschäden lässt sich nur mit ausreichend
   qualifizierter Diagnose von erhöhten **Wälzlagerfehlern** in Abnahmemessungen und
   begleitend in der Diagnose nach zustandsrelevanten Ereignissen in der Überwachung
   im Betrieb realisieren. (vgl. Abschn. 3.1, 3.2, 3.3, 3.4, 3.5, 8.6.6, 9.5)

7. Für die Überwachung gibt es verschiedene **Online- und Offline-Datensammelsysteme**
   mit skalierbaren Umfängen und Leitungsbreiten und -tiefen, die anhand:
   * der *technischen Anforderungen* des Maschinensatzes und der Wälzlagerung
   * dessen *Priorität* im Anlagen- und O&M-Prozess
   * dem *Kostenrahmen* der Investition,
   * dem *Einsparungspotenzial* der Ausfälle und Reparaturen und den
     vorhandenen *Ressourcen* der Anwendung ausgewählt werden.

8. Über die Betriebsdauer können optimal meist **1–3 Kennwerttypen** je Wälzlager parallel überwacht werden. Bei einfachen Wälzlagerungen sind darin *breitbandige Kennwerte* meist gut anwendbar. Bei komplexen Wälzlagerungen sind *schmalbandige
   Kennwerte* in den Grundfrequenzen und den Modulationen der Überroll- und Drehfrequenzen im Wälzlager empfehlenswert. Ergänzend sind dort auch *breitbandige
   Kennwerte* der rauschartigen Überrollungsanregungen aus erhöhter metallischer Reibung anzuwenden. (vgl. Kap. 4)

9. Überrollungen und weitere erhöhte Geräuschanteile des Wälzlagers werden von **Fehlern
   und Schäden** ausgelöst und sind in einer *Tiefendiagnose* in *Signalmustern* ausreichend
   zu unterscheiden. Punktuell für Zweifelsfälle mit höherer Maschinensatzpriorität sollte
   ereignisgesteuert eine Falldiagnose im Signalplot mit den Kennsignalen nach [1] durchgeführt werden. Sie ermöglicht die Detektion von **Wälzlagerfehlern und die Bestätigung oder den Ausschluss von Wälzlagerschäden.** Sie erlaubt weiterhin die Bestimmung deren Fehlerzone bzw. deren Ausdehnung. (vgl. Abschn. 4.6, 8.6.6, 9.5, 14.5)

10. **Wälzlagerschäden** können an *Kugellagern* in der Diagnose im Frühstadium ab
    Schadenstufe 2–3 von 5 beginnend meist frühzeitig detektiert werden. Sie können
    mittels Signalplot und breit- und schmalbandiger Kennwerte im Trendverlauf nach [3]
    sicher in Ihrer Entwicklung in einer Schadensstufe bestimmt werden. Dies erlaubt die
    Detektion des geschädigten Bauteils und die grobe Abschätzung der Restnutzungs-
    dauer. (vgl. Kap. 9 und 10)

11. **Wälzlagerschäden** können an *Rollenlagern* in der Diagnose im Wachstumsstadium
    beginnend sicher detektiert werden und dann mittels Signalplot nach [1] sicher in
    Ihrem Ausmaß bestimmt werden. D. h. es können diese Laufbahnschäden ab Stufe
    3–4 von 5 nach [3] i. d. R. detektiert werden. Das erlaubt die Detektion des ge-

schädigten Bauteils und eine grobe Abschätzung der Restnutzungsdauer. Sog. Kanten-läufer mit Schadensbeginn an der Kante der Laufspur der Rollen können meist etwas früher erkannt werden. (vgl. Kap. 9 und 10)

14.5   Praktische Anwendungshinweise in Wälzlagerdiagnose und -betrieb

Die vorgesehenen Methoden und Systeme zur Diagnose und Überwachung an Wälzlagern sollten die Fehler- und Schadenszustände in Tab. 14.1 fallspezifisch ausgewählt erfassen bzw. detektieren können.

Tab. 14.1   Übersicht bauteilbezogen zu überwachender/diagnostizierender Fehler und Schäden mit Ausmaßen, die die Lebensdauer relevant herabsetzen können

Zielobjekt	Fehler, Fehlerstatus	entstehende oder manifestierte Schäden, in Laufspur (mittig bei Rolle)
Schmierung	verschlechterte Schmierung	Mangelschmierung mit stärker erhöhter metall. Kontakt u. Temperaturüberhöhung
Lagerbelastung	statische Überlastung, statische Unterlastung, dynamische Überlastung, abrupte Lastwechsel	statische Unterlastung mit (< Mindestbelastung) Folgeschäden von direkten metallischen Kontakte als Blitzkontakte der Laufbahnen
Geometriefehler	erhöhte zustandsrelevante Geometrieabweichungen	Klemmen Wälzkörper als Folge wenn Betriebsspiel kritisch reduziert, od. nach Winkelfehler
Loslagerfunktion	eingeschränkte Loslagerfunktion	blockierte Loslagerfunktion
Außenring Kugellager	Winkelfehler Verformungen/Bewegungen	Laufbahnschäden ab Stufe 2
Außenring Rollenlager	Winkelfehler Verformungen/Bewegungen	Laufbahnschäden ab Stufe 3–4
Innenring Kugellager	Lose Innenring Unrundheit Lagersitz	Laufbahnschäden ab Stufe 2
Innenring Rollenlager	Lose Innenring Unrundheit Lagersitz	Laufbahnschäden ab Stufe 3–4, 1)
Wälzkörper Kugellager	reduziertes Betriebsspiel	Laufbahnschäden ab Stufe 2
Wälzkörper Rollenlager	Winkelfehler	Laufbahnschäden ab Stufe 3–4, 1)
Käfig/ Wälzkörperreihe	Stoßförmige Anregungen Wechsel Axial-/Radiallast	kritisches Fehlerausmaß und/oder -häufigkeit nahe Käfigbruchgefahr
Lagersitze	Außenringsitz stärker ver-schlissen, od. verformt	Innenringsitz stärker lose
Sonderfälle	Betriebsspiel kritisch erhöht	Stillstandsschäden

1) Stufe 2–3 bei belasteter Lauf der Rolle auf der Kante der Laufspur

1. Neu errichtete Maschinensätze sollten mit einem *vereinbarten Abnahmeprotokoll für den Maschinenzustand und den Wälzlagerzustand* mit Kennwerten und Hüllkurvenspektren eingesetzt werden. (inkl. anzuwendende Richtlinie der Durchführung mit Messstellen) (vgl. Abschn. 10.4)

2. Erfahrungsgemäß kann aber durch Kombination eines *breitbandigen bzw. firmenspezifischen Kennwertes* und mit der Auswertung des *Hüllkurvenspektrums* bzw. dessen Kennwerten eine ausreichende Aussagesicherheit zu einem sollgemäßen Wälzlagerzustand bei **Abnahmen** erreicht werden. (vgl. Abschn. 7.4, 10.4)

3. Die *schmalbandigen Kennwerte* der Überrollkomponenten *im Hüllkurvenverfahren* haben sich zur Detektion von Wälzlagerschäden und Wälzlagerfehlern prägend als Hauptmethode in der Überwachung und Diagnose durchgesetzt. (vgl. Abschn. 6.1, 8.3, 8.6.4)

4. Die *Stoßimpulsmethode* ist seit den siebziger Jahren das am längsten und am weitesten verbreitete breitbandige **Kennwert-Verfahren** zur Wälzlagerüberwachung, deren Hauptvorteile die einfach handhabbare methodische Überwachungstiefe, die Kompensation von Einflüssen und die absoluten Grenzwerte sind. (Abschn. 7.4)

5. Bei der Überwachung *drehzahlgeregelten Maschinensätzen bzw. Wälzlagerungen* ist eine ausreichende **Kompensation der Einflüsse** von Drehzahl und Last erforderlich. Einfache Kennwerte nach Abschn. 7.1 erfüllen diese Anforderungen meist nicht. Erweiterte und firmenspezifische Kennwerte sind methoden- und fallspezifisch mit einer Kompensation dafür einzusetzen. Ohne ausreichende Kompensation sind Fehlalarme und nicht ausgelöste „Alarme" die mögliche Folge. Die Überwachung schmalbandiger Kennwerte der Überroll- und Drehfrequenzen des Wälzlagers mit der *Ordnungsanalyse* ist hier eine etablierte und zuverlässige Methode. (vgl. Abschn. 8.5)

6. *Die Resonanzfreiheit* der Maschinenschwingstärke und des Körperschallbereiches sollte gesondert überprüft werden über den Soll-Drehzahlbereich bei der Wälzlagerüberwachung in **drehzahlgeregelten Maschinen**. (bei Abnahmen, Diagnosen und Inbetriebnahmen von CMS) (vgl. Abb. 7.1)

7. Nachfolgende Angaben für die Wälzlagerüberwachung und -diagnose sollten in den Ersatzteillisten und Wartungsanleitungen aufgeführt sein und entsprechend in den **Einkaufsbedingungen** genannt werden: (vgl. Abschn. 11.2, 11.3)

   - *Messstellen* und Ankopplung (z. B. Bohrungen oder Fräsungen angelegt oder erlaubt) für Schwingstärke und für Wälzlagerzustand
   - ***Wälzlager-Überrollfrequenzen* bzw. Wälzlagertyp und Hersteller der Wälzlager**
   - ggf. *Zahnradstufen, Zähnezahlen* (optional Profiltyp, Verzahnung, Qualitätsstufe)
   - ggf. Riemenspannkraft, Riementyp, *Riemenscheibendurchmesser*
   - *Maschinensatz*, Sollbetrieb mit Parametern wie Drehzahl- und Leistungsbereich
   - *Schmiersystem und Schmierstoff (Viskositäts-Kennwerte) und Schmierintervall*
   - *Auswuchtqualitätsstufe*, Auswuchtebenen, Auswuchtradius, Befestigung Massen
   - *ggf. Kupplung*, Ausrichtgüte im Trudeln, Ausrichtgüte unter Last, Lastvorgaben
   - *Frequenzumrichter*, Typ Zwischenkreis, Trägerfrequenz
   - *Elektromaschinen*: Stabzahl, Nutenzahl

- *Fördermaschinen:* Schaufelzahlen, Schraubenzahlen
- *Empfohlene Schwingstärke- und Wälzlagerzustands-Grenzwerte*

8. Vor, während und nach der *Montage an Wälzlagerungen* sollte der Rundlauf und das Lagerspiel und das Außenringspiel und der Sitzdurchmesser des Innenrings mit Messuhr und Fühllehren geprüft werden. Diese Angaben sollten Teil eines **Montageprotokolls** sein. (vgl. Tab. 10.1)

9. Mit der *Schmierprobe, Schmierungsüberwachung* und ergänzend ggf. dem Schmiertest lässt sich die Fettschmierung ausreichend zuverlässig im Betrieb überwachen. Ölschmierungen lassen sich mit den Methoden aus der Tribologie in Wälzlagerungen ausreichend überwachen. (vgl. Tab. 2.5)

10. *Mit einer Zeitreihenanalyse* („Kennwertdiagnose im Trendverlauf") der Merkmale Änderungsgeschwindigkeit, Grenzwertüberschreitung, Anstiegsverlauf lässt sich der Wälzlagerbetrieb in der Betriebsführung zuverlässig begleiten bei den möglichen Abweichungen zum Normalzustand. (vgl. Tab. 6.1)

11. In jeder Überwachung sollten ausreichende und reaktionsschnelle qualifizierte *Diagnosekapazitäten* geplant werden und verfügbar gehalten werden. Sie sind ereignisbedingt erforderlich zur Absicherung des Betriebes bei Grenzwertüberschreitungen bzw. bei weiteren kritischen Ereignissen zur Bestimmung der ggf. zeitnah erforderlichen und wirksamen Abhilfe. (vgl. Tab. 10.2, 10.5, 11.1)

Literatur

1. VDI 3832 Schwingungs- und Körperschallmessung zur Zustandsbeurteilung von Wälzlagern in Maschinen und Anlagen, 2013-04
2. Seminar Wälzlagerdiagnose I, D. Franke, Dresden, 2008
3. „Verschwendete Ressourcen der Wälzlageranwendungen mangels ausreichender Wälzlagerdiagnose & Überwachung", D. Franke, Ingenieurbüro Dieter Franke, VDI Tagung „Schäden an Wälz- und Gleitlagern", 2016

Glossar und Abkürzungen

Amplitude image A computer-generated image representing the analysis of a process whereby each pixel in the heart is evaluated with respect to movement change over time. The amplitude image shows the magnitude of blood ejected from each pixel within the ventricular chamber.

Ankylosing spondylitis The most common type of spondyloarthropathy with chronic inflammatory changes leading to stiffening and fusion (ankylosis) of the spine and sacroiliac joint with a strong genetic predisposition associated with HLA b27. Other joints such as hips, knees, and shoulders are involved in approximately 30 % of patients.

Außenringspiel nach [3]: Maximaler geometrischer Abstand zwischen Außenring und Lagergehäuse.

Anmerkung: Maßgeblich am Radiallager ist der radiale Abstand gegenüber der Lastzone.

Maßgeblich am Axiallager (Festlager) ist der axiale Abstand gegenüber der Lastzone.

Betriebsspiel nach [3]: Radiales oder axiales Spiel des eingebauten, betriebswarmen Lagers.

Fehlausrichtung im Wellenstrang nach [2]: Geometrische Abweichungen (in den Hauptträgheitsachsen) von gekuppelten Drehachsen von Maschinen im Maschinensatz im Stillstand und in den Betriebszuständen.

Grundrauschpegel nach [3]: Gesamt-Energiegehalt eines Signals.

Anmerkung: Gebildet wird der Grundschallpegel durch die Summe der Frequenzkomponenten des Leistungsspektrums im Frequenzbereich oder als Effektivwert im Zeitbereich.

Lagerungsanisotropie nach [1]: Abweichung der Lagerungselastizität in zwei radiale Richtungen zueinander.

Ungleichmäßige Steifigkeit über den Umfang des Wälzlagers in den Kraftübertragungen der Komponenten über deren Kontaktflächen.

Kontakt nach [3]: Berührung zweier Bauteile unter Kraftwirkung.

Anmerkung: Es wird unterschieden: • *Punktkontakt z. B. im Kugel- und Pendel-kugellager*

• *Linienkontakt z. B. im Rollenlager, Nadellager*

Die Größe der Punkt- oder Linienkontaktfläche bestimmt sich aus der Geometrie der Wälzlagerbauteile (Durchmesser) und der statischen und dynamischen Last auf das Wälz-lagerbauteil. Sie wird auch als „hertzsche Kontaktfläche" bezeichnet.

Kenngröße nach [1]: Nach vorgeschriebenen Verfahren aus den Signalwerten gebildete charakteristische Größe.

Anmerkung: Diagnostische Kenngrößen sind solche, die einen Schaden oder Fehler widerspiegeln.

Körperschall nach [3]: Synonym für mechanische Schwingungen im akustischen Frequenzbereich an der Oberfläche fester Körper.

Lagerluft nach [3]: Arithmetisches Mittel der möglichen Verschiebungswege des Innen- gegenüber dem Außenring bei verschiedenen Drehwinkeln in radialer und axialer Richtung im ausgebauten Zustand (radiale oder axiale Lagerluft).

Laufbahnen nach [3]: Kontaktflächen an Innenring und Außenring, die im Betrieb von den Wälzkörpern überrollt werden.

Lastzone nach [3]: Kreissegment der Wälzlagerungsebene, in der die statischen und dynamischen Kräfte des Rotors über einige benachbarte Wälzkörper auf den stehenden Teil übertragen werden.

Normalzustand nach Kap. 1.3: Betriebszustand im Wälzlager der durch die Merkmale: ungeschädigte Laufbahnen (Schadensstufe 1), Wälzlagerfehler max. als Restfehler ausgeprägt und nicht weiter anwachsende Gebrauchsspuren und geringeren weichen Verschleiß gekennzeichnet ist.

(… und die insgesamt die Lebensdauer nicht erheblich reduzieren).

Maschinenfehler nach [3]: Nicht bestimmungsgemäßer technischer Zustand von Bauteilen oder des Betriebs einer Maschine.

Abweichungen von realisierten technischen Daten von Komponenten in Maschinen in deren Funktionen im Zusammenwirken zu deren Sollwertbereich.

Maschinenschäden nach [1]: Zustand einer Betrachtungseinheit nach Unterschreiten eines bestimmten Grenzwertes des Abnutzungsvorrates, der eine im Hinblick auf die Verwendung unzulässige Beeinträchtigung der Funktionsfähigkeit bedingt (DIN 31051).

Funktionell relevanter Materialabtrag, -zerstörung oder -veränderung an Maschinenkomponenten.

Rotoranisotropie nach [1]: Unterschiedliche Biegesteifigkeit am Rotor in zwei senkrecht stehenden Richtungen.

Sprungschaden nach [3]: Scharfkantiger, ausgedehnter ®Schaden mit konstanter Tiefe und einer so großen Länge, dass angeregte Schwingungen des mechanischen Systems ausreichend abklingen können.

Stoßantwort nach [3]: Von einem Stoß angeregte Schwingung.

Stoßfolge nach [3]: Zeitliche (periodische oder nicht periodische) Aufeinanderfolge von Stößen. Stoßwiederholung nach [19]: Stoßfolge, die bei Überrollung eines einzelnen Schadens an einer Laufbahn oder einem Wälzkörper entsteht.

Überrollabstand nach [3]: Mechanischer Abstand zwischen den Auflagerpunkten benachbarter Wälzkörper auf den Laufbahnen.

Überrollperiodendauer nach [3]: Zeitintervall einer Stoßwiederholung beim Überrollen von Fehlern oder Schäden an den Laufbahnen, Wälzkörpern oder dem Käfig.

Verlagerung nach [2]: Lageveränderung der Drehachse einer Welle beim Wechsel von einem Betriebszustand zu einem anderen.

Anmerkung: Tritt beispielsweise in der Verformung der Maschinenrahmen und Schwingungsdämpfer unter dem sich ändernden Drehmoment auf.

In relativ langsamen quasi-statischen Vorgängen oder dynamisch durch sehr tieffrequente Schwingungen (ca. unter 1 Hz) sich zueinander ändernde Lage von Gehäuseteilen als Abweichung zur Fluchtung der beiden Drehachsen im Maschinensatz (Parallelversatz, Winkelversatz, Axialversatz).

(Wellen-)Versatz nach [2]: Geometrische Lageabweichung zweier (*gekuppelter*) Drehachsen beim Ausrichten (Parallelversatz, Winkelversatz, Axialversatz (zum Sollabstand)).

... der Antriebsmaschine zur Arbeitsmaschine; bewertet in der Kupplungsteilungsebene.

Verschleiß nach [3]: Materialabtrag durch abrasiven oder adhäsiven Schädigungsmechanismus.

Wälzlagerfehler nach [3]: Nicht bestimmungsgemäßer technischer Zustand oder Betrieb des Wälzlagers und dessen Bauteile.

Anmerkung: Nicht bestimmungsgemäßer technischer Zustand nach Montage und im Betrieb des Wälzlagers und dessen Bauteile.

Ausmaß vgl. Tabelle 8.4, vgl. Kap. 2.7, 3.1–3.5, 4.6, 8.6.6, 9.5, 10.4, 12.1, 12.2, 13.11, 13.12, Tab. 14.1

Wälzlagerschäden nach [3]: Zustand einer Betrachtungseinheit nach Unterschreiten eines bestimmten Grenzwertes des Abnutzungsvorrates, der eine im Hinblick auf die Verwendung unzulässige Beeinträchtigung der Funktionsfähigkeit bedingt (DIN 31051).

Anmerkung: Funktionell relevanter Materialabtrag, -zerstörung oder -veränderung an Wälzlagerbauteilen.

Anmerkung nach [3]: Im Sinne der Diagnostik ein Fehler, der ein zulässiges Grenzmaß überschreitet, das heißt eine durch Herstellung, Montage oder Materialeigenschaften, insbesondere aber durch den Betrieb auftretende unzulässige Abweichung vom Sollzustand.

Ausmaß vgl. Tabelle 8.1 & 9.1, vgl. Kap. 3.6–3.8, 4.5, 8.3, 9.1–9.4, 10.3, 10.8, 13, Tab. 14.1

Formelzeichen, Einheiten

$s\,...$	Schwingweg in µm, $s\,...$ Verlagerung in mm, $s\,...$ Abstand in mm
$v\,...$	Schwinggeschwindigkeit in mm/s
$a\,...$	Schwingbeschleunigung in m/s^2
$v_{rms}\,...$	Effektivwert der Schwinggeschwindigkeit
$v_{0p}\,...$	Positiver Spitzenwert (Maximalwert) der Schwinggeschwindigkeit z. B.
$v_{-0p}\,...$	negativer Spitzenwert (Minimalwert) der Schwinggeschwindigkeit z. B.
$v_{pp}\,...$	Spitze-Spitzenwert der Schwinggeschwindigkeit z. B.

$v_{0p,abs}$ ...   absoluter Spitzenwert (Betragsmaximalwert) der Schwinggeschwindig-
                            keit z. B.

1. $v(f_n)$...   1. Harmonische der Drehfrequenz der Schwinggeschwindigkeit z. B.

Weitere Abkürzungen nach den Formeln in Abschn. 4.5.

Messstellen, Bezeichnungen, Formelzeichen, Einheiten

M ...   Antriebsmotor, A... Arbeitsmaschine (P, V) (Pumpe, Ventilator)

AW(DS) ...   Antriebswelle (Drive Shaft),

NAW(NDS) ...   Nicht-Antriebswelle (Non Drive Shaft),

AS (DE) ...   Antriebsseite,

BS (NDE) ...   Nichtantriebsseite / Abtriebsseite

h ...   horizontal ($0° = 3{:}00$ Uhr, $180° = 9{:}00$ Uhr), v...vertikal ($90° = 12{:}00$
                          Uhr, $270° = 6{:}00$ Uhr), ax ... axial (axial/horizontal; axial/vertikal)

KS ...   Körperschall

US ...   Ultraschall

DCS ...   Data-Collection-System

CMS ...   Condition-Monitoring-System, Zustandsüberwachungssystem

CDS ...   Condition-Diagnosis-System, Zustands-Diagnose-System

Literaturverzeichnis

1. VDI 3839 Blatt 2: 2013-01 Hinweise zur Messung und Interpretation der Schwingungen von Maschinen – Schwingungsbilder für Anregungen aus Unwuchten, Montagefehlern, Lagerungsstörungen und Schäden an rotierenden Bauteilen
2. VDI 2726: Ausrichten von Getrieben, 2019-04
3. VDI 3832: Schwingungs- und Körperschallmessung zur Zustandsbeurteilung von
   Wälzlagern in Maschinen und Anlagen, 2013-04

Für die üblichen Fachbegriffe empfehlen sich weiterhin folgende Normen:

DIN 45661 : 1998-06 Schwingungsmesseinrichtungen; Begriffe (Vibration measuring
instrumentation; Vocabulary)

DIN ISO 5593: 19914-09 Wälzlager; Begriffe und Definitionen (ISO 5593:1997)
(Rolling bearings; Vocabulary (ISO 5593:1997). Berlin: Beuth Verlag

DIN 1311-1 Bbl 1: Beiblatt 1, Schwingungen und schwingungsfähige Systeme –
Schwingungen und Stöße – Begriffe, 1999-11

DIN 1311-1 Bbl 2: Beiblatt 2 Schwingungen und schwingungsfähige Systeme – Wör-
terbuch, 2002-03

Printed in the United States
by Baker & Taylor Publisher Services